ΣBEST シグマベスト

JN056368

専門学校受験

看護医療系の
数学I+A

松田親典 編著

これで合格

文英堂

はじめに

この本は，看護医療系専門学校を受験する皆さんが「この１冊をマスターすれば，数学については怖くない」と自信を持ってもらえる１冊です。
編集するにあたっては，看護医療系の入試問題を徹底的に分析しました。入試の傾向に沿って内容を構成しています。ですから，頻出の問題については，教科書よりも細かく分類してたくさん出題しました。教科書では扱われていても，看護医療系の入試では出題されていない内容は省いています。使用した問題はすべて入試で出題されたものばかりですから，実際の入試にチャレンジするように学習することができます。
教科書に沿った配列になっているので，過去に学習したことを思い出しながら勉強することができます。また，必要に応じて中学校で学んだ内容も載せています。入試に出題される，中学校で学習した内容は案外多いので，ここでちゃんと復習してものにしておきましょう。といっても，高校で学ぶ内容と区別する必要はありません。「数と式」の整式の計算や因数分解，「データの整理」の平均値やヒストグラム，「場合の数と確率」の一部，「図形の性質」の円周角など，同じ流れの中で自然に復習できるように配列しました。
この本が，看護医療系受験者の皆さんの一助となることを願ってやみません。

I will pass!

この本の特色と活用法

導入とまとめ　先生の案内による説明を読めば，今から学ぶことの概要がわかります。重要なことや公式は，まとめにして囲みました。

例題に相当します。 処方せん で問題を解くキーポイントがわかります。 解答 はくわしくていねいで，補注や吹き出しを使ってわかりやすくしました。解けなくても解説を読めば理解できると思います。難問には 難 をつけました。出題頻度は，★ の数で示してあります。

ケースの問題が理解できたか，自分の実力で解けるか確認してください。ここには「同じ考え方で解ける応用問題」も載せました。「こんな風に出題されることもあるんだな」と知っておいて，本番であせることのないようにしましょう。ここでも，難問には 難 をつけました。

ワンポイント：重要な復習事項や，改めて確認しておきたいことをまとめました。

ここにチューイ!!：問題を解くときに，ミスをしやすいところや，有利な解き方など，心にとめておきたい内容をまとめてあります。

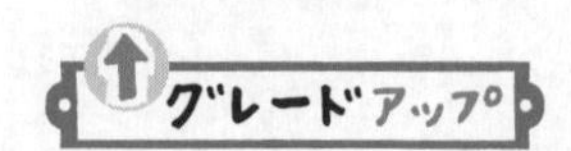

ちょっと難しい内容や，知っていると得になる内容を載せました。余力のある人は勉強しましょう。

看護医療系入試問題の構成

・計算問題（5～10問）

式や平方根の計算，因数分解などです。多い学校では10問くらいあります。得点源ですから，絶対に落とさないように。短時間で解けるようにしておきましょう。

・数行で示されるシンプルな問題（2～3問）

2次関数の頂点を求める問題，2次方程式や連立方程式・不等式の文章題，簡単な確率などです。ここでは，食塩水の問題などがよく見受けられます。

・小問が3～4題あるような総合的な問題（1～2問）

「2次関数」，「図形と計量」，「図形の性質」などから出題されます。大変そうに見えますが，順に解いて行けば大丈夫！シンプルな問題の組み合わせです。量が多いと感じるだけで，特別難しいことをしているわけではありません。でも，この問題が解けるかどうかで，ほかの受験生と差がつきます。

分野ごとの出題傾向

数と式……………計算問題など単問で出題されることがほとんどです。

2次関数…………2次方程式，2次不等式の計算は“落とせない計算問題”としてよく出題されます。“シンプルな問題”には，式を求める，頂点を求める，最大値・最小値を求める問題が多く見受けられます。“総合問題”で出題されることも多い分野です。

図形と計量………出題のほとんどが，正弦定理と余弦定理を利用する問題です。簡単な三角方程式の出題も見られます。

データの整理……今回の学習指導要領で新しく採用された内容です。出題頻度は案外高く，内容も，代表値，箱ひげ図，分散，標準偏差，相関関係と多岐にわたっています。

場合の数と確率…場合の数か確率のどちらかは出題されると考えていいでしょう。難問はそれほど多くはありません。

図形の性質………中学校の学習内容の出題も多い分野です。いろいろな図形の性質や公式を使う問題ばかりです。三平方の定理，重心，内心，外心，円周角の定理，円と接線の関係がよく出題されます。

整数の性質………今回の学習指導要領で新しく採用された内容です。出題頻度が高いわけではありませんが，最大公約数，最小公倍数，不定方程式，n進法など，まんべんなく出題されます。

注）　なお，選択肢から正しい解答を選ぶ形式の出題をしている学校もありますが，この本では，一部を除いて直接答えを求める形式で出題しています。問題を解く力を身につけてほしいからです。

Contents

第1章
数と式（数学Ⅰ）

第2章
2次関数（数学Ⅰ）

第3章
図形と計量（数学Ⅰ）

第４章
データの分析（数学Ⅰ）

第５章
場合の数と確率（数学Ａ）

第６章
図形の性質（数学Ａ）

第７章
整数の性質（数学Ａ）

item 1

単項式の計算

中学校の復習だよ！

数式を学ぶ上で最も大切なことは，**どの文字に着目**してその数式を見るか？　中学校で習った**単項式**と**多項式**は覚えているかな？　まずは，**整式**を復習することからはじめよう。

整　式

係数と**次数**を確認することが重要！

π は文字ではなく，数（3.1415…）。

整式
- **単項式**…数や文字を掛け合わせた式。$3x$，πr^2 など
- **多項式**…単項式の和になっている式。$2x^2-3xy+y^2$ など

例　単項式 $-2x^2y$ の係数と次数を調べる。

		文字 x に着目	文字 y に着目
（単項式）	$-2x^2y$	$-2yx^2$	$-2x^2y$
文字の部分	x^2y	x^2	y
係数（数の部分）	-2	$-2y$	$-2x^2$
次数	3次	2次	1次

着目する文字によって こんなにも式の見方が かわるんだ！

文字は y だけ なんだね。

多項式については，それぞれの単項式の次数を求め，その中で最も高い次数を，この多項式の次数とする。

└ 多項式は単項式の和で表されるから。

中学では $x\times x=x^2$ のように，同じ文字の積は**指数**を使って表したね。高校では**指数法則**という言葉を用いて，次のようにまとめることができる。すでに知っていることをまとめただけだ。

指数法則

m，n は自然数とする。

Ⅰ　$a^m\times a^n=a^{m+n}$　　Ⅱ　$(a^m)^n=a^{mn}$　　Ⅲ　$(ab)^n=a^nb^n$

★★★★

次の式を計算せよ。

(1) $\left(\frac{1}{5}a^3b^2\right)^2\times(-ab^2)^3$ （市立室蘭看護専門学院）

(2) $(2a^2b)^3\div\left(-\frac{2}{3}ab\right)^2$ （東京女子医科大学看護専門学校）

まず，指数法則Ⅲを使って累乗のついたかっこをはずしてから，指数法則Ⅱ→指数法則Ⅰの順に使う。

(2) 割り算は，割る式を逆数にして掛け算にする。

解答

(1) $\left(\frac{1}{5}a^3b^2\right)^2\times(-ab^2)^3=\left(\frac{1}{5}\right)^2\times(a^3)^2\times(b^2)^2\times(-1)^3\times a^3\times(b^2)^3$ （指数法則Ⅲ）

$=\frac{1}{25}\times(-1)\times a^6\times a^3\times b^4\times b^6=-\frac{1}{25}\times a^{6+3}\times b^{4+6}$ （指数法則Ⅱ，指数法則Ⅰ）

$=-\frac{1}{25}a^9b^{10}$ …答

(2) $(2a^2b)^3\div\left(-\frac{2}{3}ab\right)^2=2^3\times(a^2)^3\times b^3\times\left(-\frac{3}{2ab}\right)^2$ （指数法則Ⅲ，逆数を掛ける。）

$=2^3\times a^6\times b^3\times\frac{(-3)^2}{2^2\times a^2\times b^2}=\frac{2^3\times(-3)^2\times a^6\times b^3}{2^2\times a^2\times b^2}$ （指数法則Ⅱ，指数法則Ⅲ）

$=2\times9\times a^4\times b$

$=18a^4b$ …答

チェック 1-1 5分 解答▶別冊 p.1

1 次の計算をせよ。

(1) $3a^2b\times(-2ab^3)^2$ （新潟看護医療専門学校）

(2) $(-ab)^2\times(-2a^3b)^3\div a^2b^3$ （名古屋市医師会看護専門学校）

2 次の計算をせよ。

(1) $(-2a^2b)^3\times(4ab^3)^2$ （仁心看護専門学校）

(2) $(-2a^3b^2)^2\div(-ab^2)^2$ （旭川荘厚生専門学院）

(3) $-5x^2y\times(-2xy^2)^2\div2xy$ （更生看護専門学校）

整式の加法・減法

同類項をまとめるだけ。

整式の加法・減法は，**同類項**(整式の各項のうち，文字の部分が同じである項)をまとめて，簡単にするだけ。

★★★★

次の式を計算せよ。

(1) $\dfrac{a+3b-2c}{2}-\dfrac{a-2b-3c}{3}$ (石巻赤十字看護専門学校)

(2) $x^2-3-[2x+3\{x^2-2(1-x)\}]$ (名古屋市医師会看護専門学校)

(1) まず，通分をする。

(2) 順にかっこをはずす。 ← かっこの前に−があるときは注意！

最終的には，同類項を見つけてまとめる。

解答

(1) $\dfrac{a+3b-2c}{2}-\dfrac{a-2b-3c}{3}=\dfrac{3(a+3b-2c)-2(a-2b-3c)}{6}$ ← 通分

$=\dfrac{3a+9b-6c-2a+4b+6c}{6}$

$=\dfrac{(3-2)a+(9+4)b+(-6+6)c}{6}$ ← 同類項をまとめる。

$=\dfrac{\boldsymbol{a+13b}}{\boldsymbol{6}}$ …答

(2) $x^2-3-[2x+3\{x^2-2(1-x)\}]$

$=x^2-3-\{2x+3(x^2-2+2x)\}$

$=x^2-3-(2x+3x^2-6+6x)$

$=x^2-3-2x-3x^2+6-6x$

$=(1-3)x^2+(-2-6)x+(-3+6)$

$=\boldsymbol{-2x^2-8x+3}$ …答

[別解] $x^2-3-[2x+3\{x^2-2(1-x)\}]$

$=x^2-3-2x-3\{x^2-2(1-x)\}$

$=x^2-3-2x-3x^2+6(1-x)$

$=x^2-3-2x-3x^2+6-6x$

$=\boldsymbol{-2x^2-8x+3}$

★かっこのはずし方

内側からはずしていくことが多いけど，[別解]のように外側からはずしてもいいよ。

チェック 2-1 3分 解答▶別冊 *p.1*

1 次の式を計算せよ。

(1) $\dfrac{3a-b}{3}-a+\dfrac{a+2b}{2}$ (岡波看護専門学校)

(2) $3(2x^2-3x+5)-2(3x^2-7x-4)$ (帝京山梨看護専門学校)

寝ちゃだめ…

2つの整式 A, B について

$$A+B=6x^2-3x-4$$

$$A-B=4x^2+7x+12$$

であるとき，整式 A, B を求めよ。 (秋田しらかみ看護学院)

「$6x^2-3x-4$」と「$4x^2+7x+12$」を数のように考えて，A, B の方程式のように解く。

$A+B=6x^2-3x-4$ …①

$A-B=4x^2+7x+12$ …②

①＋②より $A+B+A-B=(6x^2-3x-4)+(4x^2+7x+12)$

$2A=6x^2-3x-4+4x^2+7x+12$

$=10x^2+4x+8$

$\boldsymbol{A=5x^2+2x+4}$ …答

①－②より $A+B-(A-B)=(6x^2-3x-4)-(4x^2+7x+12)$

$2B=6x^2-3x-4-4x^2-7x-12$

$=2x^2-10x-16$

$\boldsymbol{B=x^2-5x-8}$ …答

チェック 2-2 5分 解答▶別冊 *p.1*

1 2つの整式の和が $7x^2-2x+1$ で，差が $3x^2-4x+7$ である。この2つの整式を求めよ。 (呉共済病院看護専門学校)

難 **2** $A=2x^2-3x+5$, $B=-2x^2+4x-7$, $C=x^2+3x-2$ のとき，$2(A+C)+3(2B-C)$ を計算せよ。 (市立室蘭看護専門学院)

item 3 整式の乗法

まずは公式を覚えよう。

単項式×多項式，多項式×多項式の計算の簡単なものは，すでに中学校で習っているよね。どんな式の乗法でも，**分配法則**（$m(a+b)=ma+mb$）を使ってひたすら展開すれば，必ず計算できる。でも，公式を覚えておくと便利だし，速く計算できるよ。

ケース 3-1 ★★★★

次の式を展開せよ。

$(x+2)(x^2+3x+5)$ （玉野総合医療専門学校）

● **分配法則**を利用する。

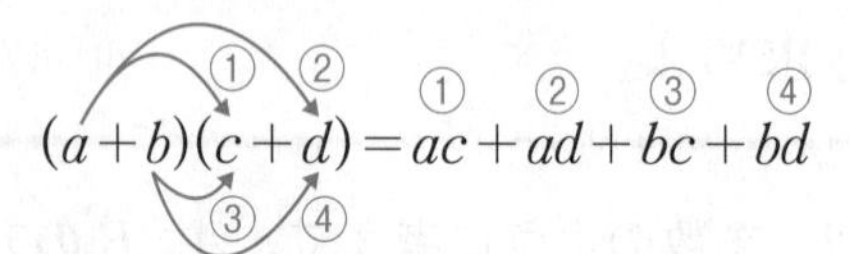

$(a+b)(c+d)=ac+ad+bc+bd$

縦書きの方法も身に付けようね！

● 整数の掛け算と同様に，縦書きにして計算する方法もある。

$$(x+2)(x^2+3x+5)$$
$$=x(x^2+3x+5)+2(x^2+3x+5)$$
$$=x\times x^2+x\times 3x+x\times 5+2\times x^2+2\times 3x+2\times 5$$
$$=x^3+3x^2+5x+2x^2+6x+10$$
$$=\boldsymbol{x^3+5x^2+11x+10} \quad \cdots \boxed{答}$$

$$\begin{array}{r} x^2+3x+5 \\ \times)\quad x+2 \\ \hline x^3+3x^2+5x \\ 2x^2+6x+10 \\ \hline x^3+5x^2+11x+10 \end{array}$$

チェック 3-1 6分 解答▶別冊 p.1

1 次の式を展開せよ。

(1) $(3x-4)(-2y+5)$ （東群馬看護専門学校）

(2) $(3x-2)(x^2+6x-5)$ （仁心看護専門学校）

難 (3) $(x+2y-3z)(3x-2y+z)$ （愛生会看護専門学校）

では，次に公式だ。うまく利用して，素早く計算しよう！

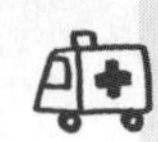

展開公式

Ⅰ $(a+b)^2=a^2+2ab+b^2$ (和の平方)

$(a-b)^2=a^2-2ab+b^2$ (差の平方)

Ⅱ $(a+b)(a-b)=a^2-b^2$ (和と差の積)

Ⅲ $(x+a)(x+b)=x^2+(a+b)x+ab$

中学校で学習済み。

Ⅳ $(ax+b)(cx+d)=acx^2+(ad+bc)x+bd$

Ⅴ $(a+b)^3=a^3+3a^2b+3ab^2+b^3$ (和の 3 乗)

$(a-b)^3=a^3-3a^2b+3ab^2-b^3$ (差の 3 乗)

Ⅵ $(a+b)(a^2-ab+b^2)=a^3+b^3$

$(a-b)(a^2+ab+b^2)=a^3-b^3$

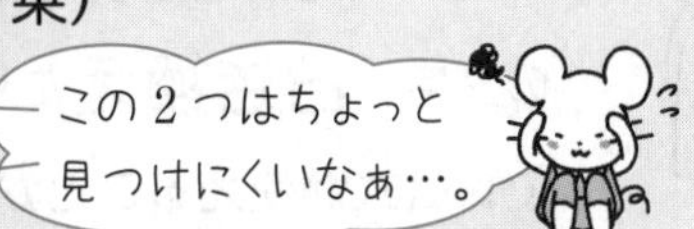

ケース 3-2 ★★★★★

次の式を展開せよ。

(1) $(x+2y)(3x-4y)$ (福岡看護専門学校)

(2) $(a+3b)^3$ (富山市立看護専門学校)

(3) $(2t+3)(4t^2-6t+9)$ (名古屋市医師会看護専門学校)

(1) 公式Ⅳ ← a は 1, b は $2y$, c は 3, d は $-4y$

(2) 公式Ⅴ ← a は a, b は $3b$

(3) 公式Ⅵ ← a は $2t$, b は 3

$(ax+b)(cx+d)=acx^2+(ad+bc)x+bd$

(1) $(x+2y)(3x-4y)=1\cdot 3x^2+\{1\cdot(-4y)+2y\cdot 3\}x+2y\cdot(-4y)$

$=\boldsymbol{3x^2+2xy-8y^2}$ …答

$(a+b)^3=a^3+3a^2b+3ab^2+b^3$

(2) $(a+3b)^3=a^3+3a^2\cdot 3b+3a\cdot(3b)^2+(3b)^3$

$=\boldsymbol{a^3+9a^2b+27ab^2+27b^3}$ …答

$(a+b)(a^2-ab+b^2)$

(3) $(2t+3)(4t^2-6t+9)=(2t+3)\{(2t)^2-2t\cdot 3+3^2\}$

$=a^3+b^3$

$=(2t)^3+3^3$

$=\boldsymbol{8t^3+27}$ …答

チェック 3-2 6分 解答▶別冊 p.2

1 次の式を展開せよ。

(1) $(4x+3)(3x-2)$ （鹿児島中央看護専門学校）

(2) $(x+2y)^3$ （福岡看護専門学校）

(3) $(3x-4y)^3$ （加治木看護専門学校）

(4) $(a+4)(a^2-4a+16)$ （岡崎市立看護専門学校）

入試でよく出題されるのは，単純に公式に当てはめればOK！という問題ではないんだ。一見公式が使えないような複雑な問題が多い。でも，多項式の一部を１つの文字で**おき換え**たり，**展開する順序や組み合わせを工夫**することで，公式が使えることがあるよ。

ケース 3-3 ★★★★★

次の式を展開せよ。

(1) $(x+2y+z)^2$ （四国医療専門学校）

(2) $(a+2b-3c)(a-2b-3c)$ （佐久総合病院看護専門学校）

(3) $(a-b-3)(a-b+4)$ （四日市医師会看護専門学校）

(1) $x+2y=A$ とおく。

(2) $a-3c=A$ とおく。

(3) $a-b=A$ とおく。

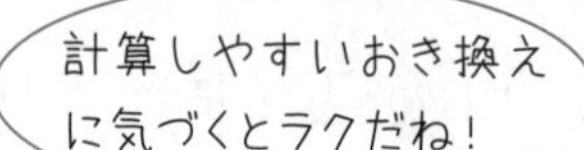

(1) $x+2y=A$ とおくと

$(x+2y+z)^2=(A+z)^2$

$=A^2+2Az+z^2$ ← 和の平方の公式が使える。

$=(x+2y)^2+2(x+2y)z+z^2$ ← A をもとにもどす。

$=x^2+4xy+4y^2+2xz+4yz+z^2$

$=\boldsymbol{x^2+4y^2+z^2+4xy+4yz+2zx}$ …答

(2) $a-3c=A$ とおくと

$(a+2b-3c)(a-2b-3c)=(A+2b)(A-2b)$

$=A^2-4b^2$ ← 和と差の積の公式が使える。

$=(a-3c)^2-4b^2$ ← A をもとにもどす。

（$(a-3c)^2$：ここに差の平方の公式を使う。）

$=a^2-6ac+9c^2-4b^2$

$=\boldsymbol{a^2-4b^2+9c^2-6ac}$ …答

(3) $a-b=A$ とおくと

$(a-b-3)(a-b+4)=(A-3)(A+4)$ ← 公式Ⅲが使える。

$=A^2+A-12$

$=(a-b)^2+(a-b)-12$ ← A をもとにもどす。

ここに差の平方の公式を使う。

$=\boldsymbol{a^2-2ab+b^2+a-b-12}$ …答

チェック 3-3 12分 解答▶別冊 *p.2*

1 次の式を展開せよ。

(1) $(a-2b-3c)^2$ （石巻赤十字看護専門学校）

(2) $(x+y+z)(x+y-z)$ （富山市立看護専門学校）

(3) $(x^2-3x+5)(x^2-3x-2)$ （四国医療専門学校）

(4) $(x^2+x-1)^2$ （鶴岡市立荘内看護専門学校）

難 **2** 次の式を展開せよ。

(1) $(a-b+2c)(a-b-2c)$ （富山市立看護専門学校）

(2) $(a+b-c-d)(a-b-c+d)$ （宝塚市立看護専門学校）

ワンポイント

覚えておくとトクする公式①

$(a+b+c)^2=a^2+b^2+c^2+2ab+2bc+2ca$

どうしても覚えなくてはいけない公式ではないけれど，覚えておくと計算が楽になるよ。

$$\boldsymbol{(a+b+c)^2}=(a+b+c)(a+b+c)$$
$$=a(a+b+c)+b(a+b+c)+c(a+b+c)$$
$$=a^2+ab+ac+ba+b^2+bc+ca+cb+c^2$$
$$=\boldsymbol{a^2+b^2+c^2+2ab+2bc+2ca}$$

実は，この公式はケース *3-3* (1)で利用することができるんだ。こんなふうにね。

$$(x+2y+z)^2=x^2+(2y)^2+z^2+2\cdot x\cdot(2y)+2\cdot(2y)\cdot z+2\cdot z\cdot x$$
$$=\boldsymbol{x^2+4y^2+z^2+4xy+4yz+2zx}$$

もちろん，解答のようにおき換えて解いてもかまわないし，それも思いつかなければ，コツコツ展開しても解けるよ。公式が使えると便利だけど，忘れたからといって心配しなくてもいい。

★★★★★

次の式を展開せよ。

(1) $(x+2)^2(x-2)^2$ (鹿児島中央看護専門学校)

(2) $(2x-1)(2x+1)(4x^2+1)$ (広島市立看護専門学校)

(3) $(x+1)(x+3)(x-2)(x-4)$ (JR 東京総合病院高等看護学園)

展開する順序を工夫しよう。

(1) $a^2b^2=(ab)^2$ を使おう。$(x+2)^2(x-2)^2=\{(x+2)(x-2)\}^2$

(2) まず，$(2x-1)(2x+1)$ を計算。

(3) $(x+1)(x-2)$ と $(x+3)(x-4)$ と組み合わせて計算すれば，何かが見えてくる。

(1) $(x+2)^2(x-2)^2=\{\underline{(x+2)(x-2)}\}^2=(x^2-4)^2=\boldsymbol{x^4-8x^2+16}$ …答

和と差の積の公式

(2) $\underline{(2x-1)(2x+1)}(4x^2+1)=\underline{(4x^2-1)(4x^2+1)}=\boldsymbol{16x^4-1}$ …答

和と差の積の公式　　また，和と差の積の公式

(3) $(x+1)(x+3)(x-2)(x-4)$ ← 共通部分ができるように組み合わせて，先に計算。

$=(x+1)(x-2)(x+3)(x-4)$

$=(x^2-x-2)(x^2-x-12)$

ここで，$x^2-x=A$ とおく。

$(x^2-x-2)(x^2-x-12)=(A-2)(A-12)$ ← 公式Ⅲ

$=A^2-14A+24=(x^2-x)^2-14(x^2-x)+24$ ← A をもとにもどす。

$=x^4-2x^3+x^2-14x^2+14x+24=\boldsymbol{x^4-2x^3-13x^2+14x+24}$ …答

チェック 3-4 20分 解答▶別冊 *p.2*

1 次の式を展開せよ。

(1) $(x+1)^2(x-1)^2$ (函館厚生院看護専門学校)

(2) $(x+y)^2(x-y)^2$ (新潟看護医療専門学校)

(3) $(3a-2b)^2(3a+2b)^2$ (市立室蘭看護専門学院)

(4) $(x-y)^2(x+y)^2(x^2+y^2)^2$ (三重県厚生連看護専門学校)

(5) $(x+1)(x-2)(x^2-x+1)$ (秋田市医師会立秋田看護学校)

(6) $(x-1)(x-2)(x+3)(x+4)$ (京都桂看護専門学校)

(7) $(a+1)(a+2)(a-1)(a-2)$ (三重看護専門学校)

難 (8) $(a+b)(a-b)(a^2+ab+b^2)(a^2-ab+b^2)$ (日鋼記念看護学校)

難 (9) $(x-y)(x+y)(x^2+y^2)(x^4+y^4)(x^8+y^8)$ (東京女子医科大学看護専門学校)

覚えておくとトクする公式②

$(a+b+c)(a^2+b^2+c^2-ab-bc-ca)=a^3+b^3+c^3-3abc$

└ これに注意！

この公式も，できれば覚えておきたいね。逆向きに見れば，あとに出てくる「因数分解」の公式として使えるんだよ。

$$(a+b+c)(a^2+b^2+c^2-ab-bc-ca)$$

$=a(a^2+b^2+c^2-ab-bc-ca)+b(a^2+b^2+c^2-ab-bc-ca)$

$\quad +c(a^2+b^2+c^2-ab-bc-ca)$

$=(a^3+ab^2+ac^2-a^2b-abc-ca^2)+(ba^2+b^3+bc^2-ab^2-b^2c-bca)$

$\quad +(ca^2+cb^2+c^3-cab-bc^2-c^2a)$

$$=a^3+b^3+c^3-3abc$$

この公式は，入試問題でそのまま出題されることもあるんだ。

例 ① $(a+b+c)(a^2+b^2+c^2-ab-bc-ca)$ の式を展開してみよう。

（ソワニエ看護専門学校）

例 ② $(a+b+c)(a^2+b^2+c^2-ab-bc-ca)$ を展開したものは，次のうちどれか。（選択肢省略）

（東京都立看護専門学校）

公式さえ覚えていればすぐに答えられるね。

展開は縦書きの計算ですべて解決！

整式 $(2t+3)(4t^2-6t+9)$ の展開は，公式に当てはめて「$○^3+△^3$」の形にできるか，それとも順にかっこをはずさなくてはいけないか，見抜くコツはありますか？

$(2t)^2=4t^2$，$3^2=9$ となることが目安にはなるけどね…。
でもね，展開公式は便利だけど「どうしても覚えておかないと解けない」わけではないんだ。ちょっと縦書きの計算で展開してみて。

はい。

$$\begin{array}{rrrr} & 4t^2 & -\ 6t & +\ 9 \\ \times) & 2t & +\ 3 & \\ \hline 8t^3 & -12t^2 & +18t & \\ & 12t^2 & -18t & +27 \\ \hline 8t^3 & & & +27 \end{array}$$

あ…，そんなに大変じゃないや。

だろう？**公式が使えるかどうかすぐにわからないときは縦書きの計算**で解いてしまおう！迷っている時間がもったいないよ。

item 4

因数分解

展開の逆だよ。

因数分解の問題は，ほとんどの学校で出題されているんだ。ちゃんと解けるようにして，しっかり得点に結びつけようね！ 簡単な因数分解は中学校のときにも勉強したよね。高校では少し難しくなって，入試で出る問題も長い式の因数分解などが多い。でも，大丈夫。**式の特徴を見分ける方法**を伝授するから，心配はいらないよ。

因数分解は展開と逆の操作で，$x^2+2x-3=(x+3)(x-1)$ のように，1つの整式を1次以上の**積の形**に表すことだったね。

$2x^2+2x-4=2(x^2+x-2)$ のような操作は因数分解とは言わない。2は1次式ではないからね。

因数分解の公式

・共通因数があれば，まずくくる。 $ma+mb=m(a+b)$

Ⅰ $a^2+2ab+b^2=(a+b)^2$ （和の平方）

$a^2-2ab+b^2=(a-b)^2$ （差の平方）

Ⅱ $a^2-b^2=(a+b)(a-b)$ （和と差の積）

Ⅲ $x^2+(a+b)x+ab=(x+a)(x+b)$

Ⅳ $acx^2+(ad+bc)x+bd=(ax+b)(cx+d)$

2次3項式の因数分解は，たすきがけできないか考える。

Ⅲ

$$\begin{array}{ccc} 1 & a & a \\ 1 & b & b \\ \hline 1 & ab & a+b \end{array}$$

2次の項の係数　定数項　1次の項の係数

Ⅳ

$$\begin{array}{ccc} a & b & bc \\ c & d & ad \\ \hline ac & bd & ad+bc \end{array}$$

2次の項の係数　定数項　1次の項の係数

Ⅴ $a^3+3a^2b+3ab^2+b^3=(a+b)^3$ （和の3乗）

$a^3-3a^2b+3ab^2-b^3=(a-b)^3$ （差の3乗）

Ⅵ $a^3+b^3=(a+b)(a^2-ab+b^2)$

3乗の和

$a^3-b^3=(a-b)(a^2+ab+b^2)$

3乗の差

因数分解で最もよく出題されるのは，
たすきがけを利用する，公式Ⅲ，Ⅳの問題だ。
ケース **4-1** の問題をよ〜く見てごらん。
何次式かな？

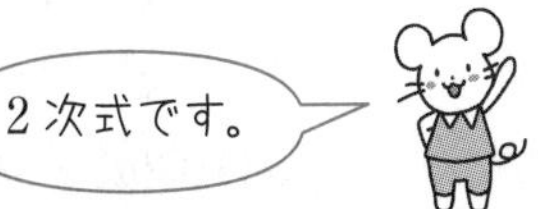

その通り。では，何項あるのかな？

えっと…，3 項です。

そうだね。こういう式を 2 次 3 項式というんだ。
因数分解の問題で，**2 次 3 項式**が出たら
たすきがけと覚えよう！

ケース 4-1 ★★★★

次の式を因数分解せよ。

(1) x^2+2x-8 （大原看護専門学校）

(2) $3x^2-5x+2$ （北里大学看護専門学校）

(3) $3x^2-2xy-8y^2$ （鶴岡市立荘内看護専門学校）

$acx^2+(ad+bc)x+bd$

a	╲╱	b ——	bc
c	╱╲	d ——	ad
ac		bd	$ad+bc$
↑ 2 次の項の係数		↑ 定数項	↑ 1 次の項の係数

公式Ⅲは公式Ⅳの特別な場合。
$acx^2+(ad+bc)x+bd=(ax+b)(cx+d)$
において $a=c=1$ とおくと
$x^2+(d+b)x+bd=(x+b)(x+d)$
ほら！一緒ですね！

(1) x^2+2x-8 ← 公式Ⅲで $a+b=2$，$ab=-8$

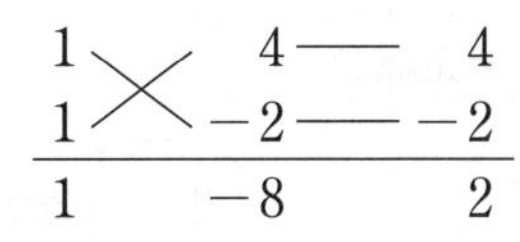

1	╲╱	4 ——	4
1	╱╲	−2 ——	−2
1		−8	2

答 $(x+4)(x-2)$

(2) $3x^2-5x+2$ ← 公式Ⅳで $ac=3$，$ad+bc=-5$，$bd=2$

1	╲╱	−1 ——	−3
3	╱╲	−2 ——	−2
3		2	−5

答 $(x-1)(3x-2)$

(3) $3x^2-2xy-8y^2$ ← 公式Ⅳで $ac=3$，$ad+bc=-2y$，$bd=-8y^2$
（ここでは，x について降べきの順に整理した整式と考える。）

1	╲╱	$-2y$ ——	$-6y$
3	╱╲	$4y$ ——	$4y$
3		$-8y^2$	$-2y$

答 $(x-2y)(3x+4y)$

✓チェック 4-1 12分　解答▶別冊 p.3

1 次の式を因数分解せよ。

(1) a^2-a-20　(大原看護専門学校)

(2) $x^2-3x-18$　(昭和大学医学部附属看護専門学校)

(3) $2a^2-5a-3$　(富山市立看護専門学校)

(4) $6x^2-5x-6$　(横浜未来看護専門学校)

(5) $6x^2-13x+6$　(深谷大里看護専門学校)

(6) $12x^2-7xy-10y^2$　(函館看護専門学校)

2 次の式を因数分解せよ。

(1) $ax^2-(a+2)x+2$　(加治木看護専門学校)

難 (2) $ax^2+(a^2-1)x-a$　(広島市立看護専門学校)

次は，公式Ⅴ，Ⅵ。高校で勉強する公式を用いる問題だ。

★★★

次の式を因数分解せよ。

(1) x^3-y^3　(藤田保健衛生大学看護専門学校)

(2) $8a^3-60a^2b+150ab^2-125b^3$　(西宮市医師会看護専門学校)

(1) 公式Ⅵ $a^3-b^3=(a-b)(a^2+ab+b^2)$ を使えることはすぐにわかるね。

(2) 使えるとしたら公式Ⅴかな？？？

まず，**3次4項式**であること。**3次の項は何かの3乗**になっているかな？　これをみたさなければ，公式はそのまま使えないと思っていい。

(1) x^3-y^3

$=\boldsymbol{(x-y)(x^2+xy+y^2)}$　…答

公式Ⅵを正確に使おう。

(2) $8a^3-60a^2b+150ab^2-125b^3$

$=(2a)^3-3\cdot(2a)^2\cdot5b+3\cdot2a\cdot(5b)^2-(5b)^3$

$=(2a-5b)^3$　…答

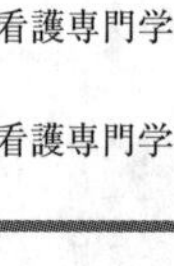

✓チェック 4-2 5分　解答▶別冊 p.3

1 次の式を因数分解せよ。

(1) $(x-1)^3-125$　(戸田中央看護専門学校)

(2) x^6-7x^3-8　(岡山済生会看護専門学校)

次は，ちょっと工夫をすれば公式が使えるパターンだ。いくつかのステップが必要だけど，全部セオリー通りだからね！

次の式を因数分解せよ。

(1) x^4y-y （京都中央看護保健大学校）

(2) $2ab^3-16a$ （気仙沼市立病院附属看護専門学校）

❶ 共通因数があれば，それをくくり出そう。

(1)の共通因数は y

(2)の共通因数は $2a$

❷ その後，公式を使えるかどうか調べよう。

(1) x^4y-y

$=y(x^4-1)$ ← $(x^2)^2-1^2$ と考えると和と差の積の公式が使える。

$=y(x^2+1)(x^2-1)$ ← もう1回和と差の積の公式が使える。

$=\boldsymbol{y(x^2+1)(x+1)(x-1)}$ …答

(2) $2ab^3-16a$ ← 共通因数は $2a$

$=2a(b^3-8)$ ← 3乗の差の公式

$=\boldsymbol{2a(b-2)(b^2+2b+4)}$ …答

★共通因数

因数分解の問題では，どんなときも共通因数をくくり出すことが最優先だよ。

チェック 4-3 6分 解答▶別冊 p.4

1 次の式を因数分解せよ。

(1) $18a^3-8a$ （北海道医薬専門学校）

(2) $5a^3-20ab^2$ （PL学園衛生看護専門学校）

(3) $y^2(5x-3)+4(3-5x)$ （函館厚生院看護専門学校）

ちょっと複雑な式になるよ。ここではおき換えを考えてみよう。長い式でも**おき換えて工夫**すれば，公式を使うことができるんだ。**式をしっかり見つめよう。**

ケース 4-4 ★★★★★

次の式を因数分解せよ。

(1) $(2x+y-1)^2-(x+2y-3)^2$ （京都桂看護専門学校）

(2) $(x^2-4x)^2-2(x^2-4x)-15$ （愛生会看護専門学校）

(3) $x^4-13x^2y^2+36y^4$ （労災看護専門学校）

(1) A^2-B^2 に見えるかな？

(2) $x^2-4x=A$ とおく。

(3) $(x^2)^2-13\cdot x^2\cdot y^2+36(y^2)^2$ とすると，x^2，y^2 の2次式になるね。このような式を**複2次式**というんだよ。$x^2=A$，$y^2=B$ とおき換えればいい。

(1) $2x+y-1=A$，$x+2y-3=B$ とおくと

$(2x+y-1)^2-(x+2y-3)^2$

$=A^2-B^2=(A+B)(A-B)$ ← おき換えれば和と差の積だ。

$=\{(2x+y-1)+(x+2y-3)\}\{(2x+y-1)-(x+2y-3)\}$ ← もとにもどす。

$=\boldsymbol{(3x+3y-4)(x-y+2)}$ …答

(2) $x^2-4x=A$ とおくと

$(x^2-4x)^2-2(x^2-4x)-15$

$=A^2-2A-15=(A+3)(A-5)$

たすきがけ
1	3	3
1	−5	−5
1	−15	−2

$=\underline{(x^2-4x+3)}\,\underline{(x^2-4x-5)}$ ← もとにもどすと，それぞれの（　）の中でもう1回たすきがけができる。

1	−1	−1
1	−3	−3
1	3	−4

1	1	1
1	−5	−5
1	−5	−4

$=\boldsymbol{(x-1)(x-3)(x+1)(x-5)}$ …答

(3) $x^2=A$，$y^2=B$ とおくと

$x^4-13x^2y^2+36y^4$

$=A^2-13AB+36B^2=(A-4B)(A-9B)$

$=(x^2-4y^2)(x^2-9y^2)$ ← 和と差の積

$=\boldsymbol{(x+2y)(x-2y)(x+3y)(x-3y)}$ …答

チェック 4-4 6分 解答▶別冊 p.4

1 次の式を因数分解せよ。

(1) $a^2-(b+1)^2$ （尾道市医師会看護専門学校）

(2) $2(2x-3y)^2-7(2x-3y)+3$ （仁心看護専門学校）

(3) $6(x+y)^2-5(x+y)-4$ （福岡看護専門学校）

(4) $4x^4+7x^2-2$ （東京山手メディカルセンター附属看護専門学校）

2 次の式を因数分解せよ。

(1) $(x^2+2x)^2-7(x^2+2x)-8$ （富山市立看護専門学校）

(2) $(2x^2+3)^2-2x(2x^2+3)-35x^2$ （北海道医薬専門学校）

ここでは，**たすきがけの複雑バージョン**を習得しよう。

$3x^2-5xy-2y^2-2x-3y-1$ を x について整理すると

$3x^2-(5y+2)x-(2y^2+3y+1)$

文字は x だけで，**y は定数**として扱うことになるから，この式はやはり**2次3項式**となるね。つまり，**たすきがけ**だ！

ケース 4-5 ★★★★★

次の式を因数分解せよ。

(1) $x^2+4xy+3y^2-3x-5y+2$ （静岡済生会看護専門学校）

(2) $3x^2+5xy+2y^2+5x+3y-2$ （大阪赤十字看護専門学校）

❶ まず，**x に着目**して整理する。

❷ 定数項（$3y^2-5y+2$ ← (1)，$2y^2+3y-2$ ← (2)）の部分を因数分解。

❸ **x の2次3項式**と考えてたすきがけ。

y の2次式と考える。

(1) $x^2+4xy+3y^2-3x-5y+2$ ← y は定数扱い

$=x^2+(4y-3)x+(3y^2-5y+2)$ ← 定数項をたすきがけ

$=x^2+(4y-3)x+(y-1)(3y-2)$

```
1 ╲╱ -1 ―― -3
3 ╱╲ -2 ―― -2
―――――――――――――
3     2     -5
```

```
1 ╲╱ (y-1)  ―― y-1
1 ╱╲ (3y-2) ―― 3y-2
――――――――――――――――――――――――
1   (y-1)(3y-2)  4y-3
↑       ↑          ↑
2次の項の係数  定数項  1次の項の係数
```

したがって　$\{x+(y-1)\}\{x+(3y-2)\}=\boldsymbol{(x+y-1)(x+3y-2)}$ …答

(2) $3x^2+5xy+2y^2+5x+3y-2$

$=3x^2+(5y+5)x+(2y^2+3y-2)$ ←

```
1 ╲╱  2 ―― 4
2 ╱╲ -1 ―― -1
――――――――――――――
2    -2     3
```

$=3x^2+(5y+5)x+(y+2)(2y-1)$

$=\{x+(y+2)\}\{3x+(2y-1)\}$ ←

```
1 ╲╱ (y+2)  ―― 3y+6
3 ╱╲ (2y-1) ―― 2y-1
――――――――――――――――――――――――
3   (y+2)(2y-1)  5y+5
```

$=\boldsymbol{(x+y+2)(3x+2y-1)}$ …答

チェック 4-5 6分 解答▶別冊 p.4

1 次の式を因数分解せよ。

(1) $x^2+5xy+6y^2+7x+17y+12$ （東京山手メディカルセンター附属看護専門学校）

(2) $2x^2-7xy+3y^2+4x-7y+2$ （美原看護専門学校）

(3) $2x^2-7x-y^2+y-xy+6$ （東京都立看護専門学校）

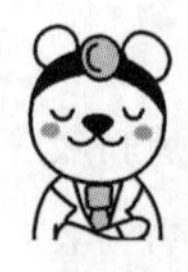

長い式で，公式が使えない，おき換えもダメ。こんなときは，**いくつかの項をうまく組み合わせる**ことで公式が適用できる場合があるんだ。

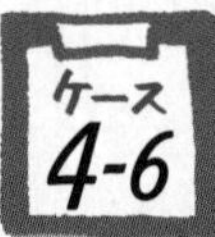

ケース 4-6 ★★★★★

次の式を因数分解せよ。

(1) $x^2-2xy+y^2-x+y$ （秋田県立衛生看護学院）

(2) $9x^2-y^2-2y-1$ （北里大学看護専門学校）

(3) x^3-3x^2-x+3 （名古屋市医師会看護専門学校）

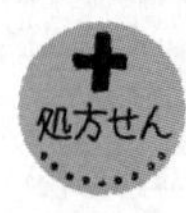

処方せん

(1) $(x^2-2xy+y^2)-(x-y)$

(2) $9x^2-(y^2+2y+1)$

(3) $(x^3-3x^2)-(x-3)$

組み合わせが見つけられると，最高の気分だね！

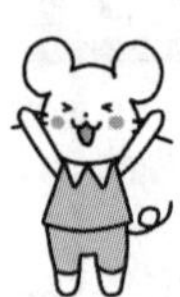

解答

(1) $x^2-2xy+y^2-x+y$

$=(x^2-2xy+y^2)-(x-y)$

$=(x-y)^2-(x-y)$ ← 共通因数は $(x-y)$

$=(x-y)\{(x-y)-1\}$

$=\boldsymbol{(x-y)(x-y-1)}$ …答

(2) $9x^2-y^2-2y-1$

$=9x^2-(y^2+2y+1)$

$=(3x)^2-(y+1)^2$ ← 平方の差

$=\{3x+(y+1)\}\{3x-(y+1)\}$

$=\boldsymbol{(3x+y+1)(3x-y-1)}$ …答

(3) x^3-3x^2-x+3

$=(x^3-3x^2)-(x-3)$

$=x^2(x-3)-(x-3)$

$=(x-3)(x^2-1)$

$=\boldsymbol{(x-3)(x+1)(x-1)}$ …答

(3)は，x^3 と $-x$，$-3x^2$ と 3 を組み合わせて，$(x^3-x)-3(x^2-1)$ としてもうまくいきそうね。

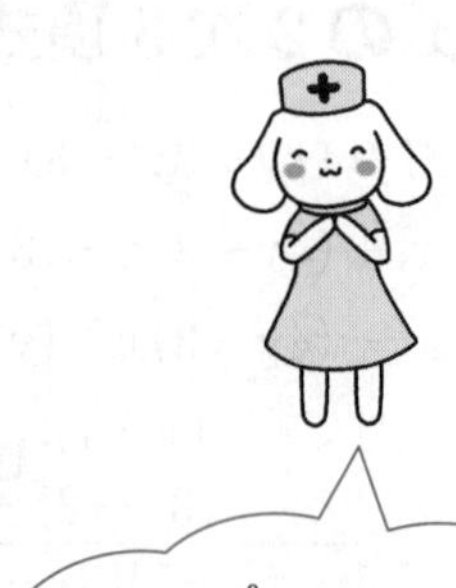

チェック 4-6 8分 解答▶別冊 *p.5*

1 次の式を因数分解せよ。

(1) $x^2+6xy+9y^2-z^2$

（北海道立旭川高等看護学院，北海道立紋別高等看護学院，北海道立江差高等看護学院）

(2) $9x^2-y^2+2y-1$ （福島看護専門学校）

(3) x^2-y^2+6y-9 （JR 東京総合病院高等看護学園）

(4) $2yz+zx+x+2y-3z-3$ （京都桂看護専門学校）

(5) $x^3-4y^3+x^2y-4xy^2$ （気仙沼市立病院附属看護専門学校）

公式には当てはまらない，おき換えもうまくいきそうにない，項の組み合わせもうまくいかない…。そういうときは，**1つの文字について整理**してみよう。このとき，**次数の最も低い文字について整理**するのがコツだ！

ケース 4-7 ★★★★★

次の式を因数分解せよ。

(1) $9x^2+12xy-8y-4$

（北海道立旭川高等看護学院，北海道立紋別高等看護学院，北海道立江差高等看護学院）

(2) $ab^2-bc^2+b^2c-c^2a$ （宝塚市立看護専門学校）

(3) $a^2(b-c)+b^2(c-a)+c^2(a-b)$ （三友堂看護専門学校）

処方せん

(1) x については2次式，y については1次式だから，当然 **y について整理**。

(2) a についてのみ1次式だから a について整理。

(3) a，b，c のどの文字についても2次式だから，条件は同じ。どの1文字に着目してもいいけど，ここでは a に着目しよう。

解答

(1) $9x^2+12xy-8y-4$ ← y について整理するとき，x は定数と考える。

$=4(3x-2)y+(9x^2-4)$

$=4(\underline{3x-2})y+(3x+2)(\underline{3x-2})$ ← 共通因数が見つかった。

$=(3x-2)\{4y+(3x+2)\}$

$=\mathbf{(3x-2)(3x+4y+2)}$ …答

(2) $ab^2-bc^2+b^2c-c^2a$ ← a について整理

$=(b^2-c^2)a+bc(b-c)$

$=(b+c)(\underline{b-c})a+bc(\underline{b-c})$ ← $b-c$ が共通因数

$=(b-c)\{(b+c)a+bc\}$

$=(b-c)(ab+ac+bc)$

$=\mathbf{(b-c)(ab+bc+ca)}$ …答

(3) $a^2(b-c)+b^2(c-a)+c^2(a-b)$

$=a^2(b-c)+b^2c-b^2a+c^2a-c^2b$

$=(b-c)a^2-(b^2-c^2)a+(b^2c-c^2b)$

$=(\underline{b-c})a^2-(b+c)(\underline{b-c})a+bc(\underline{b-c})$

$=(b-c)\{\underline{a^2-(b+c)a+bc}\}$

整理するだけで共通因数が見えた。

2次3項式⇒たすきがけ

$$\begin{array}{ccc} 1 & -b & -b \\ 1 & -c & -c \\ \hline 1 & bc & -(b+c) \end{array}$$

$=(b-c)(a-b)(a-c)$

$=\mathbf{-(a-b)(b-c)(c-a)}$ …答

★輪環の順

(2), (3)のような問題は, 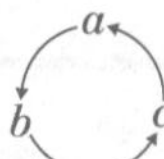 のようにアルファベットをきれいな順に並べておくといいよ。これを「輪環の順(サイクリックの順)」というんだ。間違いが少なくなる。もちろん, この順でなくても解答としては正しいよ。でも, こうするときれいでしょう? 数学では,「きれいだな」って思う感覚がとても大切なんです。

因数分解の問題がわからなかったら, とりあえず**次数の最も低い文字で整理**しましょう。おき換えはこのステップの後に見えてくることが多いんです。項の組み合わせを見つけることが難しかったら, この方法で。解くのに多少時間がかかるかもしれないけど, 迷う時間は節約できるよね。

チェック 4-7 10分 解答▶別冊 p.5

1 次の式を因数分解せよ。

(1) $x^2+xz-yz-y^2$ (石巻赤十字看護専門学校, 秋田市医師会立秋田看護学校)

(2) $a^2b+a-b-1$ (倉敷中央看護専門学校)

(3) $x^3z-xy^2z+x^2-y^2$ (東京山手メディカルセンター附属看護専門学校)

(4) $a(b^2-c^2)+b(c^2-a^2)+c(a^2-b^2)$ (三重看護専門学校)

(5) $(x+y)(y+z)(z+x)+xyz$ (三友堂看護専門学校)

最も次数の低い文字……

共通因数はある?

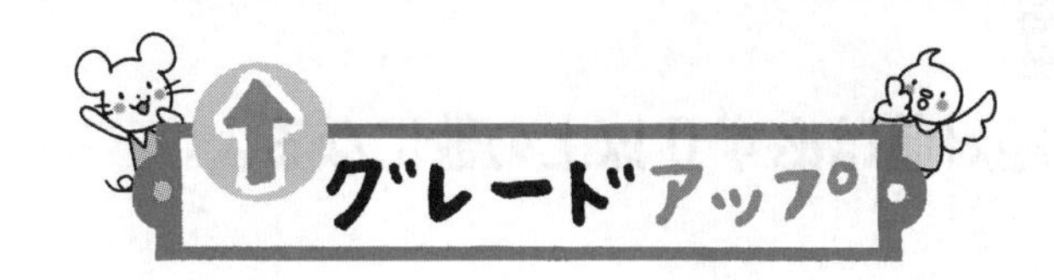

手も足もでない？因数分解はもうひと工夫

次の式を因数分解しましょう。

x^4+3x^2+4 （東邦大学佐倉看護専門学校）

おき換えでしょうか？

$x^2=A$ とおくと　A^2+3A+4

これでは因数分解ができません。では，この式は因数分解できないのでしょうか？

こういうときは，「平方完成ができるように式を加えて引く」ということを考えてみましょう。

$\underline{x^4}+3x^2+\underline{4}$

ここに注目します。この部分を $(\bigcirc+\triangle)^2$ の形にしたいので，

$\bigcirc^2=x^4$ より　$\bigcirc=x^2$，$\triangle^2=4$ より　$\triangle=2$

よって，$\underline{2\bigcirc\triangle}$ にあたるのは　$\mathbf{2\cdot x^2\cdot 2=4x^2}$

しかし，もとの式には $+3x^2$ しかありませんから，$\boldsymbol{x^2}$ **を加えて引く**のです。

$x^4+3x^2+4\underline{+x^2}\ \underline{-x^2}$

$=(x^4+4x^2+4)-x^2$

$=(x^2+2)^2-x^2$　← 平方の差になったから，ここで和と差の積の公式が使えるね。

$=\{(x^2+2)+x\}\{(x^2+2)-x\}$

$=\boldsymbol{(x^2+x+2)(x^2-x+2)}$

x^4+4y^4（東京女子医科大学看護専門学校）のような，一見因数分解できそうにない式も，この方法を使えばうまくいきます。

x^4+4y^4　← 目標は $(\bigcirc+\triangle)^2$！　$\dfrac{\bigcirc^2=x^4}{\bigcirc=x^2}$，$\dfrac{\triangle^2=4y^4}{\triangle=2y^2}$

$=(x^2)^2+(2y^2)^2$

$=(x^2)^2+(2y^2)^2+4x^2y^2-4x^2y^2$　← $2\bigcirc\triangle$ にあたるのは　$2\cdot x^2\cdot 2y^2=4x^2y^2$

$=(x^2+2y^2)^2-4x^2y^2$

$=\{(x^2+2y^2)+2xy\}\{(x^2+2y^2)-2xy\}$

$=\boldsymbol{(x^2+2xy+2y^2)(x^2-2xy+2y^2)}$

item 5

実数と絶対値

循環小数って？？？　絶対値は必ず 0 以上の数になるよ。

実数の分類

- 実数
  - 有理数
    - 整数
      - 正の整数(自然数)
      - 0
      - 負の整数
    - 分数
      - 有限小数
      - 循環小数 ─┐無限小数
  - 無理数(循環しない無限小数) ─┘無限小数

・整数と分数をまとめて**有理数**という。

つまり，**有理数は** $\dfrac{m}{n}$ (m，n は整数，$n \neq 0$)の形で表せる。

・$\dfrac{m}{n}$ の形で表せない数が**無理数**である。

・有理数と無理数を合わせて**実数**という。

循環小数 $0.\dot{6}4\dot{8}$ を分数で表せ。　(京都中央看護保健大学校)

$0.\dot{6}4\dot{8}$ を 1000 倍しよう。1000 倍したものの小数点以下は，$0.\dot{6}4\dot{8}$ と等しくなるよ。

$x=0.\dot{6}4\dot{8}$ とおく。 ← 循環する部分(循環節という)：648

$$\begin{array}{rrl} & 1000x = & 648.648648\cdots \\ -) & x = & 0.648648\cdots \\ \hline & 999x = & 648 \end{array}$$

← 小数点が循環節のあとに来るように。
← 小数点が循環節の前に来るように。

$$x=\frac{648}{999}=\frac{24}{37}$$ …答

チェック 5-1　2分　解答▶別冊 *p.5*

1　循環小数 $0.\dot{2}\dot{7}$ を分数で表せ。　(三友堂看護専門学校)

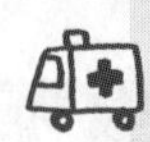

数直線上で実数 a に対応する点と原点との**距離**を a の絶対値といい，記号で $|a|$ と表す。

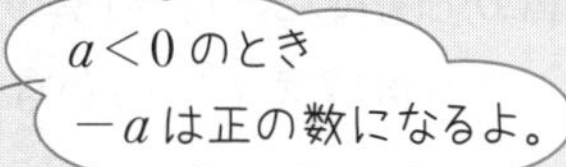

距離OA $=|a|$

根号と絶対値記号

$$\sqrt{a^2}=|a|=\begin{cases} a\ (a\geqq 0\ のとき) \\ -a\ (a<0\ のとき) \end{cases}$$

$a<0$ のとき
$-a$ は正の数になるよ。

ケース 5-2 ★★★

次の問いに答えよ。

(1) $|\sqrt{3}-2|-|\sqrt{3}-1|$ の値を求めよ。（市立室蘭看護専門学院）

(2) $|\sqrt{2}-2|+|\sqrt{2}-2|^2$ の値を求めよ。（加治木看護専門学校）

(3) $A=\sqrt{x^2-4x+4}+\sqrt{x^2+6x+9}$ において，$x<-3$ の場合，A を簡単にすると □ である。（宝塚市立看護専門学校）

処方せん

(1) 絶対値記号内の数の符号に注意して，絶対値記号をはずす。

(2) どんな数も平方すると 0 以上になるから　$|\sqrt{2}-2|^2=(\sqrt{2}-2)^2$

(3) ❶ $\sqrt{a^2}=|a|$ を使う。

❷ この根号の中の式は平方の形に因数分解できることに注意して，絶対値記号を用いて表す。$\sqrt{a^2}=|a|$

解答

(1) $|\sqrt{3}-2|-|\sqrt{3}-1|=(2-\sqrt{3})-(\sqrt{3}-1)$　← $2>\sqrt{3}$，$\sqrt{3}>1$ だから。

$=2-\sqrt{3}-\sqrt{3}+1$

$=\mathbf{3-2\sqrt{3}}$ …答

(2) $|\sqrt{2}-2|+|\sqrt{2}-2|^2=2-\sqrt{2}+(\sqrt{2}-2)^2=2-\sqrt{2}+2-4\sqrt{2}+4$

$=\mathbf{8-5\sqrt{2}}$ …答

(3) $A=\sqrt{x^2-4x+4}+\sqrt{x^2+6x+9}=\sqrt{(x-2)^2}+\sqrt{(x+3)^2}=|x-2|+|x+3|$

$x<-3$ のとき，$|x-2|=-(x-2)$，$|x+3|=-(x+3)$ だから

$A=-(x-2)-(x+3)=\mathbf{-2x-1}$ …答

チェック 5-2　5分　解答▶別冊 p.5

1 次の問いに答えよ。

(1) $|2-5|+|2|\times|-5|+|2\times(-5)|$ の値を求めよ。（国際医療福祉大学塩谷看護専門学校）

(2) $\sqrt{x^2-4x+4}+\sqrt{x^2+2x+1}$ を x の整式で表せ。（愛仁会看護助産専門学校）

item 6 無理数の計算

整式と同じように計算すればいい。

2乗すると a になる数を a の平方根というんだ。これは中学校で習ったよね！　まずは，復習から始めよう。計算するときは，整式の計算と同じようにすればいいんだけど，それは覚えているかな？

平方根の性質

$a>0$，$b>0$ のとき　（これ，とても大事！）

Ⅰ　$(\sqrt{a})^2=a$　　$\sqrt{a^2}=a$　　$\sqrt{a^2b}=a\sqrt{b}$

Ⅱ　$\sqrt{a}\sqrt{b}=\sqrt{ab}$　　$\dfrac{\sqrt{a}}{\sqrt{b}}=\sqrt{\dfrac{a}{b}}$

ケース 6-1　★★★

次の式を計算せよ。

(1) $\sqrt{72}-\sqrt{18}+\sqrt{8}$　（福島看護専門学校）

(2) $\sqrt{75}-\sqrt{147}+\sqrt{300}$　（石川県立総合看護専門学校）

❶ まず，$\sqrt{a^2b}=a\sqrt{b}$ を利用して1項ずつ根号内の数を小さくする。

❷ 次に，$x\sqrt{a}+y\sqrt{a}-z\sqrt{a}=(x+y-z)\sqrt{a}$ のように，**$\sqrt{a}$ を1つの文字**と考えて計算する。

(1) $\sqrt{72}=\sqrt{6^2\cdot2}=6\sqrt{2}$，$\sqrt{18}=\sqrt{3^2\cdot2}=3\sqrt{2}$，$\sqrt{8}=\sqrt{2^3}=2\sqrt{2}$ だから

$$\sqrt{72}-\sqrt{18}+\sqrt{8}=6\sqrt{2}-3\sqrt{2}+2\sqrt{2}$$
$$=(6-3+2)\sqrt{2}=5\sqrt{2}\quad\cdots\text{答}$$

(2) $\sqrt{75}=\sqrt{5^2\cdot3}=5\sqrt{3}$，$\sqrt{147}=\sqrt{7^2\cdot3}=7\sqrt{3}$，$\sqrt{300}=\sqrt{10^2\cdot3}=10\sqrt{3}$ だから

（1＋4＋7＝12 で3の倍数なので3を因数にもつ。）

$$\sqrt{75}-\sqrt{147}+\sqrt{300}$$
$$=5\sqrt{3}-7\sqrt{3}+10\sqrt{3}$$
$$=(5-7+10)\sqrt{3}=8\sqrt{3}\quad\cdots\text{答}$$

チェック 6-1　3分　解答▶別冊 p.6

1 次の式を計算せよ。

(1) $4\sqrt{2}+\sqrt{50}-\sqrt{18}$　(昭和大学医学部附属看護専門学校)

(2) $\sqrt{24}-\sqrt{28}+\sqrt{54}+\sqrt{112}$　(更生看護専門学校)

ケース 6-2　★★★★

次の式を計算せよ。

(1) $(\sqrt{20}+\sqrt{3})(\sqrt{5}-\sqrt{27})$　(京都中央看護保健大学校)

(2) $(2\sqrt{2}+\sqrt{6})^2$　(四日市医師会看護専門学校)

(3) $(2+\sqrt{3}+\sqrt{7})(2+\sqrt{3}-\sqrt{7})$　(東京女子医科大学看護専門学校)

- 展開公式を使うなどして，式を展開しよう。
- $\sqrt{a^2b}=a\sqrt{b}$ として，根号内の数を小さくしてから計算しよう。

(1) $(\sqrt{20}+\sqrt{3})(\sqrt{5}-\sqrt{27})$　← $\sqrt{20}=2\sqrt{5}$，$\sqrt{27}=3\sqrt{3}$

$=(2\sqrt{5}+\sqrt{3})(\sqrt{5}-3\sqrt{3})$　← $\sqrt{5}$ と $\sqrt{3}$ を文字のように考えて展開する。

$=2(\sqrt{5})^2-2\sqrt{5}\cdot3\sqrt{3}+\sqrt{3}\cdot\sqrt{5}-3(\sqrt{3})^2$

$=10-6\sqrt{15}+\sqrt{15}-9=\mathbf{1-5\sqrt{15}}$　…答

(2) $(2\sqrt{2}+\sqrt{6})^2$　← $\sqrt{2}$ も $\sqrt{6}$ もこれ以上簡単にはできないので，まず展開しよう。

$=4(\sqrt{2})^2+4\cdot\sqrt{2}\cdot\sqrt{6}+(\sqrt{6})^2$

$=8+8\sqrt{3}+6$　← $\sqrt{12}=2\sqrt{3}$

$=\mathbf{14+8\sqrt{3}}$　…答

(3) $(2+\sqrt{3}+\sqrt{7})(2+\sqrt{3}-\sqrt{7})$　← $2+\sqrt{3}$ をひとまとめと考えると，和と差の展開公式が使える。

$=\{(2+\sqrt{3})+\sqrt{7}\}\{(2+\sqrt{3})-\sqrt{7}\}$

$=(2+\sqrt{3})^2-(\sqrt{7})^2$

$=4+4\sqrt{3}+(\sqrt{3})^2-7=\mathbf{4\sqrt{3}}$　…答

チェック 6-2　5分　解答▶別冊 p.6

1 次の式を計算せよ。

(1) $(4\sqrt{3}+\sqrt{7})(\sqrt{3}-\sqrt{7})$　(秋田しらかみ看護学院)

(2) $(\sqrt{2}+\sqrt{3})^2-(\sqrt{5})^2$　(藤田保健衛生大学看護専門学校)

(3) $(\sqrt{5}+\sqrt{7}+\sqrt{11})(\sqrt{5}+\sqrt{7}-\sqrt{11})$　(島田市立看護専門学校)

item 7

分母の有理化

分母は有理数にするのが鉄則！

分母の有理化

$\dfrac{\sqrt{a}}{\sqrt{b}}$ の分母と分子に $\sqrt{b}$ を掛けると $\dfrac{\sqrt{a}\cdot\sqrt{b}}{(\sqrt{b})^2}=\dfrac{\sqrt{ab}}{b}$ となり，分母を有理数にすることができる。 ← 分数の分母と同じ数

ケース 7-1 ★★★

次の式を簡単にせよ。

(1) $\sqrt{128}-\dfrac{2}{\sqrt{18}}-\sqrt{\dfrac{8}{9}}$ （富山県立総合衛生学院）

(2) $\dfrac{3\sqrt{2}}{2\sqrt{3}}-\dfrac{\sqrt{3}}{3\sqrt{2}}-\dfrac{1}{2\sqrt{6}}+\dfrac{\sqrt{6}}{4}$ （名古屋市立中央看護専門学校）

(1) $\sqrt{\dfrac{8}{9}}=\dfrac{\sqrt{8}}{\sqrt{9}}$

(2) それぞれの項の分母を有理化すると，$\sqrt{6}$ でまとめることができるかも？？？

(1) $\sqrt{128}=\sqrt{2^7}=2^3\sqrt{2}=8\sqrt{2}$ ← 分母と分子に $\sqrt{2}$ を掛ける。

$\dfrac{2}{\sqrt{18}}=\dfrac{2}{\sqrt{3^2\cdot2}}=\dfrac{2}{3\sqrt{2}}=\dfrac{2\sqrt{2}}{3(\sqrt{2})^2}=\dfrac{2\sqrt{2}}{3\cdot2}=\dfrac{\sqrt{2}}{3}$　　$\sqrt{\dfrac{8}{9}}=\dfrac{\sqrt{2^3}}{\sqrt{3^2}}=\dfrac{2\sqrt{2}}{3}$

与式 $=8\sqrt{2}-\dfrac{\sqrt{2}}{3}-\dfrac{2\sqrt{2}}{3}=8\sqrt{2}-\sqrt{2}=\mathbf{7\sqrt{2}}$ …答

(2) $\dfrac{3\sqrt{2}}{2\sqrt{3}}=\dfrac{3\sqrt{2}\cdot\sqrt{3}}{2(\sqrt{3})^2}=\dfrac{3\sqrt{6}}{2\cdot3}=\dfrac{\sqrt{6}}{2}$ ← 分母と分子に $\sqrt{3}$ を掛ける。

分母と分子に $\sqrt{6}$ を掛ける。

$\dfrac{\sqrt{3}}{3\sqrt{2}}=\dfrac{\sqrt{3}\cdot\sqrt{2}}{3(\sqrt{2})^2}=\dfrac{\sqrt{6}}{6}$　　$\dfrac{1}{2\sqrt{6}}=\dfrac{\sqrt{6}}{2(\sqrt{6})^2}=\dfrac{\sqrt{6}}{12}$

与式 $=\dfrac{\sqrt{6}}{2}-\dfrac{\sqrt{6}}{6}-\dfrac{\sqrt{6}}{12}+\dfrac{\sqrt{6}}{4}=\dfrac{(6-2-1+3)\sqrt{6}}{12}=\dfrac{6\sqrt{6}}{12}=\mathbf{\dfrac{\sqrt{6}}{2}}$ …答

解答▶別冊 p.6

1 次の式を簡単にせよ。

(1) $\dfrac{5}{\sqrt{12}}-\dfrac{3}{\sqrt{27}}$ （大原看護専門学校）

(2) $\dfrac{2}{\sqrt{6}}+\dfrac{2\sqrt{2}}{\sqrt{3}}-\dfrac{3\sqrt{12}}{\sqrt{18}}$ （富山県立総合衛生学院）

$\dfrac{A}{\sqrt{a}\pm\sqrt{b}}$ の形の分母の有理化

$$\frac{A}{\sqrt{a}+\sqrt{b}}=\frac{A(\sqrt{a}-\sqrt{b})}{(\sqrt{a}+\sqrt{b})(\sqrt{a}-\sqrt{b})}=\frac{A(\sqrt{a}-\sqrt{b})}{a-b}$$

分母と分子に $(\sqrt{a}-\sqrt{b})$ を掛ける。

$$\frac{A}{\sqrt{a}-\sqrt{b}}=\frac{A(\sqrt{a}+\sqrt{b})}{(\sqrt{a}-\sqrt{b})(\sqrt{a}+\sqrt{b})}=\frac{A(\sqrt{a}+\sqrt{b})}{a-b}$$

分母と分子に $(\sqrt{a}+\sqrt{b})$ を掛ける。

ケース 7-2 ★★★

次の式を簡単にせよ。

(1) $\dfrac{\sqrt{2}}{\sqrt{3}+1}-\dfrac{\sqrt{3}-2}{2\sqrt{2}}$

（王子総合病院附属看護専門学校）

(2) $\dfrac{8}{3-\sqrt{5}}-\dfrac{2}{2+\sqrt{5}}$

（名古屋市医師会看護専門学校）

処方せん

(1) $\dfrac{\sqrt{2}}{\sqrt{3}+1}$ には $(\sqrt{3}-1)$ を，$\dfrac{\sqrt{3}-2}{2\sqrt{2}}$ には $\sqrt{2}$ を，分母と分子に掛ける。

(2) $\dfrac{8}{3-\sqrt{5}}$ には $(3+\sqrt{5})$ を，$\dfrac{2}{2+\sqrt{5}}$ には $(2-\sqrt{5})$ を，分母と分子に掛ける。

解答

(1) $\dfrac{\sqrt{2}}{\sqrt{3}+1}=\dfrac{\sqrt{2}(\sqrt{3}-1)}{(\sqrt{3}+1)(\sqrt{3}-1)}=\dfrac{\sqrt{6}-\sqrt{2}}{3-1}=\dfrac{\sqrt{6}-\sqrt{2}}{2}$

$\dfrac{\sqrt{3}-2}{2\sqrt{2}}=\dfrac{(\sqrt{3}-2)\sqrt{2}}{2\sqrt{2}\times\sqrt{2}}=\dfrac{\sqrt{6}-2\sqrt{2}}{4}$

与式 $=\dfrac{\sqrt{6}-\sqrt{2}}{2}-\dfrac{\sqrt{6}-2\sqrt{2}}{4}=\dfrac{(2\sqrt{6}-2\sqrt{2})-(\sqrt{6}-2\sqrt{2})}{4}=\dfrac{\sqrt{6}}{4}$ …答

(2) $\dfrac{8}{3-\sqrt{5}}=\dfrac{8(3+\sqrt{5})}{(3-\sqrt{5})(3+\sqrt{5})}=\dfrac{8(3+\sqrt{5})}{9-5}=\dfrac{8(3+\sqrt{5})}{4}=6+2\sqrt{5}$

$\dfrac{2}{2+\sqrt{5}}=\dfrac{2(2-\sqrt{5})}{(2+\sqrt{5})(2-\sqrt{5})}=\dfrac{4-2\sqrt{5}}{4-5}=-4+2\sqrt{5}$

与式 $=(6+2\sqrt{5})-(-4+2\sqrt{5})=\mathbf{10}$ …答

チェック 7-2 4分 解答▶別冊 p.6

1 次の式を簡単にせよ。

(1) $\dfrac{\sqrt{2}}{\sqrt{3}+\sqrt{2}}-\dfrac{\sqrt{3}}{\sqrt{3}-\sqrt{2}}$

（石川県立総合看護専門学校）

(2) $\dfrac{\sqrt{5}}{\sqrt{3}+1}-\dfrac{\sqrt{3}}{\sqrt{5}+\sqrt{3}}$

（秋田県立衛生看護学院）

有理化する分数は $\dfrac{\sqrt{a}+\sqrt{b}}{\sqrt{a}-\sqrt{b}}$ や $\dfrac{\sqrt{a}-\sqrt{b}}{\sqrt{a}+\sqrt{b}}$ の形で出題されることがとっても多いんだ。やり方はケース *7-2* と同じなんだけど，この場合分子は $(\bigcirc\pm\triangle)^2$ となるから，とても特徴的な式になるんだよ。**分母は和と差の積，分子は2乗**だ！

ケース 7-3 ★★★★★

次の式を簡単にせよ。

(1) $\dfrac{\sqrt{7}+\sqrt{5}}{\sqrt{7}-\sqrt{5}}+\dfrac{\sqrt{7}-\sqrt{5}}{\sqrt{7}+\sqrt{5}}$ （愛生会看護専門学校，四国医療専門学校）

(2) $\dfrac{\sqrt{5}+\sqrt{3}}{\sqrt{5}-\sqrt{3}}+\dfrac{\sqrt{5}-\sqrt{3}}{\sqrt{5}+\sqrt{3}}$ （君津中央病院附属看護学校）

ケース *7-2* と同じように，1つ1つの項を有理化すればいいよ。つまり，通分しているのと同じだね。

(1) $\dfrac{\sqrt{7}+\sqrt{5}}{\sqrt{7}-\sqrt{5}}=\dfrac{(\sqrt{7}+\sqrt{5})^2}{(\sqrt{7}-\sqrt{5})(\sqrt{7}+\sqrt{5})}=\dfrac{7+2\sqrt{35}+5}{7-5}=\dfrac{12+2\sqrt{35}}{2}$

$=6+\sqrt{35}$

$\dfrac{\sqrt{7}-\sqrt{5}}{\sqrt{7}+\sqrt{5}}=\dfrac{(\sqrt{7}-\sqrt{5})^2}{(\sqrt{7}+\sqrt{5})(\sqrt{7}-\sqrt{5})}=\dfrac{7-2\sqrt{35}+5}{7-5}=\dfrac{12-2\sqrt{35}}{2}$

$=6-\sqrt{35}$

よって　与式 $=(6+\sqrt{35})+(6-\sqrt{35})=12$ …答

(2) $\dfrac{\sqrt{5}+\sqrt{3}}{\sqrt{5}-\sqrt{3}}=\dfrac{(\sqrt{5}+\sqrt{3})^2}{(\sqrt{5}-\sqrt{3})(\sqrt{5}+\sqrt{3})}=\dfrac{5+2\sqrt{15}+3}{5-3}=\dfrac{8+2\sqrt{15}}{2}$

$=4+\sqrt{15}$

$\dfrac{\sqrt{5}-\sqrt{3}}{\sqrt{5}+\sqrt{3}}=\dfrac{(\sqrt{5}-\sqrt{3})^2}{(\sqrt{5}+\sqrt{3})(\sqrt{5}-\sqrt{3})}=\dfrac{5-2\sqrt{15}+3}{5-3}=\dfrac{8-2\sqrt{15}}{2}$

$=4-\sqrt{15}$

よって　与式 $=(4+\sqrt{15})+(4-\sqrt{15})=8$ …答

チェック 7-3 4分　解答▶別冊 *p.7*

1 次の式を簡単にせよ。

(1) $\dfrac{\sqrt{5}-2}{\sqrt{5}+2}+\dfrac{\sqrt{5}+2}{\sqrt{5}-2}$ （帝京山梨看護専門学校）

(2) $\left(\dfrac{\sqrt{3}+1}{\sqrt{3}-1}\right)^2+\left(\dfrac{\sqrt{3}-1}{\sqrt{3}+1}\right)^2$ （竹田看護専門学校）

★★★★

次の式を簡単にせよ。

$$\frac{1}{2-\sqrt{2}}+\frac{1}{2+\sqrt{2}}+\frac{1}{3-\sqrt{3}}+\frac{1}{3+\sqrt{3}}$$

（石巻赤十字看護専門学校）

●1つ1つの項を有理化するのは今まで通り。
●分母の有理化ではただ1つ，$(\sqrt{a})^2-(\sqrt{b})^2$ をめざす。

解答

$$\frac{1}{2-\sqrt{2}}=\frac{2+\sqrt{2}}{(2-\sqrt{2})(2+\sqrt{2})}=\frac{2+\sqrt{2}}{2^2-(\sqrt{2})^2}=\frac{2+\sqrt{2}}{2}$$

$$\frac{1}{2+\sqrt{2}}=\frac{2-\sqrt{2}}{(2+\sqrt{2})(2-\sqrt{2})}=\frac{2-\sqrt{2}}{2^2-(\sqrt{2})^2}=\frac{2-\sqrt{2}}{2}$$

$$\frac{1}{3-\sqrt{3}}=\frac{3+\sqrt{3}}{(3-\sqrt{3})(3+\sqrt{3})}=\frac{3+\sqrt{3}}{3^2-(\sqrt{3})^2}=\frac{3+\sqrt{3}}{6}$$

$$\frac{1}{3+\sqrt{3}}=\frac{3-\sqrt{3}}{(3+\sqrt{3})(3-\sqrt{3})}=\frac{3-\sqrt{3}}{3^2-(\sqrt{3})^2}=\frac{3-\sqrt{3}}{6}$$

よって　与式 $=\frac{2+\sqrt{2}}{2}+\frac{2-\sqrt{2}}{2}+\frac{3+\sqrt{3}}{6}+\frac{3-\sqrt{3}}{6}=\frac{4}{2}+\frac{6}{6}=3$　…答

[別解]　2項ずつ組み合わせて，通分しよう。

$$\frac{1}{2-\sqrt{2}}+\frac{1}{2+\sqrt{2}}+\frac{1}{3-\sqrt{3}}+\frac{1}{3+\sqrt{3}}$$

$$=\frac{(2+\sqrt{2})+(2-\sqrt{2})}{(2-\sqrt{2})(2+\sqrt{2})}+\frac{(3+\sqrt{3})+(3-\sqrt{3})}{(3-\sqrt{3})(3+\sqrt{3})}=\frac{4}{4-2}+\frac{6}{9-3}$$

$$=2+1=3$$

チェック 7-4　6分　解答▶別冊 p.7

1　次の式を簡単にせよ。

(1) $\frac{1}{\sqrt{2}-1}+\frac{1}{\sqrt{2}+\sqrt{3}}-\frac{1}{1-\sqrt{2}}$　（市立函館病院高等看護学院）

(2) $\frac{1}{(2-\sqrt{3})^2}+\frac{1}{(2+\sqrt{3})^2}$　（鹿児島医療福祉専門学校）

(3) $\frac{\sqrt{2}}{\sqrt{3}-1}+\frac{\sqrt{2}}{\sqrt{3}+1}-\frac{\sqrt{3}}{\sqrt{2}+1}$　（市立室蘭看護専門学院）

次は，分母の項の数が3つの場合だ。ちょっと手間はかかるけど，今までと同じようにすれば解けるよ。

★★★

$\dfrac{1}{2+\sqrt{3}+\sqrt{7}}$ の分母を有理化せよ。（東京女子医科大学看護専門学校）

分母の項が2つであれば今までと同じようにできるから，3つのうちの2つの項を組み合わせて，2つの項として考えてみよう。

$(2+\sqrt{3})+\sqrt{7}$ と考えると，掛ける数は $(2+\sqrt{3})-\sqrt{7}$ だから，

このとき　$\{(2+\sqrt{3})+\sqrt{7}\}\{(2+\sqrt{3})-\sqrt{7}\}$

$=(2+\sqrt{3})^2-(\sqrt{7})^2=4+4\sqrt{3}+3-7=\underline{4\sqrt{3}}$

$2+(\sqrt{3}+\sqrt{7})$ と考えると，掛ける数は $2-(\sqrt{3}+\sqrt{7})$ だから，

$\{2+(\sqrt{3}+\sqrt{7})\}\{2-(\sqrt{3}+\sqrt{7})\}=2^2-(\sqrt{3}+\sqrt{7})^2$

$=4-(3+2\sqrt{21}+7)=\underline{-6-2\sqrt{21}}$

$(2+\sqrt{7})+\sqrt{3}$ と考えると，掛ける数は $(2+\sqrt{7})-\sqrt{3}$ だから，

$\{(2+\sqrt{7})+\sqrt{3}\}\{(2+\sqrt{7})-\sqrt{3}\}=(2+\sqrt{7})^2-(\sqrt{3})^2$

$=4+4\sqrt{7}+7-3=\underline{8+4\sqrt{7}}$

どうやら，はじめの組み合わせ方が一番ラクそうだね。

$$\frac{1}{2+\sqrt{3}+\sqrt{7}}=\frac{(2+\sqrt{3})-\sqrt{7}}{\{(2+\sqrt{3})+\sqrt{7}\}\{(2+\sqrt{3})-\sqrt{7}\}}$$

← この組み合わせ方を採用！

$$=\frac{2+\sqrt{3}-\sqrt{7}}{(2+\sqrt{3})^2-(\sqrt{7})^2}=\frac{2+\sqrt{3}-\sqrt{7}}{4+4\sqrt{3}+3-7}$$

もう1度分母の有理化が必要だね。

$$=\frac{2+\sqrt{3}-\sqrt{7}}{4\sqrt{3}}=\frac{(2+\sqrt{3}-\sqrt{7})\sqrt{3}}{4(\sqrt{3})^2}=\frac{\mathbf{2\sqrt{3}+3-\sqrt{21}}}{\mathbf{12}}$$ …答

チェック 7-5　5分　解答▶別冊 p.7

1　次の式の分母を有理化せよ。（藤田保健衛生大学看護専門学校）

(1) $\dfrac{1}{\sqrt{2}+\sqrt{3}-\sqrt{5}}$

難 (2) $\dfrac{\sqrt{2}-\sqrt{3}+\sqrt{5}}{\sqrt{2}+\sqrt{3}-\sqrt{5}}$

★3つの項はこうして組み合わせよう

3つの項をそれぞれ2乗する。…＊

＊のうち，2つを加えたものが残りの1つになっていればその組み合わせがラク。

2つを加えたものが残りの1つにならない場合はどれを組み合わせても同じ。

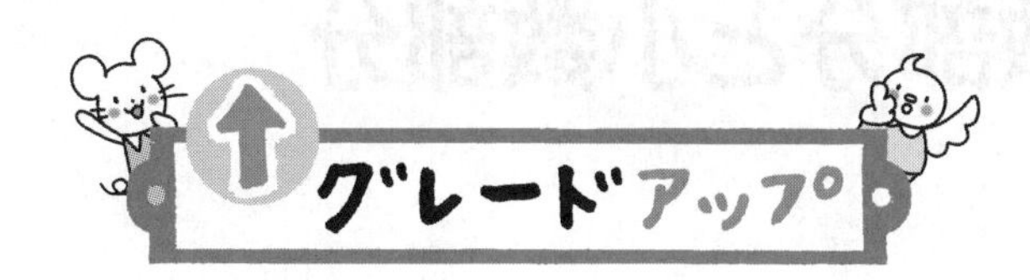

2重根号

$\sqrt{○+\sqrt{△}}$ のように，根号が2重になっている式を，$\sqrt{●}+\sqrt{▲}$ のような式に直そう。

例 $\sqrt{9+2\sqrt{14}}$ の2重根号をはずして簡単にせよ。（藤沢市立看護専門学校）

ここで使うのは，$\sqrt{(a+b)^2}=a+b$（ただし，$a+b>0$）だ。
まず，$\sqrt{9+2\sqrt{14}}=\sqrt{x}+\sqrt{y}$ と表されるとするよ。
両辺を2乗すると $9+2\sqrt{14}=x+y+2\sqrt{xy}$ となるね。
だから，$x+y=9$，$xy=14$ が成り立つとわかる。
これは連立方程式なんだけど，そんなに難しく考えなくていい。
「足して9，掛けて14になる2整数」を探せばいいんだ。
要注意！ルートの中は正だからね！

2と7とわかるから，答えは $\sqrt{7}+\sqrt{2}$ だね。

中のルートの数が $2\sqrt{●}$ になっていないときは，$\sqrt{a^2b}=a\sqrt{b}$ を利用して，$2\sqrt{●}$ の形にしよう。

2重根号のはずし方

❶ $\sqrt{○\pm2\sqrt{△}}$ の形にする。

無理数の部分が $\sqrt{12}$ なら？ $\sqrt{12}=2\sqrt{3}$ とすればOK！
無理数の部分が $3\sqrt{48}$ なら？ $3\sqrt{48}=\sqrt{3^2\cdot2^2\cdot12}=2\sqrt{9\cdot12}=2\sqrt{108}$ とすればOK！

❷ 足して○，掛けて△になる2つの整数を求める。

$\sqrt{9+2\sqrt{14}}$ の2重根号をはずすと $\sqrt{7}+\sqrt{2}$（大・小） これは，$\sqrt{2}+\sqrt{7}$ としてもOK！

$\sqrt{9-2\sqrt{14}}$ の2重根号をはずすと $\sqrt{7}-\sqrt{2}$（大・小） これも，$\sqrt{2}-\sqrt{7}$ としてもOKかな？

ココがマイナスのときは，$\sqrt{大}-\sqrt{小}$

これはダメ！$\sqrt{2}-\sqrt{7}$ は負の数。もとの2重根号の数は正の数。だから等しくならない。
ルートの中の符号にかかわらず，2つの正の整数が見つかったら，
大きな数を先に書くほうが安心だね。

item 8

無理数の整数部分と小数部分

無理数は無限小数。

$\sqrt{5}=2.23606\cdots$だったよね？では，この数の整数部分と小数部分について考えてみよう。整数部分と小数部分をそれぞれ答えてみて。

うーーーん。整数部分は2ですよね。で，小数部分は0.23606…？？？あれ？

整数部分は正しいね。でも，小数部分の…はいただけないな。
「(無理数 A)＝(A の整数部分)＋(A の小数部分)」だよね？ここから，
「(無理数 A の小数部分)＝A－(A の整数部分)」と表すことができるんだ。

えっと，じゃあ$\sqrt{5}$の小数部分は，$\sqrt{5}-2$かな？？？

その通り！もっと自信を持って！

無理数の整数部分と小数部分

無理数 x の整数部分を a，小数部分を b とすると

$x=a+b$（a：整数，b：$0<b<1$ をみたす無限小数）

よって　$b=x-a$

ケース 8-1　★★★

$1+\sqrt{3}$ の小数部分を求めよ。　（鹿児島中央看護専門学校）

処方せん

❶ まず，$\sqrt{3}$ の範囲を求めよう。1，2，3，…を2乗した数と$\sqrt{3}$を2乗した数3を比べるとわかりやすいよ。数直線 1^2　2^2　3^2　… の中で，どこが3の位置かな？

❷ 次に$1+\sqrt{3}$の範囲を求めよう。

❸ そうすれば，$1+\sqrt{3}$の整数部分がわかる。

❹ $1+\sqrt{3}$から，❸で求めた整数を引けばいい。

$1<\sqrt{3}<2$ ← $1^2<3<2^2$ より

よって　$2<1+\sqrt{3}<3$ ← $1<\sqrt{3}<2$ の各辺に1を加える。

$1+\sqrt{3}$ の整数部分は2だから，**小数部分は**　$(1+\sqrt{3})-2=\sqrt{3}-1$　…答

チェック 8-1　3分　解答▶別冊 *p.8*

1　$\sqrt{5}$ の整数部分を a，小数部分を b とするとき，$\dfrac{a}{b}$ の小数部分を求めよ。

（佐久総合病院看護専門学校）

ケース 8-2　★★★★

$\sqrt{5}-1$ の整数部分を a，小数部分を b とするとき，$a^2+\dfrac{3}{b}$ を求めよ。

❶ $2<\sqrt{5}<3$ であることから，$\sqrt{5}-1$ の整数部分 a を求めよう。

❷ 小数部分 $b\,(=\sqrt{5}-1-a)$ を決定しよう。

❸ $a^2+\dfrac{3}{b}$ が求められる。

$2<\sqrt{5}<3$ であるから，$1<\sqrt{5}-1<2$ より，整数部分は　$a=1$

よって，$\sqrt{5}-1=1+b$ より　$b=\sqrt{5}-2$

したがって　$a^2+\dfrac{3}{b}=1^2+\dfrac{3}{\sqrt{5}-2}$ ← 分母を有理化

$$=1+\frac{3(\sqrt{5}+2)}{(\sqrt{5}-2)(\sqrt{5}+2)}$$

$$=1+\frac{3(\sqrt{5}+2)}{5-4}$$

$$=1+3\sqrt{5}+6=\mathbf{7+3\sqrt{5}}$$　…答

チェック 8-2　7分　解答▶別冊 *p.8*

1　$\dfrac{1}{2-\sqrt{3}}$ の整数部分を a，小数部分を b とするとき，次の各問いに答えよ。

（新潟県厚生連佐渡看護専門学校）

(1) a，b の値を求めよ。

(2) $a^2+4ab+4b^2$ の値を求めよ。

難 **2**　$\sqrt{28+\sqrt{300}}$ の整数部分を a，小数部分を b とするとき，$\dfrac{1}{a+b+1}+\dfrac{1}{a-b-1}$ の値を求めよ。

（北九州看護大学校）

item 9

式の値

基本は対称式。

対称式

$x+y$，xy，x^2+y^2 のように，x と y を入れ換えてももとの式と同じになるような式を対称式という。

対称式は，**基本対称式 $x+y$，xy** で表せる。

例　$x^2+y^2=(x+y)^2-2xy$

ケース 9-1　★★★★

$x=\dfrac{1}{\sqrt{3}+\sqrt{2}}$，$y=\dfrac{1}{\sqrt{3}-\sqrt{2}}$ のとき，次の式の値を求めよ。

（大原看護専門学校）

(1) $x+y$　　(2) xy　　(3) x^3+y^3

(1)，(2)で，基本対称式の値を求めているね。

(3)は対称式だから，基本対称式で表すことができる。

$x^3+y^3=(x+y)(x^2-xy+y^2)$　← p.16 参照

まずは，分母の有理化！

$$x=\frac{1}{\sqrt{3}+\sqrt{2}}=\frac{\sqrt{3}-\sqrt{2}}{(\sqrt{3}+\sqrt{2})(\sqrt{3}-\sqrt{2})}=\frac{\sqrt{3}-\sqrt{2}}{(\sqrt{3})^2-(\sqrt{2})^2}=\sqrt{3}-\sqrt{2}$$

$$y=\frac{1}{\sqrt{3}-\sqrt{2}}=\frac{\sqrt{3}+\sqrt{2}}{(\sqrt{3}-\sqrt{2})(\sqrt{3}+\sqrt{2})}=\frac{\sqrt{3}+\sqrt{2}}{(\sqrt{3})^2-(\sqrt{2})^2}=\sqrt{3}+\sqrt{2}$$

(1) $x+y=(\sqrt{3}-\sqrt{2})+(\sqrt{3}+\sqrt{2})=\mathbf{2\sqrt{3}}$　…答

(2) $xy=(\sqrt{3}-\sqrt{2})(\sqrt{3}+\sqrt{2})=\mathbf{1}$　…答

(3) $x^3+y^3=(x+y)(x^2-xy+y^2)$

$=(x+y)\{(x^2+y^2)-xy\}$　← $x^2+y^2=(x+y)^2-2xy$

$=(x+y)\{(x+y)^2-3xy\}$

$=2\sqrt{3}\{(2\sqrt{3})^2-3\cdot1\}$

$=2\sqrt{3}(12-3)=\mathbf{18\sqrt{3}}$　…答

とりあえず（　）^{2} の形を作る。

等号が成り立つように，足した分を引いておく。

結果的には分母を有理化せずに計算しても手間はかわらなかったけど，本番ではいつもこうとは限らないよ。「このまま計算した方が簡単だ！」ってよほど自信があるとき以外は，分母の有理化はしておいた方がいいわ。

チェック 9-1　7分　解答▶別冊 *p.8*

1　$x=\dfrac{1}{\sqrt{5}-2}$，$y=\dfrac{1}{\sqrt{5}+2}$ のとき，次の式の値を求めよ。　（三重看護専門学校）

(1)　xy　　(2)　$x+y$　　(3)　x^2+xy+y^2　　(4)　x^3+y^3

2　$x=\dfrac{\sqrt{3}}{\sqrt{2}+1}$，$y=\dfrac{\sqrt{3}}{\sqrt{2}-1}$ のとき，次の式の値を求めよ。　（富山市立看護専門学校）

(1)　$x+y$　　(2)　xy　　(3)　x^2+y^2

ケース 9-2　★★★★

次の問いに答えよ。

(1)　$x+y=3$，$xy=1$ のとき，x^2+y^2，x^3+y^3 の値を求めよ。

（大阪赤十字看護専門学校）

(2)　$x+y=\sqrt{3}$，$x^3+y^3=6\sqrt{3}$ のとき，xy の値を求めよ。

（王子総合病院附属看護専門学校）

対称式は，**基本対称式**で表す。

(2) 対称式の値はわかっているね。求めるのは，基本対称式の xy。

xy を1つの文字のように考えて，方程式を解こう。

(1)　$x^2+y^2=(x+y)^2-2xy=3^2-2\cdot 1=7$　…答

$x^3+y^3=(x+y)(x^2-xy+y^2)$　← p.38 ケース 9-1 (3)参照

$=(x+y)\{(x^2+y^2)-xy\}$

$=3(7-1)=18$　…答

(2)　$x^3+y^3=(x+y)\{(x+y)^2-3xy\}$

$x+y=\sqrt{3}$ を代入すると

$\sqrt{3}\{(\sqrt{3})^2-3xy\}=6\sqrt{3}$　← 両辺を $\sqrt{3}$ で割る。

$3-3xy=6$

$-3xy=3$　　$xy=-1$　…答

$x^2+y^2=(x+y)^2-2xy$
の変形はよく出てくるから
覚えておきましょう。

チェック 9-2　5分　解答▶別冊 *p.8*

1　$x+y=3$，$xy=-1$ のとき，x^2+y^2 と x^3+y^3 の値を求めよ。　（仁心看護専門学校）

2　$x+y=5$，$x^2+y^2=17$ のとき，次の問いに答えよ。　（日鋼記念看護学校）

(1)　xy の値を求めよ。　　(2)　x^3+y^3 の値を求めよ。

基本対称式を作る数が，$\dfrac{\sqrt{3}-\sqrt{2}}{\sqrt{3}+\sqrt{2}}$ と $\dfrac{\sqrt{3}+\sqrt{2}}{\sqrt{3}-\sqrt{2}}$ のように，逆数の関係になっている場合があるよ。出題の形には，

① $x=\dfrac{\sqrt{3}-\sqrt{2}}{\sqrt{3}+\sqrt{2}}$，$y=\dfrac{\sqrt{3}+\sqrt{2}}{\sqrt{3}-\sqrt{2}}$ として，$x+y$ や xy を求める場合

② $x=\dfrac{\sqrt{3}-\sqrt{2}}{\sqrt{3}+\sqrt{2}}$ として，$x+\dfrac{1}{x}$ や $x\cdot\dfrac{1}{x}$ を求める場合

がある。特徴的なのは，**基本対称式の積**の方で，あたりまえだけど

①では $\boldsymbol{xy=1}$，②では $\boldsymbol{x\cdot\dfrac{1}{x}=1}$ となることだ。

ケース 9-3 ★★★★

$x=\dfrac{\sqrt{2}-\sqrt{3}}{\sqrt{2}+\sqrt{3}}$ のとき，次の式の値を求めよ。（新潟県厚生連佐渡看護専門学校）

(1) $x+\dfrac{1}{x}$　　(2) $x^2+\dfrac{1}{x^2}$

基本対称式を求めよう。　← (1)は基本対称式のうちの１つ

(2) x^2+y^2 を基本対称式 $x+y$，xy で表すのと同じだよ。

$$x^2+\frac{1}{x^2}=\left(x+\frac{1}{x}\right)^2-2x\cdot\frac{1}{x}=\left(x+\frac{1}{x}\right)^2-2$$

(1) $x=\dfrac{\sqrt{2}-\sqrt{3}}{\sqrt{2}+\sqrt{3}}=\dfrac{(\sqrt{2}-\sqrt{3})^2}{(\sqrt{2}+\sqrt{3})(\sqrt{2}-\sqrt{3})}=\dfrac{2-2\sqrt{6}+3}{2-3}$

$=2\sqrt{6}-5$

$\dfrac{1}{x}=\dfrac{\sqrt{2}+\sqrt{3}}{\sqrt{2}-\sqrt{3}}=\dfrac{(\sqrt{2}+\sqrt{3})^2}{(\sqrt{2}-\sqrt{3})(\sqrt{2}+\sqrt{3})}=\dfrac{2+2\sqrt{6}+3}{2-3}$

$=-2\sqrt{6}-5$

よって　$x+\dfrac{1}{x}=(2\sqrt{6}-5)+(-2\sqrt{6}-5)=\boldsymbol{-10}$　…答

(2) $x^2+\dfrac{1}{x^2}=\left(x+\dfrac{1}{x}\right)^2-2=(-10)^2-2=\boldsymbol{98}$　…答

（等号が成立するよう差引計算をする。　$-2x\cdot\dfrac{1}{x}=-2$　まず平方を作る。）

チェック 9-3　4分　解答▶別冊 *p.9*

1　$x=\sqrt{3}-\sqrt{2}$ のとき，次のものを求めよ。（愛仁会看護助産専門学校）

(1) $x+\dfrac{1}{x}$　　(2) $x^2+\dfrac{1}{x^2}$　　(3) $x^3+\dfrac{1}{x^3}$

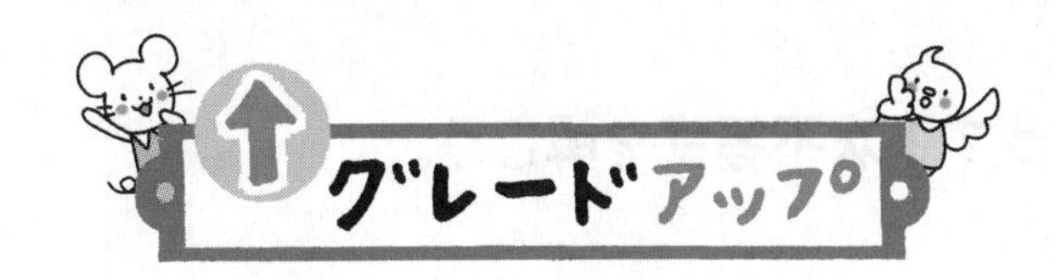

有理数と無理数

有理数と無理数についていろいろ勉強したところで，こんな問題を考えてみよう。

$(1+\sqrt{2})x+(4-3\sqrt{2})y=14$　をみたす有理数 x，y の値を求めよ。

（八王子市立看護専門学校・改）

そんなの無理ですよー。だって，文字は2つあるのに式は1つしかないでしょ？求められるわけないよー。

ここで，有理数と無理数の性質を利用するんだ。いいかい？
まず，かっこをはずして　$x+x\sqrt{2}+4y-3y\sqrt{2}=14$
$\sqrt{2}$ がついた項を右辺に移項して　$x+4y-14=(3y-x)\sqrt{2}$

なんか変だなぁ？右辺には $\sqrt{2}$ があるのに有理数と等しくなるなんて…。

いいところに気付いたね。右辺は「有理数 $\times\sqrt{2}$」，$\sqrt{2}$ がなければいいのにね？

あ！0か!! $0=0$ にするんじゃないですか？

その通り！両辺とも0になるように x，y を決めるんだ。

つまり，$x+4y-14=0$　…①，$3y-x=0$　…② が成り立つんですね？

②より　$x=3y$　…③

①に代入して　$3y+4y-14=0$　　$7y=14$　　$\boldsymbol{y=2}$

③に代入して　$\boldsymbol{x=3\cdot2=6}$

となるのか…。

その通り！この問題は，有理数と無理数の違いをとてもうまく利用している。ただ単に，「無理数の計算ができたからいいや。」なんて思わずに，ちゃんと無理数の性質を理解しておこうね。

item 10

1次不等式

不等式の基本性質を使って1次不等式を解こう。

不等式の基本性質

Ⅰ　$a>b \longrightarrow a+c>b+c,\ a-c>b-c,$

Ⅱ　$a>b$ のとき，$c>0 \longrightarrow ac>bc,\ \dfrac{a}{c}>\dfrac{b}{c}$

$c<0 \longrightarrow ac<bc,\ \dfrac{a}{c}<\dfrac{b}{c}$

これは「不等式でも**移項**ができる」ことを示しているよ。

とくに注意。

ケース 10-1　★★★★

次の不等式を解け。

(1) $\dfrac{3x-1}{2} \geqq \dfrac{4x+3}{5}$　（市立室蘭看護専門学院）

(2) $3+\dfrac{4-2x}{3}>\dfrac{3}{2}x+\dfrac{5}{6}$　（市立函館病院高等看護学院）

❶ 分母をはらい，1次方程式と同じように，移項しよう。

❷ 計算して $ax \geqq b$，$ax<b$ などの形にする。

❸ 両辺を a で割る。そのとき，$a<0$ **であれば，不等号の向きがかわるよ。**

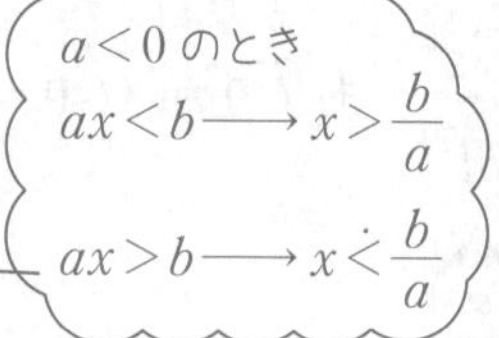

(1) $\dfrac{3x-1}{2} \geqq \dfrac{4x+3}{5}$ の両辺に $\underline{10}$ を掛ける。

分母，2と5の最小公倍数。

$5(3x-1) \geqq 2(4x+3)$ より　$15x-5 \geqq 8x+6$

$7x \geqq 11$　　よって　$x \geqq \dfrac{11}{7}$　…答

(2) $3+\dfrac{4-2x}{3}>\dfrac{3}{2}x+\dfrac{5}{6}$ の両辺に $\underline{6}$ を掛ける。

3にも6を掛けること。　3，2，6の最小公倍数。

$18+2(4-2x)>9x+5$ より　$18+8-4x>9x+5$

$-13x>-21$　　よって　$x<\dfrac{21}{13}$　…答

両辺を**負の数**で割るから**不等号の向きがかわる**よ。

チェック 10-1 4分　解答▶別冊 p.9

1 次の不等式を解け。

(1) $\dfrac{x-5}{3}<\dfrac{2x+3}{7}$ （四国医療専門学校）

(2) $\dfrac{x-1}{2}-\dfrac{-x+1}{3}>1$ （横浜未来看護専門学校）

では，連立不等式にチャレンジだ。

❶ 2つの不等式を解く。

❷ 両方をみたす範囲を求めよう。**数直線**を使うとわかりやすい。

これで解決だよ *!!*

ケース 10-2 ★★★★★

次の連立不等式を解け。

(1) $\begin{cases} 2x-5<3x+1 \\ 1-2(x-3)\geqq 4x-3 \end{cases}$ （君津中央病院附属看護学校）

(2) $5x-3<x+5\leqq 2(x+4)$ （玉野総合医療専門学校）

❶ それぞれの1次不等式を解く。

❷ 2つの解を数直線上に表示し，共通部分を解とする。

(2) $\begin{cases} 5x-3<x+5 \\ x+5\leqq 2(x+4) \end{cases}$ と同じ意味だよ。

(1) $2x-5<3x+1$

移項して　$-x<6$

両辺を -1 で割る。

$x>-6$ …①

不等号の向きがかわった。

$1-2(x-3)\geqq 4x-3$

$1-2x+6\geqq 4x-3$

移項して　$-6x\geqq -10$

両辺を -6 で割る。

$x\leqq \dfrac{5}{3}$ …②

不等号の向きがかわった。

①，②より　$-6<x\leqq \dfrac{5}{3}$ …答

(2) 不等式を，$5x-3<x+5$，$x+5\leqq 2(x+4)$ と2つに分ける。

$5x-3<x+5$

移項して　$4x<8$

両辺を4で割る。

$x<2$　…①

$x+5\leqq 2(x+4)$

$x+5\leqq 2x+8$　← 右辺のかっこをはずす。

移項して　$-x\leqq 3$

両辺を -1 で割る。

$x\geqq -3$　…②

不等号の向きがかわった。

①，②より　$-3\leqq x<2$　…答

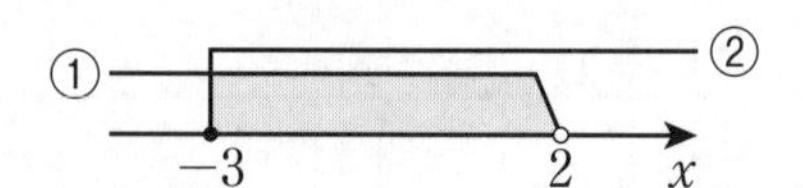

★式①＜式②＜式③ の形の連立不等式の分け方

連立方程式でも同じような形があったのを覚えているかな？　式①＝式②＝式③

これを2つの方程式に分ける場合，どの2つを組み合わせてもよかったよね。

　式①＝式②と式②＝式③，式①＝式③と式②＝式③，

　式①＝式②と式①＝式③

上の，どの連立方程式を解いても正しい解が求められた。でも，不等式の場合はそうはいかない。**式①＜式②と式②＜式③の連立不等式しかダメ**なんだ。

理由は，式①＜式③と式②＜式③だと，もしかすると式②＜式①かもしれない。

　　　　式①＜式②と式①＜式③だと，もしかすると式③＜式②かもしれない。

ちゃんと，3つの式の大小関係が押さえられているのは，1通りしかないんだよ。

計算がラクになる組み合わせ方は選べないけど，組み合わせの工夫を考える時間は節約できるね！

チェック 10-2 6分　解答▶別冊 p.9

1　次の連立不等式を解け。

(1) $\begin{cases} 3(1-x)\leqq 5-x \\ x-9<6(2-x) \end{cases}$　（名古屋市立中央看護専門学校・改）

(2) $\dfrac{x+4}{6}\geqq\dfrac{x}{2}-\dfrac{1}{3}>\dfrac{x}{3}-2$　（PL学園衛生看護専門学校）

不等式の分野では，「不等式を解け」といったわかりやすい形の出題じゃない問題も，中にはあるよ。ちょっとそういう問題にも慣れておこう。

★★★★

次の各問いに答えよ。

(1) $100+5(n-10)\leqq 8n$ をみたす最小の自然数 n を求めよ。

(呉共済病院看護専門学校)

難 (2) $5x-3>x+a$ の解が $x=3$ を含むように定数 a の値の範囲を定めよ。

(PL 学園衛生看護専門学校)

(1) 不等式をみたす n の中で自然数であるものを考える。その中で最小のものはどれか？

(2) 数直線で表したとき（数直線図：3 を含む x の範囲）となる。

(1) $100+5(n-10)\leqq 8n$　　$100+5n-50\leqq 8n$

整理すると　$-3n\leqq -50$　　これより　$n\geqq \dfrac{50}{3}=16\dfrac{2}{3}$

よって，求める最小の自然数 n は

$\boldsymbol{n=17}$　…答

(2) $5x-3>x+a$

整理すると　$4x>a+3$　　$x>\dfrac{a+3}{4}$　…①

$x=3$ を解に含むとき，数直線は下のようになる。

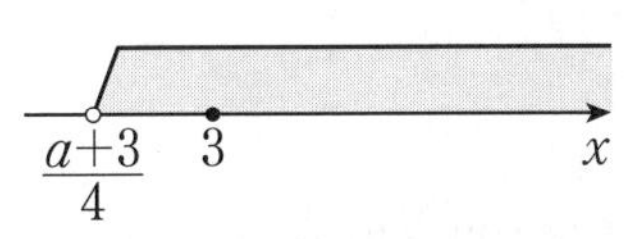

等号は入らない。
等号が入ると，①は $x>3$ となり
解に $x=3$ が含まれない。

よって　$\dfrac{a+3}{4}<3$

両辺を 4 倍して　$a+3<12$

$\boldsymbol{a<9}$　…答

チェック 10-3　4分　解答▶別冊 p.9

難 **1** 連立不等式 $\begin{cases} 5x-8<2x+1 \\ x+3\leqq 3x-a \end{cases}$ をみたす整数 x がちょうど5個存在するような a の値の範囲を求めよ。

(東京都立看護専門学校)

不等式の文章題について考えてみよう。出題が多いのは，食塩水の問題と速さの問題だ。どちらも不得意な人が多いと思うから，ここでちゃんと勉強しておこうね。食塩水や速さに関する問題は，方程式の分野でもよく出題されるよ。解き方は一緒だから，復習を兼ねて練習だ！

★★★★

濃度10%の食塩水が340gある。これに食塩を加えて濃度を15%以上，20%以下になるようにしたいと思う。加える食塩の量の範囲を求めよ。

(名古屋医師会看護専門学校)

- 食塩水の濃度＝$\dfrac{\text{食塩の重さ}}{\text{食塩水の重さ}}$ ですべて解決！

%で表す場合は，右辺を100倍！

- 10%＝0.1，15%＝0.15，20%＝0.2 ← %(百分率)で表された濃度を割合に直す。
- 文章題では，答えを求めた後に正しいかどうか確認することが大切。

濃度は割合で表し，加える食塩の量を xg として，変化の様子を表に表してみよう。

	はじめ	変化後
食塩水の重さ(g)	340	$340+x$
食塩の重さ(g)	$(340\times0.1=)34$	$34+x$
濃度	0.1 ← $\dfrac{10}{100}$	0.15以上0.2以下 ← 問題より。 $\dfrac{34+x}{340+x}$ ← 計算の結果より。

▭の部分に注目して

$$0.15\leqq\frac{34+x}{340+x}\leqq0.2$$

各辺に $100(340+x)$ を掛けて

$0.15\times100(340+x)\leqq100(34+x)\leqq0.2\times100(340+x)$

$15(340+x)\leqq3400+100x\leqq20(340+x)$ ← 連立不等式。2つの不等式に分けよう。

(i) $15(340+x)\leqq3400+100x$ より　$5100+15x\leqq3400+100x$

$-85x\leqq-1700$　$\underline{x\geqq20}$ …①

(ii) $3400+100x\leqq20(340+x)$ より　$3400+100x\leqq6800+20x$

$80x\leqq3400$　$\underline{x\leqq42.5}$ …②

①，②より　$20\leqq x\leqq42.5$

$x=42.5$ とすると，濃度は

$\dfrac{34+42.5}{340+42.5}\times100=\dfrac{76.5}{382.5}\times100=20(\%)$

$x=20$ とすると，濃度は

$\dfrac{34+20}{340+20}\times100=\dfrac{54}{360}\times100=15(\%)$

よって15%以上20%以下となり，題意に合うね。

答　20g以上42.5g以下

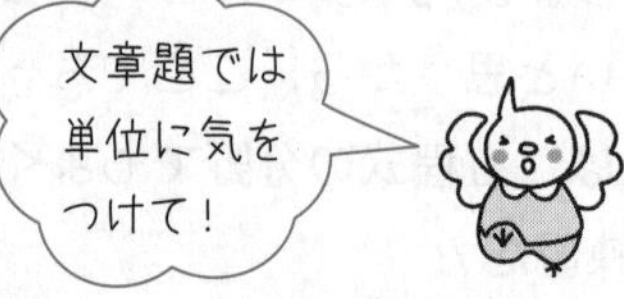

●食塩水に関する公式

食塩水の問題で覚える公式はただ1つ！

$$食塩水の濃度=\frac{食塩の重さ}{食塩水の重さ}$$

%で表す場合は，右辺を100倍します。

だけでいい。食塩の重さや食塩水の重さを求める場合も，この式を変形すればいいんだから！

食塩の重さ＝食塩水の濃度×食塩水の重さ

$$食塩水の重さ=\frac{食塩の重さ}{食塩水の濃度}$$

解答▶別冊 *p.9*

1 濃度10%の食塩水に，濃度6%の食塩水をxg混ぜて，濃度8%以上9%以下の食塩水を200g作る。次の問いに答えよ。　（東京女子医科大学看護専門学校）

(1) 食塩水200gの濃度は何%か。xを用いて表せ。

(2) 濃度6%の食塩水を何g以上何g以下混ぜればよいか。

ケース 10-5 ★★★★

家から1000m離れた駅まで行くのに，はじめ分速60mで歩き，途中から分速80mに速度を増した。出発してから15分以内に駅に着くためには，分速80mで歩く道のりを何m以上にすればよいか。　（高岡市立看護専門学校）

●速さの問題は，「距離＝速さ×時間」で解決だ！

●分速80mで歩く距離をxmとして関係を表す式を作ろう。図をかくとわかりやすいよ。

分速80mで歩く距離をxmとする。

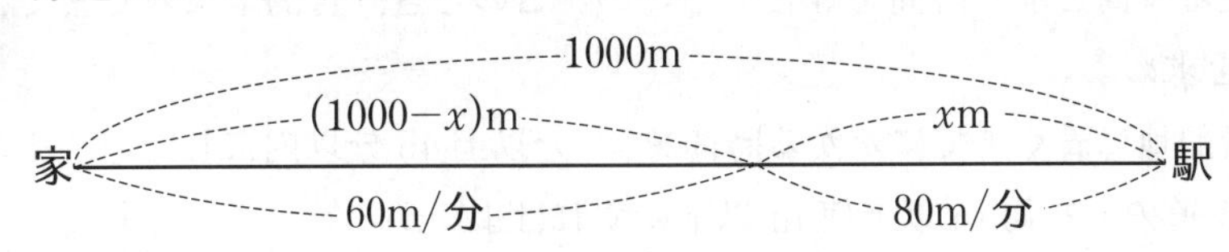

距離＝速さ×時間より　時間$=\dfrac{距離}{速さ}$ ← 問題が「15分以内」となっているので，時間についての式にするのがよさそう。

分速60mで歩いた時間　$\dfrac{1000-x}{60}$(分)　　分速80mで歩いた時間　$\dfrac{x}{80}$(分)

よって　$\dfrac{1000-x}{60}+\dfrac{x}{80}\leqq 15$

両辺に240を掛けて　$4(1000-x)+3x\leqq 15\times 240$　　$4000-4x+3x\leqq 3600$

$-x\leqq -400$

よって　$x\geqq 400$

答　400m以上

$x=400$とすると，かかった時間は

$\dfrac{1000-400}{60}+\dfrac{400}{80}=10+5=15$(分)

よって，400m以上80m/分で歩けば15分以下で着くので，正しい。

★単位をそろえる

速さの問題は，単位に気をつけなくてはいけないよ。問題の中で，kmとm，時間と分と秒が混ざっていることもあるから。

速さの問題では，**「距離＝速さ×時間」**を覚えておこう。速さも時間も，この式を変形すれば得られるよね！

速さ$=\dfrac{距離}{時間}$　　時間$=\dfrac{距離}{速さ}$

単位を考えると覚えやすいよ。
距離：m，速さ：m/分，時間：分
(m)＝(m/分)×(分)

チェック 10-5 10分　解答▶別冊 *p.10*

1 目的地まで6kmの道のりを，はじめは分速180mで走り，途中から分速60mで歩くことにする。（大原看護専門学校）

(1) 走る時間と歩く時間を等しくしたい。このとき，目的地に着くまでにかかる時間を求めよ。

(2) 目的地に着くまでにかかる時間を40分以上45分以内にしたい。そのためには，走る道のりを何m以上何m以下にすればよいか。

item 11

絶対値記号を含む方程式・不等式

場合分けをマスターすれば安心！

絶対値記号を含む方程式・不等式の解法

$a>0$ のとき，方程式 $|x|=a$ の解は，$x=\pm a$

不等式 $|x|<a$ の解は，$-a<x<a$

不等式 $|x|>a$ の解は，$x<-a$，$a<x$

ケース 11-1 ★★★★

次の方程式，不等式を解け。

(1) $|3x-4|=2$ （京都中央看護保健大学校）

(2) $|2x-1|<3$ （王子総合病院附属看護専門学校，三原看護専門学校，四国医療専門学校）

(3) $|3x+7|\geqq 2$ （市立函館病院高等看護学院）

処方せん　上の解法にしたがって解けばいいよ。

解答

(1) $|3x-4|=2$ だから

$3x-4=2$ または $3x-4=-2$

$3x=6$ 　　　$3x=2$

$x=2$ 　　　$x=\dfrac{2}{3}$

よって　$x=2,\ \dfrac{2}{3}$ …答

(2) $|2x-1|<3$ より　$-3<2x-1<3$

$-3<2x-1$ かつ $2x-1<3$

$-2x<2$ 　　　$2x<4$

$x>-1$ …① 　　　$x<2$ …②

「かつ」だから共通部分が答えになる。

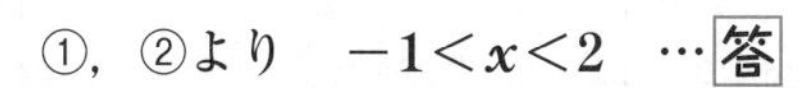

-2(負の数)で割るから不等号の向きがかわる。

①，②より　$-1<x<2$ …答

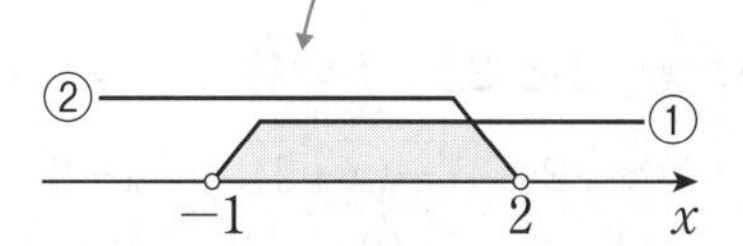

(3) $|3x+7| \geqq 2$ より

$3x+7 \leqq -2$ または $3x+7 \geqq 2$

$3x \leqq -9$ 　　　　$3x \geqq -5$

$x \leqq -3$ 　　　　$x \geqq -\dfrac{5}{3}$

「または」だから
いずれの場合も
答えになる。

よって　$\boldsymbol{x \leqq -3,\ -\dfrac{5}{3} \leqq x}$ …答

チェック 11-1 12分　解答▶別冊 p.10

1 次の方程式，不等式を解け。

(1) $|2x+1|=7$ （福岡国際医療福祉学院）

(2) $|2x-3|<5$ （JR 東京総合病院高等看護学園）

(3) $|6-x| \geqq 3$ （愛仁会看護助産専門学校）

2 次の問いに答えよ。 （広島市立看護専門学校）

(1) $|x-2| \geqq 3$ かつ $-6 \leqq x < 6$ をみたす整数 x は，［　　］個である。

(2) $|x-2| \geqq 3$ かつ $-a \leqq x < a$ をみたす整数 x が 25 個となるように，自然数 a の値を定めると，$a=$［　　］である。

次の場合は，p.27 のまとめに沿って場合分けをしなくちゃいけないよ。
① p.49 のまとめで考えたときに，$a>0$ とは限らない。
② 絶対値で表された部分が 2 つ以上含まれる。

★★★★

次の方程式，不等式を解け。

(1) $3|x+2|=|2x-1|$ （竹田看護専門学校）

(2) $|x-2| \leqq 2x$ （三重看護専門学校）

絶対値の性質にしたがって場合分けをしよう。
(1) 絶対値で表された部分が 2 つ以上の場合は，数直線に表すとわかりやすいよ。

(1) $x+2$ と $2x-1$ の符号に注目し，絶対値記号をはずす。

	$x<-2$	$-2 \leqq x < \frac{1}{2}$	$\frac{1}{2} \leqq x$
$\vert x+2\vert$	$-(x+2)$	$x+2$	$x+2$
$\vert 2x-1\vert$	$-(2x-1)$	$-(2x-1)$	$2x-1$

（数直線：-2，$\frac{1}{2}$，x）

(i) $\frac{1}{2} \leqq x$ のとき

$x+2 \geqq 0$, $2x-1 \geqq 0$ だから　$3(x+2)=2x-1$

$3x+6=2x-1$　　$x=-7$　　これは $\frac{1}{2} \leqq x$ をみたさず，不適。

(ii) $-2 \leqq x < \frac{1}{2}$ のとき

$x+2 \geqq 0$, $2x-1<0$ だから　$3(x+2)=-(2x-1)$

$3x+6=-2x+1$　　$5x=-5$　　$x=-1$

これは $-2 \leqq x < \frac{1}{2}$ をみたす。

(iii) $x<-2$ のとき

$x+2<0$, $2x-1<0$ だから　$-3(x+2)=-(2x-1)$

$3x+6=2x-1$　　$x=-7$　　これは $x<-2$ をみたす。

(i)〜(iii)より　$\boldsymbol{x=-7,\ -1}$ …答

［別解］ $|a|=|b|$ のとき，$a=b$ または $a=-b$ を利用する。

$3|x+2|=|2x-1|$ だから

$3(x+2)=2x-1$　または　$3(x+2)=-(2x-1)$

$3x+6=2x-1$　　　$3x+6=-2x+1$

$x=-7$　　　$5x=-5$

$x=-1$

したがって　$\boldsymbol{x=-7,\ -1}$

(2) (i) $x-2 \geqq 0$，つまり $x \geqq 2$ …① のとき　$x-2 \leqq 2x$　　$x \geqq -2$ …②

①，②より　$x \geqq 2$ …③

(ii) $x-2<0$，つまり $x<2$ …④ のとき　$-(x-2) \leqq 2x$　　$x \geqq \frac{2}{3}$ …⑤

④，⑤より　$\frac{2}{3} \leqq x < 2$ …⑥

③，⑥より　$\boldsymbol{x \geqq \frac{2}{3}}$ …答

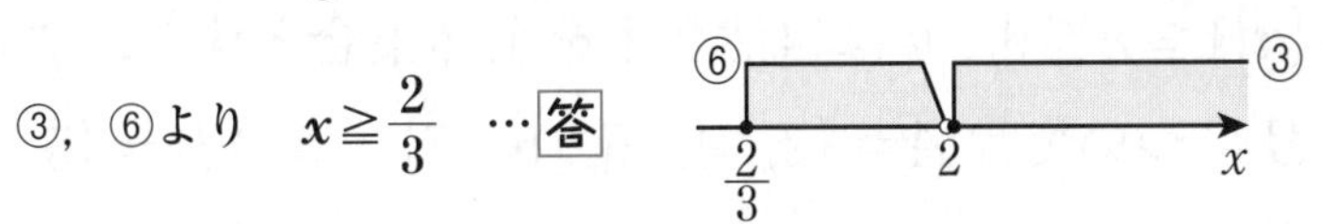

チェック 11-2　6分　解答▶別冊 p.11

1 次の方程式，不等式を解け。

(1) $|x+1|+2x=7$　　（東京女子医科大学看護専門学校）

(2) $|x-2|<\frac{1}{2}x-\frac{1}{2}$　　（製鉄記念八幡看護専門学校）

item 12

集　合

ベン図をかこう！

集合の表し方

① 要素を書き並べる方法　例　$A=\{1,\ 2,\ 3,\ 4,\ 5\}$

② 要素がみたす条件を書く方法　例　$A=\{x|1\leqq x\leqq 5,\ x \text{は整数}\}$

集合について

・包含関係

$A\subset B$…A は B に含まれる。($x\in A$ ならば $x\in B$)

・共通部分と和集合

共通部分(交わり)

…$A\cap B=\{x|x\in A$ **かつ** $x\in B\}$

和集合(結び)

…$A\cup B=\{x|x\in A$ **または** $x\in B\}$

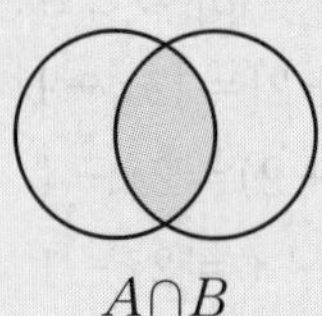

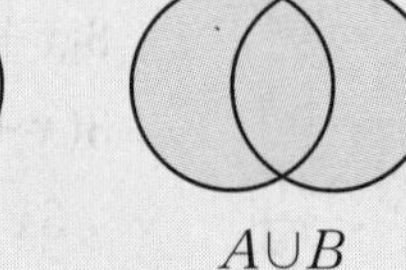

・補集合

$\overline{A}=\{x|x\notin A\}$

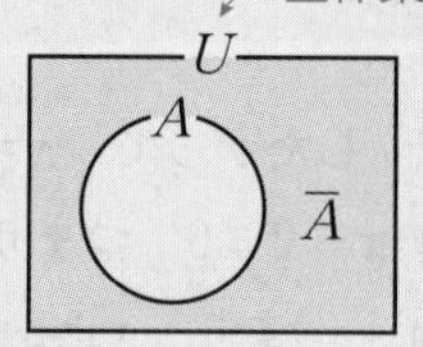

ケース 12-1 ★★★★

$U=\{n|1\leqq n\leqq 9,\ n \text{は自然数}\}$ を全体集合とする。この部分集合 $A,\ B$ について，$A=\{2,\ 4,\ 5,\ 6,\ 7\}$，$A\cap B=\{5,\ 6\}$，$A\cup B=\{2,\ 3,\ 4,\ 5,\ 6,\ 7,\ 9\}$ であるとき，$B,\ \overline{A\cup B}$ を求めよ。

(西宮市医師会看護専門学校)

処方せん　ベン図をかいて，そこから読み取ればいいよ。

解答

図より，$B=\{3,\ 5,\ 6,\ 9\}$ …答

└ $A\cup B$ から $\{2,\ 4,\ 7\}$ を除く。

$\overline{A\cup B}=\{1,\ 8\}$ …答

└ 全体集合から $A\cup B$ を除く。

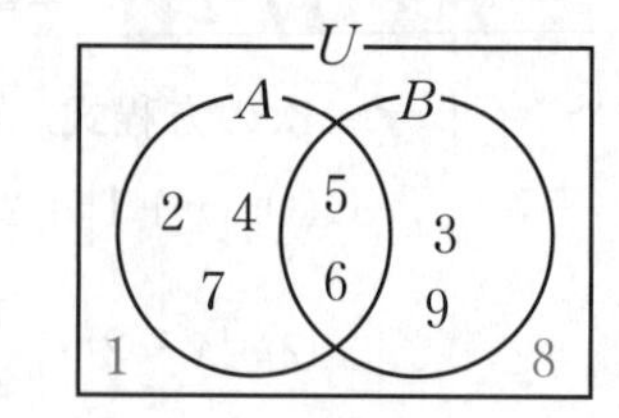

チェック 12-1 10分 解答▶別冊 p.11

1 1桁の正の整数全体の集合をUとし，その部分集合A，Bを

$A=\{n|n$ は奇数$\}$，$B=\{n|n$ は素数$\}$

とする。Uの部分集合$\{1,\ 9\}$は，次の集合のどれにあたるか。 （労災看護専門学校）

① $A\cap B$　② $A\cup B$　③ $A\cup\overline{B}$　④ $A\cap\overline{B}$　⑤ $\overline{A}\cup\overline{B}$

ケース 12-2 ★★★

2つの集合

$A=\{x|-1\leqq x\leqq 3\}$，$B=\{x|a\leqq x<a+1\}$

がある。$A\cap B=\varnothing$ となるときの実数aの値の範囲を求めよ。

（王子総合病院附属看護専門学校）

空集合，共通部分がないことを示す。

❶ 数直線上に集合Aを表そう。

❷ Aと共通部分をもたないようにBの範囲を記入すれば，aがみたす条件がわかるね。

条件をみたすときの集合A，Bを数直線上に表すと下の図のようになる。

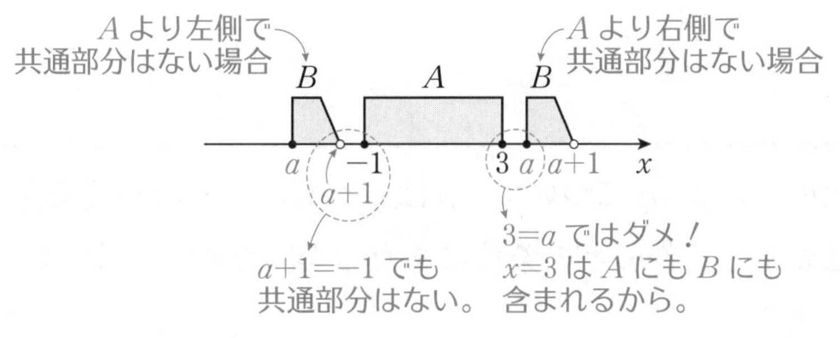

よって，aがみたす条件は　$a+1\leqq -1$　または　$3<a$

ゆえに　$\boldsymbol{a\leqq -2}$ **または** $\boldsymbol{3<a}$　…答

チェック 12-2 10分 解答▶別冊 p.11

1 全体集合を$U=\{0,\ 1,\ 2,\ 3,\ 4,\ 5\}$とするとき，次の条件をみたす集合を求めよ。

（北里大学看護専門学校）

(1) $(x+1)(x-2)(x-5)=0$　(2) $(x-1)(x-4)>0$

(3) $x^2+9\geqq 6x$　(4) $\sqrt{x}$ は無理数

item 13

命　題

$p \Longrightarrow q$　ヤリは先が必要！

命　題

$p \Longrightarrow q$ で**真**，**偽**の判定ができるもの。
（仮定）　（結論）

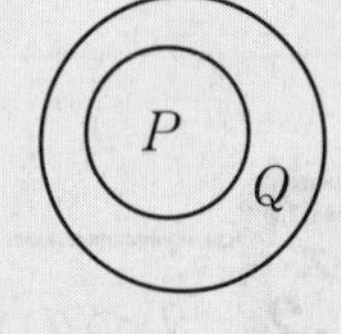

・命題の真偽

（pの真理集合）

「$p \Longrightarrow q$が真」$\rightleftarrows$「$P \subset Q$」

偽であることをいうには**反例**（成り立たない例）をあげればよい。

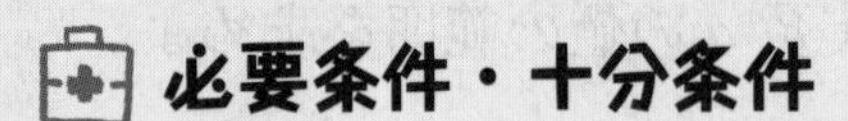

必要条件・十分条件

2つの条件p，qについて，$p \Longrightarrow q$が真のとき

pは　qであるための十分条件

qは　pであるための必要条件

（「〜は」の方に矢印の先がある方が必要条件）

（「ヤリは先が必要」と覚えよう！）

ケース 13-1　★★★★★

次の条件p，qについて，pはqであるための必要条件，十分条件，必要十分条件のどの条件にあたるか。ただし，文字はすべて実数とする。

（福岡看護専門学校）

(1) $p : x=1,\ y=2$　　$q : x+y=3,\ x-y=-1$

(2) $p : a=b$　　$q : a^2=b^2$

(3) $p : a+c>b+d$　　$q : a>b,\ c>d$

(1) まず，連立方程式を解いて，qの条件を具体的に求めよう。

(2) $a^2=b^2$なら　$a=\pm b$　← $a^2-b^2=0$　$(a+b)(a-b)=0$より　$a=\pm b$

(3) $p \Longrightarrow q$が成り立たない例をさがそう。

(1) qについて　$x-y=-1$より　$x=y-1$　よって　$(y-1)+y=3$

$2y=4$　$y=2$　したがって　$x=2-1=1$

p(は) $\overset{真}{\underset{真}{\rightleftarrows}}$ qだから　**pはqであるための必要十分条件である。**　…答

(2) $p \Longrightarrow q$は明らかに成立する。

qについて　$a^2=b^2$より　$a^2-b^2=0$　$(a+b)(a-b)=0$　$a=\pm b$

$q \Longrightarrow p$は$a=-b$のとき成立しない。

真の矢印について「～**は**」の方に矢印の先がないから必要条件でない。

p(は) $\overset{真}{\underset{偽}{\rightleftarrows}}$ qだから　**pはqであるための十分条件である。**　…答

偽（反例　$a=1$, $b=-1$）

偽（反例　$a=1$, $b=2$, $c=4$, $d=2$）

(3) p(は) $\overset{偽}{\underset{真}{\rightleftarrows}}$ qだから　**pはqであるための必要条件である。**　…答

真の矢印について「～**は**」の方に矢印の先があるから必要条件である。

チェック 13-1　5分　解答▶別冊 *p.11*

1　全体集合をUとし，条件p，qをみたすもの全体の集合をそれぞれP，Qとする。
各集合が右の図のような関係にあるとき，次の□に当てはまる語句を，次の①～④のうちから選べ。

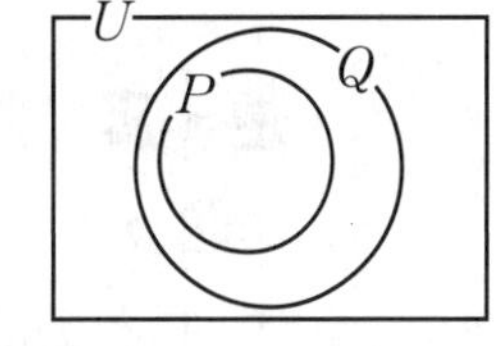

$\overline{p}$は$\overline{q}$であるための□　（北九州看護大学校）

① 必要十分条件である。　② 必要条件であるが，十分条件でない。
③ 十分条件であるが，必要条件でない。　④ 必要条件でも十分条件でもない。

2　次の□に当てはまる語句を，次の①～⑤のうちから選べ。

$(x-y)(y-z)=0$は$x=y=z$であるための□　（イムス横浜国際看護専門学校）

① 必要十分条件である。　② 十分条件であるが，必要条件ではない。
③ 必要条件であるが，十分条件ではない。　④ 必要条件でも十分条件でもない。
⑤ 判断はできない。

3　あとの□に当てはまるものとして，

① 必要条件である。　② 十分条件である。
③ 必要十分条件である。　④ 必要条件でも十分条件でもない。

のうち，適切なものをそれぞれ1つずつ選び，記号で答えよ。　（富山市立看護専門学校）

(1) $x^2=9$は，$x=3$であるための□

(2) 四角形ABCDが正方形であることは，四角形ABCDが長方形であるための□

条件の否定

条件 p に対して「p でない」を p の否定といい $\overline{p}$ と表す。

・p かつ q，p または q の否定は

$\overline{p \text{ かつ } q}=\overline{p}$ または $\overline{q}$，$\overline{p \text{ または } q}=\overline{p}$ かつ $\overline{q}$ である。

これは，p，q の真理集合(条件 p を真にするもの全体の集合)をそれぞれ P，Q とするとき，$\overline{P\cap Q}=\overline{P}\cup\overline{Q}$，$\overline{P\cup Q}=\overline{P}\cap\overline{Q}$（ド・モルガンの法則)により明らか。

逆・裏・対偶

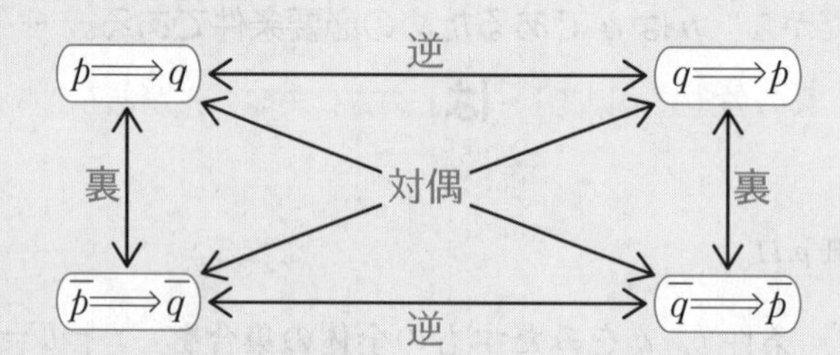

・逆・裏・対偶の真偽

命題 $p\Longrightarrow q$ において

① もとの命題と対偶 $\overline{q}\Longrightarrow\overline{p}$ の真偽は一致する。

② 逆 $q\Longrightarrow p$ と裏 $\overline{p}\Longrightarrow\overline{q}$ の真偽は一致する。 ← 逆と裏は対偶の関係

③ もとの命題と逆との真偽は必ずしも一致しない。

ケース 13-2 ★★★

次の命題の逆を述べ，その真偽を調べよ。 （ソワニエ看護専門学校）

「$x^2>2$ ならば $x \neq 2$ である」

処方せん 命題 $p\Longrightarrow q$ の逆は，仮定 p と結論 q を逆にした命題だから　$q\Longrightarrow p$

解答

$x^2>2\Longrightarrow x\neq 2$
（仮定）　（結論）

答　逆：「$x\neq 2$ ならば $x^2>2$」で，偽。反例は　$x=1$

チェック 13-2 5分　解答▶別冊 *p.12*

1　m と n はともに自然数であるとき，命題 A「m は3の倍数かつ n は2の倍数であるならば，mn は6の倍数である。」について，次の問いに答えよ。

（旭川荘厚生専門学院）

(1) 命題 A の逆を述べよ。また，その真偽とその理由を述べよ。

(2) 命題 A の対偶を述べよ。また，その真偽とその理由を述べよ。

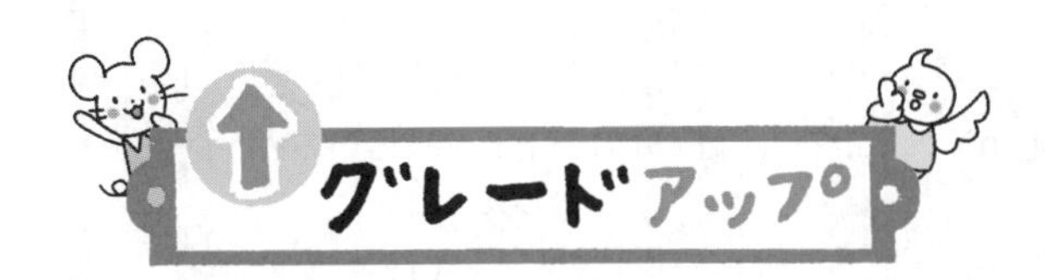

対偶は命題の証明によく使われる

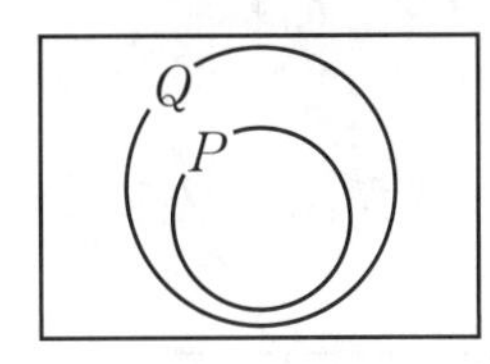

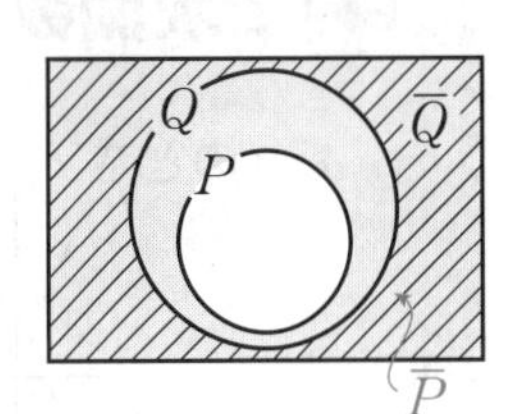

いま，$p \Longrightarrow q$ が真であるとき，

このことをこれらの真理集合 P，Q で表すと

$P \subset Q$　となる。

ここで，右の図より

$\overline{Q} \subset \overline{P}$

したがって　$\overline{q} \Longrightarrow \overline{p}$ は真といえるね。

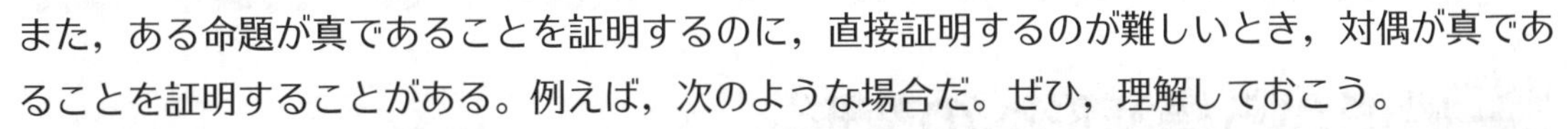

また，ある命題が真であることを証明するのに，直接証明するのが難しいとき，対偶が真であることを証明することがある。例えば，次のような場合だ。ぜひ，理解しておこう。

「x，y が整数で，xy が偶数ならば，x または y は偶数である」　（福岡看護専門学校）

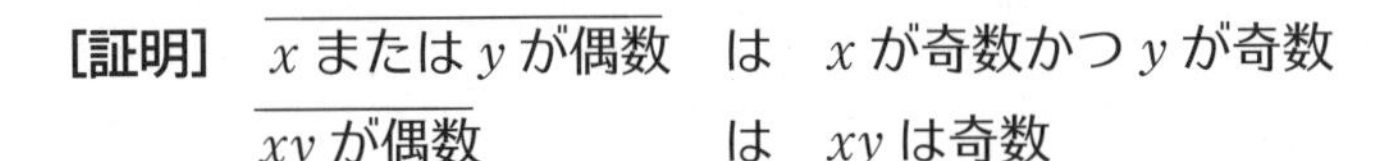

[証明]　$\overline{x\text{ または }y\text{ が偶数}}$　は　x が奇数かつ y が奇数

$\overline{xy\text{ が偶数}}$　は　xy は奇数

よって，対偶「x が奇数かつ y が奇数ならば xy は奇数である」を証明する。

x が奇数かつ y が奇数だから，$x=2m+1$，$y=2n+1$（m，n は整数）とおくと

$$xy=(2m+1)(2n+1)=4mn+2m+2n+1$$
$$=2(2mn+m+n)+1$$

m，n は整数より，$2mn+m+n$ は整数である。

よって，xy は奇数である。

したがって，対偶が真だから，もとの命題も真である。［証明終］

item 14

2次関数のグラフ

軸と頂点に着目しよう！

$y=ax^2$ のグラフについては中学校で習ったよね。これは，頂点が原点になる放物線だ。では，頂点が原点以外の点になる放物線はどうなるんだろう…？

2次関数

一般形：$\boldsymbol{y=ax^2+bx+c\,(a\neq 0)}$

標準形：$\boldsymbol{y=a(x-p)^2+q\,(a\neq 0)}$　…①　← この形を使うことの方が，ダンゼン多いよ！

放物線①の軸：$\boldsymbol{x=p}$

頂点の座標：$\boldsymbol{(p,\ q)}$

2次関数のグラフ

$a>0$ のとき

y　$x=p$　c　O　x　$(p,\ q)$

$a<0$ のとき

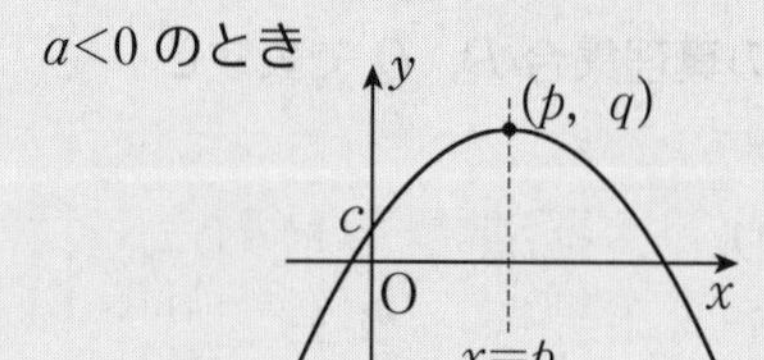

一般形から標準形への変形

$y=ax^2+bx+c$

a でくくる。

$=a\left(x^2+\dfrac{b}{a}x\right)+c$

$\left(1\text{次の係数の}\dfrac{1}{2}\right)$ の平方 $\left(\dfrac{b}{2a}\right)^2$ を加えて引く。

$=a\left\{x^2+\dfrac{b}{a}x+\left(\dfrac{b}{2a}\right)^2-\left(\dfrac{b}{2a}\right)^2\right\}+c$

平方が作れる。

$=a\left\{\left(x+\dfrac{b}{2a}\right)^2-\dfrac{b^2}{4a^2}\right\}+c$

{　} をはずす。

$=a\left(x+\dfrac{b}{2a}\right)^2-\dfrac{b^2}{4a}+c$

$=a\left(x+\dfrac{b}{2a}\right)^2-\dfrac{b^2-4ac}{4a}$

軸 $x=-\dfrac{b}{2a}$

頂点 $\left(-\dfrac{b}{2a},\ -\dfrac{b^2-4ac}{4a}\right)$

ケース 14-1

次の問いに答えよ。

(1) 2次関数 $y=x^2-6x$ のグラフをかけ。また，その軸と頂点の座標を求めよ。（三友堂看護専門学校）

(2) $y=-2x^2+5x-3$ の頂点の座標を求めよ。（岡崎市立看護専門学校）

処方せん

まず，標準形に直そう。**$y=a(x-p)^2+q$ において，**
軸の方程式は　$x=p$，頂点の座標は　$(p,\ q)$

グラフは放物線になる。頂点をとって，y 軸との交点（$x=0$ のときの y の値）を通るようにかけばよい。

解答

(1) $y=x^2-6x$

$=\underline{x^2-6x+3^2}-3^2$　← $\left(6\text{ の }\frac{1}{2}\right)$ の平方を加えて引く。

$=\underline{(x-3)^2}-9$　← 平方が作れる。

軸　：$x=3$
頂点：$(3,\ -9)$ …答　（3 は $-(-3)$）

答

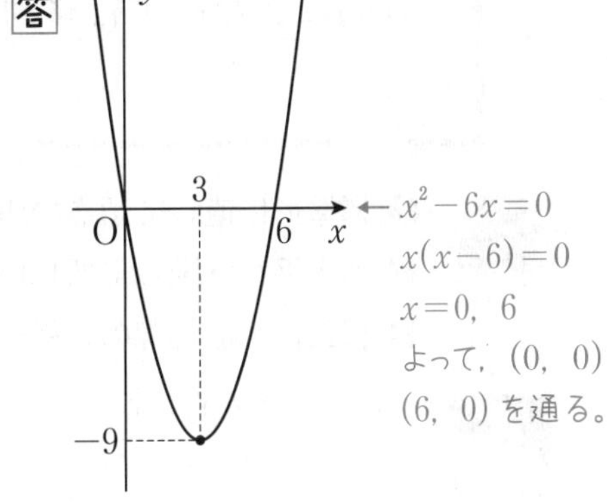

(2) $y=-2x^2+5x-3$

$=-2\left(x^2-\frac{5}{2}x\right)-3$　← -2 でくくる。

$=-2\left\{\underline{x^2-\frac{5}{2}x+\left(\frac{5}{4}\right)^2}-\left(\frac{5}{4}\right)^2\right\}-3$　← $\left(\frac{5}{2}\text{ の }\frac{1}{2}\right)$ の平方を加えて引く。

平方が作れる。

$=-2\left\{\left(x-\frac{5}{4}\right)^2-\frac{25}{16}\right\}-3$　← { } をはずす。

$=-2\left(x-\frac{5}{4}\right)^2+\frac{25}{8}-3$

$=-2\left(x-\frac{5}{4}\right)^2+\frac{1}{8}$ より，頂点の座標は $\left(\frac{5}{4},\ \frac{1}{8}\right)$ …答

平方の形を作るように，変形していくんだよ。

チェック 14-1　5分　解答▶別冊 *p.13*

1 次の問いに答えよ。

(1) 2次関数 $y=x^2+2x-1$ のグラフの軸の方程式と頂点の座標を求めよ。（東京女子医科大学看護専門学校）

(2) 2次関数 $y=-x^2+4x+3$ のグラフの頂点の座標を求めよ。（福島看護専門学校）

item 15

2次関数のグラフの移動

頂点を移動すれば簡単！

2次関数のグラフは放物線になるね。このグラフを**平行移動**したり，**対称移動**した放物線の方程式を求める問題は頻出だ。座標平面上で頂点の移動を考えるとラクに解けるよ。

★★★★★

2次関数 $y=-x^2+8x-9$ のグラフを x 軸の方向に -3，y 軸の方向に2だけ平行移動した放物線をグラフとする2次関数を求めよ。

（市立室蘭看護専門学院）

❶ 標準形に直して頂点の座標を求める。

❷ ❶を平行移動して新しい放物線の頂点の座標を求める。

❸ 移動後の放物線の方程式を求める。もちろん，x^2 の係数は同じ。

$y=-x^2+8x-9$

$=-(x^2-8x)-9$ ← -1 でくくる。

$=-(x^2-8x+4^2-4^2)-9$ ← $\left(\frac{8}{2}\right)^2$ を加えて引く。

$=-\{(x-4)^2-16\}-9$ ← 平方を作る。

$=-(x-4)^2+7$

より，この放物線の頂点の座標は　(4, 7)

この頂点を x 軸方向に -3，y 軸方向に2だけ平行移動すると，

右の図より，

新しい頂点の座標は　(1, 9)

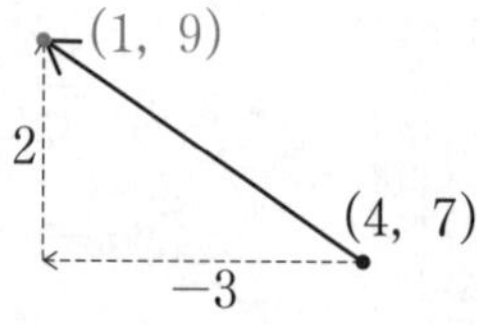

(1, 9)　2　(4, 7)　-3

よって，移動後の放物線の方程式は

$y=-(x-1)^2+9$ ← 平行移動しかしていないので，x^2 の係数はそのまま。

したがって，求める2次関数は

$\boldsymbol{y=-x^2+2x+8}$ …答

［別解］ $\begin{cases} x \text{ 軸方向に } -3 \\ y \text{ 軸方向に } 2 \end{cases}$ 平行移動するから，$\begin{cases} x \longrightarrow x+3 \\ y \longrightarrow y-2 \end{cases}$

を $y=-x^2+8x-9$ に代入して　$y-2=-(x+3)^2+8(x+3)-9$

整理して　$\boldsymbol{y=-x^2+2x+8}$

一般的に，$\begin{cases} x\text{ 軸方向に } p \\ y\text{ 軸方向に } q \end{cases}$ 平行移動するときは，$\begin{cases} x \longrightarrow x-p \\ y \longrightarrow y-q \end{cases}$

とおき換えればいいよ。

チェック 15-1 5分 解答▶別冊 *p.13*

1 放物線 $y=2x^2-16x+34$ を x 軸方向に -2，y 軸方向に -2 だけ平行移動して得られる放物線の方程式を求めよ。 （市立函館病院高等看護学院）

2 放物線 $y=3x^2-2x+1$ を x 軸方向へ［①］，y 軸方向へ［②］だけ平行移動すると，放物線 $y=3x^2-8x+7$ が得られる。 （九州中央リハビリテーション学院）

★★★★

$y=ax^2+bx+c$ の放物線がある。これを，x 軸方向に 3，y 軸方向に -1 だけ平行移動すると $y=5x^2-11x+13$ に移される。もとの放物線の方程式を求めよ。 （東京都立看護専門学校）

逆に考えると「$y=5x^2-11x+13$ を x 軸方向に -3，y 軸方向に 1 だけ平行移動するともとの放物線の方程式が得られる。」ということだね。

$$y=5\left(x^2-\frac{11}{5}x\right)+13=5\left\{\underline{x^2-\frac{11}{5}x+\left(\frac{11}{10}\right)^2}-\left(\frac{11}{10}\right)^2\right\}+13$$

平方を作る。

$$=5\left\{\left(x-\frac{11}{10}\right)^2-\frac{121}{100}\right\}+13$$

$$=5\left(x-\frac{11}{10}\right)^2-\frac{121}{20}+13=5\left(x-\frac{11}{10}\right)^2+\frac{139}{20}$$

移動後の放物線の頂点の座標は $\left(\frac{11}{10},\ \frac{139}{20}\right)$

この頂点を x 軸方向に -3，y 軸方向に 1 だけ平行移動すると，移動前の放物線の頂点の座標は，右の図より $\left(-\frac{19}{10},\ \frac{159}{20}\right)$

移動前　移動後　3　-1　1　-3　$\left(\frac{11}{10},\ \frac{139}{20}\right)$

x^2 の係数は変わらない。

よって，移動前の放物線の方程式は　$y=5\left(x+\frac{19}{10}\right)^2+\frac{159}{20}$

展開して　$y=5\left(x^2+\frac{19}{5}x+\frac{361}{100}\right)+\frac{159}{20}=5x^2+19x+\frac{361}{20}+\frac{159}{20}$

よって，求める放物線の方程式は　$\boldsymbol{y=5x^2+19x+26}$　…答

チェック 15-2 5分 解答▶別冊 p.13

1 放物線 $y=2x^2+ax+b$ を x 軸方向に 3，y 軸方向に -2 だけ平行移動したところ，頂点が $(1,\ 2)$ となった。定数 a，b の値を求めよ。 (奈良県病院協会看護専門学校)

2 2 次関数 $y=ax^2+bx+c$ のグラフを x 軸方向に 1，y 軸方向に 4 だけ平行移動したグラフの方程式は，$y=-x^2-4x+1$ である。a，b，c の値を求めよ。

(岡崎市立看護専門学校)

2 次関数のグラフの対称移動

・x 軸に関して対称… y を $-y$ におき換える。
・y 軸に関して対称… x を $-x$ におき換える。
・原点に関して対称… x を $-x$ に，y を $-y$ におき換える。

一般的には，図をかいてもとの 2 次関数のグラフの頂点がどこに移るかを考えればよい。

y 軸に平行な直線に関して対称

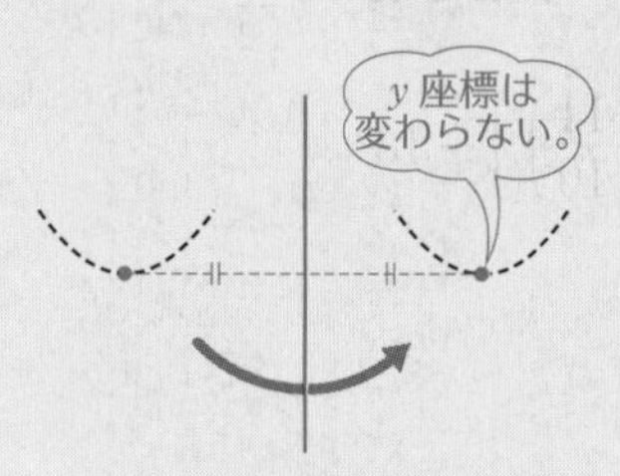

頂点と頂点を結ぶ線分の中点が対称軸上にある。

x 軸に平行な直線に関して対称

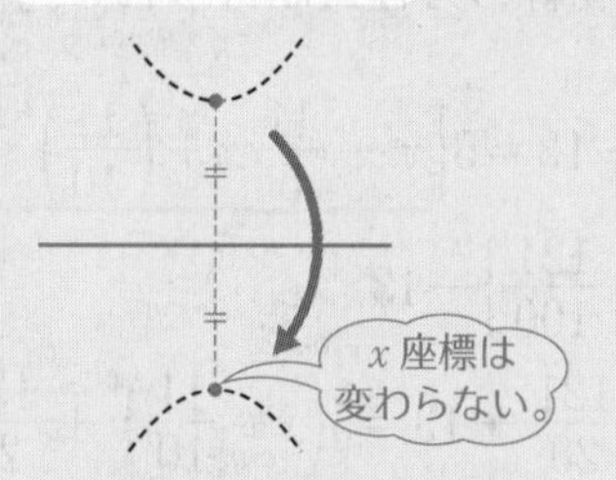

頂点と頂点を結ぶ線分の中点が対称軸上にある。

点に関して対称

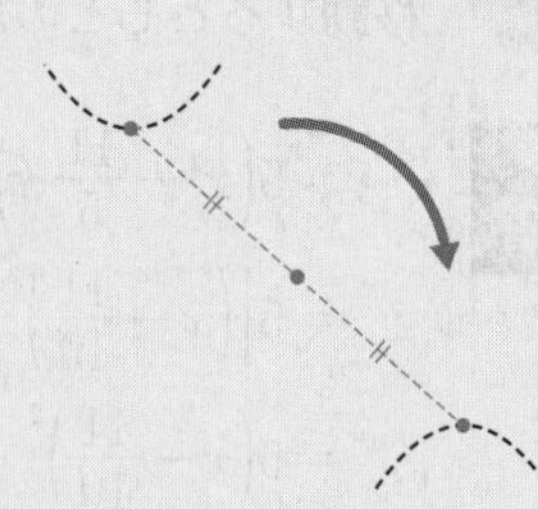

対称点からそれぞれの頂点までの距離が等しい。

★★★★★

次の問いに答えよ。

(1) 2 次関数 $y=x^2+2x-3$ のグラフを原点に関して対称に移動した関数を求めよ。 (鶴岡市立庄内看護専門学校)

(2) 放物線 $y=x^2+2x-1$ を直線 $y=1$ に関して対称移動したときの放物線の方程式を求めよ。 (佐久総合看護専門学校)

(1) x を $-x$ に，y を $-y$ におき換えればいいね。

(2) こんなイメージ。

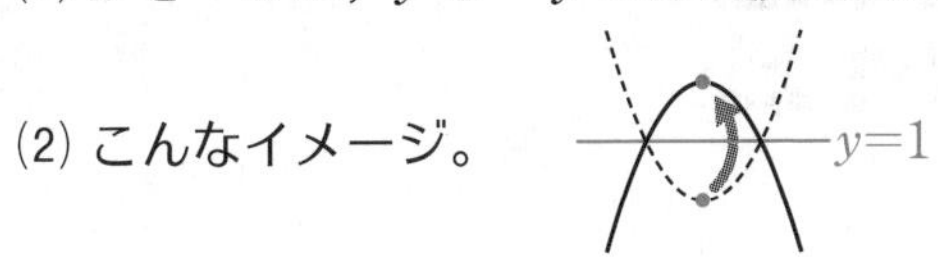

(1) 原点に関して対称移動だから，x を $-x$ に，y を $-y$ におき換えればよい。

$-y=(-x)^2+2(-x)-3$ より　$\boldsymbol{y=-x^2+2x+3}$　…答

(2) $y=x^2+2x-1$

$=(x+1)^2-1-1$

$=(x+1)^2-2$

よって，もとの放物線の頂点の座標は

$(-1,\ -2)$

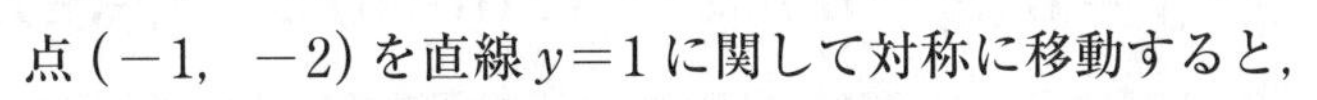

点 $(-1,\ -2)$ を直線 $y=1$ に関して対称に移動すると，

図より点 $(-1,\ 4)$ に移る。

また，x^2 の係数の符号が変わるから，

移動後の放物線の方程式は　$\boldsymbol{y=-(x+1)^2+4}$　…答

└ $y=-x^2-2x+3$ と一般形で表してもよい。

放物線を対称移動するときの x^2 の係数

y 軸に平行な直線…放物線の凹凸は変わらない。x^2 の係数はそのまま。

x 軸に平行な直線…放物線の凹凸が逆になる。x^2 の係数は符号が変わる。

点…放物線の凹凸が逆になる。x^2 の係数は符号が変わる。

チェック 15-3　10分　解答▶別冊 p.14

1 放物線 $y=x^2-2x-3$ を y 軸に関して対称に移動すると曲線 $y=$ [(1)] となり，さらにこれを直線 $y=n$ に関して対称に移動すると，曲線 $y=$ [(2)] 難 を得る。

(藤田保健衛生大学看護専門学校)

2 放物線 $y=-x^2+2x+3$　…①　について，次の各問いに答えよ。

(姫路市医師会看護専門学校)

(1) ①を x 軸方向に -2，y 軸方向に P だけ平行移動したものが点 $(-2,\ 4)$ を通るとき，P の値とその放物線を求めよ。

(2) ①を原点に関して対称移動した放物線を求めよ。

(3) ①を直線 $y=-2$ に関して対称移動した放物線を求めよ。

item 16

2次関数の決定

条件次第で方針がかわるよ。

2次関数の決定のパターン

① 頂点$(p,\ q)$と通る1点… $y=a(x-p)^2+q\ (a\neq 0)$ が1点を通る。

② 通る3点… $y=ax^2+bx+c\ (a\neq 0)$ が3点を通る。

③ x軸との2交点$(\alpha,\ 0)$，$(\beta,\ 0)$と通る他の1点。

…$y=a(x-\alpha)(x-\beta)\ (a\neq 0)$ が，1点を通る。

ケース 16-1 ★★★★★

頂点の座標が$(1,\ -6)$で，点$(3,\ 2)$を通る放物線をグラフにもつ2次関数を求めよ。　(鹿児島中央看護専門学校)

処方せん　頂点と通る1点の座標が与えられているので　$y=a(x-p)^2+q\ (a\neq 0)$

解答　頂点の座標が$(1,\ -6)$だから，求める2次関数は

$y=a(x-1)^2-6$ …① とおける。

①が点$(3,\ 2)$を通るから　$2=a(3-1)^2-6$

$4a-6=2$ より　$a=2$

したがって，求める2次関数は　$y=2(x-1)^2-6$ …答

（$y=2x^2-4x-4$ としてもよい。）

『点(○，△)を通る。』
⟹ $x=$○，$y=$△
を代入するのよ。

チェック 16-1　6分　解答▶別冊 p.15

1 次の条件をみたす放物線をグラフにもつ2次関数を求めよ。

(1) 頂点が$(-1,\ -3)$で，点$(1,\ 1)$を通る。　(深谷大里看護専門学校)

(2) 軸が直線$x=-2$で，2点$(0,\ 3)$，$(-1,\ 0)$を通る。　(PL学園衛生看護専門学校)

ケース 16-2 ★★★★★

2次関数のグラフが，3点$(-1,\ -6)$，$(1,\ 0)$，$(2,\ 9)$を通るとき，その2次関数を求めよ。　(大原看護専門学校)

処方せん　3点の座標が与えられているので　$y=ax^2+bx+c\ (a\neq 0)$

求める2次関数を$y=ax^2+bx+c$とおくと

グラフが点$(-1,\ -6)$を通るから，$-6=a(-1)^2+b(-1)+c$より

$a-b+c=-6$ …①

同様にして

点$(1,\ 0)$を通るから，$0=a\cdot1^2+b\cdot1+c$より　$a+b+c=0$ …②

点$(2,\ 9)$を通るから，$9=a\cdot2^2+b\cdot2+c$より　$4a+2b+c=9$ …③

②−①より　$2b=6$　$b=3$ …④

③−②より　$3a+b=9$ …⑤

⑤に④を代入して　$3a+3=9$　$3a=6$　$a=2$ …⑥

④，⑥を②に代入して　$2+3+c=0$　$c=-5$

したがって，求める2次関数は　$\boldsymbol{y=2x^2+3x-5}$ …答

連立方程式を解くのか…。

チェック 16-2 8分

解答▶別冊 p.15

1 グラフが次の3点を通る2次関数を求めよ。

(1) $(0,\ 1)$，$(1,\ 6)$，$(-2,\ 3)$　（愛仁会看護助産専門学校）

(2) $(1,\ 7)$，$(-1,\ 1)$，$(3,\ 5)$　（労災看護専門学校）

ケース 16-3 ★★★★

グラフがx軸と2点$(1,\ 0)$，$(5,\ 0)$で交わり，点$(4,\ 3)$を通る2次関数を求めよ。　（津島市立看護専門学校）

x軸との交点の座標が与えられているから　$\boldsymbol{y=a(x-\alpha)(x-\beta)}$

$x=\alpha$で$y=0$
$x=\beta$で$y=0$
となるから。

x軸との交点の座標が$(1,\ 0)$，$(5,\ 0)$だから，

求める2次関数は$y=a(x-1)(x-5)$ …①　とおける。

①が点$(4,\ 3)$を通るから

$3=a(4-1)(4-5)$　$3=-3a$　$a=-1$

したがって，求める2次関数は　$\boldsymbol{y=-(x-1)(x-5)}$ …答

└ この形で最終解答としてもよい。

チェック 16-3 7分

解答▶別冊 p.15

1 グラフが次の3点を通る2次関数を求めよ。

(1) $(-3,\ 0)$，$(1,\ 0)$，$(-2,\ -6)$　（京都中央看護保健大学校）

(2) $(-2,\ 0)$，$(5,\ 0)$，$(4,\ 6)$　（東京女子医科大学看護専門学校）

2 x軸と$x=-1$，3で交わり，y軸と$y=3$で交わる放物線の方程式を求めよ。　（磐城共立高等看護学院）

item 17

２次関数の最大・最小

グラフは下に凸？上に凸？

２次関数の最大値と最小値について考えてみよう。まずはグラフを思い浮かべてみて。

はい。こんな（下に凸のグラフ）とか，こんな（上に凸のグラフ）とか…。

あれれ？おかしくないですか？最初の形だと最大値がないし，あとの方だと最小値がない。

そうだね。大切なところによく気づいた。最初のグラフの放物線の形を**「下に凸」**，あとの方を**「上に凸」**というんだけど。**下に凸の場合は最小値はもつけど最大値はもたない。上に凸の場合は，最大値はもつけど最小値はもたない。**これをよく覚えておいてね。

ケース 17-1 ★★★

２次関数 $y=-x^2+3x+1$ の最大値とそのときの x の値を求めよ。

（秋田しらかみ看護学院）

$y=ax^2+bx+c$（一般形）を $y=a(x-p)^2+q$（標準形）と変形しよう。

・$a>0$ （グラフは下に凸）のとき　最小値 q（$x=p$ のとき），最大値なし。

・$a<0$ （グラフは上に凸）のとき　最大値 q（$x=p$ のとき），最小値なし。

$$y=-x^2+3x+1=-(x^2-3x)+1$$
$$=-\left\{x^2-3x+\left(\frac{3}{2}\right)^2-\left(\frac{3}{2}\right)^2\right\}+1$$
$$=-\left\{\left(x-\frac{3}{2}\right)^2-\frac{9}{4}\right\}+1=-\left(x-\frac{3}{2}\right)^2+\frac{13}{4}$$

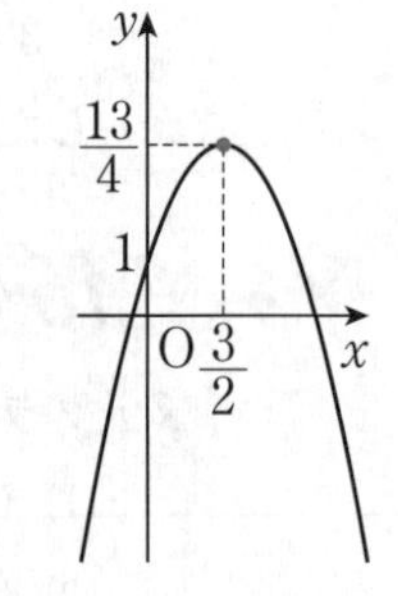

グラフより，最大値　$\frac{13}{4}\left(x=\frac{3}{2}\text{のとき}\right)$ …答

← 問題文にはなくても，求めやすい数値であれば，最大値や最小値を与える x の値は書いておこう。

✓チェック 17-1 2分 解答▶別冊 p.15

1 2次関数 $y=x^2-6x+10$ の最小値を求めよ。（更生看護専門学校）

ケース 17-2 ★★★★

2次関数 $y=kx^2-3kx+2k^2-k-1$ の最小値が18のとき，定数 k の値を求めよ。（市立室蘭看護専門学院）

2次関数が最小値をもつのは，グラフが下に凸のとき。この問題の場合，$k>0$ となるね。

$y=kx^2-3kx+2k^2-k-1$

$=k(x^2-3x)+2k^2-k-1$ ← k でくくる。

$=k\left\{\underbrace{x^2-3x+\left(\frac{3}{2}\right)^2}_{\text{平方になる。}}-\left(\frac{3}{2}\right)^2\right\}+2k^2-k-1$ ← 3の $\frac{1}{2}$ の平方を加えて引く。

$=k\left\{\left(x-\frac{3}{2}\right)^2-\frac{9}{4}\right\}+2k^2-k-1$

$=k\left(x-\frac{3}{2}\right)^2-\frac{9}{4}k+2k^2-k-1$

$=k\left(x-\frac{3}{2}\right)^2+2k^2-\frac{13}{4}k-1$

$k>0$ のとき

最小値をもつとき，グラフは下に凸だから　$k>0$

また，このとき最小値は

$2k^2-\frac{13}{4}k-1\left(x=\frac{3}{2}\text{ のとき}\right)$

で，これが18だから

$2k^2-\frac{13}{4}k-1=18$ ← 両辺を4倍する。

$8k^2-13k-4=72$

$8k^2-13k-76=0$ ← たすきがけで因数分解

$(k-4)(8k+19)=0$

1	-4	-32
8	19	19
8	-76	-13

$k=4,\ -\frac{19}{8}$

$k>0$ より　$\boldsymbol{k=4}$　…答

✓チェック 17-2 3分 解答▶別冊 p.15

1 2次関数 $y=-2x^2+4kx+4$ は最大値6をもつ。このとき定数 k $(k>0)$ の値を求めよ。（函館厚生院看護専門学校）

item 18

2次関数の最大・最小（定義域に制限がある）

グラフをかく。軸は定義域内にある？ない？

定義域に制限がある2次関数

・定義域… x のとりうる値の範囲。

・値域…定義域の x の値に対応して，y のとりうる値の範囲。

・最大値…値域の中で最も大きな値。

・最小値…値域の中で最も小さな値。

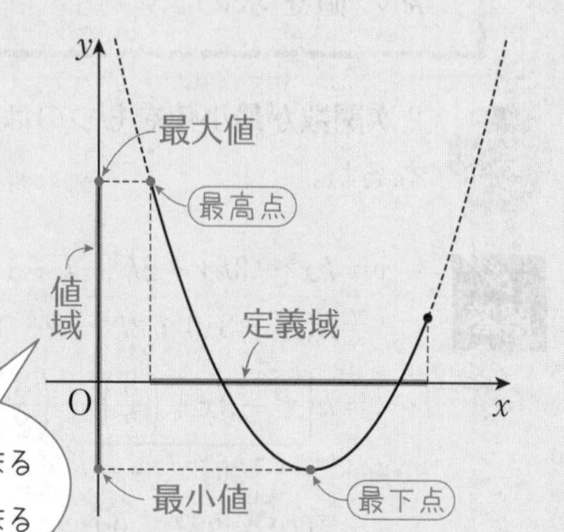

グラフを見て…

グラフの**最高点**を見つける ⟶ **最大値**が決まる

グラフの**最下点**を見つける ⟶ **最小値**が決まる

ケース 18-1 ★★★★★

$-1 \leqq x \leqq 2$ において，2次関数 $y=-x^2+2x+3$ の最大値と最小値を求めよ。

（石川県立総合看護専門学校）

❶ $y=a(x-p)^2+q$ と変形し，**定義域内でグラフ**をかく。

❷ 最高点，最下点を見つける。

❸ 最大値，最小値を読み取る。

そのときの x の値を求めることも忘れずに！

$y=-x^2+2x+3=-(x^2-2x)+3$

$=-(x^2-2x+1^2-1^2)+3=-\{(x-1)^2-1\}+3$

$=-(x-1)^2+4$

定義域は $-1 \leqq x \leqq 2$ だから，グラフは右のようになる。

$\begin{cases} \text{最大値} & 4\ (x=1 \text{のとき}) \\ \text{最小値} & 0\ (x=-1 \text{のとき}) \end{cases}$ …答

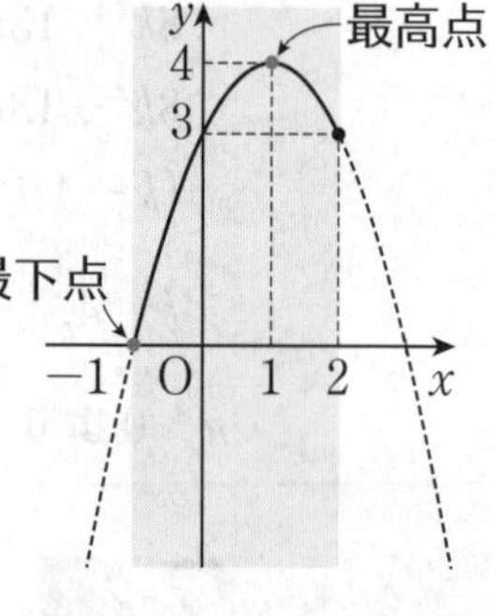

チェック 18-1 5分 解答▶別冊 p.16

1 2次関数 $y=3x^2+18x-5\ (-2 \leqq x \leqq 1)$ の最大値，最小値とそのときの x の値を求めよ。

（秋田県しらかみ看護学院）

ケース 18-2 ★★★★

頂点が点 (2, 1) で，点 (4, 3) を通る 2 次関数がある。この関数の定義域を $0 \leqq x \leqq k$ とするとき，次の各区間における最大値と最小値を求めよ。

（鶴岡市立荘内看護専門学校・改）

(1) $0<k<2$　(2) $2 \leqq k<4$　(3) $4<k$

処方せん

定義域の片方が変化するパターンだね。

❶ まず，2 次関数を決定しよう。

❷ 定義域内でグラフをかき，最高点と最下点を見つけよう。

❸ 最大値と最小値をとる x の値を読み取って，それぞれの値を求める。

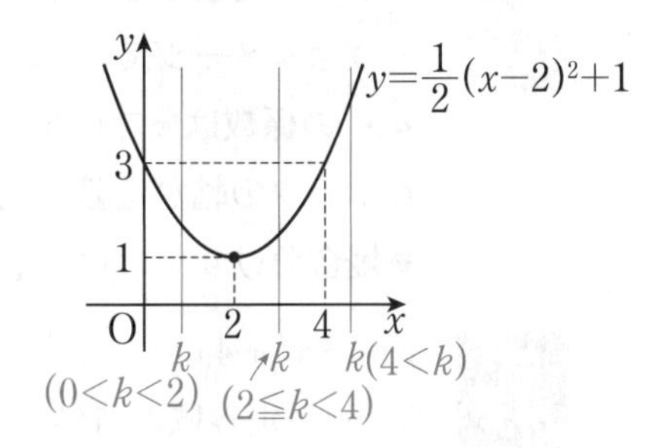

解答

頂点が点 (2, 1) だから，$y=a(x-2)^2+1$ とおける。

これが点 (4, 3) を通るから　$3=a(4-2)^2+1$　$4a=2$　$a=\frac{1}{2}$

よって，与えられた 2 次関数は　$y=f(x)=\frac{1}{2}(x-2)^2+1$

(1) $0<k<2$ のとき ←── 定義域に 2 が含まれないから，頂点は範囲に含まれない。

$y=f(x)$ のグラフは右の通り。

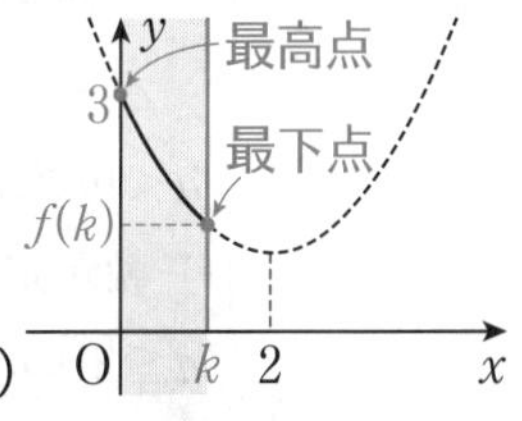

答 **最大値　3 ($x=0$ のとき)**
最小値　$\frac{1}{2}(k-2)^2+1=\frac{1}{2}k^2-2k+3$ ($x=k$ のとき)

(2) $2 \leqq k<4$ のとき ←── 定義域に 2 が含まれるから，頂点は範囲に含まれる。

$y=f(x)$ のグラフは右の通り。

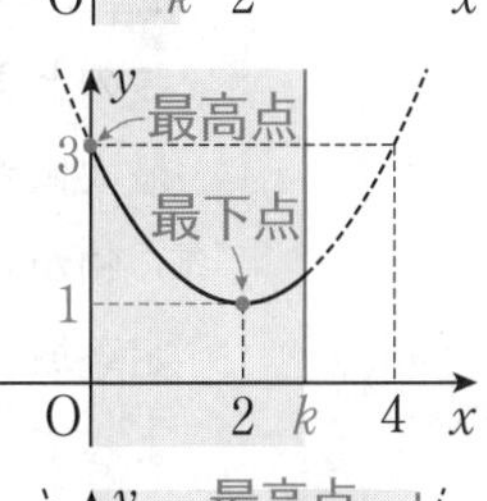

答 **最大値　3 ($x=0$ のとき)**
最小値　1 ($x=2$ のとき)

(3) $4<k$ のとき

$y=f(x)$ のグラフは右の通り。

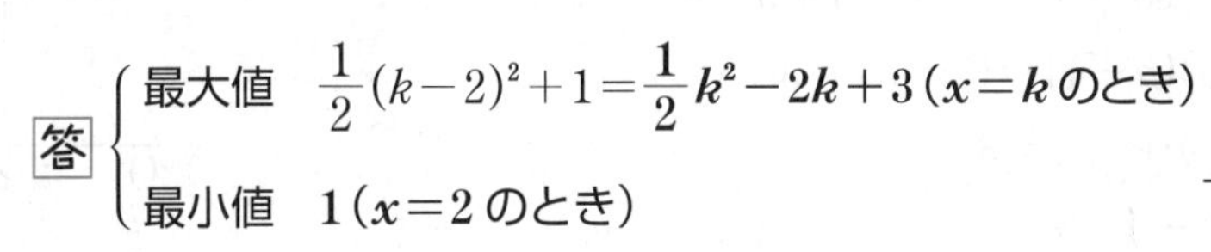

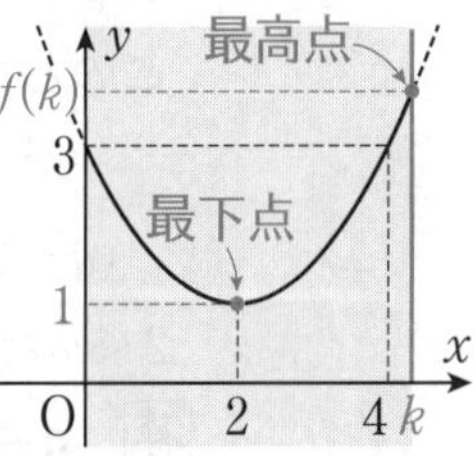

答 **最大値　$\frac{1}{2}(k-2)^2+1=\frac{1}{2}k^2-2k+3$ ($x=k$ のとき)**
最小値　1 ($x=2$ のとき)

チェック 18-2　5分　解答▶別冊 p.16

1　a を正の定数とし，定義域 $0 \leqq x \leqq a$ とする。このとき 2 次関数 $y=x^2-4x+1$ の最小値を求めよ。

（京都桂看護専門学校・改）

次は**同じ幅で定義域が変化する**場合だ。

難 ★★★★

2 次関数 $y=-x^2+4x\ (a \leqq x \leqq a+2)$ において，最大値が 3 となるような定数 a の値を求めよ。 （日鋼記念看護学校）

- グラフをしっかりとかいて，定義域をスライドさせるようなイメージで。
- x^2 の係数は負なので，この 2 次関数のグラフは上に凸。
- グラフの軸が定義域内に含まれるかどうかがポイント。
- 場合分けするのは，最大値をとる x の値が変わるところ。

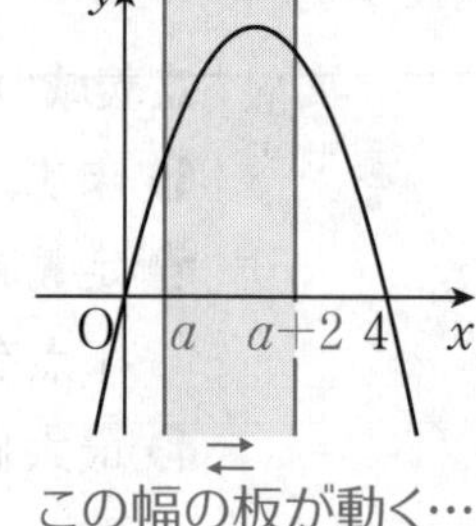

この幅の板が動く…

解答 $y=-x^2+4x=-(x^2-4x+4-4)=-(x-2)^2+4$

(i) 軸が定義域の右外にあるとき

定義域の右端は軸 $(x=2)$ より小さい。

よって　$a+2<2$　　$a<0$

このとき，最大値をとるのは $x=a+2$ のときで

$-(a+2-2)^2+4=-a^2+4$

$-a^2+4=3$　← 最大値は 3 になる。

$a^2-1=0$　　$(a-1)(a+1)=0$　　$a=1,\ -1$

$a<0$ だから　$a=-1$

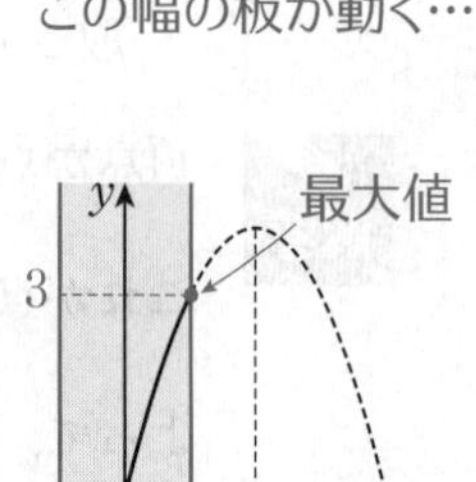

(ii) 軸が定義域内にあるとき

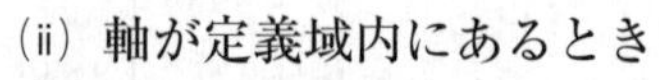

$a \leqq 2 \leqq a+2$　　よって　$0 \leqq a \leqq 2$

このとき，最大値は頂点の y 座標に等しいので 4 となり，

最大値が 3 であるという条件をみたさない。

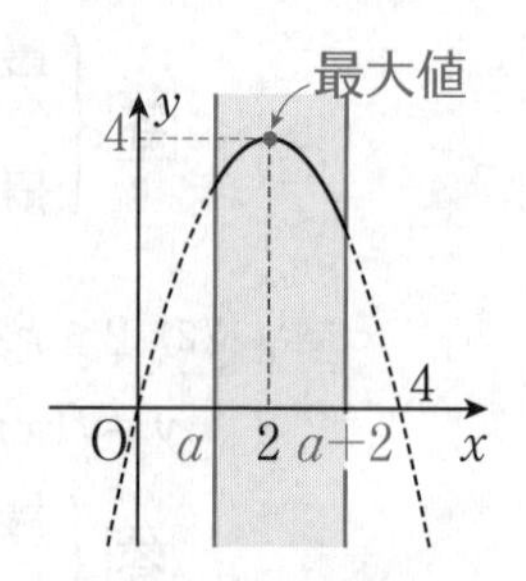

(iii) 軸が定義域の左外にあるとき

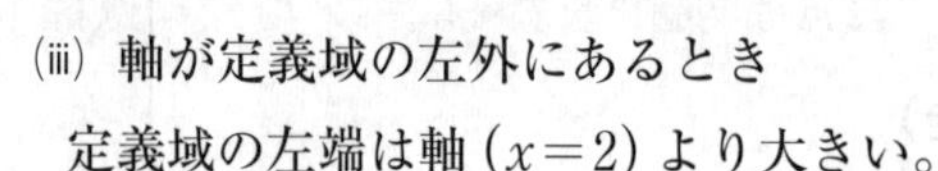

定義域の左端は軸 $(x=2)$ より大きい。

よって　$2<a$

このとき，最大値をとるのは $x=a$ のときで

$-a^2+4a=3$　　$a^2-4a+3=0$

$(a-3)(a-1)=0$　　$a=3,\ 1$

$2<a$ だから　$a=3$

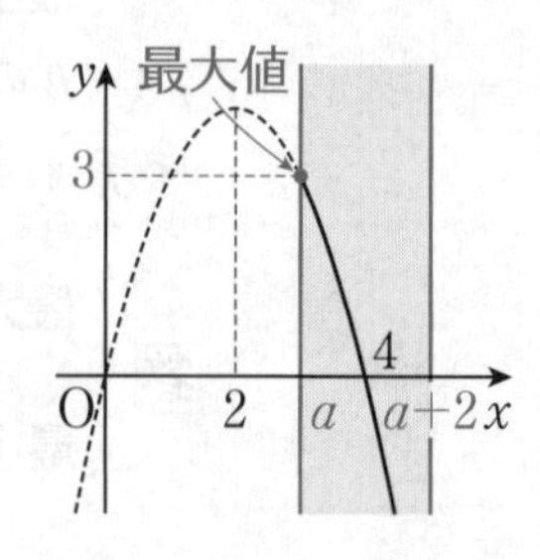

答　**$a=-1,\ 3$**

チェック 18-3　10分　解答▶別冊 *p.16*

難 **1**　$a<-1$，定義域を $a \leqq x \leqq a+2$ とするとき，関数 $y=(x-1)^2+2$ の最小値を求めよ。 （名古屋市立中央看護専門学校）

次は，定義域は一定で**グラフが動く**場合だよ。

ケース 18-4 ★★★★

放物線 $C: y=x^2-2ax+3a$ について，以下の問いに答えよ。

(1) 放物線 C の頂点の座標を，a を用いて表せ。

難 (2) $0 \leqq x \leqq 1$ における最小値 m を求めよ。　（石巻赤十字看護専門学校・改）

- 定義域は固定。グラフが変化する。
- 2次関数は標準形で表し，軸の方程式を確認しよう。
- グラフの軸が定義域内に含まれるかどうかがポイント。
- 場合分けするのは，最小値をとる x の値が変わるところ。

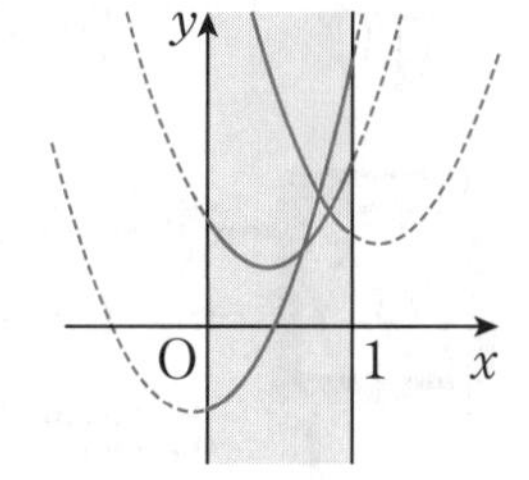

(1) $y=x^2-2ax+3a=(x^2-2ax+a^2)-a^2+3a$

$\quad =(x-a)^2-a^2+3a$

よって，頂点の座標は　$(a,\ -a^2+3a)$　…答

(2) 軸の方程式は　$x=a$

(i) グラフの軸が定義域の左外にある場合

つまり，$a<0$ のとき。

最小値をとるのは，$x=0$ のとき。

よって　$m=3a$

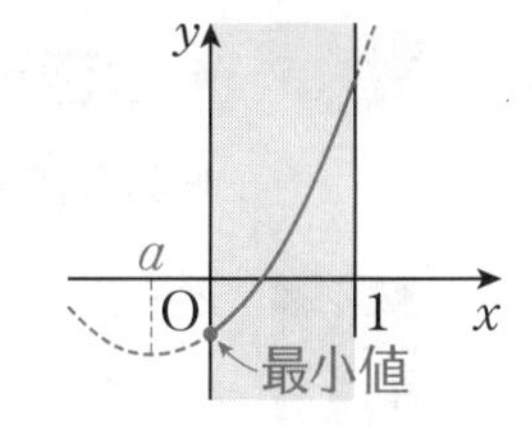

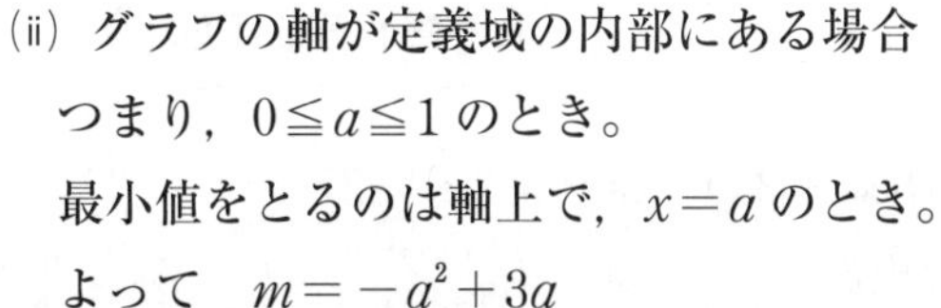

(ii) グラフの軸が定義域の内部にある場合

つまり，$0 \leqq a \leqq 1$ のとき。

最小値をとるのは軸上で，$x=a$ のとき。

よって　$m=-a^2+3a$

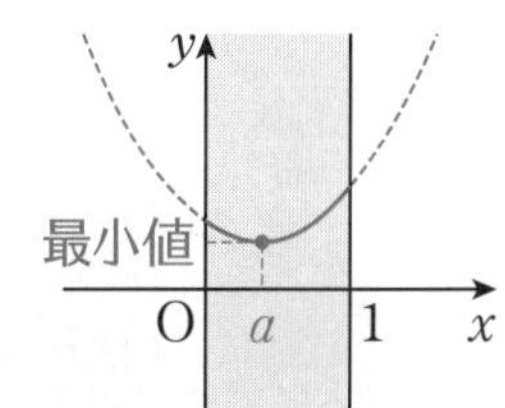

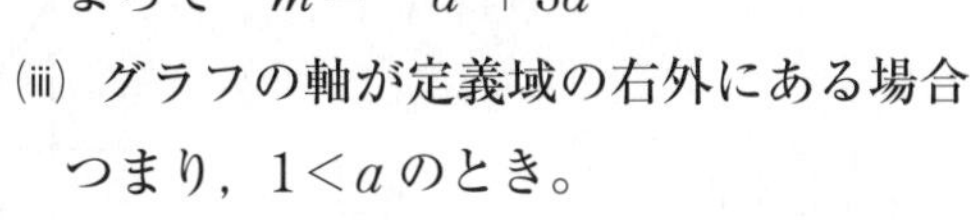

(iii) グラフの軸が定義域の右外にある場合

つまり，$1<a$ のとき。

最小値をとるのは，$x=1$ のとき。

よって　$m=1-2a+3a=1+a$

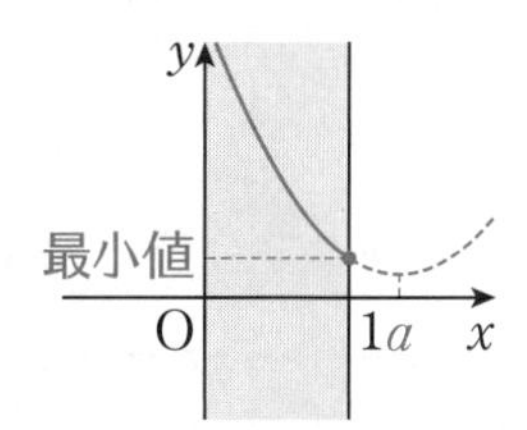

したがって　$\begin{cases} a<0 \text{ のとき } m=3a \\ 0 \leqq a \leqq 1 \text{ のとき } m=-a^2+3a \\ 1<a \text{ のとき } m=1+a \end{cases}$　…答

チェック 18-4 15分　解答▶別冊 p.16

1　2次関数 $y=-x^2+2ax+3$ について，$-2 \leqq x \leqq 4$ の範囲における最大値を求めよ。(a は定数)　（鶴岡市立荘内看護専門学校）

複雑な関数の最大・最小

おき換えて，単純化しよう。

関数の最大値・最小値を求める問題で，展開してしまうと4次関数となり手がつけられなくなる問題でも，うまくおき換えると2次関数の問題にでき，解決できる場合があるんだ。

ケース 19-1 難 ★★★★

$y=(x^2+2x+3)(x^2+2x)-2x^2-4x+3$ で，最大値，最小値があればその数値を求めよ。

（静岡済生会看護専門学校）

処方せん

- 関数の式をよく見て，次数を下げられるようにおき換えよう。
- **おき換えた文字にも隠れた条件**がある。 ← 要注意！
- おき換えた関数で最大値または最小値を求める。 ← 隠れた条件に気をつけて！

解答

$x^2+2x=t$ とおくと， ← 「x^2+2x」が何回も出てきそう…？

$t=x^2+2x=\underbrace{\underbrace{(x+1)^2}_{0\text{以上}}-1}_{-1\text{以上}}$ より $t\geqq -1$ ← これが隠れた条件だ!!

このとき $y=(x^2+2x+3)(x^2+2x)-2(x^2+2x)+3$

$=(t+3)t-2t+3$

$=t^2+t+3$

$=t^2+t+\left(\frac{1}{2}\right)^2-\left(\frac{1}{2}\right)^2+3$

$=\left(t+\frac{1}{2}\right)^2+\frac{11}{4}\quad(t\geqq -1)$

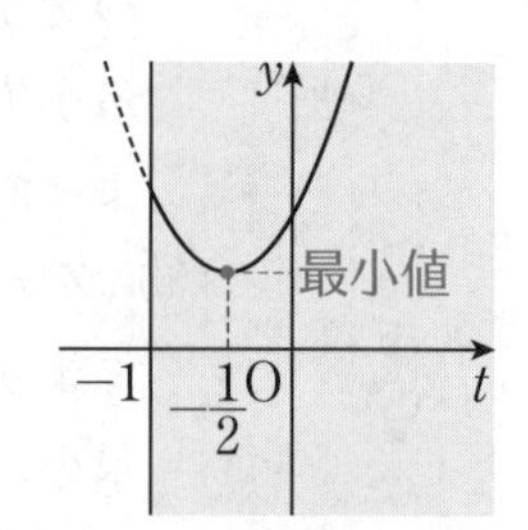

グラフより，$t=-\frac{1}{2}$ のとき最小値 $\frac{11}{4}$ をとる。

したがって $\begin{cases}\text{最小値 } \frac{11}{4} \\ \text{最大値なし}\end{cases}$ …答

チェック 19-1 7分 解答▶別冊 p.16

 **1** 関数 $y=(x^2-4x)^2+2(x^2-4x)+2\,(0\leqq x\leqq 5)$ の最大値，最小値を求めよ。

（愛仁会看護助産専門学校）

item 20

最大値・最小値が与えられた問題

文字のまま最大値・最小値を求める。

関数に文字が含まれていて，最大値と最小値が与えられたとき，その未知数を求める問題もよく出題されるよ。解き方は今までと同じだ。文字をおそれず，最大値・最小値を求めればいいんだ。

★★★★

2 次関数 $y=ax^2-2ax+b$ において，$-2\leqq x\leqq 2$ であるとき最大値が 5，最小値が -4 になるような定数 a と b の数値を求めよ。

（静岡済生会看護専門学校）

- 文字を含んだ状態で標準形に直し，定義域内でグラフをかく。
- **$a>0$ か $a<0$ でグラフが異なる**ことに注意。
- 最大値を 5，最小値を -4 とおけば連立方程式ができる。

$y=ax^2-2ax+b=a(x^2-2x)+b=a(x^2-2x+1-1)+b$

$\quad =a(x-1)^2-a+b$

2 次関数だから　$a\neq 0$

(i) $a>0$ のとき

グラフは右のようになる。

最大値は $x=-2$ のときで

$\quad a(-2)^2-2a(-2)+b=8a+b=5$　…①

最小値は $x=1$ のときで　$-a+b=-4$　…②

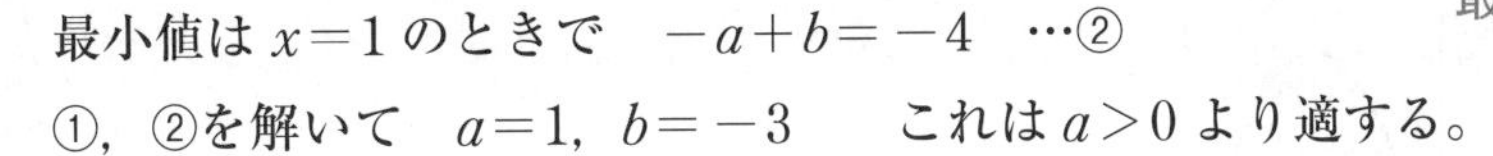
①，②を解いて　$a=1$，$b=-3$　　これは $a>0$ より適する。

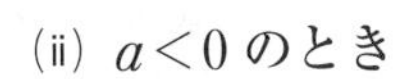
(ii) $a<0$ のとき

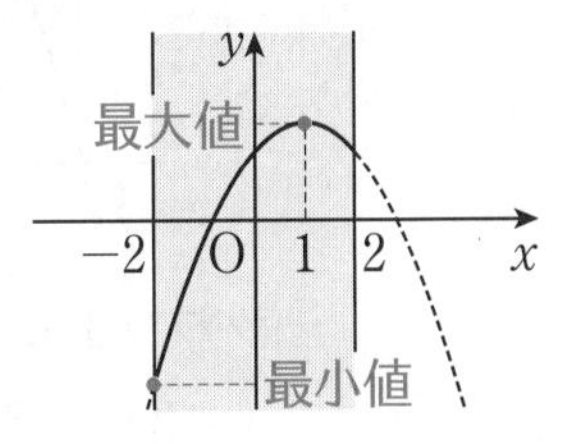

グラフは右のようになる。

最大値は $x=1$ のときで　$-a+b=5$　…③

最小値は $x=-2$ のときで　$8a+b=-4$　…④

③，④を解いて　$a=-1$，$b=4$

これは $a<0$ より適する。

以上より　$\boldsymbol{a=1}$，$\boldsymbol{b=-3}$　または　$\boldsymbol{a=-1}$，$\boldsymbol{b=4}$　…答

チェック 20-1 8分　解答▶別冊 p.17

1　$a>0$ とする。関数 $y=ax^2-4ax+b\ (0\leqq x\leqq 5)$ の最大値が 7 で最小値が -2 である。このとき，a，b を求めよ。

（愛仁会看護助産専門学校）

item 21 条件式のある最大・最小

文字を減らそう。

条件式がある場合は，条件式を使って文字を減らし，1つの文字で表された関数にして最大値や最小値を求めるんだよ。

ケース 21-1 ★★★★

$x \geqq 0$，$y \geqq 0$，$x+y=4$ のとき，xy の最大値を求めよ。

（八王子市立看護専門学校・改）

処方せん

❶ 条件式 $x+y=4$ より　$y=4-x$

$x \geqq 0$，$y \geqq 0$ より $y=4-x \geqq 0$ で，x の定義域がさらに制限されることに注意。

❷ ❶を xy に代入して，x の2次関数とする。

❸ ❶で求めた範囲における xy の最大値を求める。

解答

$x+y=4$ より　$y=4-x$　…①

$y \geqq 0$ だから　$4-x \geqq 0$　　よって　$x \leqq 4$

$x \geqq 0$ だから，x は $0 \leqq x \leqq 4$ の値をとる。

$xy=z$ とおき，①を代入すると

$$z=x(4-x)=-x^2+4x$$
$$=-(x^2-4x+4-4)$$
$$=-(x-2)^2+4$$

z が x の2次関数で表された。つまり，$z=-x^2+4x\ (0 \leqq x \leqq 4)$ の最大値を求める問題になったね。

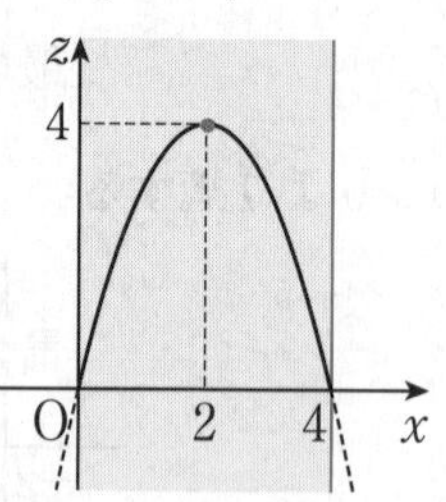

グラフより，最大値　4（$x=2$ のとき）

$x=2$ のとき　$y=4-2=2$

したがって　4（$x=2$，$y=2$ のとき）　…答

チェック 21-1 6分　解答▶別冊 p.17

1　x，y が $2x-y=5$ をみたしながら変化するとき，x^2+y^2 の最小値を求めよ。

（PL学園衛生看護専門学校）

item 22

2次方程式

解の公式と判別式。

2次方程式 $ax^2+bx+c=0\ (a\neq 0)$ の解法

① **因数分解**を使って解く　$a(x-\alpha)(x-\beta)=0$

② **解の公式**を使って解く　$x=\dfrac{-b\pm\sqrt{b^2-4ac}}{2a}$

（とくに $ax^2+2b'x+c=0$ の場合は　$x=\dfrac{-b'\pm\sqrt{b'^2-ac}}{a}$）

この公式が使えた方が計算はラクよ…。x の係数が偶数のときね…。

ケース 22-1 ★★★★★

次の2次方程式を解け。

(1) $x^2+4x-12=0$　（君津中央病院附属看護学校）

(2) $(x-10)^2=36-4x$　（静岡済生会看護専門学校）

(3) $2x^2-5x+1=0$　（福島看護専門学校）

(4) $(x-3)^2=2(x+2)$　（東京都済生会看護専門学校）

(2), (4) まず $ax^2+bx+c=0\ (ax^2+2b'x+c=0)$ の形に直す。

左辺が因数分解できる $\xrightarrow{\text{Yes}}$ $a(x-\alpha)(x-\beta)=0$ より　$x=\alpha,\ \beta$　← 因数分解

↓ No

$x=\dfrac{-b\pm\sqrt{b^2-4ac}}{2a}\quad\left(x=\dfrac{-b'\pm\sqrt{b'^2-ac}}{a}\right)$　← 解の公式

(1) $x^2+4x-12=0$ の左辺を因数分解すると

$(x+6)(x-2)=0$ だから　$x=-6,\ 2$　…答

(2) $(x-10)^2=36-4x$ より　$x^2-20x+100=36-4x$

$x^2-16x+64=0$　　$(x-8)^2=0$

$x=8$　…答

2次方程式の解は2つだけど，この場合は2つの解が重なっている。
⟹ 重解

(3) $2x^2-5x+1=0$　解の公式により

$$x=\frac{5\pm\sqrt{25-4\cdot2\cdot1}}{2\cdot2}=\frac{5\pm\sqrt{17}}{4}\quad\cdots\boxed{答}$$

(4) $(x-3)^2=2(x+2)$ より　$x^2-6x+9=2x+4$

$x^2-8x+5=0$　　$x^2-2\cdot4x+5=0$

解の公式により　$x=\dfrac{4\pm\sqrt{16-1\cdot5}}{1}=4\pm\sqrt{11}\quad\cdots\boxed{答}$

チェック 22-1 7分　解答▶別冊 *p.17*

1　次の2次方程式を解け。

(1) $3x^2+5x-2=0$　（加治木看護専門学校）

(2) $x^2-2x-1=0$　（函館厚生院看護専門学校）

(3) $\dfrac{1}{2}x^2-x-\dfrac{1}{5}=0$　（市立室蘭看護専門学院）

(4) $x^2-\sqrt{2}x-4=0$　（市立室蘭看護専門学院）

(5) $(x+1)^2=3x^2-2$　（新潟看護医療専門学校）

(6) $2x^2-3x=1$　（奈良県病院協会看護専門学校）

(7) $(x+2)^2+8(x+2)+15=0$　（市立函館病院高等看護学院）

解の判別

2次方程式 $ax^2+bx+c=0$ の**判別式**を D で表すと　$D=b^2-4ac$

$ax^2+2b'x+c=0$ の場合は　$\dfrac{D}{4}=b'^2-ac$

$D>0$ のとき　**異なる2つの実数解** $x=\dfrac{-b\pm\sqrt{b^2-4ac}}{2a}$ をもつ。

$D=0$ のとき　**重解** $x=-\dfrac{b}{2a}$ をもつ。

$D<0$ のとき　実数解をもたない。

ケース 22-2 ★★★★★

xについての2次方程式について，次の問いに答えよ。

(1) $x^2+(m+1)x+m^2-1=0\ (m \neq -1)$ が重解をもつような m の値を求めよ。 (アール医療福祉専門学校)

(2) $x^2+(2k+2)x+k^2-5=0$ が実数解をもつような k の値の範囲を求めよ。 (日鋼記念看護学校)

(3) $2x^2-6x+k+1=0$ (k は定数)の実数解の個数を調べよ。 (鹿児島医療福祉専門学校)

(1) 重解をもつ ⟺ $D=0$

(2) 実数解をもつ ⟺ $D>0$ または $D=0$

(3) (i) 異なる2つの実数解をもつ　$D>0$

(ii) 重解をもつ　$D=0$

(iii) 実数解をもたない　$D<0$

の場合に分けて，それぞれの k の値の範囲を求める。

(1) $x^2+(m+1)x+m^2-1=0$ の判別式を D とすると，

重解をもつのは $D=0$ のとき。

$D=(m+1)^2-4(m^2-1)=0$　　$m^2+2m+1-4m^2+4=0$

$-3m^2+2m+5=0$ より　$3m^2-2m-5=0$

$(3m-5)(m+1)=0$ で $m \neq -1$ より　$m=\frac{5}{3}$ …答

3	-5 →	-5
1	1 →	3
3	-5	-2

(2) $x^2+(2k+2)x+k^2-5=0$ の判別式を D とすると，

実数解をもつのは $D \geqq 0$ のとき。　← $D>0$ は異なる2つの実数解をもつときで，$D=0$ は重解をもつとき。

$x^2+(2k+2)x+k^2-5=x^2+2(k+1)x+k^2-5$ だから

↑ $\frac{D}{4}=b'^2-ac$ が使える。

$\frac{D}{4}=(k+1)^2-(k^2-5)=k^2+2k+1-k^2+5$

$=2k+6$

$2k+6 \geqq 0$ より　$2k \geqq -6$　　よって　$k \geqq -3$ …答

(3) $2x^2-6x+k+1=0$ の判別式を D とすると

$\frac{D}{4}=(-3)^2-2(k+1)=9-2k-2$

$=-2k+7$

(i) $D>0$ のとき　$-2k+7>0$　　$-2k>-7$　　$k<\frac{7}{2}$
└ 2つの実数解をもつ。

(ii) $D=0$ のとき　$-2k+7=0$　　$-2k=-7$　　$k=\frac{7}{2}$
└ 重解をもつ。

(iii) $D<0$ のとき　$-2k+7<0$　　$-2k<-7$　　$k>\frac{7}{2}$
└ 実数解をもたない。

答　$k<\frac{7}{2}$ のとき，2個。$k=\frac{7}{2}$ のとき，1個。$k>\frac{7}{2}$ のとき，0個。

チェック 22-2 6分　解答▶別冊 p.18

1 x についての2次方程式について，次の問いに答えよ。

(1) $x^2+(k-3)x+k=0$ が重解をもつように，定数 k の値を定めよ。また，そのときの重解を求めよ。　（奈良県病院協会看護専門学校）

(2) $x^2+2(a-1)x+a^2-3a-1=0$ が重解をもつとき，a の値を求めよ。また，そのときの重解を求めよ。　（イムス横浜国際看護専門学校）

次は，係数に文字を含む2次方程式の解が与えられていて，方程式の係数を決定する問題だ。

ケース 22-3 ★★★★

2次方程式 $2x^2-(4m-1)x+3m=0$ の解の1つが2であるとき

(1) 定数 m の値を求めよ。

(2) もう1つの解を求めよ。　（北里大学看護専門学校）

❶ 方程式に $x=2$ を代入する。

❷ m についての**方程式**を解けばいいよ。

(1) 解の1つが2だから，与えられた方程式に $x=2$ を代入して

$2\cdot2^2-(4m-1)\cdot2+3m=0$　　$8-8m+2+3m=0$

$5m=10$　　$m=2$ …答

(2) $m=2$ だから，もとの方程式は　$2x^2-(4\cdot2-1)x+3\cdot2=0$

$2x^2-7x+6=0$　　$(x-2)(2x-3)=0$
└ これはすぐにわかる。

1	-2 →	-4
2	-3 →	-3
2	6	-7

よって，もう1つの解は　$x=\frac{3}{2}$ …答

チェック 22-3　3分　解答▶別冊 p.18

1　2次方程式 $ax^2+(a+1)x+3=0$ が $x=2$ を解にもつとき，もう1つの解を求めよ。

（気仙沼市立病院附属看護専門学校）

ケース 22-4　難　★★★

2次方程式 $x^2+ax+b=0$ の解の1つは，$1+2\sqrt{3}$ であるとする。ただし，a，b は有理数とする。

(1) a，b の値をそれぞれ求めよ。

(2) もう1つの解を求めよ。　（東京山手メディカルセンター付属看護専門学校）

❶ 方程式に $x=1+2\sqrt{3}$ を代入する。

❷ $\sqrt{3}$ を含む項と含まない項に注意して，無理数部分と有理数部分に分ける。

(1) $x=1+2\sqrt{3}$ を与えられた方程式に代入して

$$(1+2\sqrt{3})^2+a\cdot(1+2\sqrt{3})+b=0$$

$$1+4\sqrt{3}+12+a+2a\sqrt{3}+b=0$$

$$(a+b+13)+(4+2a)\sqrt{3}=0$$

$$(a+b+13)+2(a+2)\sqrt{3}=0$$

a，b が有理数だから $\begin{cases} a+b+13=0 \\ a+2=0 \end{cases}$

この連立方程式を解いて　$\boldsymbol{a=-2}$，$\boldsymbol{b=-11}$　…答

(2) (1)より，与えられた2次方程式は　$x^2-2x-11=0$

解の公式により　$x=1\pm\sqrt{1+11}=1\pm\sqrt{12}=1\pm2\sqrt{3}$

もう1つの解は　$\boldsymbol{x=1-2\sqrt{3}}$　…答

方程式の係数の文字の個数が，1個なら1つの方程式を解くことになり（ケース 22-3），2個なら，無理数部分と有理数部分に分けることによって得られる連立方程式を解く（ケース 22-4）パターンが多いわ。どっちにしても，まずは，**与えられた解を方程式に代入**するのよ。

チェック 22-4　5分　解答▶別冊 p.18

1　2つの2次方程式 $x^2+ax+2b=0$，$ax^2+16x-b=0$ がともに $x=-5$ を解にもつように，定数 a，b の値を定めよ。

（香里ケ丘看護専門学校）

item 23

2次関数のグラフと方程式

2次方程式と2次関数のグラフを関連させよう！

2次方程式 $ax^2+bx+c=0$ に対して，2次関数 $y=ax^2+bx+c$ を考えよう。ここでグラフをイメージすると，この2次方程式の解は**放物線 $y=ax^2+bx+c$ と $y=0$（x 軸）との共有点の x 座標**になるんだ。放物線と x 軸の共有点を考えるにあたっては，放物線の頂点の位置が重要になってくるね。

$a>0$ の場合，

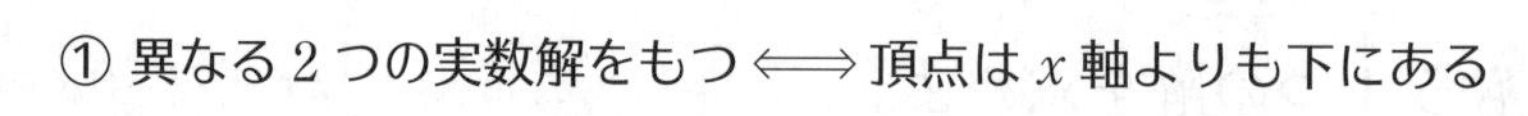

① 異なる2つの実数解をもつ $\Longleftrightarrow$ 頂点は x 軸よりも下にある

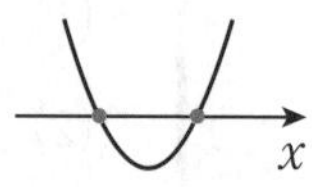

② 重解をもつ $\Longleftrightarrow$ 頂点は x 軸上にある

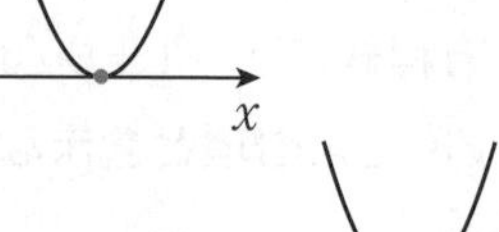

③ 実数解をもたない $\Longleftrightarrow$ 頂点は x 軸よりも上にある

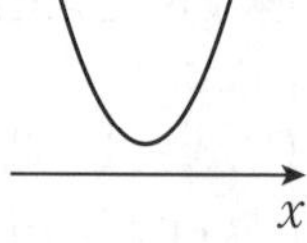

となる。では，この2次関数のグラフの頂点を求めて！

標準形にして，$y=ax^2+bx+c=a\left(x+\dfrac{b}{2a}\right)^2-\dfrac{b^2-4ac}{4a}$ より，

頂点の座標は $\left(-\dfrac{b}{2a},\ -\dfrac{b^2-4ac}{4a}\right)$ となります。

そうだね。じゃあ，2次方程式 $ax^2+bx+c=0$ の判別式を D として，D を用いて頂点の座標を表してごらん。

$D=b^2-4ac$ だから，頂点の座標は $\left(-\dfrac{b}{2a},\ -\dfrac{D}{4a}\right)$ ですね。

その通り，じゃあ，ここで整理するよ。

①の場合　$-\dfrac{D}{4a}<0$，$a>0$ だから　$D>0$

②の場合　$-\dfrac{D}{4a}=0$，$a>0$ だから　$D=0$

③の場合　$-\dfrac{D}{4a}>0$，$a>0$ だから　$D<0$　　← $-\dfrac{D}{4a}>0$　$\dfrac{D}{4a}<0$　$D<0$

以上をまとめると，次のようになる。

2次関数 $y=ax^2+bx+c$ のグラフと x 軸の位置関係

$D=b^2-4ac$		$D>0$	$D=0$	$D<0$
2次関数 $y=ax^2+bx+c$ のグラフと x 軸との共有点の個数		2個 (2点で交わる)	1個 (1点で接する)	0個 (共有点はない)
2次関数 $y=ax^2+bx+c$ のグラフと x 軸との位置関係	$a>0$			
	$a<0$			
2次方程式 $ax^2+bx+c=0$ の解		異なる2つの実数解 $x=\dfrac{-b\pm\sqrt{b^2-4ac}}{2a}$	重解 $x=-\dfrac{b}{2a}$	実数解をもたない

ケース 23-1 ★★★★★

2次関数 $y=x^2-2x+2a-3$ のグラフを G とする。このとき，次の問いに答えよ。ただし，a は定数とする。（鹿児島中央看護専門学校）

(1) グラフの頂点をAとする。Aの座標を a を用いて表せ。

(2) グラフ G が x 軸と異なる2点B，Cで交わるような a の値の範囲を求めよ。

(3) さらに点Bの x 座標が -2 のとき，a の値を求めよ。

(4) (3)のとき △ABC の面積を求めよ。

(1) 標準形にしよう。2次関数 $y=a(x-p)^2+q$ のグラフの頂点の座標は $(p,\ q)$

(2) 2次関数 $y=f(x)$ のグラフと x 軸とが異なる2点で交わる
$\Longleftrightarrow f(x)=0$ が異なる2つの実数解をもつ

(3) $f(x)=0$ の1つの解が $x=-2$

(4) 図をかいて底辺，高さを求める。
底辺：BC　高さ：x 軸と頂点との距離

(1) $y=x^2-2x+2a-3$ ← 平方完成をする。

$=(x^2-2x+1-1)+2a-3$

$=(x-1)^2+2a-4$ より

A(1, 2a−4) …答

(2) 方程式 $x^2-2x+2a-3=0$ の判別式を D とすると

$\frac{D}{4}=(-1)^2-1\cdot(2a-3)=1-2a+3=2(2-a)>0$ ← 異なる2つの実数解をもつから。

したがって **$a<2$** …答

(3) 方程式 $x^2-2x+2a-3=0$ の解の1つが $x=-2$ だから，代入して

$(-2)^2-2\cdot(-2)+2a-3=0$　　$2a+5=0$

よって **$a=-\frac{5}{2}$** …答

(4) $a=-\frac{5}{2}$ だから　$x^2-2x+2\cdot\left(-\frac{5}{2}\right)-3=0$　　$x^2-2x-8=0$

$(x+2)(x-4)=0$ の解は　$x=-2, 4$

よって　B(−2, 0)，C(4, 0)

一方，頂点Aの座標は (1, −9) である。

（-9 は $2\cdot\left(-\frac{5}{2}\right)-4$）

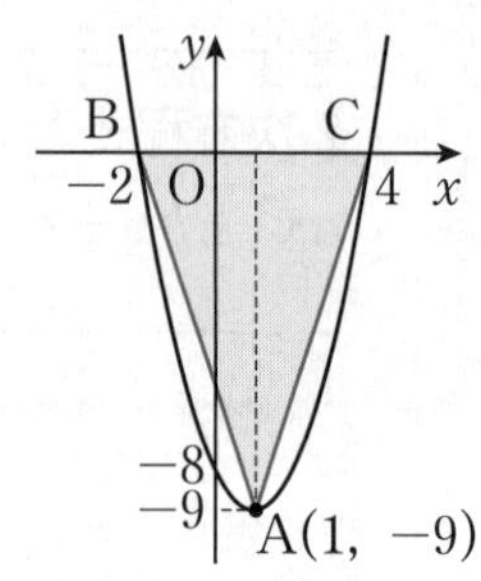

底辺はBC＝6，高さはAと x 軸との距離だから　9

よって　$\triangle ABC=\frac{1}{2}\cdot 6\cdot 9=$ **27** …答

チェック 23-1　5分　解答▶別冊 p.18

1 次の □ に適する数値を求めよ。

放物線 $y=2x^2+x-1$ は x 軸と異なる2点で交わる。この交点をA，Bとする。この放物線が x 軸から切り取る線分の長さは (1) である。また，この放物線の頂点をPとすると，△ABPの面積は (2) である。　（愛仁会看護助産専門学校）

★切り取る線分の長さ

2次関数の問題では，「放物線（2次関数 $y=f(x)$ のグラフ）が x 軸から切り取る線分の長さ」という表現がよく使われる。これは，（図の線分）の長さのこと。つまり，$f(x)=0$ の2つの解を α，β $(\alpha<\beta)$ とすると，$\beta-\alpha$ のことだよ。

次の問いに答えよ。

(1) 直線 $y=x+1$ と放物線 $y=x^2-x-2$ の交点の座標を求めよ。

（四国医療専門学校）

(2) 放物線 $y=x^2-2x+2$ と直線 $y=2x+k$ が接するとき，定数 k の値とそのときの接点の座標を求めよ。

（龍馬看護ふくし専門学校）

(1) 直線と放物線の交点の座標 $\Longrightarrow$ 連立方程式 $\begin{cases} y=x+1 \\ y=x^2-x-2 \end{cases}$ の解

(2) $\begin{cases} y=x^2-2x+2 \\ y=2x+k \end{cases}$ が接する $\Longrightarrow$ $x^2-2x+2=2x+k$ が重解をもつ

(1) $\begin{cases} y=x+1 \\ y=x^2-x-2 \end{cases}$ から y を消去して　$x^2-x-2=x+1$

$x^2-2x-3=0$　　$(x-3)(x+1)=0$　　$x=3,\ -1$

$x=3$ のとき　$y=4$，$x=-1$ のとき　$y=0$　← $y=x+1$ に代入

このことから，交点の座標は　$(3,\ 4)$，$(-1,\ 0)$　…答

(2) $\begin{cases} y=x^2-2x+2 \\ y=2x+k \end{cases}$ から y を消去して　$x^2-2x+2=2x+k$

$x^2-4x+2-k=0$　…①　の判別式を D とすると

$\dfrac{D}{4}=(-2)^2-(2-k)=0$　← 重解をもつから $D=0$

$4-2+k=0$ より　$\boldsymbol{k=-2}$　…答

$k=-2$ のとき方程式①は　$x^2-4x+4=0$　　$(x-2)^2=0$

$x=2$ より　$y=2$　接点の座標は　$(2,\ 2)$　…答

$y=2\cdot2-2=2$

チェック 23-2 10分　解答▶別冊 *p.18*

1 $y=x^2-2kx+2k^2-4k$ のグラフについて，次の(1)，(2)の条件に適するように，定数 k の値の範囲を定めよ。

（岡崎市立看護専門学校）

(1) x 軸と共有点を2つもつとき

(2) 直線 $y=2x-6$ と接するとき

2 放物線 $y=x^2+ax+b$　…①　が2直線 $y=2x-1$，$y=-4x+2$ に接するとき，a，b の値を求めよ。

（富山県立総合衛生学院）

item 24 2次不等式
まずはグラフをかこう。

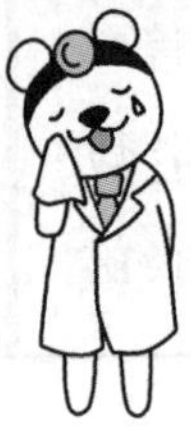

2次不等式は，2次関数のグラフを使って解くんだ。

例　2次不等式 $x^2-6x+5 \geqq 0$ を解け。（高岡市立看護専門学校）

を例にとって，手順を説明するよ。（概形でいいよ）

❶ まず，$y=x^2-6x+5$ のグラフをかこう。
　└ $y=(x-1)(x-5)$

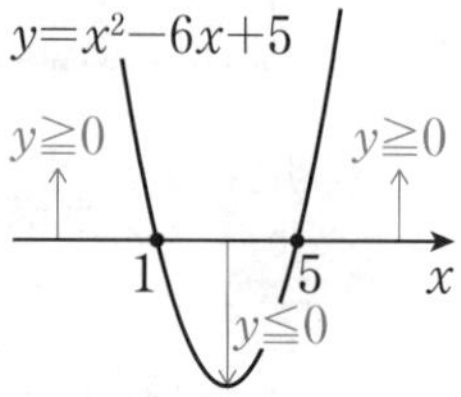

❷ $y \geqq 0$ となる x の値の範囲はどこかな？
　└ グラフが **x 軸よりも上**にある部分の x の範囲

❸ グラフより $\boldsymbol{x \leqq 1,\ 5 \leqq x}$ とわかるね。

逆に，$x^2-6x+5 \leqq 0$ の解は $y \leqq 0$ となる x の値の範囲を答えればいいから

$$1 \leqq x \leqq 5$$

となることもいいかな？

2次不等式の解についてまとめておこう。

2次不等式の解

$ax^2+bx+c=0\ (a>0)$ の解を α，$\beta\ (\alpha \leqq \beta)$ とすると

$D=b^2-4ac$	$D>0$	$D=0$	$D<0$
$y=ax^2+bx+c$ のグラフ	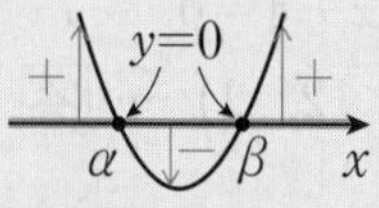	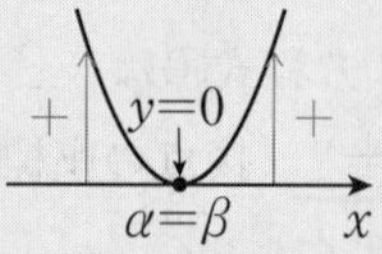	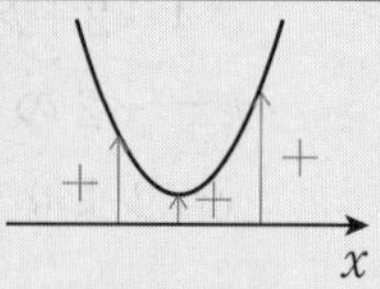
$ax^2+bx+c \geqq 0$ の解	$x \leqq \alpha$，$\beta \leqq x$	すべての実数	すべての実数
$ax^2+bx+c>0$ の解	$x<\alpha$，$\beta<x$	α 以外のすべての実数	すべての実数
$ax^2+bx+c \leqq 0$ の解	$\alpha \leqq x \leqq \beta$	$x=\alpha$	解なし
$ax^2+bx+c<0$ の解	$\alpha<x<\beta$	解なし	解なし

ケース 24-1 ★★★★★

次の 2 次不等式を解け。 （福岡看護専門学校）

(1) $x^2-4x+3>0$

(2) $-x^2+2x+1\geqq 0$

(3) $x^2-4x+4\leqq 0$

(4) $x^2+x+1>0$

❶ まず，方程式 $f(x)=0$（$f(x)$ は左辺の式）の解を求める。

❷ $y=f(x)$ のグラフと x 軸との共有点の様子をグラフ上に表現する。

❸ グラフから解を読み取る。 ← p.84 の表を活用

(1) $x^2-4x+3=0$ の解は，$(x-1)(x-3)=0$ より

$x=1,\ 3$

グラフより，$(x-1)(x-3)>0$ の解は $\boldsymbol{x<1,\ 3<x}$ …答

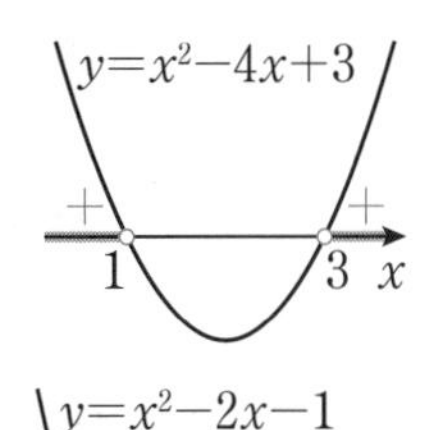

(2) $-x^2+2x+1\geqq 0$ ← 両辺に -1 を掛ける。

$x^2-2x-1\leqq 0$ ← 不等号の向きに注意

$x^2-2x-1=0$ の解は $x=1\pm\sqrt{2}$

グラフより，$x^2-2x-1\leqq 0$ の解は

$\boldsymbol{1-\sqrt{2}\leqq x\leqq 1+\sqrt{2}}$ …答

(3) $x^2-4x+4=0$ の解は，$(x-2)^2=0$ より

$x=2$（重解）

グラフより，$(x-2)^2\leqq 0$ の解は $\boldsymbol{x=2}$ …答

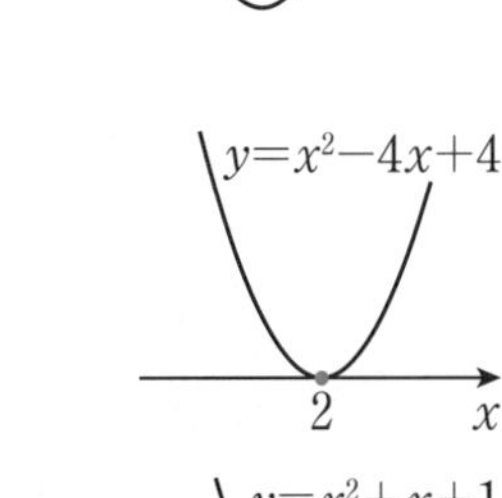

(4) $x^2+x+1=0$ の判別式を D とすると

$D=1^2-4\cdot 1\cdot 1=-3<0$

よって，この 2 次方程式の解はない。

グラフより，$x^2+x+1>0$ の解は，すべての実数。 …答

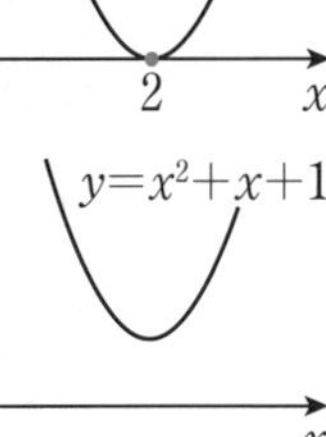

チェック 24-1 10分 解答▶別冊 *p.19*

1 次の 2 次不等式を解け。 （北九州看護大学校・改）

(1) $(x-1)^2-4>0$

(2) $x^2-2x+3<0$

(3) $2x-x^2-2<0$

(4) $x^2+10x-25\leqq 0$

(5) $16x^2+1>8x$

(6) $9x^2+4\leqq 12x$

ケース 24-2　★★★★★

次の連立不等式を解け。（北里大学看護専門学校）

(1) $\begin{cases} x^2-5x+6>0 \\ x^2-4x+1 \leqq 0 \end{cases}$　　(2) $\begin{cases} x^2-2x-5 \leqq 0 \\ 4x-2(x+3)>0 \end{cases}$

処方せん

❶ それぞれの不等式を解く。

❷ 共通部分を求める。　← 数直線を活用する。

解答

(1) $x^2-5x+6>0$

$(x-2)(x-3)>0$

グラフより　$x<2,\ 3<x$　…①

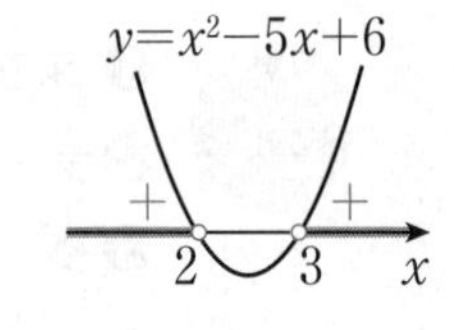

次に，$x^2-4x+1=0$ の解は

$x=2\pm\sqrt{3}$　← $-(-2)\pm\sqrt{(-2)^2-1\cdot1}$

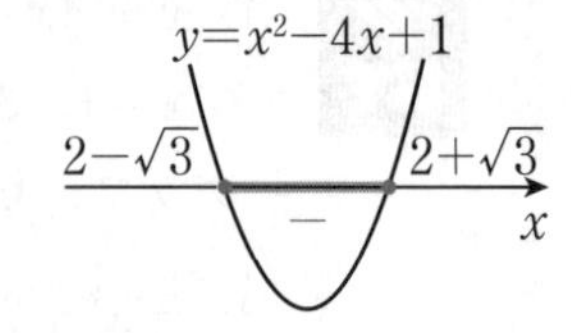

グラフより，$x^2-4x+1 \leqq 0$ の解は

$2-\sqrt{3} \leqq x \leqq 2+\sqrt{3}$　…②

①，②の共通部分をとって

$\boldsymbol{2-\sqrt{3} \leqq x<2,\ 3<x \leqq 2+\sqrt{3}}$　…**答**

(2) $x^2-2x-5=0$ の解は

$x=1\pm\sqrt{6}$　← $-(-1)\pm\sqrt{(-1)^2-1\cdot(-5)}$

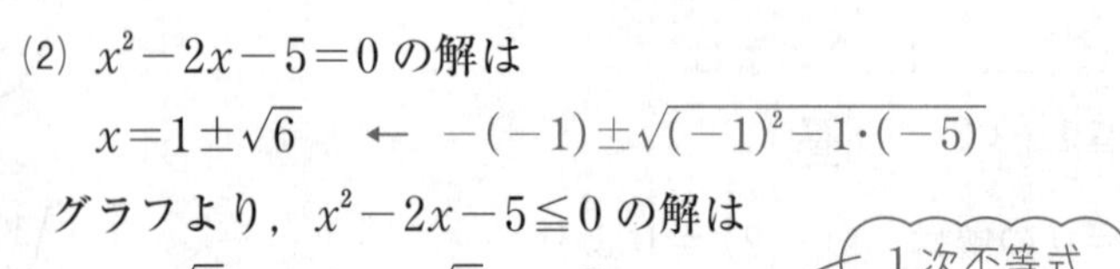

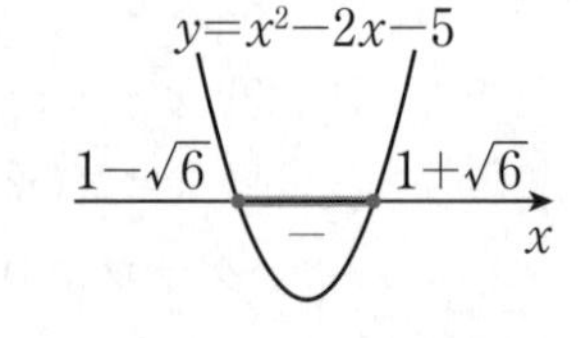

グラフより，$x^2-2x-5 \leqq 0$ の解は

$1-\sqrt{6} \leqq x \leqq 1+\sqrt{6}$　…③

$4x-2(x+3)>0$ より　$4x-2x-6>0$

$2x>6$　　$x>3$　…④

③，④の共通部分をとって

$\boldsymbol{3<x \leqq 1+\sqrt{6}}$　…**答**

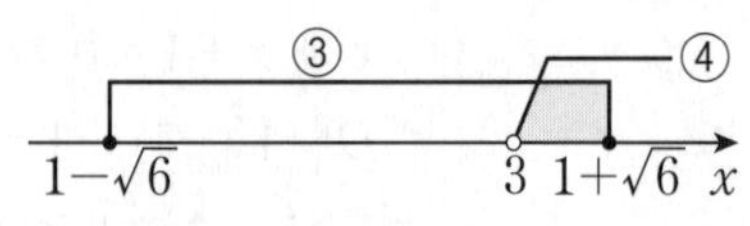

チェック 24-2　15分　解答▶別冊 p.20

1　次の連立不等式を解け。

(1) $\begin{cases} x^2-2x-3 \leqq 0 \\ x^2-3x+2>0 \end{cases}$　（東京山手メディカルセンター附属看護専門学校）

(2) $\begin{cases} x^2+3x-10>0 \\ x^2-2x-3 \leqq 0 \end{cases}$　（新潟県厚生連佐渡看護専門学校）

(3) $-2x<x^2<4x+5$　（函館厚生院看護専門学校）

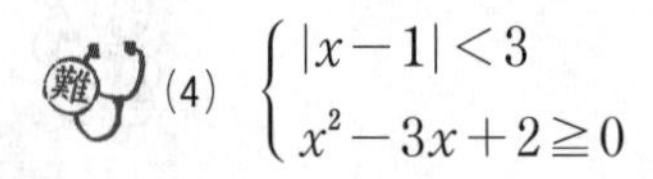

難 (4) $\begin{cases} |x-1|<3 \\ x^2-3x+2 \geqq 0 \end{cases}$　（気仙沼市立病院附属看護専門学校）

ケース 24-3 ★★★★

次の問いに答えよ。

(1) 2次不等式 $x^2-2(k+1)x+k+7>0$ の解がすべての実数であるような定数 k の値の範囲を求めよ。 (石川県立総合看護専門学校)

(2) x に関する2次不等式 $x^2-(a+5)x+5a \leqq 0$ を解け。ただし，a は実数である。 (愛生会看護専門学校)

処方せん

(1) x 軸との関係に注意して，解がすべての実数となるようなグラフをかこう。このようなグラフになるのは，どのような条件のとき？

(2) $x^2-(a+5)x+5a=0$ の解を求めよう。
a と5の大小を検討することを忘れないように。

解答

(1) 常に $x^2-2(k+1)x+k+7>0$ となるとき，

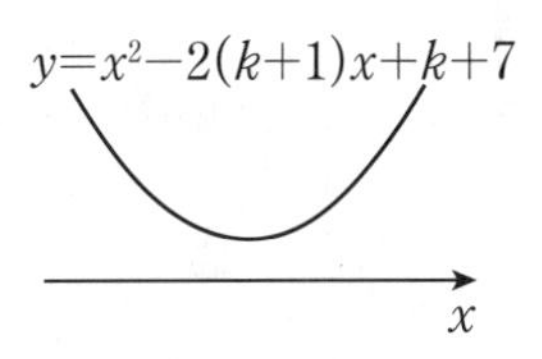

$y=x^2-2(k+1)x+k+7$ のグラフは右の図のようになる。
2次方程式 $x^2-2(k+1)x+k+7=0$ の判別式を D とすると

$$\frac{D}{4}=\{-(k+1)\}^2-(k+7)$$
$$=k^2+2k+1-k-7$$
$$=k^2+k-6$$
$$=(k+3)(k-2)$$

$D<0$ となればよいから　$(k+3)(k-2)<0$

よって　$\boldsymbol{-3<k<2}$　…答

(2) $y=x^2-(a+5)x+5a=(x-5)(x-a)$ より，$y \leqq 0$ となるのは

図1

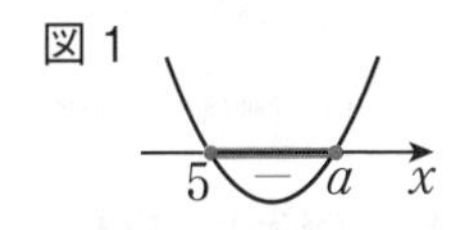

図2

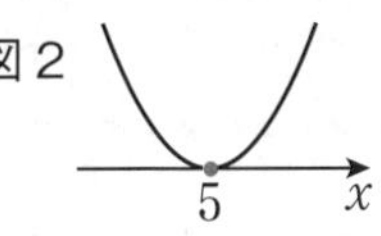

図3

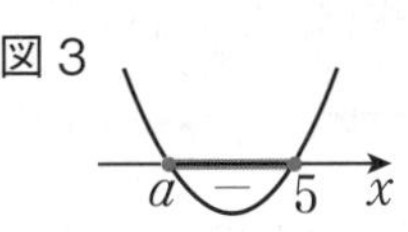

$\boldsymbol{a>5}$ **のとき，グラフは上の図1　よって　$\boldsymbol{5 \leqq x \leqq a}$**
$\boldsymbol{a=5}$ **のとき，グラフは上の図2　よって　$\boldsymbol{x=5}$**　…答
$\boldsymbol{a<5}$ **のとき，グラフは上の図3　よって　$\boldsymbol{a \leqq x \leqq 5}$**

チェック 24-3　8分　解答▶別冊 p.20

1 2次不等式 $2x^2-(k+5)x+2k+4>0$ がすべての実数 x について成り立つような定数 k の値の範囲を求めよ。 (王子総合病院附属看護専門学校)

2 次の x についての2次不等式を解け。ただし，a は定数とする。
$x^2+(a-1)x-2a^2+a<0$ (秋田市医師会立秋田看護学校)

item 25

2次方程式の解の存在範囲

条件に合うグラフをかくことがポイント！

与えられた2次方程式に文字の係数が含まれるとき，解が「2つの実数解をもつ❶」,「実数解をもたない❷」,「異符号の実数解をもつ❸」,「正の解を2つもつ❹」,「-1より大きい解を2つもつ❺」，…などといった条件をみたすような文字の値の範囲を求める問題を考えてみよう。ちょっと難しいかもしれないけど，入試ではとてもよく出題されるんだ。

2次方程式 $f(x)=0$ の解の存在範囲の求め方（ただし，2次の係数 >0）

① 問題をよく読んで，条件に合う $y=f(x)$ のグラフの概形をかく。

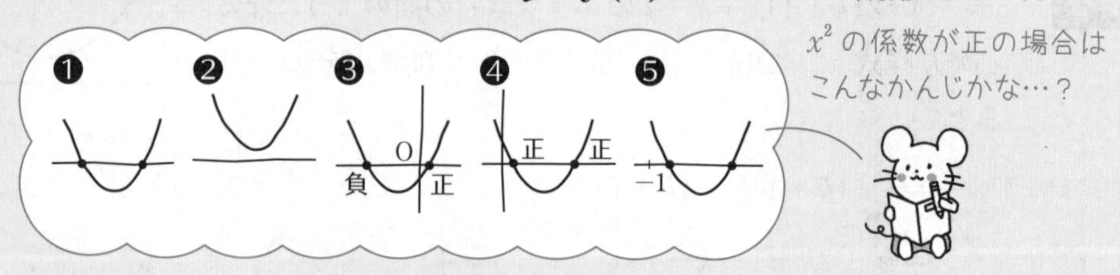

② ①のグラフのようになる条件を求める。次の3点に注意！

(i) 2次方程式の判別式 D の符号

(ii) 軸の位置

(iii) $f(k)$ の符号

条件はこうなるのか！

❶ $D>0$　❷ $D<0$　❸ $f(0)<0$

❹ $D>0$，軸が $x>0$ にある，$f(0)>0$

❺ $D>0$，軸が $x>-1$ にある，$f(-1)>0$

基本は「2次方程式が2つの実数解をもつ」ことだね。簡単に説明しておこう。

例　2次方程式 $x^2-(k+1)x+2k-1=0$ が異なる2つの実数解をもつような定数 k の値の範囲を求めよ。（仁心看護専門学校）

2次方程式 $f(x)=0$ …(＊) が実数解をもつとき，$y=f(x)$ のグラフの概形はこんなふうになるね。

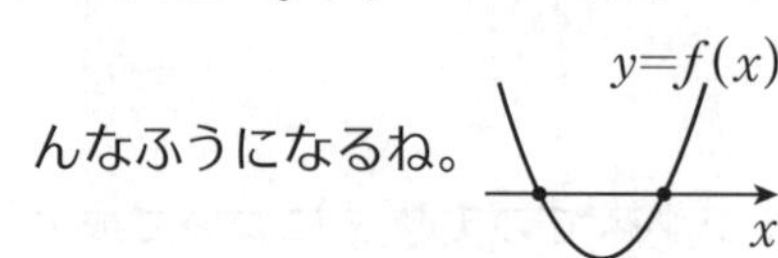

$x^2-(k+1)x+2k-1=0$ の判別式を D とする。

$D=(k+1)^2-4\cdot1\cdot(2k-1)=k^2+2k+1-8k+4=k^2-6k+5=(k-1)(k-5)$

$D>0$ となればよいから　$(k-1)(k-5)>0$　　よって　$\boldsymbol{k<1,\ k>5}$　…答

ちなみに，(＊)で，重解をもつときは

実数解をもたないときは

それぞれ判別式 D は，$D=0$，$D<0$ となればいいんだよ。
└ 方程式を解くことになる。

★★★★★

次の 2 次方程式が異符号の解をもつとき，定数 k の値の範囲を求めよ。$x^2-kx-k^2+4=0$ （名古屋市立中央看護専門学校）

$f(x)=x^2-kx-k^2+4$ としたときの，$f(0)$ の符号についてだけ調べればいいよ。
方程式 $x^2-kx-k^2+4=0$ の解が異符号

$\Longleftrightarrow$ $y=x^2-kx-k^2+4$ のグラフは，**x 軸の正の部分と負の部分で 1 か所ずつ共有点**をもつ。

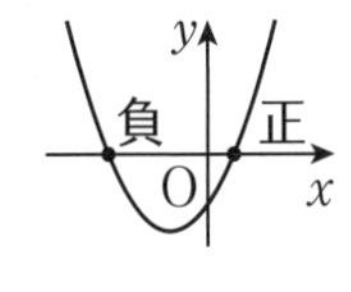

このようになる条件は　$f(0)<0$　← これさえみたせば，正の解と負の解を 1 つずつもつよ。

$f(x)=x^2-kx-k^2+4$ とおくと，題意をみたすとき
$y=f(x)$ のグラフの概形は右の図のようになる。
このとき，$f(0)<0$ となる。

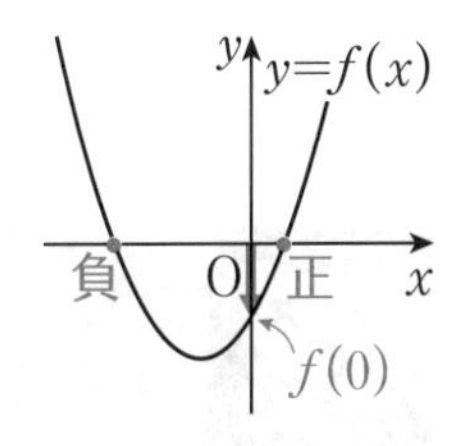

$f(0)=-k^2+4=-(k^2-4)=-(k-2)(k+2)$
よって　$-(k-2)(k+2)<0$
$(k-2)(k+2)>0$　← 両辺を負の数で割ったから不等号の向きが逆になるよ。
したがって　$\boldsymbol{k<-2,\ 2<k}$　…答

★異符号の解をもつ

これは，他にいろいろな表現があるよ。「正の解と負の解を 1 つずつもつ」，「0 より大きい解と，0 より小さい解をもつ」など。どれも同じ意味だからあわてないようにね。

ケース 25-1 の問題を「0 より大きい解と小さい解をもつ」と理解すると，たとえば，「2 より大きい解と小さい解をもつ」なんかも同じように解けます。条件は $f(2)<0$ ですね。

チェック 25-1 10分 解答▶別冊 p.21

1 x についての 2 次方程式 $x^2+mx+m^2+2m=0$ について考える。

（広島市立看護専門学校）

⑴ この方程式が，正の重解をもつとき，$m=$ □ である。

⑵ この方程式が，正と負の実数解を 1 つずつもち，かつ m が整数であるとき，$m=$ □ である。

2 2 次方程式 $x^2+mx+m+8=0$ が次のような実数解をもつように，定数 m の範囲を定めよ。

（函館厚生院看護専門学校）

⑴ 異なる 2 つの実数解

⑵ 正の解と負の解

難 ★★★★★

x の 2 次方程式 $x^2-3ax+3a=0$ が異なる 2 つの正の実数解をもつときの a の値の範囲を求めよ。

（気仙沼市立病院附属看護専門学校）

条件を 3 つとも調べないといけないパターンだね。

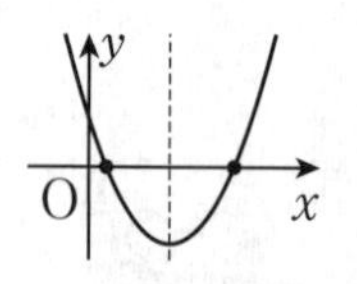

(i) **判別式 $D>0$**（異なる 2 つの実数解をもつ）

(ii) $y=x^2-3ax+3a$ の**グラフの軸は，$x=0$ より右側**にある。

(iii) $\boldsymbol{f(0)>0}$

もし…，
(i)がなかったら　(ii)がなかったら　(iii)がなかったら
こんなことになってしまう可能性が出てくるよ？

解答 $f(x)=x^2-3ax+3a$ とすると，条件をみたすとき，$y=f(x)$ のグラフの概形は右の図のようになる。

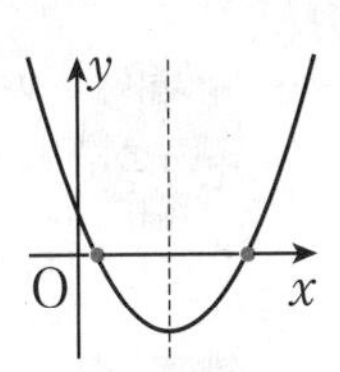

(i) 判別式を D とすると

$$D=(-3a)^2-4\cdot1\cdot3a=9a^2-12a=3a(3a-4)$$

$3a(3a-4)>0$ より　$a<0,\ \frac{4}{3}<a$　…①

(ii) 軸：$x=\frac{3a}{2}>0$ より　$a>0$　…②

x の係数の部分を，(x^2 の係数×2)で割ってマイナスをつける。

(iii) $f(0)=3a>0$ より　$a>0$　…③

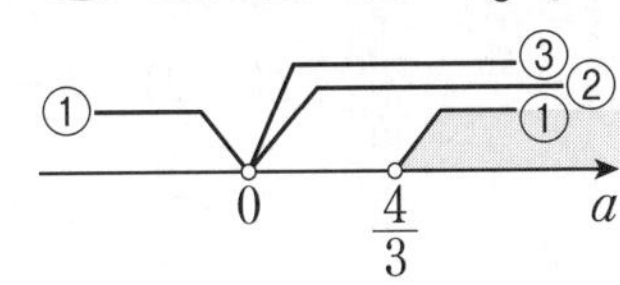

①，②，③より　$a>\frac{4}{3}$　…答

ワンポイント

同じように解ける問題には，
「2つの異なる負の解をもつ」
　($D>0$，軸は $x=0$ より左側にある，$f(0)>0$)
「解が2つとも -1 より大きい」
　($D>0$，軸は $x=-1$ より右側にある，$f(-1)>0$)
などがありますよ。

チェック 25-2 15分 解答▶別冊 p.21

1 2次方程式 $x^2-2ax+2-a=0$　…＊について，次の問いに答えよ。

（富山市立看護専門学校）

(1) ＊が異なる2つの実数解をもつような定数 a の値の範囲を求めよ。

(2) ＊が異なる2つの負の解をもつような定数 a の値の範囲を求めよ。

難 **2** m を実数とするとき，2次方程式 $x^2-2mx+3m-2=0$ のどの解も $\frac{1}{2}$ より大きい実数であるとき，m の値の範囲を求めよ。　（新潟県厚生連佐渡看護専門学校・改）

ケース 25-3

難 ★★★

x についての2次方程式 $x^2-2px+p-6=0$ が -2 と1の間と，1と4の間にそれぞれ解をもつとき，p の値の範囲を求めよ。

（アール医療福祉専門学校）

処方せん

$y=x^2-2px+p-6$ のグラフを考える。解の条件を考慮すると，このグラフは，

$-2<x<1$ で1か所，$1<x<4$ で1か所

x 軸と交わる。

$f(x)=x^2-2px+p-6$ とおくと，条件をみたすとき，$y=f(x)$ のグラフの概形は右の図のようになる。

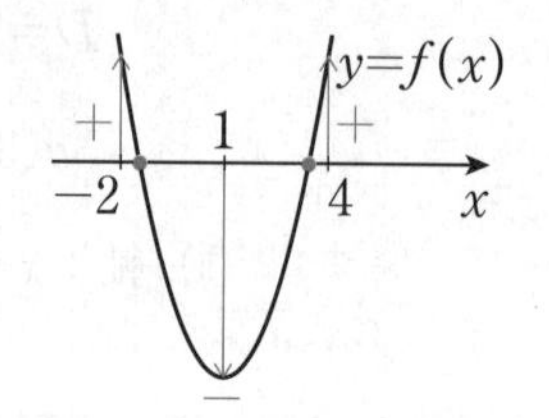

このとき，

$f(-2)>0,\ f(1)<0,\ f(4)>0$

となる。

$f(-2)=(-2)^2-2p\cdot(-2)+p-6=4+4p+p-6=5p-2$

よって　$5p-2>0$　　$p>\dfrac{2}{5}$　…①

$f(1)=1^2-2p\cdot1+p-6=1-2p+p-6=-p-5$

よって　$-p-5<0$　　$p>-5$　…②

$f(4)=4^2-2p\cdot4+p-6=16-8p+p-6=-7p+10$

よって　$-7p+10>0$　　$p<\dfrac{10}{7}$　…③

コツコツ
がんばろう！

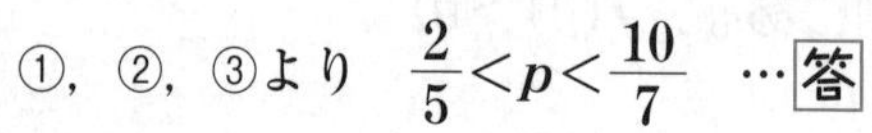

①，②，③より　$\dfrac{2}{5}<p<\dfrac{10}{7}$　…答

この問題は，解の範囲を与える数が3つしか登場しないけど，たまに，4つの数が登場する問題もあります。

たとえば，「-2 より大きく -1 より小さい解を1つ，1より大きく2より小さい解を1つもつ」というように。

でも，これも同じように解けます。

図より，条件は

$f(-2)>0,\ f(-1)<0,\ f(1)<0,\ f(2)>0$

ですね。

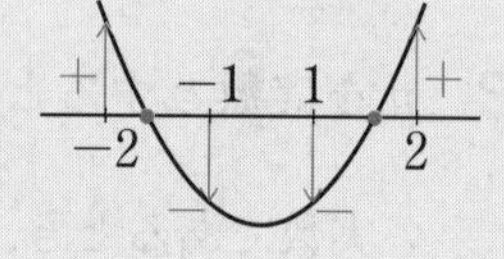

チェック 25-3　5分　解答▶別冊 p.22

難 **1**　次の条件をみたすような定数 a の値の範囲を求めよ。

2次方程式 $2x^2-3x+a=0$ の1つの解が0と1の間にあり，他の解が1と2の間にある。

(PL学園衛生看護専門学校)

item 26 方程式・不等式の文章題

問題文の理解度がためされるぞ！

方程式や不等式を使って解く文章題を考えてみよう。

ケース 26-1 ★★★

右の図のように正方形PQRSは正方形ABCDに内接している。AB＝7mで正方形PQRSの面積が25m^{2}となるときのAPとASの長さを求めよ。（一宮市立中央看護専門学校）

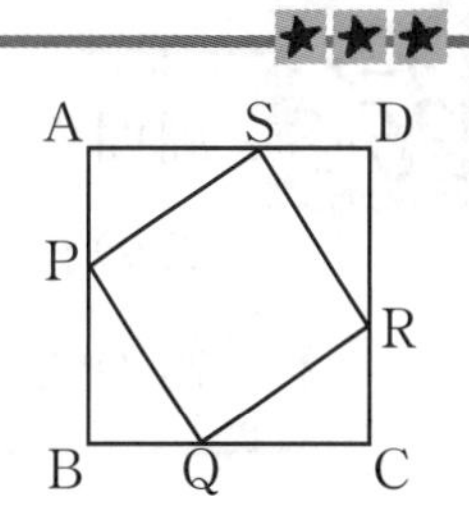

❶ 何を x とおくか。（**x の定義域**も）
❷ 正方形PQRSの面積 S を x で表す。
❸ 方程式 $S=25$ を解く。

AP＝x $(0<x<7)$ とおく。
△APSと△BQPにおいて
　∠SAP＝∠PBQ＝90°，PS＝QP，∠PSA＝∠QPB（＝90°－∠APS）
よって　△APS≡△BQP
同様にして　△APS≡△BQP≡△CRQ≡△DSR
よって　BQ＝CR＝DS＝x，PB＝QC＝RD＝SA＝$7-x$
　正方形PQRSの面積を S として，S を x で表すと

$$S=49-4\cdot\frac{1}{2}x(7-x)$$ ← 正方形ABCD－（△APS＋△BQP＋△CRQ＋△DSR）

$$=2x^2-14x+49$$

$S=25$ より　$2x^2-14x+49=25$　　$2x^2-14x+24=0$

$x^2-7x+12=0$　　$(x-3)(x-4)=0$　　$x=3,\ 4$

したがって　**AP＝3mのとき　AS＝4m**
　　　　　　AP＝4mのとき　AS＝3m　…答

チェック 26-1 5分　解答▶別冊 p.22

1 縦 6cm，横 10cm の長方形の厚紙がある。縦と横からそれぞれ同じ幅だけ切り取り，残った面積が 32cm^2 になるようにしたい。切り取る幅を何 cm にすればよいか求めよ。　(秋田しらかみ看護学院)

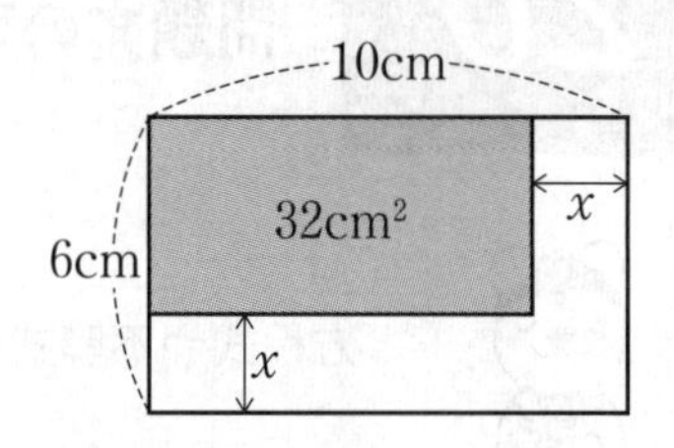

★★★

周囲の長さが 24cm の長方形の短い方の辺の長さを $x$cm とする。この長方形の面積が 27cm^2 以上，32cm^2 未満になるとき，x の値の範囲を求めよ。　(西宮市医師会看護専門学校)

❶ 短い方の辺の長さは $x$cm である。　← x の定義域も示しておこう。
❷ 長方形の面積を，x を用いて表す。
❸ 不等式を作って解く。

短い方の辺の長さが $x$cm $(x>0)$ であるから，

長い方の辺の長さは　$\dfrac{24}{2}-x=12-x$ (cm)

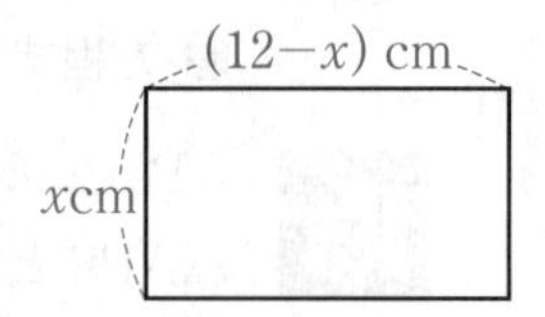

よって　$x<12-x$　　$x<6$　　定義域は　$0<x<6$　…①
長方形の面積は　$x(12-x)=-x^2+12x$
これが 27cm^2 以上 32cm^2 未満だから　$27\leqq -x^2+12x<32$
　$27\leqq -x^2+12x$ より　$x^2-12x+27\leqq 0$　　$(x-3)(x-9)\leqq 0$
　よって　$3\leqq x\leqq 9$　…②
　$-x^2+12x<32$ より　$-x^2+12x-32<0$　　$x^2-12x+32>0$
　$(x-4)(x-8)>0$
　よって　$x<4,\ 8<x$　…③
①～③より　$3\leqq x<4$　…答

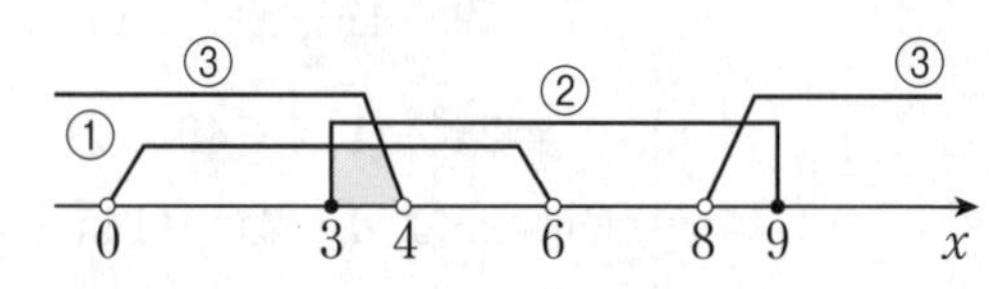

チェック 26-2 5分　解答▶別冊 p.22

1 地上から真上に初速度，毎秒 30m でボールを投げ上げる。このとき，ボールを投げてから t 秒後のボールの地上からの高さ ym を，$y=-5t^2+30t$ とする。このとき，次の各問いに答えよ。　(呉共済病院看護専門学校)

(1) ボールが落ちてくるのは，ボールを投げ上げてから何秒後か。

(2) ボールの高さが 25m 以上になるのは，ボールを投げ上げてから何秒後から何秒後までの間か。

item 27

2次関数の総合問題

今までに勉強したことの組み合わせ！

2次関数の問題には，図形と融合した問題や，いくつかの小問でいろいろなことが順に問われる問題といった，総合力が試される問題が多いんだ。あせらずに，1つ1つ解決していけばいいんだけど，ちょっとここで慣れておこうね。

★★★★

直角をはさむ2辺の長さの和が10である直角三角形があるとき，次の問いに答えよ。 （四日市市医師会看護専門学校）

(1) 直角をはさむ2辺のうち一方を x としたとき，この直角三角形の面積 S を x を用いて表せ。

(2) S が最大になるときの3辺の長さを，それぞれ求めよ。

❶ 図をかいて，わかっている数を書き込み，何を x にするか決めよう。

❷ S を x の関数で表す。 ← (1)の答え

❸ S の最大値を求めよう。**定義域を忘れない**こと！ ← (2)の答え

└ グラフを使うとわかりやすいよ。

(1) 直角をはさむ2辺のうち1辺の長さを x とすると，もう一方の長さは　$10-x$

よって　$S=\frac{1}{2}x(10-x)\ (0<x<10)$ …答

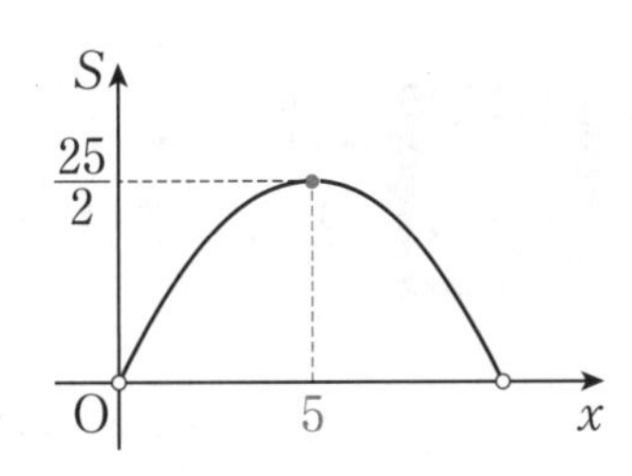

(2) $S=\frac{1}{2}x(10-x)=-\frac{1}{2}x^2+5x$

$=-\frac{1}{2}(x^2-10x+5^2-5^2)$

$=-\frac{1}{2}\{(x-5)^2-25\}$

$=-\frac{1}{2}(x-5)^2+\frac{25}{2}$

したがって，S が最大になるのは直角をはさむ1辺の長さが5のときだから，もう一方の辺の長さは　$10-5=5$

斜辺の長さは，三平方の定理により

$\sqrt{5^2+5^2}=\sqrt{5^2\times2}=5\sqrt{2}$

答　3辺の長さは5，5，$5\sqrt{2}$

└ 直角二等辺三角形だ！

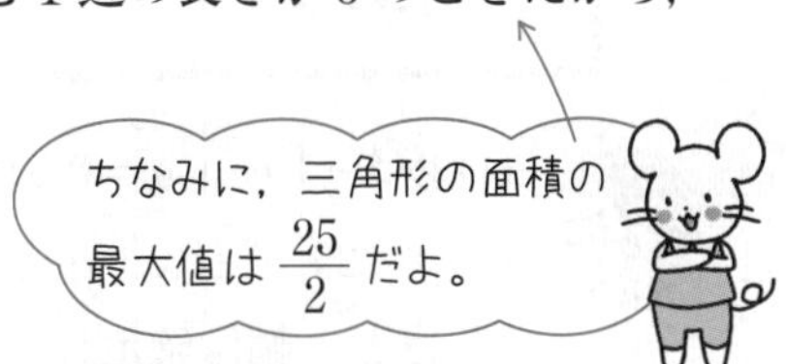

このように，「図形の面積や体積を2次関数で表し，その最大値を求める」問題はよく出題されるよ。面積や体積を求めることは小学校や中学校で学んだことだし(ただxが含まれるだけ)，最大値の求め方はもうちゃんとわかっているよね？なにも難しいことじゃないよ。

チェック 27-1 10分 解答▶別冊 p.22

1 幅40cmのブリキ板を図のように折り曲げ，切り口が長方形状のといを作りたい。長方形の面積を最大にするには，折り曲げる部分の長さをいくらにすればよいか。　(君津中央病院附属看護学校)

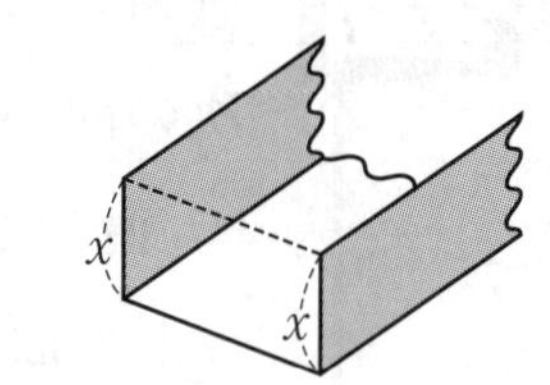

2 右の図の直角二等辺三角形ABCの斜辺AB上にDをとり，長方形DECFを作るとき，次の問いに答えよ。　(岡波看護専門学校)

(1) EC$=x$としたとき，長方形DECFの面積yをxの式で表せ。

(2) yが最大になるときのxの値とその最大値を求めよ。

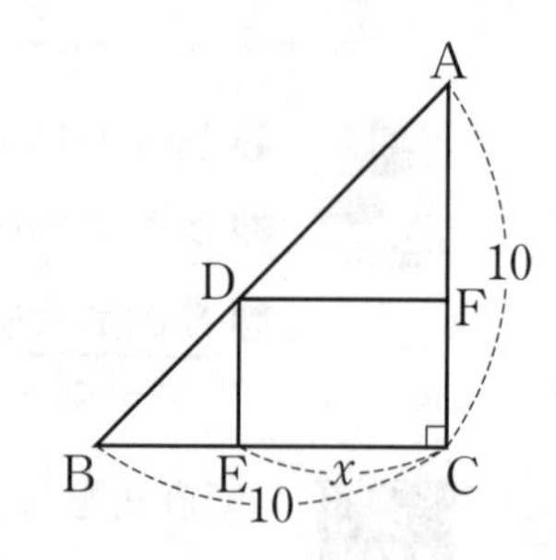

ケース 27-2 ★★★

2次不等式 $2x^2-19x+a<0$　…① について，次の各問いに答えよ。　(呉共済病院看護専門学校)

(1) ①をみたす実数xが存在するとき，定数aの値の範囲を求めよ。

難 (2) ①をみたす整数xが，ただ1つ存在するとき，その整数xを求めよ。

(1) $2x^2-19x+a=0$ の判別式をDとすると　$D>0$

(2) $y=2x^2-19x+a$ のグラフの概形をかいてみよう。正確にかくことはできないけど，軸は確定している。

(1) $2x^2-19x+a=0$ の判別式を D とすると，$D>0$ となればよい。

$D=(-19)^2-4\cdot 2\cdot a=361-8a$

よって　$361-8a>0$　　$-8a>-361$　　$\boldsymbol{a<\frac{361}{8}}$ …答

(2) ①をみたす整数 x がただ1つ存在するとき，その整数 x は関数 $y=2x^2-19x+a$ が最小となる x の値に最も近い。

$$2x^2-19x+a=2\left(x^2-\frac{19}{2}x+\frac{19^2}{4^2}-\frac{19^2}{4^2}\right)+a$$
$$=2\left\{\left(x-\frac{19}{4}\right)^2-\frac{361}{16}\right\}+a$$
$$=2\left(x-\frac{19}{4}\right)^2-\frac{361}{8}+a$$

より，最小値を与える x は $\frac{19}{4}$

↑ グラフの頂点の x 座標

$\frac{19}{4}$ に最も近い整数は　5

よって，求める整数 x は　**5** …答

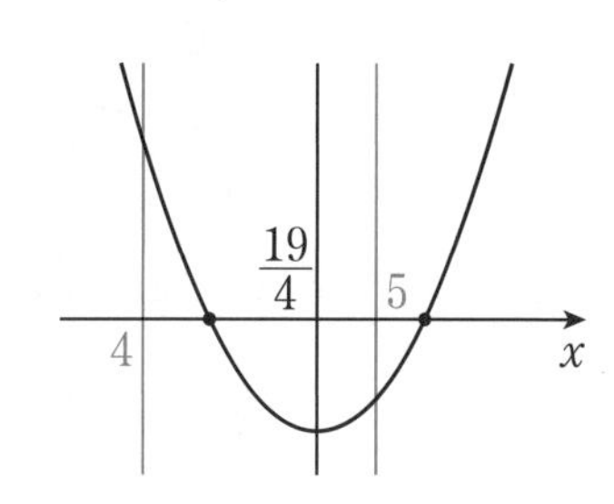

 解答▶別冊 p.22

 1

$\left.\begin{array}{l} x^2-2x>0 \quad \cdots① \\ -x^2+a^2>0 \quad \cdots② \end{array}\right\}$ を同時にみたす自然数が3つ存在するとき，a の値の範囲を求めよ。

（岡山済生会看護専門学校）

★★★★★

2次関数 $y=x^2-2px+2-p$ …① について，次の問いに答えよ。

（佐久総合病院看護専門学校）

(1) $p=3$ のとき，①のグラフと x 軸との共有点の x 座標を求めよ。

(2) ①のグラフが x 軸と共有点をもたないような p の値の範囲を求めよ。

(3) ①のグラフの頂点が直線 $y=x-1$ 上にあるような p の値を求めよ。

(4) ①のグラフが x 軸の正の部分と異なる2点で交わるような p の値の範囲を求めよ。

(1) $p=3$ を①に代入すれば，2次関数は決まるよ。

(2) グラフの概形は

(3) p を含んだままで2次関数の頂点を求め，その x 座標，y 座標を直線の式に代入すればいい。

(4) グラフの概形は

p.90 ケース 25-2 参照

これは，$x^2-2px+2-p=0$ が異なる2つの正の実数解をもつのと同じ。

(1) ①に $p=3$ を代入すると　$y=x^2-2\cdot3x+2-3$　　$y=x^2-6x-1$

これと x 軸 $(y=0)$ の共有点だから　$x^2-6x-1=0$

よって　$x=-(-3)\pm\sqrt{(-3)^2-1\cdot(-1)}=3\pm\sqrt{10}$

したがって，共有点の x 座標は　$\boldsymbol{x=3-\sqrt{10},\ 3+\sqrt{10}}$　…答

(2) $x^2-2px+2-p=0$ の判別式を D とすると，$D<0$ となればよい。

$$\frac{D}{4}=(-p)^2-1\cdot(2-p)=p^2+p-2$$

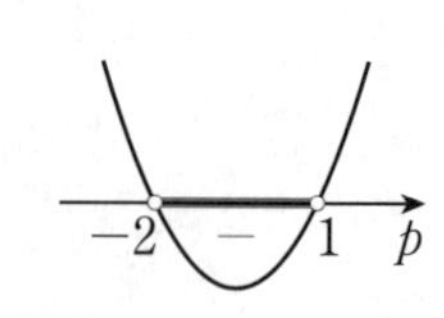

よって　$p^2+p-2<0$　　$(p+2)(p-1)<0$

したがって　$\boldsymbol{-2<p<1}$　…答

(3) $y=x^2-2px+2-p=(x^2-2px+p^2-p^2)+2-p=(x-p)^2-p^2-p+2$

より，頂点の座標は　$(p,\ -p^2-p+2)$

これが，$y=x-1$ 上にあるから　$-p^2-p+2=p-1$　　$p^2+2p-3=0$

$(p+3)(p-1)=0$　　よって　$\boldsymbol{p=-3,\ 1}$　…答

(4) $y=f(x)=x^2-2px+2-p$ とおくと，

右の図のようになる条件は

(i) 2次方程式 $f(x)=0$ の判別式を D とすると　$D>0$

(ii) 軸の位置は $x=0$ より右側にある。

(iii) $f(0)>0$

(i) $\dfrac{D}{4}=p^2+p-2$ より　$p^2+p-2>0$

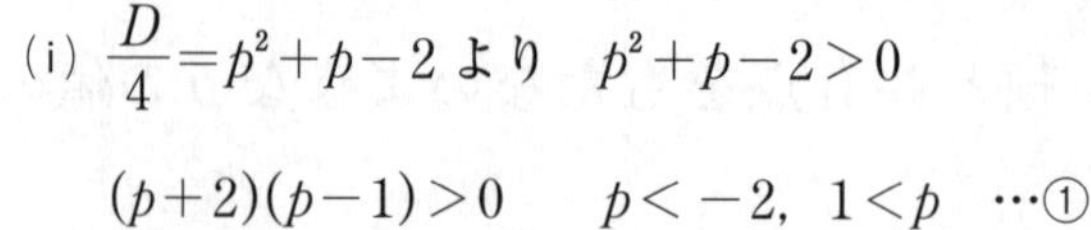

$(p+2)(p-1)>0$　　$p<-2,\ 1<p$　…①

(ii) 軸は　$x=p$　　よって　$p>0$　…②

(iii) $f(0)=2-p$　　よって　$2-p>0$　　$-p>-2$　　$p<2$　…③

①，②，③より　$\boldsymbol{1<p<2}$　…答

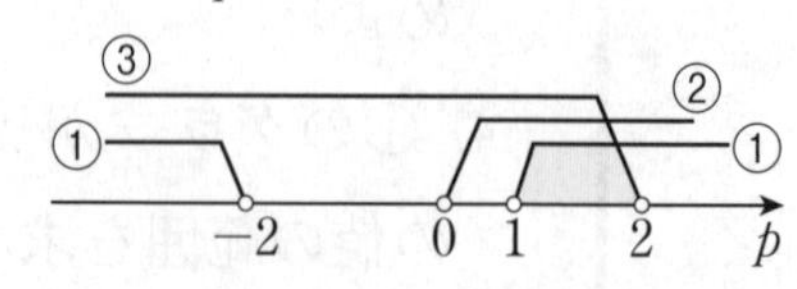

チェック 27-3 30分　解答▶別冊 p.23

1　2次関数 $f(x)=x^2+2x-3$，$g(x)=-x^2+2ax-a^2+a+3$ について

(1) $f(x)$ のグラフと $g(x)$ のグラフの頂点の座標を，それぞれ求めよ。

(2) $f(x)$ の最小値が $g(x)$ の最大値よりも大きくなるような a の値の範囲を求めよ。

(3) $f(x)-g(x)>0$ が常に成り立つような a の値の範囲を求めよ。　(竹田看護専門学校)

難 **2**　3つの不等式 $x^2-x-6<0$　…①　$x^2+2x-8>0$　…②

$x^2-4ax+3a^2<0$　…③ がある。ただし，a は0でない定数である。このとき，次の問いに答えよ。　(鹿児島中央看護専門学校)

(1) 不等式①を解け。

(2) 不等式①と②を同時にみたす x の値の範囲を求めよ。

(3) $a>0$ のとき，不等式②と③を同時にみたす x が存在しないような a の値の範囲を求めよ。

(4) (2)で求めた x のすべての値が③をみたすような a の値の範囲を求めよ。

難 **3**　x についての2次関数 $y=|x^2-4|-2x$　…① について，次の問いに答えよ。

(鹿児島医療福祉専門学校)

(1) $x=\sqrt{2}-1$ のとき y の値を求めよ。

(2) 不等式 $x^2-4\leqq 0$ を解け。また，①の x の値がこの範囲をとるとき，①のグラフの頂点の座標を求めよ。

(3) x の値の場合分けによって，①を絶対値のない式に直すことで，①のグラフをかけ。さらに，方程式 $|x^2-4|-2x=k$ が異なる4個の解をもつときの定数 k の値の範囲を求めよ。

item 28

鋭角の三角比

三角比の基本。注目するべき角はどれ？

三角比は高校で初めて学習する内容だから，定義からちゃんと復習しておこうね。授業で習ったことは覚えているかな？

三角比の定義

① $\sin A=\dfrac{a}{c}=\dfrac{\text{対辺}}{\text{斜辺}}$ ←正弦

② $\cos A=\dfrac{b}{c}=\dfrac{\text{底辺}}{\text{斜辺}}$ ←余弦

③ $\tan A=\dfrac{a}{b}=\dfrac{\text{対辺}}{\text{底辺}}$ ←正接

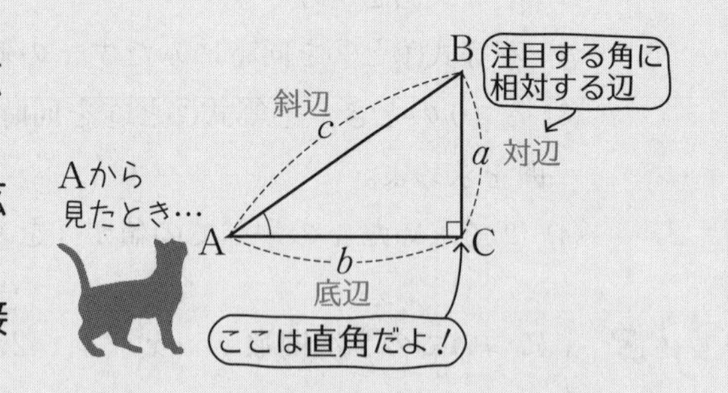

ケース 28-1 ★★★★

Cが直角の△ABC（右の図）で，

AB＝7，AC＝5のとき，次の値を求めよ。

(1) $\tan A$ （鹿児島医療福祉専門学校）

(2) $\cos A+\sin A$ （君津中央病院附属看護学校・改）

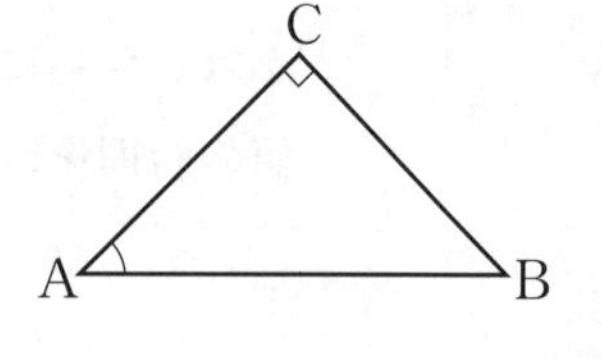

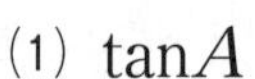

処方せん

❶ 三平方の定理を用いて，BCの長さを求める。

❷ $\sin A=\dfrac{BC}{AB}$，$\cos A=\dfrac{AC}{AB}$，$\tan A=\dfrac{BC}{AC}$

解答

$AB^2=BC^2+AC^2$ より　$7^2=BC^2+5^2$　　$49=BC^2+25$　　$BC^2=49-25=24$

したがって　$BC=\sqrt{24}=\sqrt{2^2\times6}=2\sqrt{6}$

(1) $\tan A=\dfrac{BC}{AC}=\dfrac{2\sqrt{6}}{5}$ …答

(2) $\cos A=\dfrac{AC}{AB}=\dfrac{5}{7}$，$\sin A=\dfrac{BC}{AB}=\dfrac{2\sqrt{6}}{7}$

したがって　$\cos A+\sin A=\dfrac{5}{7}+\dfrac{2\sqrt{6}}{7}=\dfrac{5+2\sqrt{6}}{7}$ …答

✓チェック 28-1 2分　解答▶別冊 *p.24*

1　次の［　　］の中に当てはまる数値を入れよ。
（分数は既約分数で表せ）　（新潟県看護医療専門学校）
右の直角三角形において，$\sin A$ の値は［(1)］
$\cos A$ の値は［(2)］である。

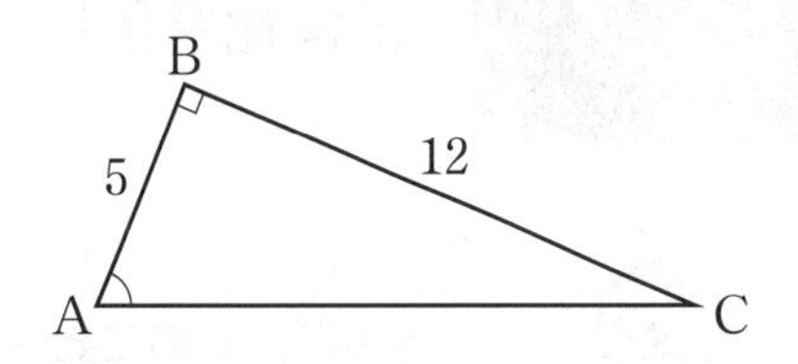

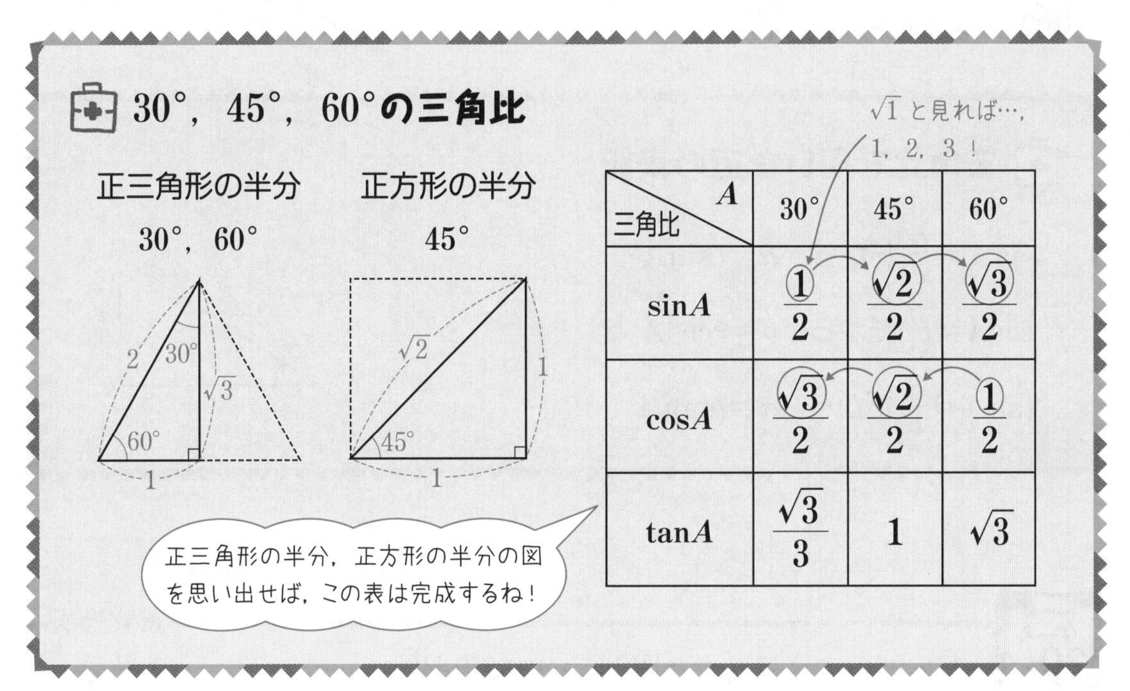

30°，45°，60°の三角比

三角比＼A	30°	45°	60°
$\sin A$	$\frac{1}{2}$	$\frac{\sqrt{2}}{2}$	$\frac{\sqrt{3}}{2}$
$\cos A$	$\frac{\sqrt{3}}{2}$	$\frac{\sqrt{2}}{2}$	$\frac{1}{2}$
$\tan A$	$\frac{\sqrt{3}}{3}$	1	$\sqrt{3}$

ケース 28-2　★★★★

$4\sin 30^\circ \cos 45^\circ \tan 60^\circ$ の値を求めよ。　（竹田看護専門学校）

それぞれの値を代入すればいいよ。30°，45°，60°の三角比は覚えておきたい。忘れた人は，正三角形と正方形の半分の図を思い出して…。

$\sin 30^\circ = \frac{1}{2}$，$\cos 45^\circ = \frac{\sqrt{2}}{2}$，$\tan 60^\circ = \sqrt{3}$

したがって　$4\sin 30^\circ \cos 45^\circ \tan 60^\circ$

$$= 4 \cdot \frac{1}{2} \cdot \frac{\sqrt{2}}{2} \cdot \sqrt{3} = \sqrt{6}$$ …［答］

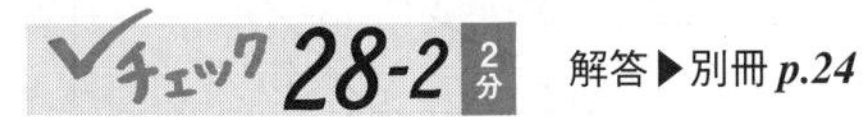

✓チェック 28-2 2分　解答▶別冊 *p.24*

1　$\sin 60^\circ \tan 30^\circ - \cos^2 45^\circ$ の値を求めよ。　（仁心看護専門学校）

三角比の応用

三角比を用いて辺の長さを表すよ。

直角三角形では，1辺の長さを，ほかの辺の長さと三角比とを用いて表すことができるんだ。このことをうまく利用すると，15°や75°の三角比を求めることもできるんだよ。

三角比を用いた辺の表記

$\sin A=\dfrac{a}{c}$ だから　$a=c\sin A$

$\cos A=\dfrac{b}{c}$ だから　$b=c\cos A$

$\tan A=\dfrac{a}{b}$ だから　$a=b\tan A$

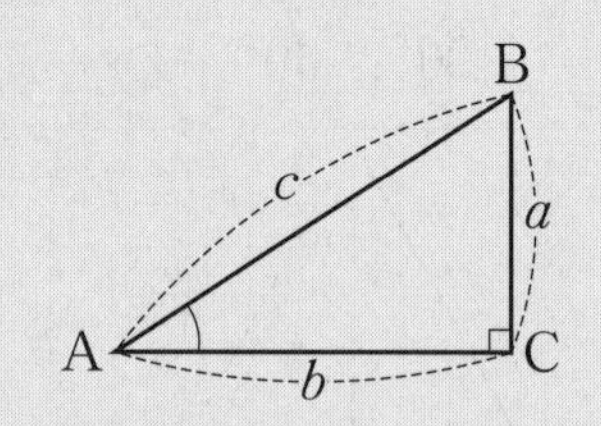

ケース 29-1 ★★★★

右の図のように，△ABCにおいて辺BC上に点Dをとり，∠B＝30°，∠ADC＝45°，∠C＝90°，AC＝1とするとき，次のものの値を求めよ。　（名古屋市医師会看護専門学校）

(1) BD

(2) sin15°

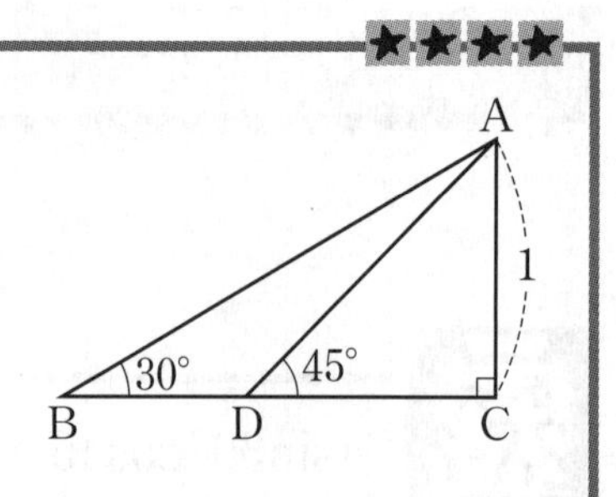

ここで使うのは，30°，45°，60°の三角比だね。わかる角度や辺の長さを図に書き込もう。

(2) 15°＝60°－45°　∠BADをうまく利用しよう。Dから辺ABに垂線を下ろすと…。

30°，60°，90°の直角三角形と45°，45°，90°の直角三角形だから，辺の長さは右の図のようになる。

(1) $BD=BC-DC=\sqrt{3}-1$　…答

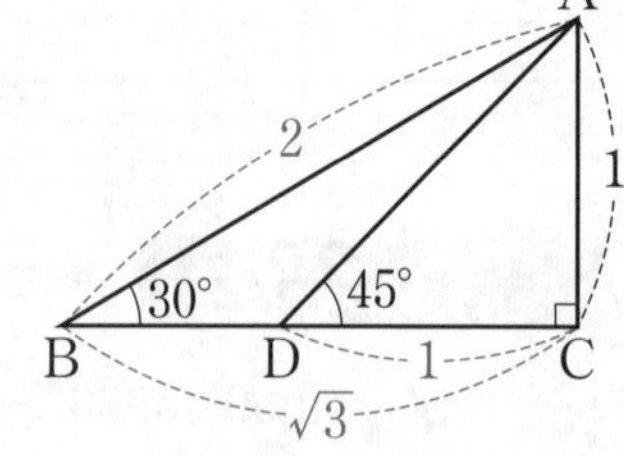

⑵ Dから辺ABに垂線DHを下ろす。

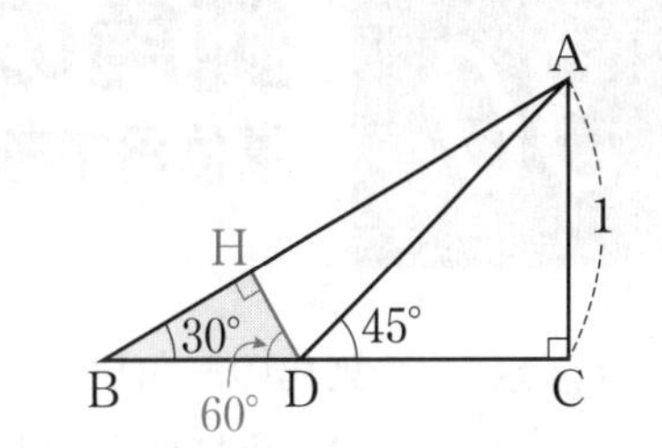

△BDHは30°，60°，90°の直角三角形だから

BD：DH＝2：1　　2DH＝BD

$$DH=\frac{BD}{2}=\frac{\sqrt{3}-1}{2}$$

$\angle DAH=\underset{\angle CAB}{\underline{60^\circ}}-\underset{\angle CAD}{\underline{45^\circ}}=15^\circ$

△DAHは，∠AHD＝90°の直角三角形だから

$$\sin 15^\circ=\frac{DH}{AD}=\frac{\sqrt{3}-1}{2}\div\sqrt{2}=\frac{\sqrt{3}-1}{2\cdot\sqrt{2}}$$

$$=\frac{\sqrt{2}(\sqrt{3}-1)}{4}=\frac{\sqrt{6}-\sqrt{2}}{4}$$ …**答**

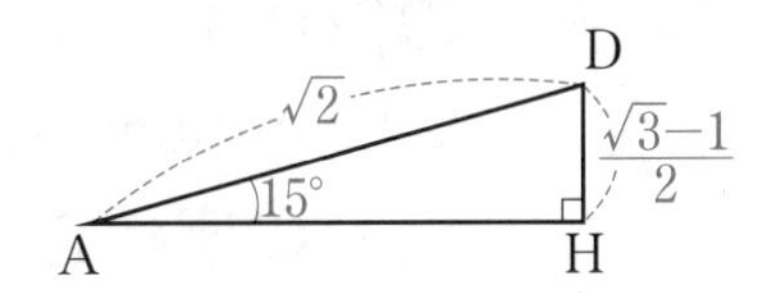

チェック29-1 20分　解答▶別冊 p.24

1 右の図のように，△ABCにおいて，∠B＝60°，∠C＝45°であり，頂点Aから辺BCに垂線ADを引くとBD＝1となった。このとき，次の問いに答えよ。（JR東京総合病院高等看護学園）

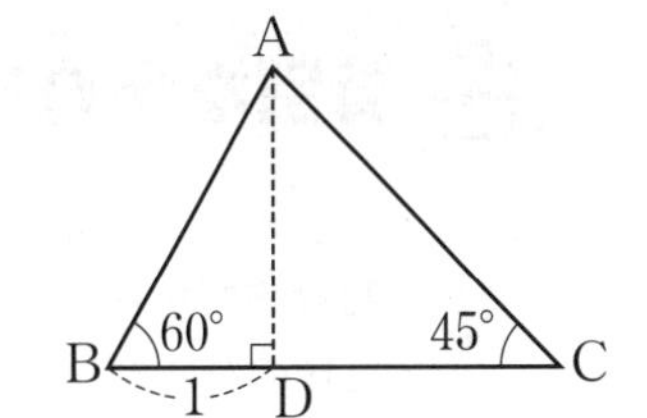

⑴ AB，CD，ACの長さをそれぞれ求めよ。

⑵ 右の図を利用して，sin75°の値を求めよ。

⑶ 右の図を利用して，cos75°の値を求めよ。

2 長方形ABCDにおいて，AB＝5，∠ADB＝30°とする。Aから対角線BDに下ろした垂線をAHとする。（こまつ看護学校）

⑴ 題意を図示せよ。

⑵ sin∠ABDを求めよ。

⑶ AHを求めよ。

⑷ △ABHの面積を求めよ。

3 図のような長方形ABCDがある。BD＝a，∠BDC＝θとし，頂点Aから対角線BDに下ろした垂線をAHとするとき，次の各問いに答えよ。（佐久総合病院看護専門学校）

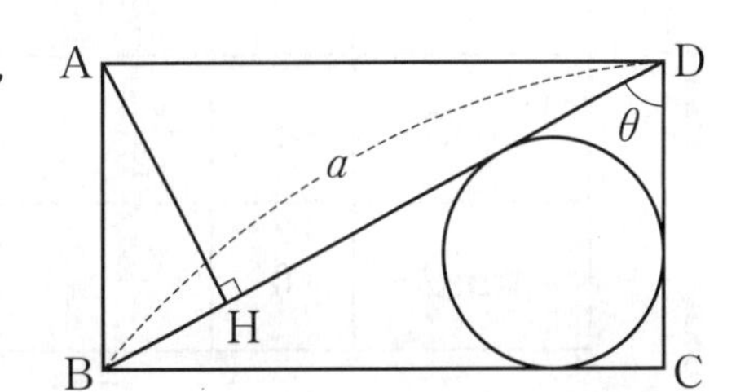

⑴ 線分BCの長さをa，θを用いて表せ。

⑵ 線分AHの長さをa，θを用いて表せ。

難 ⑶ △BCDの内接円の半径をa，θを用いて表せ。

item 30

鈍角の三角比

単位円で考えよう。

鈍角の三角比を考えよう。三角形の中に直角が現れないから，三角比の定義を次のように変えるよ。

原点Oを中心とする単位円(半径1の円)において，x 軸の正の向きから左まわりに大きさ θ の角をとったときに定まる動径をOP，**点Pの座標を $(x,\ y)$** とする。このとき

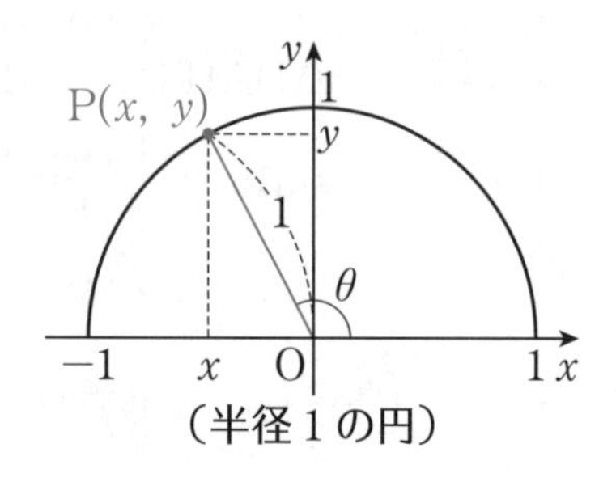

（半径1の円）

$$\sin\theta=y,\ \cos\theta=x,\ \tan\theta=\frac{y}{x}$$

と定める。もちろん θ が鋭角のときの値は p.100 と同じだよ。

特別な角の三角比

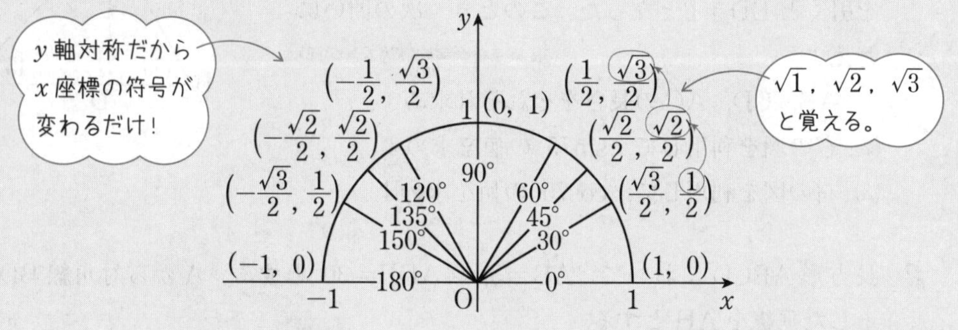

$$\sin\theta=y\text{ 座標},\ \cos\theta=x\text{ 座標},\ \tan\theta=\frac{y}{x}\text{（傾き）}$$

三角比＼θ	0°	30°	45°	60°	90°	120°	135°	150°	180°
$\sin\theta$	0	$\frac{1}{2}$	$\frac{\sqrt{2}}{2}$	$\frac{\sqrt{3}}{2}$	1	$\frac{\sqrt{3}}{2}$	$\frac{\sqrt{2}}{2}$	$\frac{1}{2}$	0
$\cos\theta$	1	$\frac{\sqrt{3}}{2}$	$\frac{\sqrt{2}}{2}$	$\frac{1}{2}$	0	$-\frac{1}{2}$	$-\frac{\sqrt{2}}{2}$	$-\frac{\sqrt{3}}{2}$	-1
$\tan\theta$	0	$\frac{\sqrt{3}}{3}$	1	$\sqrt{3}$	／	$-\sqrt{3}$	-1	$-\frac{\sqrt{3}}{3}$	0

tan90°は定義されない。

120°，135°，150°は符号に注意！

★★★★★

次の値を求めよ。

(1) $\sin 120^\circ \cos 60^\circ - \sin 150^\circ \cos 30^\circ$ （名古屋市立中央看護専門学校）

(2) $\tan 150^\circ \cos 30^\circ + \sin 135^\circ \cos 45^\circ$ （富山市立看護専門学校）

❶ 単位円を活用して，三角比の値を１つずつ求める。
❷ ❶で求めた値を与式に代入し，式の値を計算する。

解答

(1) 右の図より

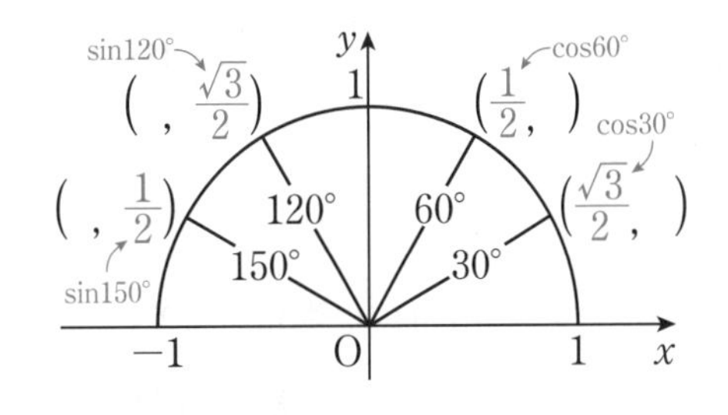

$$\sin 120^\circ = \frac{\sqrt{3}}{2},\ \cos 60^\circ = \frac{1}{2},$$
$$\sin 150^\circ = \frac{1}{2},\ \cos 30^\circ = \frac{\sqrt{3}}{2}$$

したがって

$$与式 = \frac{\sqrt{3}}{2} \cdot \frac{1}{2} - \frac{1}{2} \cdot \frac{\sqrt{3}}{2} = 0 \quad \cdots \boxed{答}$$

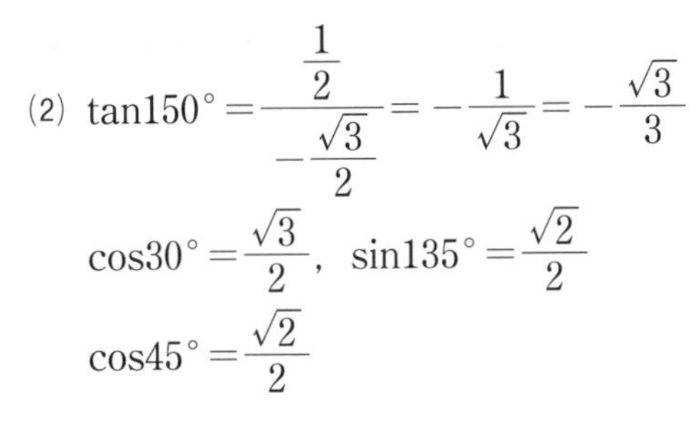

(2) $$\tan 150^\circ = \frac{\frac{1}{2}}{-\frac{\sqrt{3}}{2}} = -\frac{1}{\sqrt{3}} = -\frac{\sqrt{3}}{3}$$

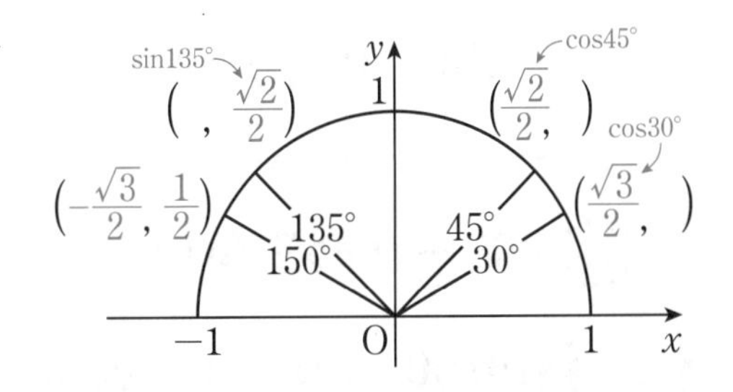

$$\cos 30^\circ = \frac{\sqrt{3}}{2},\ \sin 135^\circ = \frac{\sqrt{2}}{2}$$
$$\cos 45^\circ = \frac{\sqrt{2}}{2}$$

したがって

$$与式 = -\frac{\sqrt{3}}{3} \cdot \frac{\sqrt{3}}{2} + \frac{\sqrt{2}}{2} \cdot \frac{\sqrt{2}}{2}$$
$$= -\frac{3}{6} + \frac{2}{4} = -\frac{1}{2} + \frac{1}{2} = 0 \quad \cdots \boxed{答}$$

チェック 30-1 4分 解答▶別冊 *p.25*

1 次の値を求めよ。

(1) $\tan 135^\circ - \sin 90^\circ + \cos 120^\circ$ （東京都立看護専門学校）

(2) $\sin 60^\circ \tan 30^\circ - \cos 120^\circ$ （静岡市立静岡看護専門学校，静岡市立清水看護専門学校）

(3) $\dfrac{\sin 60^\circ + \cos 120^\circ}{\sin 120^\circ + \tan 45^\circ}$ （愛仁会看護助産専門学校）

item 31 $90°-\theta$, $180°-\theta$ の三角比

公式は導き出せるように！

三角比に関する公式はたくさんありすぎて覚えるのが大変だよね。ここに紹介する公式は，**必要なときに作れる**ようにしよう。次の図がかければいいんだ。

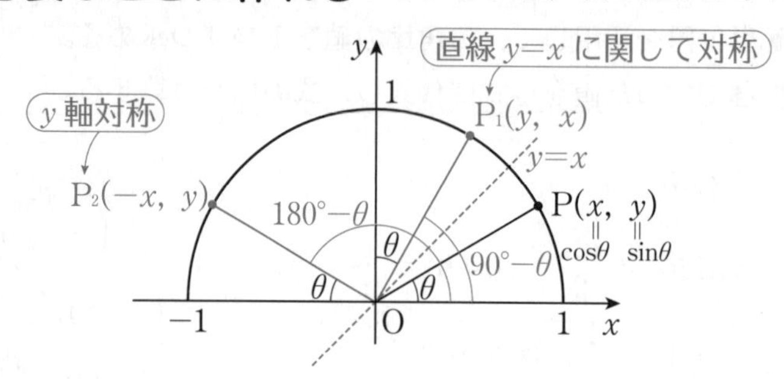

単位円において，$P(x, y)$ とする。

$90°-\theta$ を表す動径を OP_1 とすると，OP_1 と OP とは直線 $\boldsymbol{y=x}$ **に関して対称**だから $\boldsymbol{P_1(y, x)}$ と表せる。

また，$180°-\theta$ を表す動径を OP_2 とすると，OP_2 と OP とは y 軸対称だから $\boldsymbol{P_2(-x, y)}$ と表せる。

$90°-\theta$ の三角比

$$\begin{cases} \sin(90°-\theta)=x=\cos\theta \\ \cos(90°-\theta)=y=\sin\theta \\ \tan(90°-\theta)=\dfrac{x}{y}=\dfrac{1}{\tan\theta} \end{cases}$$

（$\sin(90°-\theta)$：P_1 の y 座標，$\cos\theta$：P の x 座標から）
（$\cos(90°-\theta)$：P_1 の x 座標，$\sin\theta$：P の y 座標から）

定義通り考えて作ってみよう。

$180°-\theta$ の三角比

$$\begin{cases} \sin(180°-\theta)=y=\sin\theta \\ \cos(180°-\theta)=-x=-\cos\theta \\ \tan(180°-\theta)=\dfrac{y}{-x}=-\tan\theta \end{cases}$$

（$\sin(180°-\theta)$：P_2 の y 座標，$\sin\theta$：P の y 座標から）
（$\cos(180°-\theta)$：P_2 の x 座標，$-\cos\theta$：P の x 座標から）

ケース 31-1 ★★★★

次の式を簡単にせよ。

(1) $\sin 32^\circ \cos 58^\circ + \cos 32^\circ \sin 58^\circ$ (岡波看護専門学校)

(2) $3\tan 125^\circ \tan 35^\circ - \tan 160^\circ \tan 70^\circ$ (都立看護専門学校)

処方せん

- $90^\circ - \theta$, $180^\circ - \theta$ の三角比を使うと，すべての三角比は $0^\circ \leqq \theta \leqq 45^\circ$ の三角比で表すことができる。
- まず，$45^\circ < \theta$ の三角比をすべて $0^\circ \leqq \theta \leqq 45^\circ$ の三角比で表してから，式を整理しよう。

解答

(1) $58^\circ = 90^\circ - 32^\circ$ だから

$\cos 58^\circ = \cos(90^\circ - 32^\circ) = \sin 32^\circ$ ← $\cos(90^\circ - \theta) = \sin\theta$

$\sin 58^\circ = \sin(90^\circ - 32^\circ) = \cos 32^\circ$ ← $\sin(90^\circ - \theta) = \cos\theta$

したがって

$\sin 32^\circ \cos 58^\circ + \cos 32^\circ \sin 58^\circ$

$= \sin 32^\circ \sin 32^\circ + \cos 32^\circ \cos 32^\circ$

$= \sin^2 32^\circ + \cos^2 32^\circ = \mathbf{1}$ …答

公式
$\sin^2\theta + \cos^2\theta = 1$
を覚えているかな？
くわしくは次の相互関係で説明するよ。

(2) $\tan 125^\circ = \tan(180^\circ - 55^\circ)$

$= -\tan 55^\circ = -\tan(90^\circ - 35^\circ) = -\dfrac{1}{\tan 35^\circ}$

$\tan 160^\circ = \tan(180^\circ - 20^\circ) = -\tan 20^\circ$

$\tan 70^\circ = \tan(90^\circ - 20^\circ) = \dfrac{1}{\tan 20^\circ}$

$\tan(180^\circ - \theta) = -\tan\theta$

$\tan(90^\circ - \theta) = \dfrac{1}{\tan\theta}$

したがって

$3\tan 125^\circ \tan 35^\circ - \tan 160^\circ \tan 70^\circ$

$= 3\left(-\dfrac{1}{\tan 35^\circ}\right)\tan 35^\circ - (-\tan 20^\circ)\dfrac{1}{\tan 20^\circ}$

$= -3 + 1 = \mathbf{-2}$ …答

チェック 31-1 4分 解答▶別冊 p.25

1 次の式を簡単にせよ。

(1) $\sin 25^\circ \cos 65^\circ + \cos 25^\circ \sin 65^\circ$ (市立函館病院高等看護学院)

(2) $\tan 35^\circ \tan 55^\circ - \tan 15^\circ \tan 75^\circ$ (福岡看護専門学校)

item 32

三角比の相互関係

三角比，１つわかれば十分だ！

三角比の**特徴**であり最大の**武器**は「$\sin\theta$，$\cos\theta$，$\tan\theta$ のうち１つの値がわかれば残り２つの値はわかったも同然」ということ。
このことが使いこなせれば，三角比の問題に一段と強くなれるよ。
これも単位円で考えよう。

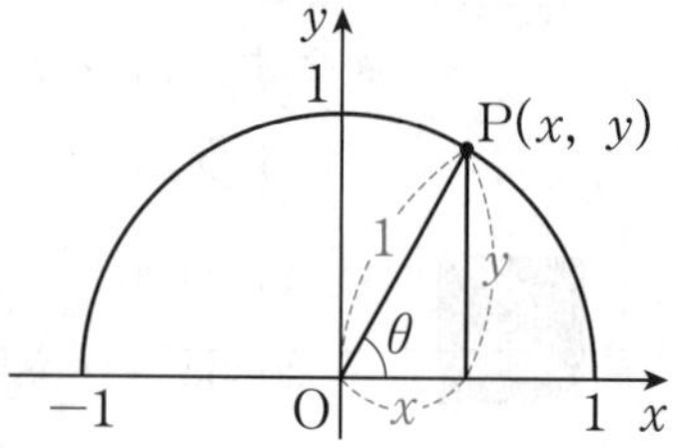

$OP^2=x^2+y^2$

OP の長さは　1　← 単位円の半径より。

よって　$x^2+y^2=1$

$$\cos^2\theta+\sin^2\theta=1 \quad \cdots①$$

また　$\tan\theta=\dfrac{y}{x}=\dfrac{\sin\theta}{\cos\theta} \quad \cdots②$

絶対暗記!!

↑ $\tan\theta$ は直線 OP の傾き

次に，①の両辺を $\cos^2\theta$ で割ると

$$\frac{\sin^2\theta}{\cos^2\theta}+1=\frac{1}{\cos^2\theta}$$

（$\dfrac{\sin^2\theta}{\cos^2\theta}$ ↑ $\tan^2\theta$）

よって　$$1+\tan^2\theta=\frac{1}{\cos^2\theta} \quad \cdots③$$

この公式は必要なときに作ろう。

ここで，三角比の符号についてもまとめておきます。
鋭角と鈍角によって $\cos\theta$，$\tan\theta$ の符号が変わることは，座標を考えれば当然ですね。

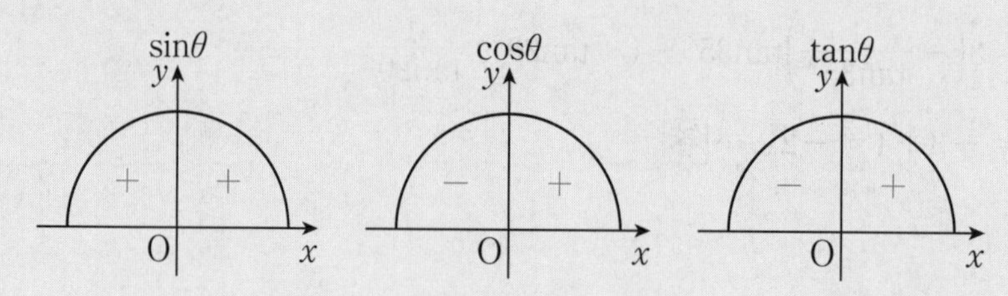

三角比って高校ではじめてでてきたよね。

でも，もう大丈夫でしょ？

★★★★★

次の問いに答えよ。

(1) $0° \leqq \theta \leqq 90°$ で $\sin\theta = \dfrac{2}{3}$ のとき $\cos\theta$，$\tan\theta$ の値を求めよ。

（竹田看護専門学校）

(2) $0° \leqq \theta \leqq 180°$ で $\cos\theta = -\dfrac{3}{4}$ のとき $\tan\theta$ の値を求めよ。

（名古屋市医師会看護専門学校）

(3) $0° \leqq \theta \leqq 180°$ で $\tan\theta = -\sqrt{2}$ のとき，$\sin\theta$，$\cos\theta$ の値を求めよ。

（新潟看護医療専門学校）

- 角 θ は鋭角か鈍角かを調べ，**求める値の正負**を考えよう。
- p.108 にある公式 ①，②，③のうち，どの公式を使うべき？

(1) $\sin^2\theta + \cos^2\theta = 1$ に代入して　$\left(\dfrac{2}{3}\right)^2 + \cos^2\theta = 1$　　$\cos^2\theta = \dfrac{5}{9}$

$\cos\theta = \pm\dfrac{\sqrt{5}}{3}$　　$0° \leqq \theta \leqq 90°$ だから　$\boldsymbol{\cos\theta = \dfrac{\sqrt{5}}{3}}$　…答

$\tan\theta = \dfrac{\sin\theta}{\cos\theta} = \dfrac{\frac{2}{3}}{\frac{\sqrt{5}}{3}} = \dfrac{2}{\sqrt{5}} = \boldsymbol{\dfrac{2\sqrt{5}}{5}}$　…答

(2) $\cos\theta < 0$ だから，θ は鈍角。　よって　$\tan\theta < 0$

$1 + \tan^2\theta = \dfrac{1}{\cos^2\theta}$ に代入して　$1 + \tan^2\theta = \dfrac{1}{\left(-\frac{3}{4}\right)^2}$　　$1 + \tan^2\theta = \dfrac{16}{9}$

$\tan^2\theta = \dfrac{7}{9}$　　$\tan\theta = \pm\dfrac{\sqrt{7}}{3}$

$\tan\theta < 0$ より　$\boldsymbol{\tan\theta = -\dfrac{\sqrt{7}}{3}}$　…答

(3) $\tan\theta < 0$ だから，θ は鈍角。　よって　$\cos\theta < 0$

$1 + \tan^2\theta = \dfrac{1}{\cos^2\theta}$ に代入して　$1 + (-\sqrt{2})^2 = \dfrac{1}{\cos^2\theta}$

$\cos^2\theta = \dfrac{1}{3}$　　$\cos\theta = \pm\dfrac{1}{\sqrt{3}} = \pm\dfrac{\sqrt{3}}{3}$

$\cos\theta < 0$ より　$\boldsymbol{\cos\theta = -\dfrac{\sqrt{3}}{3}}$　…答

$\tan\theta = \dfrac{\sin\theta}{\cos\theta}$ より　$\sin\theta = \tan\theta \cdot \cos\theta$

$\sin\theta = (-\sqrt{2}) \cdot \left(-\dfrac{\sqrt{3}}{3}\right) = \boldsymbol{\dfrac{\sqrt{6}}{3}}$　…答

チェック 32-1 3分　解答▶別冊 p.25

1　θ の範囲を $0^\circ \leqq \theta \leqq 180^\circ$ とするとき，次の値を求めよ。　（石川県立総合看護専門学校）

(1) $\sin\theta = \dfrac{3}{4}$ のとき，$\tan\theta$ の値

(2) $\tan\theta = -3$ のとき，$\sin\theta$ の値

ケース 32-2 ★★★★★

$\sin\theta + \cos\theta = \dfrac{1}{2}$ のとき，次の値を求めよ。　（石巻赤十字看護専門学校）

(1) $\sin\theta\cos\theta$　　(2) $\tan\theta + \dfrac{1}{\tan\theta}$

(1) **条件式の両辺を平方**する。
$\sin^2\theta + \cos^2\theta = 1$ だから，$\sin\theta\cos\theta$ の値が求められる。

(2) $\tan\theta = \dfrac{\sin\theta}{\cos\theta}$ を使って，求める式を $\sin\theta$，$\cos\theta$ で表す。

(1) $\sin\theta + \cos\theta = \dfrac{1}{2}$ の両辺を平方する。

$\sin^2\theta + 2\sin\theta\cos\theta + \cos^2\theta = \dfrac{1}{4}$

$\sin^2\theta + \cos^2\theta = 1$ だから　$1 + 2\sin\theta\cos\theta = \dfrac{1}{4}$

$2\sin\theta\cos\theta = -\dfrac{3}{4}$

よって　$\sin\theta\cos\theta = -\dfrac{3}{8}$　…答

(2) $\tan\theta + \dfrac{1}{\tan\theta}$　← $\tan\theta = \dfrac{\sin\theta}{\cos\theta}$

$= \dfrac{\sin\theta}{\cos\theta} + \dfrac{\cos\theta}{\sin\theta} = \dfrac{\sin^2\theta + \cos^2\theta}{\sin\theta\cos\theta}$　← $\sin^2\theta + \cos^2\theta = 1$

$= \dfrac{1}{\sin\theta\cos\theta} = -\dfrac{8}{3}$　…答

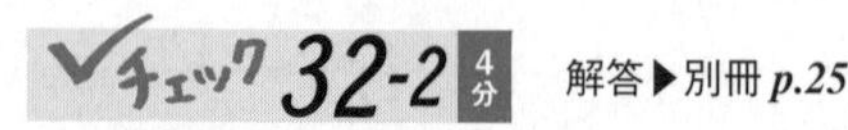

チェック 32-2 4分　解答▶別冊 p.25

1　$\sin\theta + \cos\theta = \dfrac{1}{\sqrt{3}}$ のとき，次の値を求めよ。ただし $0^\circ \leqq \theta \leqq 180^\circ$ とする。
（新潟県厚生連佐渡看護専門学校）

(1) $\sin\theta\cos\theta$　　(2) $\sin^3\theta + \cos^3\theta$

ケース 32-3 ★★★★★

$\sin\theta+\cos\theta=\dfrac{1}{\sqrt{2}}$ のとき，次の値を求めよ。

ただし，$0^\circ \leqq \theta \leqq 180^\circ$ とする。（香里ヶ丘看護専門学校）

(1) $\sin\theta-\cos\theta$　　(2) $\tan\theta-\dfrac{1}{\tan\theta}$

処方せん

(1) $x=\sin\theta-\cos\theta$ とおいて両辺を平方しよう。$\sin\theta\cos\theta$ の値は，もう求められるね。

(2) 与式を $\sin\theta$，$\cos\theta$ を用いて表そう。

解答

$\sin\theta+\cos\theta=\dfrac{1}{\sqrt{2}}$ の両辺を平方すると　$\sin^2\theta+2\sin\theta\cos\theta+\cos^2\theta=\dfrac{1}{2}$

$\sin^2\theta+\cos^2\theta=1$ だから　$1+2\sin\theta\cos\theta=\dfrac{1}{2}$　　$2\sin\theta\cos\theta=-\dfrac{1}{2}$

よって　$\sin\theta\cos\theta=-\dfrac{1}{4}$　…①

(1) $x=\sin\theta-\cos\theta$ とおく

両辺を平方して　$x^2=\sin^2\theta-2\sin\theta\cos\theta+\cos^2\theta$　← $\sin^2\theta+\cos^2\theta=1$ と①を代入

$$=1-2\left(-\frac{1}{4}\right)=\frac{3}{2}$$

よって　$x=\pm\dfrac{\sqrt{3}}{\sqrt{2}}=\pm\dfrac{\sqrt{6}}{2}$

ここで，$0^\circ \leqq \theta \leqq 180^\circ$ だから　$\sin\theta>0$　①より $\sin\theta\cos\theta<0$ だから　$\cos\theta<0$

よって，$x=\sin\theta-\cos\theta>0$ より　$\boldsymbol{\sin\theta-\cos\theta=\dfrac{\sqrt{6}}{2}}$　…答

(2) $\tan\theta-\dfrac{1}{\tan\theta}$

$$=\frac{\sin\theta}{\cos\theta}-\frac{\cos\theta}{\sin\theta}=\frac{\sin^2\theta-\cos^2\theta}{\sin\theta\cos\theta}$$

$$=\frac{(\sin\theta+\cos\theta)(\sin\theta-\cos\theta)}{\sin\theta\cos\theta}$$

$$=\left(\frac{1}{\sqrt{2}}\times\frac{\sqrt{6}}{2}\right)\div\left(-\frac{1}{4}\right)=\boldsymbol{-2\sqrt{3}}$$　…答

チェック 32-3　5分　解答▶別冊 *p.26*

1　$\tan\theta+\dfrac{1}{\tan\theta}=9$ のとき，次の値を求めよ。ただし，$0^\circ<\theta<180^\circ$ とする。

（京都桂看護専門学校・改）

(1) $\sin\theta\cos\theta$　　(2) $\sin\theta+\cos\theta$

★★★

次の式を簡単にせよ。

(1) $\dfrac{\sin\theta}{\tan\theta}-\dfrac{\sin^2\theta}{1-\cos\theta}$ （更生看護専門学校）

(2) $\cos\theta\left(\dfrac{\cos\theta}{1-\sin\theta}+\dfrac{1-\sin\theta}{\cos\theta}\right)$ （名古屋市立中央看護専門学校）

(1) まず$\tan\theta$の処理。$\sin\theta$と$\cos\theta$だけで表そう。

(2) 通分して計算しよう。

(1) $\dfrac{\sin\theta}{\tan\theta}-\dfrac{\sin^2\theta}{1-\cos\theta}$ ← $\tan\theta=\dfrac{\sin\theta}{\cos\theta}$

$$=\frac{\sin\theta}{\dfrac{\sin\theta}{\cos\theta}}-\frac{\sin^2\theta}{1-\cos\theta}=\cos\theta-\frac{\sin^2\theta}{1-\cos\theta}$$

$$=\frac{\cos\theta(1-\cos\theta)-\sin^2\theta}{1-\cos\theta}=\frac{\cos\theta-\cos^2\theta-\sin^2\theta}{1-\cos\theta}$$

$$=\frac{\cos\theta-1}{1-\cos\theta}=\frac{-(1-\cos\theta)}{1-\cos\theta}=\mathbf{-1}$$ …答

(2) $\cos\theta\left(\dfrac{\cos\theta}{1-\sin\theta}+\dfrac{1-\sin\theta}{\cos\theta}\right)$ ← 通分する。

$$=\cos\theta\cdot\frac{\cos^2\theta+(1-\sin\theta)^2}{(1-\sin\theta)\cos\theta}$$

$$=\frac{\cos^2\theta+1-2\sin\theta+\sin^2\theta}{1-\sin\theta}$$

$$=\frac{2-2\sin\theta}{1-\sin\theta}=\frac{2(1-\sin\theta)}{1-\sin\theta}=2$$ …答

チェック 32-4 7分

解答▶別冊 p.26

1 次の式を簡単にせよ。

(1) $\dfrac{1}{1+\tan^2\theta}\left(\dfrac{1}{1-\sin\theta}+\dfrac{1}{1+\sin\theta}\right)$ （竹田看護専門学校）

(2) $(1-\sin\theta)(1+\sin\theta)-\dfrac{1}{1+\tan^2\theta}$ （福岡看護専門学校）

ちょっとややこしいね…。

item 33

三角方程式と三角不等式

三角比の値から逆に角を求める。単位円を利用しよう。

三角比の値から，その値をとる角度を求めてみよう。

三角方程式と三角不等式

・方程式 $\sin\theta = a\ (0 \leqq a \leqq 1)$ の解を
$\theta = \alpha,\ \beta$ とすると
不等式 $\sin\theta \geqq a\ (0 \leqq a \leqq 1)$ の解は
$\alpha \leqq \theta \leqq \beta$
不等式 $\sin\theta \leqq a\ (0 \leqq a \leqq 1)$ の解は
$0^\circ \leqq \theta \leqq \alpha,\ \beta \leqq \theta \leqq 180^\circ$

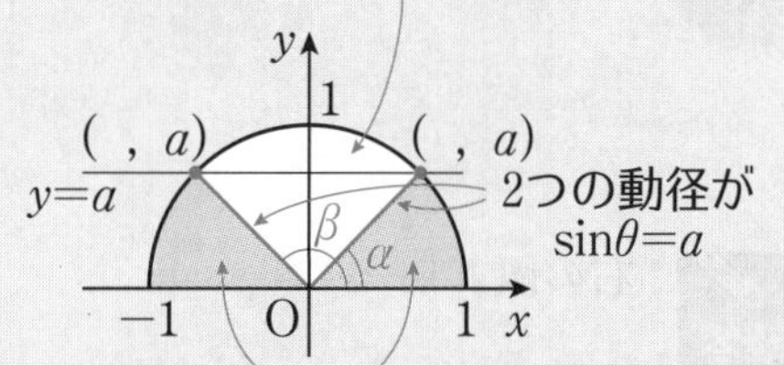

・方程式 $\cos\theta = b\ (-1 \leqq b \leqq 1)$ の解を
$\theta = \alpha$ とすると
不等式 $\cos\theta \geqq b\ (-1 \leqq b \leqq 1)$ の解は
$0^\circ \leqq \theta \leqq \alpha$
不等式 $\cos\theta \leqq b\ (-1 \leqq b \leqq 1)$ の解は
$\alpha \leqq \theta \leqq 180^\circ$

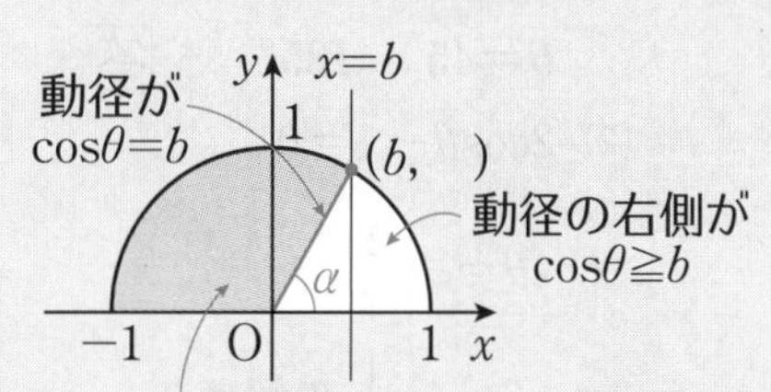

・方程式 $\tan\theta = m$ の解を $\theta = \alpha$ とすると
$m \geqq 0$ のとき
不等式 $\tan\theta \geqq m$ の解は　$\alpha \leqq \theta < 90^\circ$
不等式 $\tan\theta \leqq m$ の解は
$0^\circ \leqq \theta \leqq \alpha,\ 90^\circ < \theta \leqq 180^\circ$

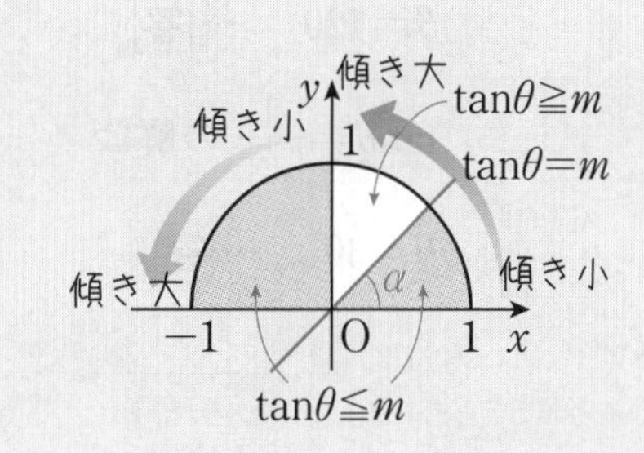

$m \leqq 0$ のとき
不等式 $\tan\theta \geqq m$ の解は
$0^\circ \leqq \theta < 90^\circ,\ \alpha \leqq \theta \leqq 180^\circ$
不等式 $\tan\theta \leqq m$ の解は　$90^\circ < \theta \leqq \alpha$

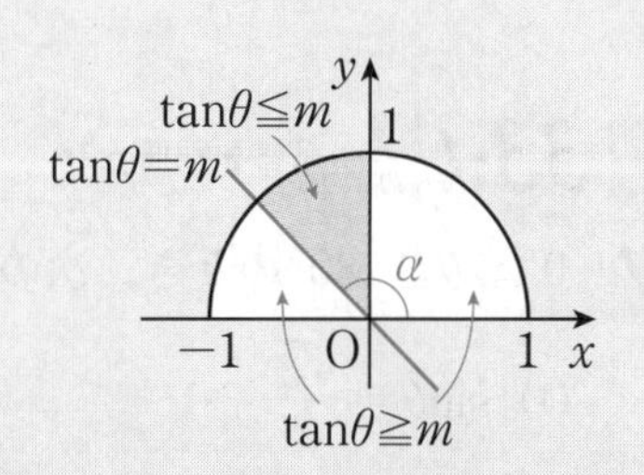

★★★★★

$0^\circ \leqq \theta \leqq 180^\circ$のとき，次の式をみたす$\theta$を求めよ。

(1) $\sin\theta = \dfrac{1}{\sqrt{2}}$ （北里大学看護専門学校）

(2) $2\cos\theta + 1 = 0$ （旭川荘厚生専門学校）

(3) $\tan\theta = \dfrac{1}{\sqrt{3}}$ （北里大学看護専門学校）

$\sin\theta = y,\ \cos\theta = x,\ \tan\theta = \dfrac{y}{x}$

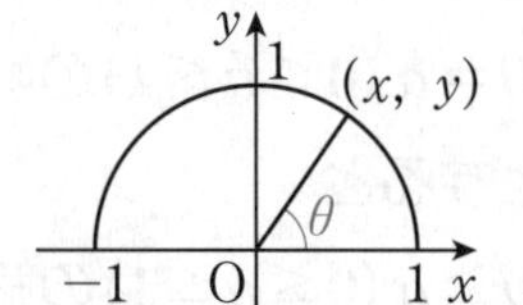

右の図より

(1) $\sin\theta = \dfrac{1}{\sqrt{2}} = \dfrac{\sqrt{2}}{2}$ の解は

$\boldsymbol{\theta = 45^\circ,\ 135^\circ}$ …答

(2) $2\cos\theta + 1 = 0$

$\cos\theta = -\dfrac{1}{2}$

$\cos\theta = -\dfrac{1}{2}$ の解は

$\boldsymbol{\theta = 120^\circ}$ …答

(3) $\tan\theta = \dfrac{1}{\sqrt{3}}$ の解は

$\boldsymbol{\theta = 30^\circ}$ …答

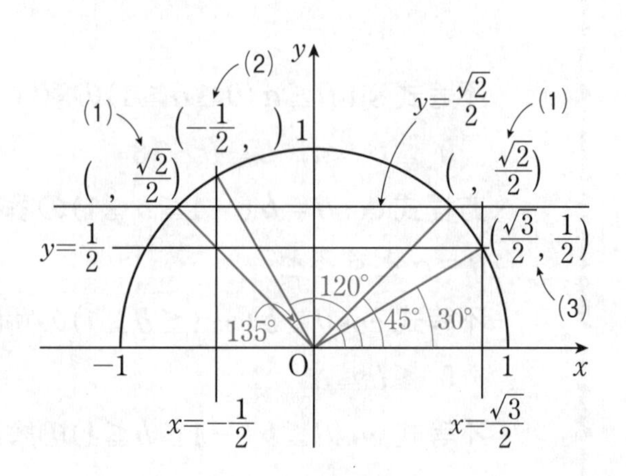

チェック 33-1 4分 解答▶別冊 p.26

1 $0^\circ \leqq \theta \leqq 180^\circ$のとき，次の式をみたす$\theta$を求めよ。

(1) $\sin\theta = \dfrac{\sqrt{3}}{2}$ （JR 東京総合病院高等看護学園）

(2) $\cos\theta = -\dfrac{\sqrt{3}}{2}$ （東群馬看護専門学校，PL 学園衛生看護専門学校）

(3) $\tan\theta = -\sqrt{3}$ （横浜未来看護専門学校）

ケース 33-2 ★★★★

$0° \leqq \theta \leqq 180°$ のとき，次の方程式を解け。

(1) $2\cos^2\theta - 3\sin\theta = 0$ （秋田しらかみ看護専門学院）

(2) $2\sin^2\theta + \cos\theta = 1$ （愛生会看護専門学校）

❶ $\sin^2\theta + \cos^2\theta = 1$ を使って $\sin\theta$ か $\cos\theta$ どちらか1つの三角比で表す。

❷ 因数分解をして $\sin\theta = a$，または $\cos\theta = b$ の形にする。ただし，

$0 \leqq \sin\theta \leqq 1$，$-1 \leqq \cos\theta \leqq 1$ であることに注意。

❸ 単位円を使って，θ を求める。

(1) $\sin^2\theta + \cos^2\theta = 1$ より　$\cos^2\theta = 1 - \sin^2\theta$

$2\cos^2\theta - 3\sin\theta = 0$

$2(1 - \sin^2\theta) - 3\sin\theta = 0$

$-2\sin^2\theta - 3\sin\theta + 2 = 0$

$2\sin^2\theta + 3\sin\theta - 2 = 0$

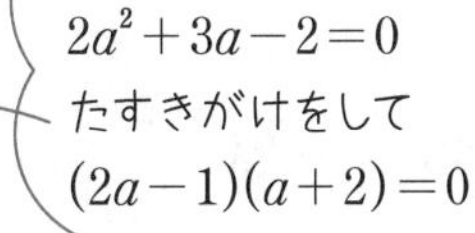

因数分解をして

$(2\sin\theta - 1)(\sin\theta + 2) = 0$

よって　$\sin\theta = \dfrac{1}{2}$，$-2$

$0 \leqq \sin\theta \leqq 1$ だから　$\sin\theta = \dfrac{1}{2}$

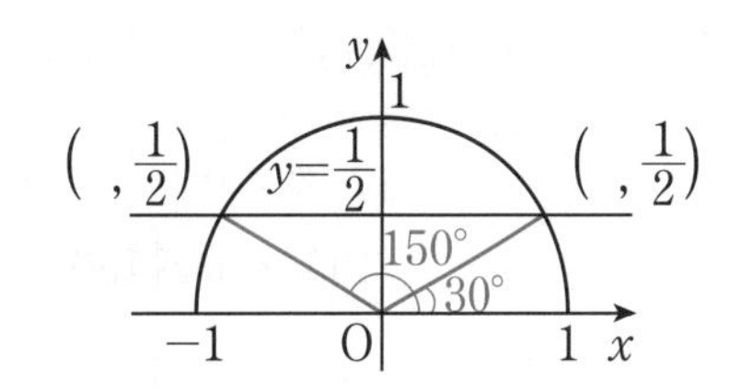

右の図より　**$\theta = 30°$，$150°$**　…答

(2) $2\sin^2\theta + \cos\theta = 1$

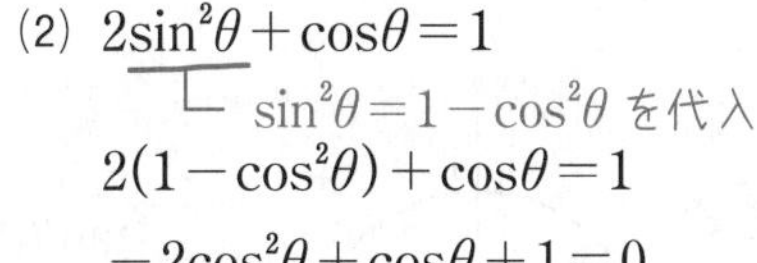

$2(1 - \cos^2\theta) + \cos\theta = 1$

$-2\cos^2\theta + \cos\theta + 1 = 0$

$2\cos^2\theta - \cos\theta - 1 = 0$

$(2\cos\theta + 1)(\cos\theta - 1) = 0$

たすきがけ

2	1 →	1
1	－1 →	－2
2	－1	－1

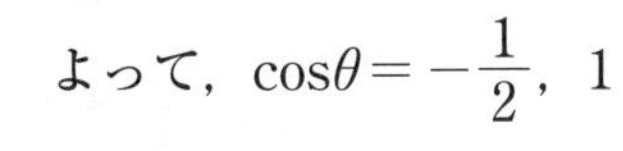

よって，$\cos\theta = -\dfrac{1}{2}$，1

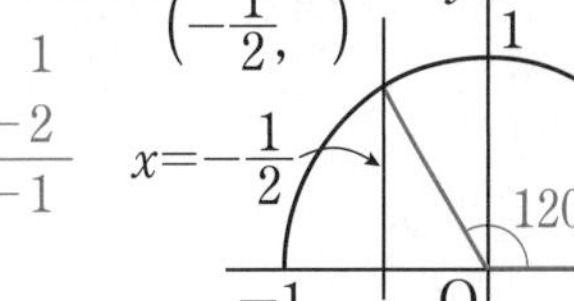

右の図より　**$\theta = 0°$，$120°$**　…答

チェック 33-2 (5分)

解答▶別冊 p.26

1 $0° \leqq \theta \leqq 180°$ のとき，次の方程式を解け。

(1) $2\cos^2\theta + 3\sin\theta = 3$ （愛生会看護専門学校）

(2) $4\sin^2\theta - 4\cos\theta - 1 = 0$ （PL学園衛生看護専門学校）

★★★★★

$0^\circ \leqq \theta \leqq 180^\circ$ のとき，次の不等式をみたす θ の範囲を求めよ。

(1) $\sin\theta > \dfrac{1}{\sqrt{2}}$ （愛仁会看護助産専門学校）

(2) $\cos\theta < -\dfrac{1}{\sqrt{2}}$ （PL 学園衛生看護専門学校）

(3) $\tan\theta \geqq -1$ （名古屋市医師会看護専門学校）

❶ 不等号を等号に変えて，三角方程式として解く。

❷ 不等号の向きを考えながら単位円で相当する部分を示す。

❸ 動径が❷の部分にあるときの角を読む。

(1) $\sin\theta > \dfrac{1}{\sqrt{2}} = \dfrac{\sqrt{2}}{2}$

右の図より

$45^\circ < \theta < 135^\circ$ …答

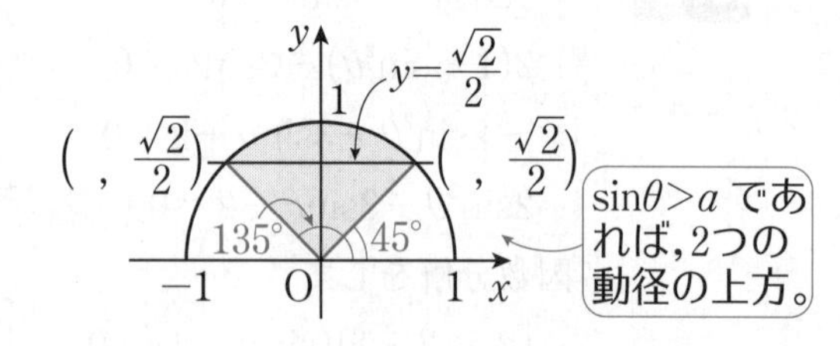

(2) $\cos\theta < -\dfrac{1}{\sqrt{2}} = -\dfrac{\sqrt{2}}{2}$

右の図より

$135^\circ < \theta \leqq 180^\circ$ …答

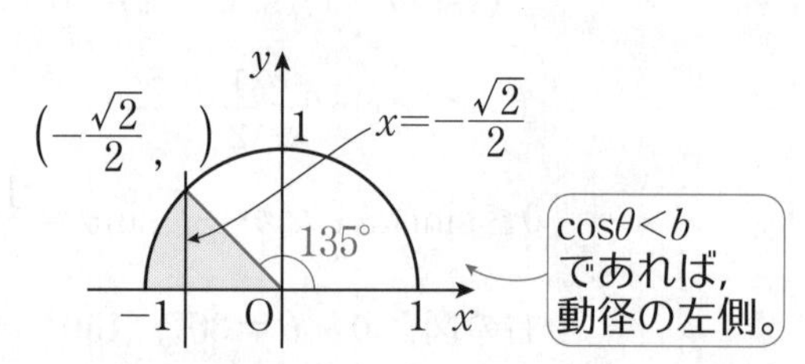

(3) $\tan\theta \geqq -1$

右の図より

$\begin{cases} 0^\circ \leqq \theta < 90^\circ \\ 135^\circ \leqq \theta \leqq 180^\circ \end{cases}$ …答

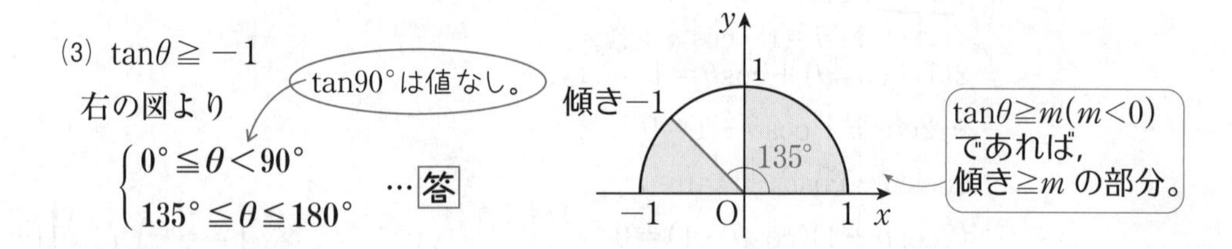

チェック 33-3 5分 解答▶別冊 *p.27*

1 $0^\circ \leqq \theta \leqq 180^\circ$ のとき，次の不等式をみたす θ の範囲を求めよ。

(1) $2\sin\theta - \sqrt{3} > 0$ （旭川荘厚生専門学院）

(2) $-1 \leqq -2\cos\theta < \sqrt{3}$ （名古屋市立中央看護専門学校）

(3) $\sqrt{3}\tan\theta - 1 > 0$ （新潟看護医療専門学校）

ケース 33-4 ★★★★

$0° \leqq \theta \leqq 180°$ のとき，次の不等式をみたす θ の範囲を求めよ。

(1) $2\sin^2\theta - 5\sin\theta + 2 < 0$ （石巻赤十字看護専門学校）

(2) $2\sin^2\theta - 3\cos\theta \geqq 0$ （岡崎市立看護専門学校）

❶ $\sin^2\theta + \cos^2\theta = 1$ を使って１つの三角比で表す。

❷ 左辺を因数分解し，$0 \leqq \sin\theta \leqq 1$，$-1 \leqq \cos\theta \leqq 1$ における $\sin\theta$ または $\cos\theta$ の値の範囲を求める。

❸ $0° \leqq \theta \leqq 180°$ で θ の範囲を求める。

(1) $2\sin^2\theta - 5\sin\theta + 2 < 0$

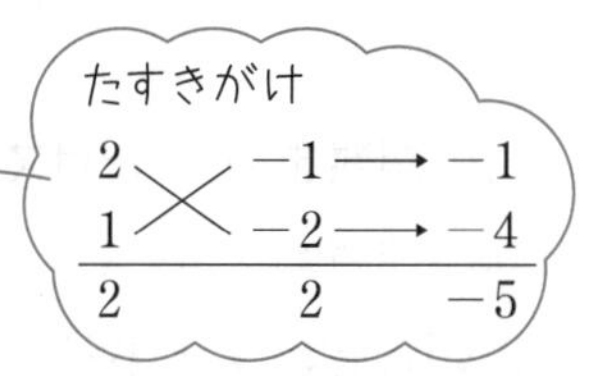

$(2\sin\theta - 1)(\sin\theta - 2) < 0$

$0 \leqq \sin\theta \leqq 1$ だから　$\sin\theta - 2 < 0$

よって　$2\sin\theta - 1 > 0$

$\sin\theta > \frac{1}{2}$

右の図より　**$30° < \theta < 150°$**　…答

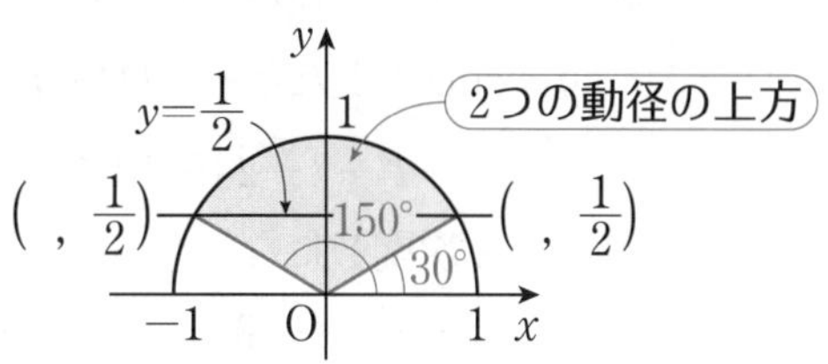

(2) $2\sin^2\theta - 3\cos\theta \geqq 0$

└ $\sin^2\theta = 1 - \cos^2\theta$ を代入

$2(1 - \cos^2\theta) - 3\cos\theta \geqq 0$

$-2\cos^2\theta - 3\cos\theta + 2 \geqq 0$　← 両辺に−1を掛ける。

$2\cos^2\theta + 3\cos\theta - 2 \leqq 0$　← 不等号の向きが変わるよ。

$(2\cos\theta - 1)(\cos\theta + 2) \leqq 0$

たすきがけ
2 −1 → −1
1 2 → 4
2 −2 3

$-1 \leqq \cos\theta \leqq 1$ だから　$\cos\theta + 2 > 0$

よって　$2\cos\theta - 1 \leqq 0$

$\cos\theta \leqq \frac{1}{2}$

右の図より　**$60° \leqq \theta \leqq 180°$**　…答

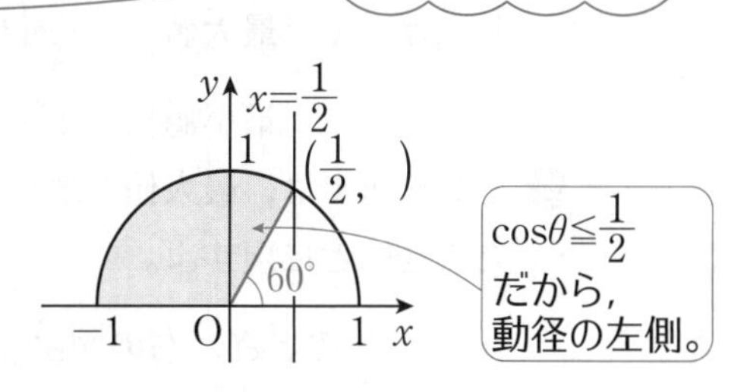

チェック 33-4　6分　解答▶別冊 p.27

1　$0° \leqq \theta \leqq 180°$ のとき，次の不等式をみたす θ の範囲を求めよ。

(1) $-2\cos^2\theta + 5\sin\theta - 1 \leqq 0$ （岡山済生会看護専門学校）

(2) $\cos^2\theta - \sin^2\theta - 5\cos\theta + 3 \geqq 0$ （九州中央リハビリテーション学院）

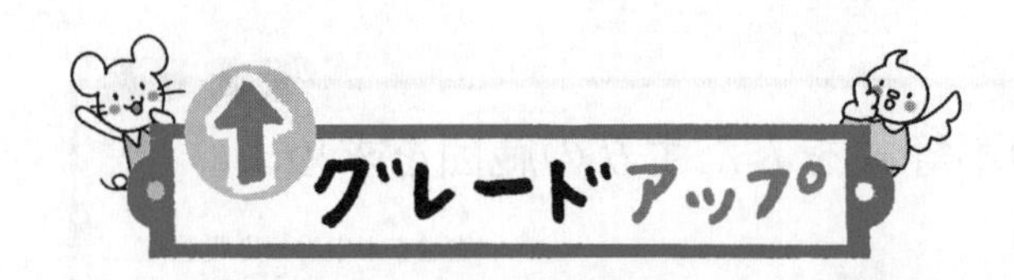

三角比と2次関数の融合問題

角度が決まれば三角比の値はただ１つに決まるから関数として扱うことができるね。このことを利用した２次関数との融合問題をちょっと見ておこう。

（問題）　$0°\leqq x\leqq 180°$のとき，関数$y=\cos^2 x+\sin x-3$の最大値，最小値を求めよ。

（竹田看護専門学校）

❶ まず，この関数を$\sin x$だけで表そう。$\cos^2 x=1-\sin^2 x$だから

$$y=\cos^2 x+\sin x-3=(1-\sin^2 x)+\sin x-3=-\sin^2 x+\sin x-2$$

❷ ここで，$\boldsymbol{\sin x=t}$とおくんだ。そのとき，tの値の範囲に気をつけて！

$0\leqq\sin x\leqq 1$だから，$\boldsymbol{0\leqq t\leqq 1}$となるね。したがって

$$y=-t^2+t-2\ (0\leqq t\leqq 1)$$

❸ tの２次関数になったから，あとは２次関数の最大・最小を思い出そう。

$$\begin{aligned}y&=-t^2+t-2\\&=-\left(t^2-t+\frac{1}{4}-\frac{1}{4}\right)-2=-\left(t-\frac{1}{2}\right)^2+\frac{1}{4}-2\\&=-\left(t-\frac{1}{2}\right)^2-\frac{7}{4}\end{aligned}$$

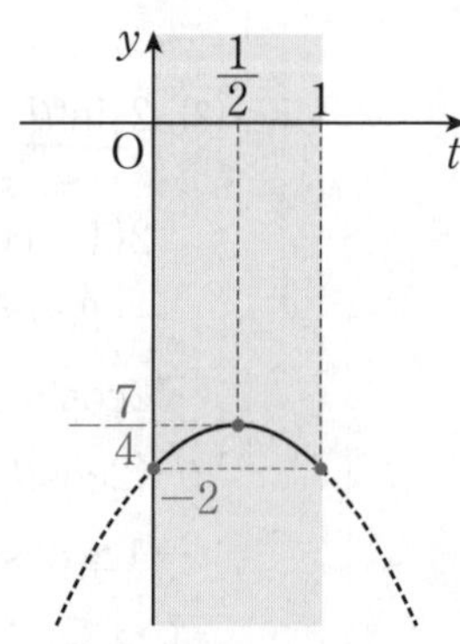

ここでグラフをかく。右のようになるね。

tの値の範囲に注意するんだよ。

したがって　最大値　$-\frac{7}{4}\left(t=\frac{1}{2}のとき\right)$

最小値　$-2\,(t=0,\ 1のとき)$

❹ このままでは，最大値と最小値を与えるxの値がわからないから，$\sin x=t$とおいたのをもとに戻すよ。

$\sin x=\frac{1}{2}$のとき，右の図より　$x=30°,\ 150°$

$\sin x=0$のとき，右の図より　$x=0°,\ 180°$

$\sin x=1$のとき，右の図より　$x=90°$

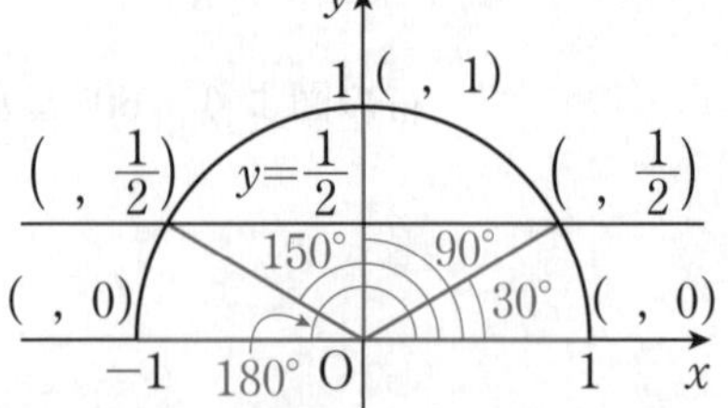

❺ 以上より，求める答えは　最大値　$-\frac{7}{4}(x=30°,\ 150°のとき)$

最小値　$-2(x=0°,\ 90°,\ 180°のとき)$

ちょっと複雑だけど，今までに習ったことを組み合わせるだけだからね。自信をもって問題を解こう！

item 34 正弦定理と余弦定理

単独で出題されるよりも，問題を解く途中で使うことが多いよ。

正弦定理

△ABC とその外接円において，

$$\frac{a}{\sin A}=\frac{b}{\sin B}=\frac{c}{\sin C}=2R$$

の関係が成り立つ。

また，

$$a=2R\sin A,\ b=2R\sin B,\ c=2R\sin C$$

の形で使う場合もある。

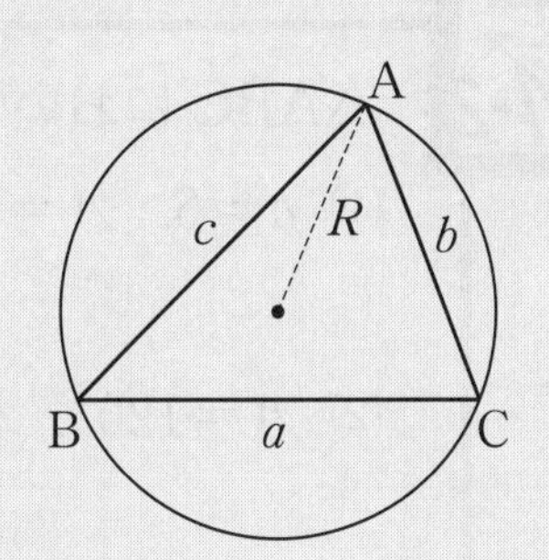

★★★★

△ABC において，AC＝5，∠BAC＝75°，∠ACB＝60°のとき辺 AB の長さを求めよ。（東京都立看護専門学校）

❶ 図をかいてみよう。

❷ ∠ABC はすぐに求められるね。

❸ ∠B に対する辺の長さは $b=5$ とわかるから**正弦定理**だ。

∠BAC＝75°，∠ACB＝60°だから

$\angle ABC=180^\circ-(75^\circ+60^\circ)=45^\circ$

正弦定理により

$$\frac{AB}{\sin 60^\circ}=\frac{5}{\sin 45^\circ}$$

よって　$AB=\dfrac{5\sin 60^\circ}{\sin 45^\circ}$

$$=5\cdot\frac{\sqrt{3}}{2}\div\frac{1}{\sqrt{2}}$$

$$=\frac{5\sqrt{6}}{2}$$ …答

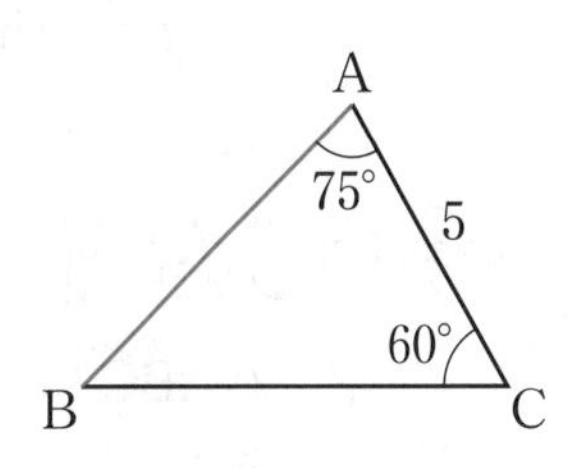

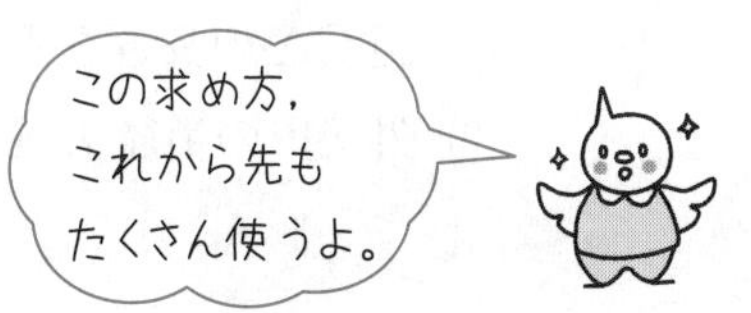

チェック 34-1 2分 解答▶別冊 *p.27*

1 △ABC において，$b=2\sqrt{3}$，$c=3\sqrt{2}$，$B=45^\circ$ のとき，C の値を求めよ。

（愛仁会看護助産専門学校）

★★★★★

△ABC において次の問いに答えよ。

(1) $a=6$，$A=60^\circ$ のとき，△ABC の外接円の半径を求めよ。

（尾道市医師会看護専門学校）

(2) $A=120^\circ$，外接円の半径 $R=8$ のとき，a の値を求めよ。

（PL 学園衛生看護専門学校）

(1) R を求める問題。

(2) R を使って辺の長さを求める問題。

(1) 外接円の半径を R とすると，正弦定理により $\dfrac{a}{\sin A}=2R$

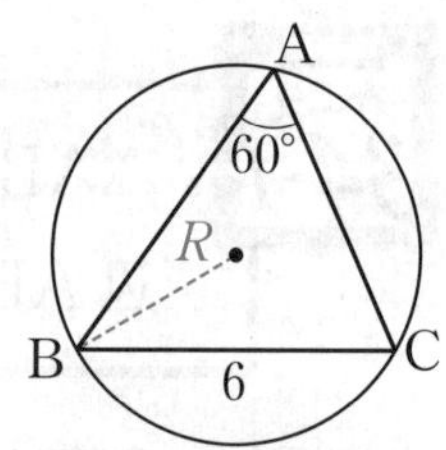

$$2R=\frac{6}{\sin 60^\circ}=6\div\frac{\sqrt{3}}{2}$$

$$=\frac{12}{\sqrt{3}}=\frac{12\sqrt{3}}{3}=4\sqrt{3}$$ より $\boldsymbol{R=2\sqrt{3}}$ …答

(2) 正弦定理により $\dfrac{a}{\sin A}=2R$

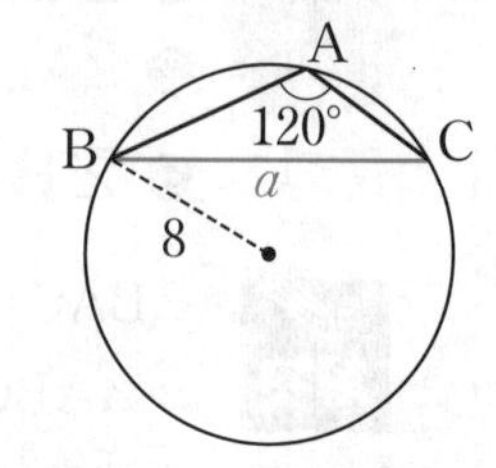

$$\frac{a}{\sin 120^\circ}=2\cdot 8$$

$$\boldsymbol{a}=16\sin 120^\circ=16\cdot\frac{\sqrt{3}}{2}=\boldsymbol{8\sqrt{3}}$$ …答

チェック 34-2 4分 解答▶別冊 *p.27*

1 △ABC において，BC$=3$，$A=60^\circ$，$B=45^\circ$ とする。このとき，次の問いに答えよ。

（京都桂看護専門学校）

(1) 辺 CA の長さを求めよ。

(2) 外接円の半径 R を求めよ。

「外接円の半径を求めよ…」
ときたら，すぐに正弦定理だ!!

余弦定理(Ⅰ)

$$a^2=b^2+c^2-2bc\cos A$$
$$b^2=c^2+a^2-2ca\cos B$$
$$c^2=a^2+b^2-2ab\cos C$$

余弦定理は3つあるけど1つだけ覚えればいいよ。
他の2つは，文字をサイクリックの順に回せば自然に作れるからね。

サイクリックの順

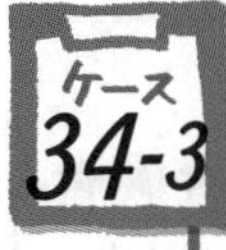

★★★★★

ケース 34-3

△ABCにおいて，$a=3$，$b=5$，$C=120°$のとき，cの値を求めよ。

(戸田中央看護専門学校)

余弦定理を使おう。ポイントは**2辺とその間**の角が与えられていることだよ。

余弦定理により

$$\begin{aligned}c^2&=a^2+b^2-2ab\cos C\\&=3^2+5^2-2\cdot3\cdot5\cos120°\\&=9+25-30\cdot\left(-\frac{1}{2}\right)\\&=9+25+15\\&=49\end{aligned}$$

$c>0$より　$c=7$　…答

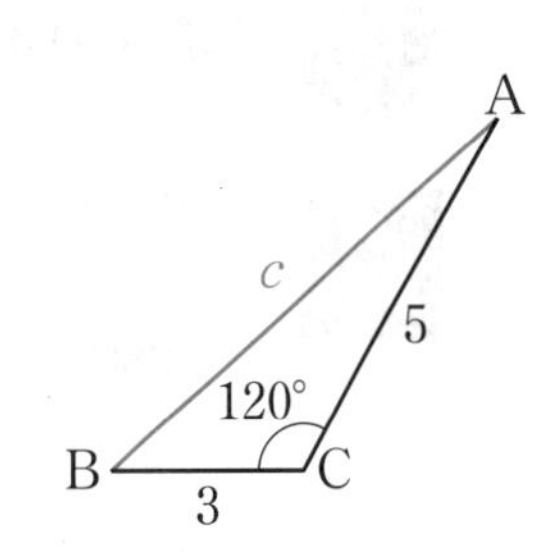

これもしょっちゅう使うよ。ちゃんと解けるようにしておこうね。

チェック 34-3　2分　解答▶別冊 *p.27*

1　△ABCにおいて，$a=8$，$b=5$，$C=60°$のとき，cの値を求めよ。

(PL学園衛生看護専門学校)

この余弦定理を変形して，次のページのような形で使うこともよくある。

余弦定理(Ⅱ)

$$\cos A=\frac{b^2+c^2-a^2}{2bc}$$

$$\cos B=\frac{c^2+a^2-b^2}{2ca}$$

$$\cos C=\frac{a^2+b^2-c^2}{2ab}$$

この公式は覚えなくてもいいよ。必要なときに余弦定理(Ⅰ)を変形して使えばいい。

★★★★★

△ABC において，$a=\sqrt{6}$，$b=\sqrt{3}-1$，$c=2$ のとき，C の値を求めよ。

（宝塚市立看護専門学校）

三角形の 3 辺の長さが与えられているので余弦定理を用いよう。

余弦定理により

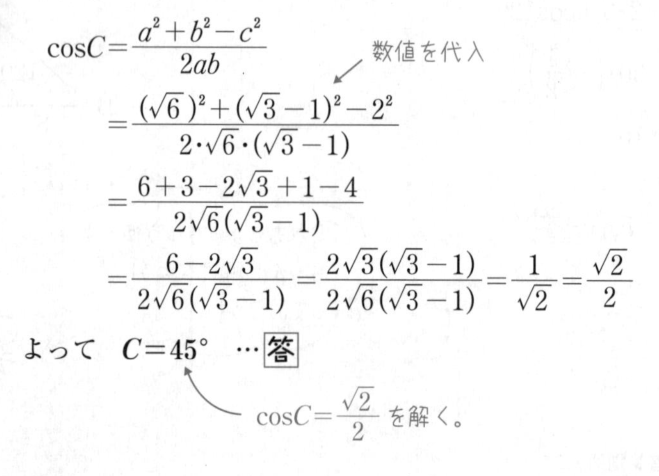

$$\cos C=\frac{a^2+b^2-c^2}{2ab}$$

数値を代入

$$=\frac{(\sqrt{6})^2+(\sqrt{3}-1)^2-2^2}{2\cdot\sqrt{6}\cdot(\sqrt{3}-1)}$$

$$=\frac{6+3-2\sqrt{3}+1-4}{2\sqrt{6}(\sqrt{3}-1)}$$

$$=\frac{6-2\sqrt{3}}{2\sqrt{6}(\sqrt{3}-1)}=\frac{2\sqrt{3}(\sqrt{3}-1)}{2\sqrt{6}(\sqrt{3}-1)}=\frac{1}{\sqrt{2}}=\frac{\sqrt{2}}{2}$$

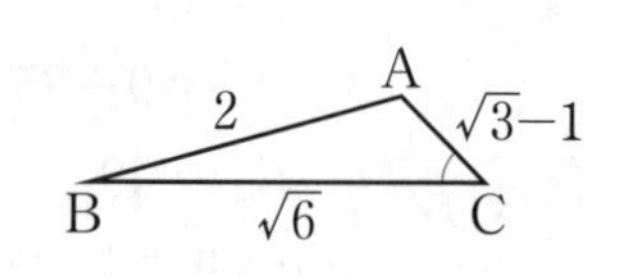

よって　$C=45^\circ$　…答

$\cos C=\frac{\sqrt{2}}{2}$ を解く。

チェック 34-4　5分　解答▶別冊 *p.27*

1　△ABC において，$a=7$，$b=3$，$c=5$ のとき，A の値を求めよ。

（新潟看護医療専門学校）

2　△ABC において，3 辺の長さが $a=7$，$b=8$，$c=9$ であるとき，$\sin A$ の値を求めよ。

（君津中央病院附属看護学校）

三角形には，**3つの角**と**3つの辺**がある。これを**三角形の6要素**という。このうち，**3辺**，**2辺とその間の角**，**1辺とその両端の角**が与えられたとき，三角形が決まる。これを三角形の決定条件という。三角形の決定条件が与えられたとき，他の要素を求めることを**三角形を解く**という。このとき**正弦定理**や**余弦定理**が威力を発揮するんだ。

三角形の解法
- **3辺**が与えられたとき ⟶ **余弦定理** ←（Ⅱ）の方
- **2辺とその間の角**が与えられたとき ⟶ **余弦定理** ←（Ⅰ）の方
- **1辺とその両端の角**が与えられたとき ⟶ **正弦定理**

★★★★★

△ABCにおいて，$c=2$，$a=1+\sqrt{3}$，$B=30^\circ$のとき，次の値を求めよ。

（福島看護専門学校・改）

(1) b　　(2) C　　(3) A

2辺とその間の角が与えられているから，まずは余弦定理だ。

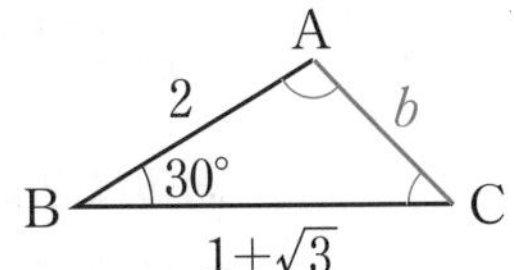

(1) $b^2=c^2+a^2-2ca\cos B$

$=2^2+(1+\sqrt{3})^2-2\cdot2\cdot(1+\sqrt{3})\cos30^\circ$

$=4+1+2\sqrt{3}+3-\cancel{2}\cdot2(1+\sqrt{3})\dfrac{\sqrt{3}}{\cancel{2}}$

$=8+2\sqrt{3}-2\sqrt{3}-6=2$　　$b>0$より　$\boldsymbol{b=\sqrt{2}}$　…答

(2) **正弦定理により**　← 頂点Bの対辺bの値と∠Bの大きさがわかったから正弦定理

$\dfrac{\sqrt{2}}{\sin30^\circ}=\dfrac{2}{\sin C}$

$\sin C=\dfrac{2}{\sqrt{2}}\sin30^\circ=\dfrac{2}{\sqrt{2}}\cdot\dfrac{1}{2}=\dfrac{1}{\sqrt{2}}=\dfrac{\sqrt{2}}{2}$　← 本来$\sin\theta=\dfrac{\sqrt{2}}{2}$となる$\theta$は，45°と135°の2つ。

$a>c$より$A>C$だから，Cは鋭角になる。

よって　$\boldsymbol{C=45^\circ}$　…答

(3) $A=180^\circ-(30^\circ+45^\circ)=105^\circ$　　よって　$\boldsymbol{A=105^\circ}$　…答

チェック 34-5　6分　解答▶別冊 *p.28*

1　△ABCにおいて，$b=2$，$c=1+\sqrt{3}$，$A=60^\circ$のとき，次の値を求めよ。

（函館厚生院看護専門学校・改）

(1) a　　(2) B　　(3) C

item 35 形状問題

どんな形の三角形？

ケース 35-1 ★★★

△ABCにおいて，

$a\cos A + b\cos B = c\cos C$

なる関係があるという。この三角形はどのような三角形か。

（愛生会看護専門学校）

処方せん　三角形の形状を問われる問題では，すべて**辺の関係**に直そう。

解答

余弦定理を使って，辺の関係に直す。　← 余弦定理(Ⅱ)の方

$a\cos A + b\cos B = c\cos C$

$a\cdot\dfrac{b^2+c^2-a^2}{2bc} + b\cdot\dfrac{c^2+a^2-b^2}{2ca} = c\cdot\dfrac{a^2+b^2-c^2}{2ab}$

両辺に $2abc$ を掛けて

$a^2(b^2+c^2-a^2) + b^2(c^2+a^2-b^2) = c^2(a^2+b^2-c^2)$

$a^2b^2 + a^2c^2 - a^4 + b^2c^2 + a^2b^2 - b^4 = c^2a^2 + b^2c^2 - c^4$

式を整理すると

$a^4 - 2a^2b^2 + b^4 - c^4 = 0$

$(a^4 - 2a^2b^2 + b^4) - c^4 = 0$　← 「$○^2 - △^2$」ができそうなのが見えている？

$(a^2-b^2)^2 - c^4 = 0$　← 平方の差 ⟶ 和と差の積

$(a^2-b^2+c^2)(a^2-b^2-c^2) = 0$

よって　$a^2-b^2+c^2=0$　または　$a^2-b^2-c^2=0$

これより　$b^2=a^2+c^2$　または　$a^2=b^2+c^2$

└ ∠B＝90°　　└ ∠A＝90°

ゆえに，∠Aまたは∠Bが直角である直角三角形。 …答

チェック 35-1　5分　解答▶別冊 p.28

1　△ABCにおいて，$b\cos B = c\cos C$ が成り立っているとき，この三角形はどんな三角形か。

（新潟県厚生連佐渡看護専門学校）

item 36 三角形の面積

「2辺とその間の角」か「3辺」。

右の図のような三角形の面積 S は，小学校でも中学校でも，

$$S=\frac{1}{2}(\text{底辺})\times(\text{高さ})=\frac{1}{2}\text{BC}\cdot\text{AH}$$

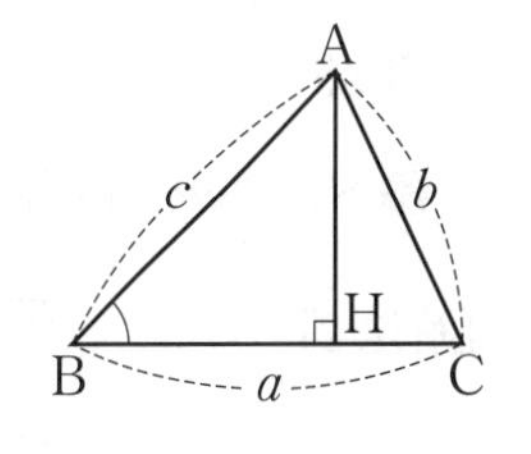

と学んできたね。

ここでは，三角比を使って，この公式を変形してみよう。

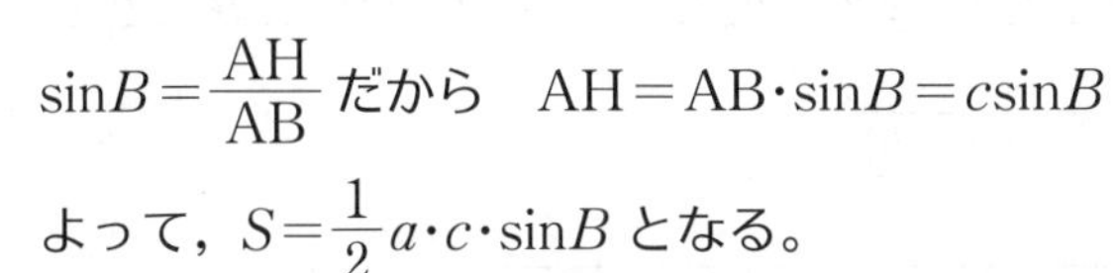

$\sin B=\dfrac{\text{AH}}{\text{AB}}$ だから　$\text{AH}=\text{AB}\cdot\sin B=c\sin B$

よって，$S=\dfrac{1}{2}a\cdot c\cdot\sin B$ となる。

これで，**2辺とその間の角の大きさ**がわかれば，面積が求められるね。

すなわち，面積は，三角比を用いて

$$S=\frac{1}{2}ab\sin C=\frac{1}{2}bc\sin A=\frac{1}{2}ca\sin B$$

と表される。

この公式も
サイクリックに
なっていることに注意!!

★★★★★

△ABC において $a=3$，$c=2$，$B=135^\circ$ のとき面積 S を求めよ。

（君津中央病院附属看護学校）

面積を求める問題で，与えられているのは2辺とその間の角だから，使う公式はただ1つ。

$$S=\frac{1}{2}ca\sin B$$
$$=\frac{1}{2}\cdot2\cdot3\sin135^\circ$$
$$=\frac{1}{2}\cdot2\cdot3\cdot\frac{\sqrt{2}}{2}=\frac{3\sqrt{2}}{2}\quad\cdots\boxed{\text{答}}$$

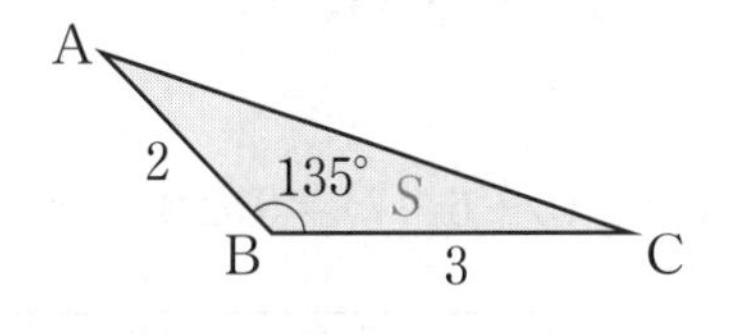

チェック 36-1　5分　解答▶別冊 *p.28*

1　△ABC において，AB＝5，AC＝8，∠BAC＝120° であるとき △ABC の面積 S を求めよ。

（杏林大学医部付属看護専門学校・改）

3辺が与えられたときの三角形の面積の求め方

[解法 1]　❶ 余弦定理から $\cos C=\dfrac{a^2+b^2-c^2}{2ab}$ を求める。

❷ $\sin^2 C+\cos^2 C=1$ より，$\cos C$ がわかれば $\sin C$ は求められる。

❸ $S=\dfrac{1}{2}ab\sin C$ に代入。　← これが三角比の利点

[解法 2]　$\sin C=\sqrt{1-\cos^2 C}=\sqrt{1-\left(\dfrac{a^2+b^2-c^2}{2ab}\right)^2}$

$$=\sqrt{\frac{(2ab)^2-(a^2+b^2-c^2)^2}{(2ab)^2}}=\frac{\sqrt{(2ab+a^2+b^2-c^2)(2ab-a^2-b^2+c^2)}}{2ab}$$

$$=\frac{\sqrt{\{(a+b)^2-c^2\}\{c^2-(a-b)^2\}}}{2ab}$$

$$=\frac{\sqrt{(a+b+c)(a+b-c)(c+a-b)(c-a+b)}}{2ab}$$

$a+b+c=2s$ とおくと

$$=\frac{\sqrt{2s(2s-2c)(2s-2b)(2s-2a)}}{2ab}=\frac{2\sqrt{s(s-a)(s-b)(s-c)}}{ab}$$

よって　$S=\dfrac{1}{2}ab\sin C=\dfrac{1}{2}ab\cdot\dfrac{2\sqrt{s(s-a)(s-b)(s-c)}}{ab}=\sqrt{s(s-a)(s-b)(s-c)}$

$S=\sqrt{s(s-a)(s-b)(s-c)}$　$\left(\text{ただし } s=\dfrac{1}{2}(a+b+c)\right)$

これを，**ヘロンの公式**という。

★★★★★

$\triangle$ABC において $a=5$，$b=6$，$c=7$ のとき，$\triangle$ABC の面積 S を求めよ。

（館林高等看護学院）

ヘロンの公式を使う。

$s=\dfrac{1}{2}(5+6+7)=9$ とすると，ヘロンの公式により

$S=\sqrt{9\cdot(9-5)(9-6)(9-7)}=\sqrt{9\cdot4\cdot3\cdot2}$

$=6\sqrt{6}$　…答

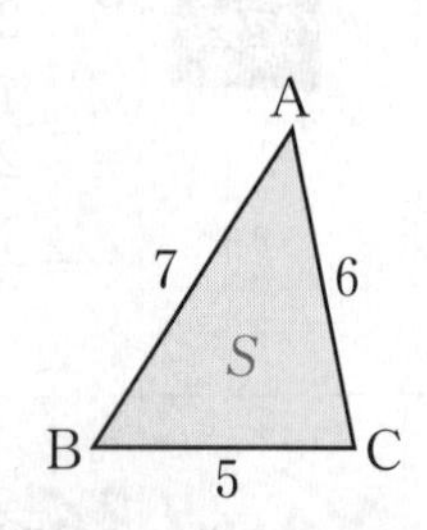

チェック 36-2　3分　解答▶別冊 p.28

1　$\triangle$ABC において，$a=8$，$b=7$，$c=5$ のとき，$\triangle$ABC の面積 S を求めよ。

（四国医療専門学校）

ケース 36-3 ★★★★★

$\triangle$ABCにおいて，$a=5$，$b=4$，$c=6$のとき，次の値を求めよ。

（新潟看護医療専門学校）

(1) $\cos B$

(2) $\sin B$

(3) $\triangle$ABCの面積S

(1) 余弦定理を使う。　← (Ⅱ)の方

(2) 相互関係。　← $\sin^2 B+\cos^2 B=1$

(3) p.126の**[解法 1]**

(1) 余弦定理により

$$\cos B=\frac{6^2+5^2-4^2}{2\cdot6\cdot5}=\frac{45}{2\cdot6\cdot5}$$
$$=\frac{3}{4}\quad\cdots\boxed{答}$$

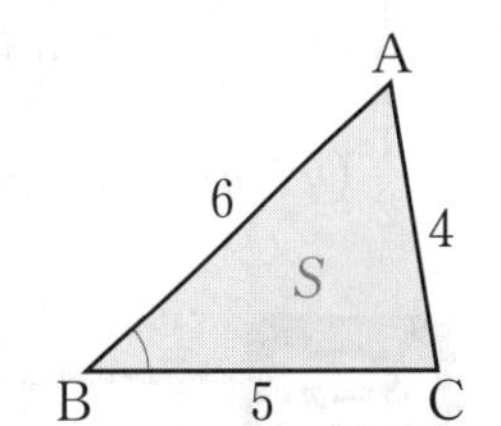

(2) $\sin^2 B+\cos^2 B=1$ より

$$\sin^2 B=1-\cos^2 B=1-\left(\frac{3}{4}\right)^2=\frac{7}{16}$$

$\sin B>0$ より　$\sin B=\dfrac{\sqrt{7}}{4}$　$\cdots\boxed{答}$

(3) $S=\dfrac{1}{2}ca\sin B$ より

$$=\frac{1}{2}\cdot6\cdot5\cdot\frac{\sqrt{7}}{4}=\frac{15\sqrt{7}}{4}\quad\cdots\boxed{答}$$

チェック 36-3　10分　解答▶別冊 *p.28*

1 $\triangle$ABCにおいて，$a=5$，$b=3$，$c=7$のとき，次の問いに答えよ。

（美原看護専門学校）

(1) 最大角の大きさを求めよ。

(2) $\triangle$ABCの面積を求めよ。

2 AB$=3$，BC$=\sqrt{7}$，CA$=2$の$\triangle$ABCがある。辺AB上にAD$=2$となる点Dをとる。このとき，次の問いに答えよ。

（鹿児島中央看護専門学校）

(1) $\cos\angle$BACの値を求めよ。

(2) $\triangle$ABCの面積を求めよ。

(3) $\triangle$ADCの外接円Oの半径を求めよ。

item 37

三角形の面積の活用
内接円と角の二等分線

内接円の半径の求め方

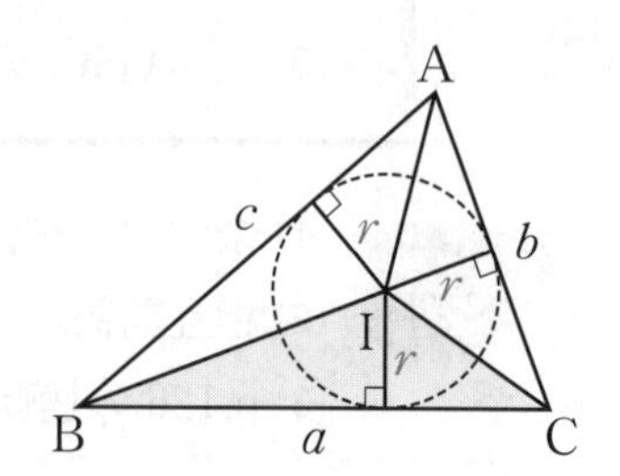

$\triangle$ABC の内心を I，面積を S とする。

$\triangle$IBC の面積は　$\frac{1}{2}ar$

同様にして　$\triangle \mathrm{ICA}=\frac{1}{2}br$　　$\triangle \mathrm{IAB}=\frac{1}{2}cr$

$\triangle \mathrm{IBC}+\triangle \mathrm{ICA}+\triangle \mathrm{IAB}=\triangle \mathrm{ABC}$ だから

$\frac{1}{2}ar+\frac{1}{2}br+\frac{1}{2}cr=S$

$\frac{1}{2}(a+b+c)r=S$　　$\frac{1}{2}(a+b+c)=s$ とすると，$sr=S$ より　$r=\frac{S}{s}$

（ヘロンの公式の s と同じ）

ケース 37-1　★★★★★

$\triangle$ABC において，$a=13$，$b=7$，$c=8$ のとき，次の値を求めよ。

（鶴岡市立荘内看護専門学校）

(1) A　　(2) 面積 S　　(3) 内接円の半径 r

(1) 余弦定理を使う。

(2) 面積の公式。　← $\sin A$ がわかるので…。

(3) $r=\frac{S}{s}$ の利用。

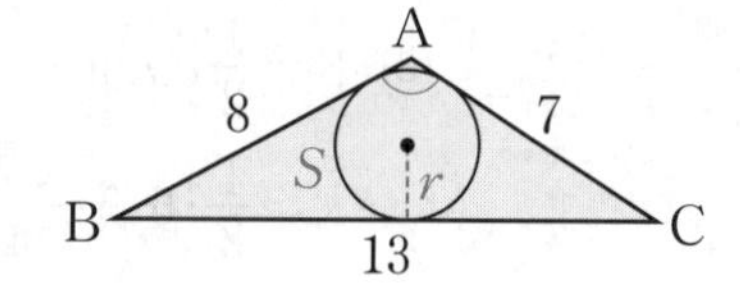

(1) $\cos A=\frac{7^2+8^2-13^2}{2\cdot 7\cdot 8}$

$=\frac{-56}{2\cdot 7\cdot 8}=-\frac{1}{2}$　　よって　$\boldsymbol{A=120^\circ}$　…答

(2) $S=\frac{1}{2}\cdot 7\cdot 8\sin 120^\circ=\frac{1}{2}\cdot 7\cdot 8\cdot\frac{\sqrt{3}}{2}=\boldsymbol{14\sqrt{3}}$　…答

(3) $s=\frac{1}{2}(13+7+8)=14$　　$14r=14\sqrt{3}$ より　$\boldsymbol{r=\sqrt{3}}$　…答

チェック 37-1　8分　解答▶別冊 *p.29*

1　$\triangle$ABC において，$a=4$，$b=3$，$c=2$ のとき，次の値を求めよ。

（大阪赤十字看護専門学校）

(1) $\cos A$　　(2) 外接円の半径 R　　(3) 内接円の半径 r

面積を利用して，角の二等分線の長さを求める方法を考えてみよう。

∠A の二等分線と辺 BC との交点を D としたとき，

△ABD＋△ACD＝△ABC

より，AD の長さを求めるんだ。

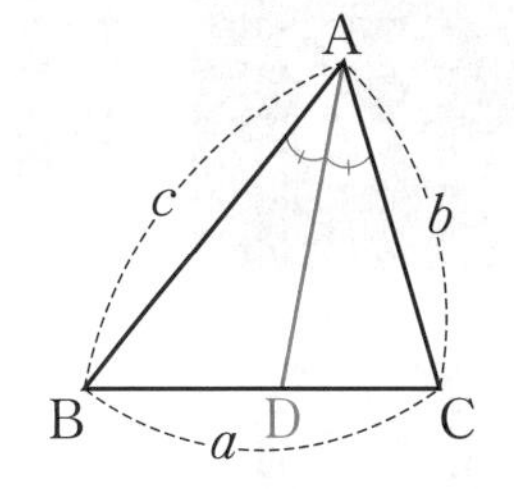

★★★

△ABC において，AB＝2，AC＝1，BC＝$\sqrt{7}$，∠BAC の二等分線と辺 BC との交点を D とする。次の問いに答えよ。

（函館厚生院看護専門学校）

⑴ ∠BAC を求めよ。

⑵ △ABC の面積を求めよ。

⑶ 辺 AD の長さを求めよ。

⑴ 3 辺がわかっているので余弦定理から $\cos A$ がわかる。

⑵ 面積は，2 辺とその間の角がわかっているので大丈夫。

⑶ AD を x として面積の関係から求める。

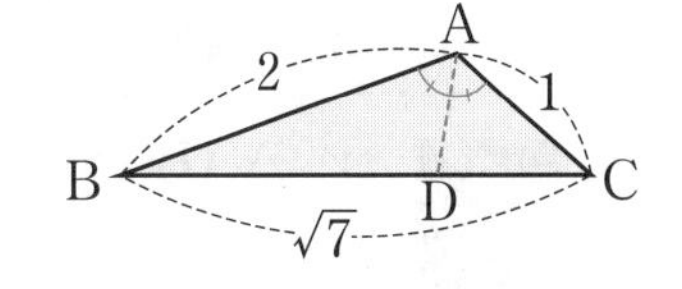

⑴ $\cos\angle BAC=\dfrac{1^2+2^2-(\sqrt{7})^2}{2\cdot1\cdot2}=\dfrac{-2}{4}=-\dfrac{1}{2}$ より　**∠BAC＝120°**　…答

⑵ $\triangle ABC=\dfrac{1}{2}\cdot1\cdot2\sin120^\circ=\dfrac{\sqrt{3}}{2}$　…答

⑶ AD＝x とおくと

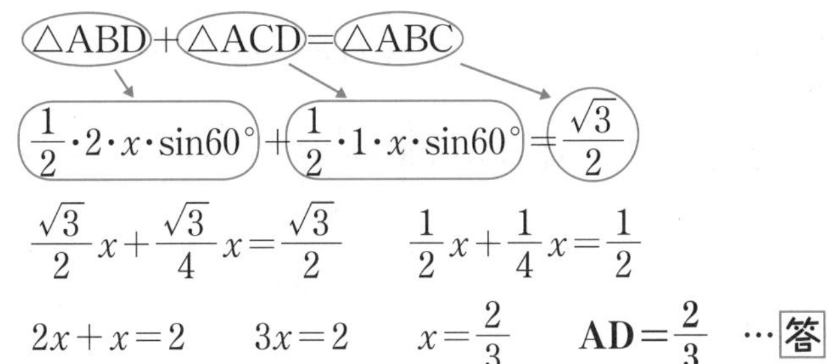

$\dfrac{\sqrt{3}}{2}x+\dfrac{\sqrt{3}}{4}x=\dfrac{\sqrt{3}}{2}$　　$\dfrac{1}{2}x+\dfrac{1}{4}x=\dfrac{1}{2}$

$2x+x=2$　　$3x=2$　　$x=\dfrac{2}{3}$　　$\mathbf{AD}=\dfrac{2}{3}$　…答

チェック 37-2　5分　解答▶別冊 *p.29*

1　AB＝3，AC＝2，∠A＝60° の △ABC において，∠A の二等分線と BC の交点を D とするとき，AD の長さを求めよ。

（宝塚市立看護専門学校）

円に内接する四角形

対角線で２つに分ける。

★★★★★

円に内接する四角形ABCDにおいて，AB＝3，BC＝8，CD＝5，∠ABC＝60°のとき，次の値を求めよ。 （鶴岡市荘内看護専門学校）

(1) AC　　(2) AD　　(3) 四角形ABCDの面積

対角線ACで２つの三角形に分ける。　← △ABCは三角形が決定する。

(1) △ABCで余弦定理を使おう。

(2) CD＝5，ACは(1)で求めた。

四角形ABCDが円に内接するから

∠ABC＋∠CDA＝180°

よって　∠CDA＝120°

AD＝xとして△ACDで余弦定理を使おう。

(3) 四角形ABCD＝△ABC＋△ACD

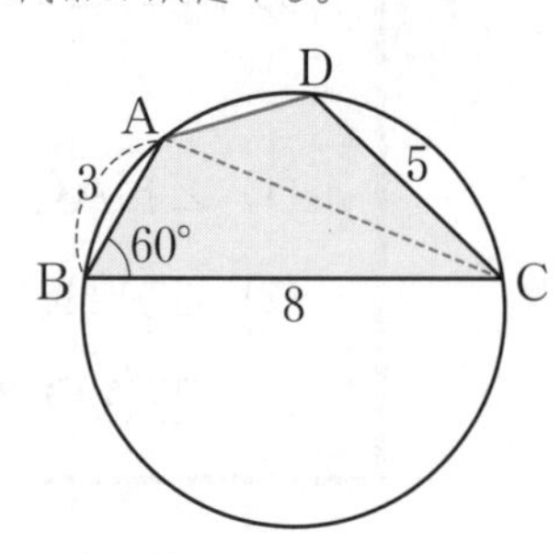

(1) △ABCで，余弦定理により

$AC^2=3^2+8^2-2\cdot3\cdot8\cos60°=9+64-24=49$

$AC>0$より　**AC＝7**　…答

(2) AD＝xとおく。∠CDA＝180°－60°＝120°だから

$AC^2=x^2+5^2-2\cdot x\cdot5\cos120°=7^2$

$x^2+25+5x=49$　　$x^2+5x-24=0$

$(x+8)(x-3)=0$　　$x>0$だから　$x=3$

したがって　**AD＝3**　…答

(3) $\triangle ABC=\frac{1}{2}\cdot3\cdot8\sin60°=6\sqrt{3}$　　$\triangle ACD=\frac{1}{2}\cdot3\cdot5\sin120°=\frac{15\sqrt{3}}{4}$

四角形ABCD＝$\triangle ABC+\triangle ACD=6\sqrt{3}+\frac{15\sqrt{3}}{4}=\frac{39\sqrt{3}}{4}$　…答

チェック38-1　6分　解答▶別冊 p.29

1 円に内接する四角形ABCDにおいて，AB＝5，BC＝3，CD＝7，∠CDA＝60°であるとき，次の値を求めよ。 （姫路市医師会看護専門学校）

(1) AC　　(2) DA

(3) 円の半径　　(4) 対角線ACとBDの交点をEとするとき，BE

★★★★

ケース 38-2

円に内接する四角形ABCDの辺の長さが$AB=\sqrt{2}$，$BC=4$，$CD=3\sqrt{2}$，$DA=2$のとき，次の値を求めよ。　（竹田看護専門学校）

(1) 対角線BDの長さl　　(2) $\angle DAB$の大きさα

(3) 四角形ABCDの面積S　　(4) 円の半径R

対角線BDで2つの三角形に分ける。

(1), (2) $\angle DAB=\alpha$だから　$\angle BCD=180^\circ-\alpha$

$\triangle ABD$，$\triangle BCD$において余弦定理を用いてBD^2を2通りで表す。　← αを使ったままでOK！

(3) $S=\triangle ABD+\triangle BCD$

(4) Rは，$\triangle ABD$の外接円の半径。

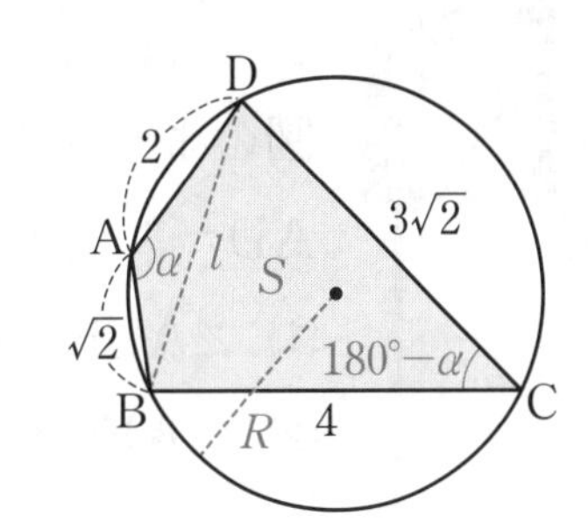

(1), (2) $\triangle ABD$と$\triangle BCD$に余弦定理を用いると　← 2つの三角形で，BDは共通。

$$BD^2=2^2+(\sqrt{2})^2-2\cdot2\cdot\sqrt{2}\cos\alpha=4^2+(3\sqrt{2})^2-2\cdot4\cdot(3\sqrt{2})\cos(180^\circ-\alpha)$$

よって　$4+2-4\sqrt{2}\cos\alpha=16+18+24\sqrt{2}\cos\alpha$　…①　← $\cos(180^\circ-\alpha)=-\cos\alpha$

これより　$-28\sqrt{2}\cos\alpha=28$　　$\cos\alpha=-\dfrac{1}{\sqrt{2}}=-\dfrac{\sqrt{2}}{2}$

ゆえに　$\alpha=135^\circ$　…答

このとき，これを①の左辺に代入して　$l^2=4+2-4\sqrt{2}\left(-\dfrac{\sqrt{2}}{2}\right)=6+4=10$

$l>0$より　$l=\sqrt{10}$　…答

(3) $S=\triangle ABD+\triangle BCD$

$$=\frac{1}{2}\cdot2\cdot\sqrt{2}\sin135^\circ+\frac{1}{2}\cdot4\cdot3\sqrt{2}\sin45^\circ$$

← 面積は2辺とその間の角で求められる。

$$=\sqrt{2}\cdot\frac{\sqrt{2}}{2}+6\sqrt{2}\cdot\frac{\sqrt{2}}{2}=1+6=7$$

したがって　$S=7$　…答

(4) $\triangle ABD$において正弦定理を用いると

$$\frac{\sqrt{10}}{\sin135^\circ}=2R\qquad R=\frac{\sqrt{10}}{2}\cdot\frac{2}{\sqrt{2}}=\sqrt{5}$$

よって　$R=\sqrt{5}$　…答

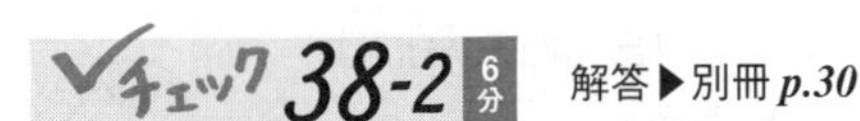

チェック 38-2　6分　解答▶別冊 p.30

1 円Pに内接する四角形ABCDがあり，$AB=8$，$BC=3$，$CD=DA=5$のとき，次の値を求めよ。　（福岡国際医療福祉学院）

(1) $\cos A$　　(2) BD　　(3) 円Pの半径

空間図形への応用

できるだけ正確に図(見取り図，抜き出した図)をかこう。

空間図形の問題が出たら，できるだけ正確に図をかこうね。場合によっては，一部を取り出して平面の図にするとよりよくわかるよ。

ケース 39-1 ★★★

図のような直方体 ABCD-EFGH がある。

AD＝3，DC＝4，CG＝$3\sqrt{3}$ であるとき，

(1) $\angle \mathrm{ACF}=\theta$ として $\cos\theta$ の値を求めよ。

(2) $\triangle \mathrm{AFC}$ の面積を求めよ。

（石川県立総合看護専門学校）

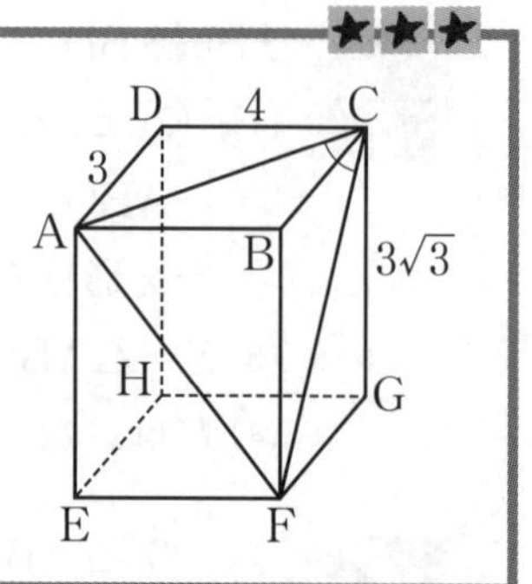

処方せん

$\triangle \mathrm{AFC}$ について考えよう。まず，3 辺 AC，AF，CF の長さを求める。

(1) 余弦定理の利用。

(2) 2 辺とその間の角がわかるから面積を求められる。

解答

(1) 三平方の定理により

$\mathrm{AC}=\sqrt{3^2+4^2}=5$　　$\mathrm{AF}=\sqrt{4^2+(3\sqrt{3})^2}=\sqrt{43}$

$\mathrm{CF}=\sqrt{3^2+(3\sqrt{3})^2}=6$

余弦定理により

$$\cos\theta=\frac{\mathrm{AC}^2+\mathrm{CF}^2-\mathrm{AF}^2}{2\cdot\mathrm{AC}\cdot\mathrm{CF}}=\frac{5^2+6^2-(\sqrt{43})^2}{2\cdot5\cdot6}$$

$$=\frac{18}{2\cdot5\cdot6}=\frac{3}{10}\quad\cdots\text{答}$$

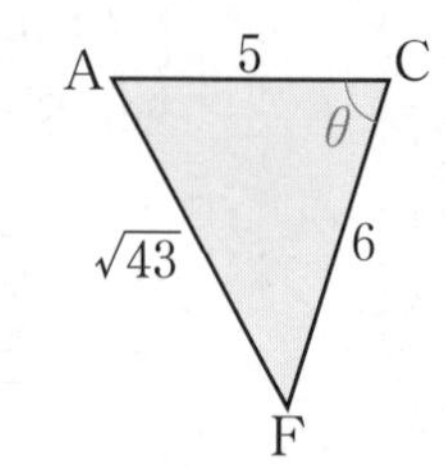

(2) $\sin^2\theta=1-\cos^2\theta=1-\left(\frac{3}{10}\right)^2=\frac{91}{100}$ より

$$\sin\theta=\frac{\sqrt{91}}{10}$$

$$\triangle\mathrm{AFC}=\frac{1}{2}\cdot5\cdot6\sin\theta$$

$$=\frac{1}{2}\cdot5\cdot6\cdot\frac{\sqrt{91}}{10}$$

$$=\frac{3\sqrt{91}}{2}\quad\cdots\text{答}$$

チェック 39-1 15分 解答▶別冊 p.30

1 直方体 ABCD-EFGH で AB＝1, BF＝2, FG＝$3\sqrt{3}$ とする。いま，辺 BC 上に点 P を AP, PG を結んでできる折れ線の長さ AP＋PG が最小になるようにとるとき，次の値を求めよ。（イムス横浜国際看護専門学校）

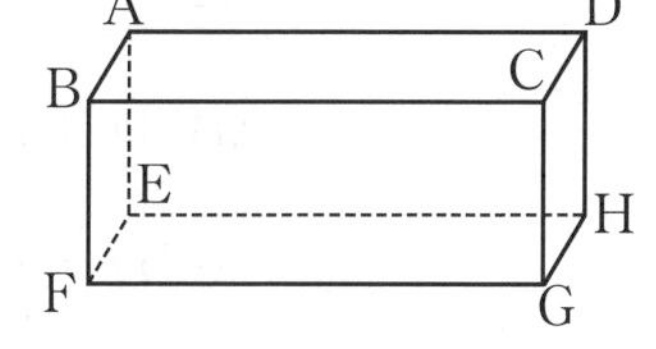

(1) 対角線 AG の長さ
(2) AP＋PG の長さ
(3) ∠APG＝θ とするとき $\cos\theta$
(4) △APG の面積

2 1 辺の長さが 2 の立方体 ABCD-EFGH がある。また，点 I，J はそれぞれ，DH，BF の中点であるとき，以下の問いに答えよ。（四日市医師会看護専門学校）

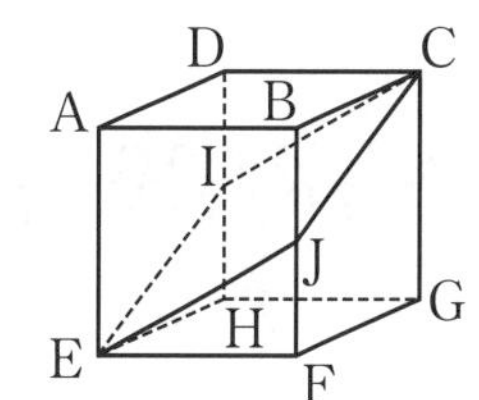

(1) CE の長さを求めよ。
(2) cos∠CJI を求めよ。
(3) 四角形 CIEJ の面積を求めよ。

ケース 39-2 ★★★★★

右の図のように 1 辺の長さが 6 の正四面体 ABCD がある。辺 BC の中点を M, ∠AMD＝θ とするとき，次の値を求めよ。（佐久総合病院看護専門学校）

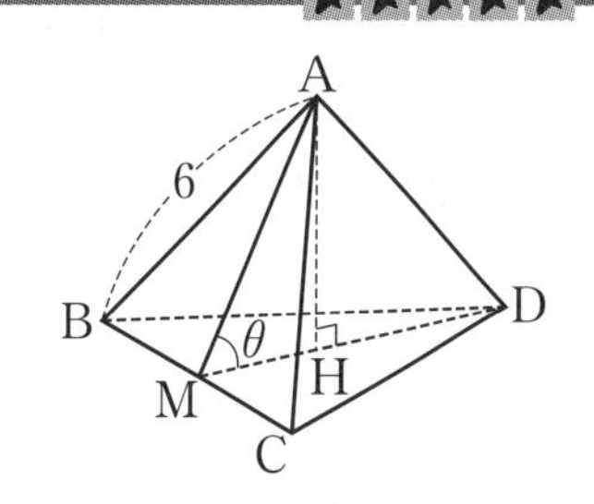

(1) $\cos\theta$
(2) A から △BCD に引いた垂線 AH の長さ
(3) △BCD の面積　　(4) 正四面体 ABCD の体積

(1) △AMD を抜き出した図をかこう。
(2) △AMD において，A から MD にひいた垂線 AH が求める垂線。
(3) △BCD は正三角形。
(4) 底面が △BCD，高さ AH の三角錐になるね。

(1) AM は正三角形 ABC の中線だから
AM＝6sin60°＝$3\sqrt{3}$（＝DM）
余弦定理により

$$\cos\theta=\frac{(3\sqrt{3})^2+(3\sqrt{3})^2-6^2}{2\cdot3\sqrt{3}\cdot3\sqrt{3}}=\frac{18}{54}=\frac{1}{3}$$ …答

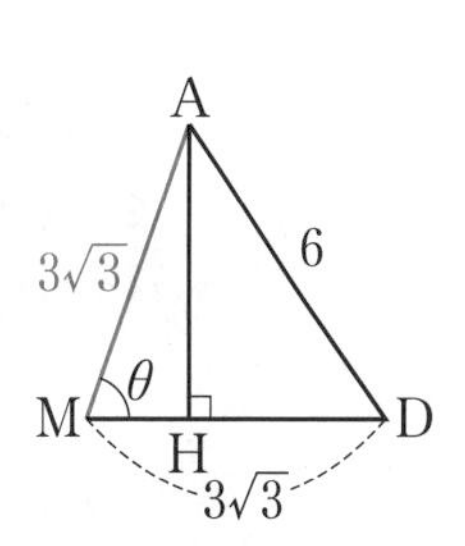

(2) $\sin^2\theta = 1 - \cos^2\theta = 1 - \left(\frac{1}{3}\right)^2 = \frac{8}{9}$ より

$\sin\theta = \frac{2\sqrt{2}}{3}$

$AH = AM\sin\theta = 3\sqrt{3} \cdot \frac{2\sqrt{2}}{3} = \mathbf{2\sqrt{6}}$ …答

(3) △BCD は1辺の長さが6の正三角形だから

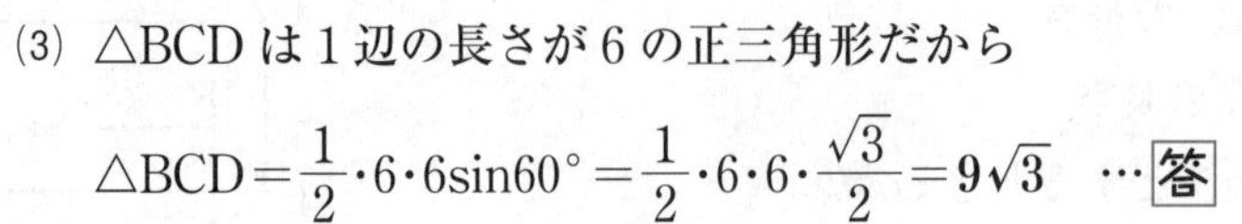

$\triangle BCD = \frac{1}{2} \cdot 6 \cdot 6\sin 60^\circ = \frac{1}{2} \cdot 6 \cdot 6 \cdot \frac{\sqrt{3}}{2} = \mathbf{9\sqrt{3}}$ …答

(4) 体積は　$\frac{1}{3} \cdot 9\sqrt{3} \cdot 2\sqrt{6} = 6\sqrt{18} = \mathbf{18\sqrt{2}}$ …答

✓チェック 39-2　25分　解答▶別冊 p.30

1 1辺の長さが3の正四面体ABCDにおいて，辺ABを1:2に分ける点をE，辺ADを2:1に分ける点をFとするとき，次の値を求めよ。（三友堂看護専門学校）

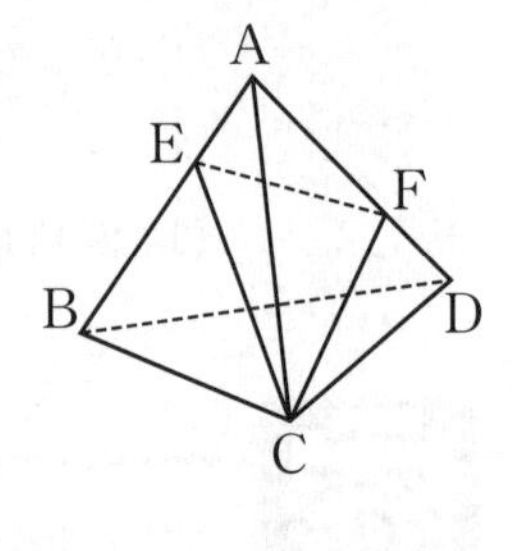

(1) 線分EFの長さ

(2) cos∠ECF

(3) △ECFの面積

2 右の図のような，1辺の長さが1の正四面体ABCDにおいて，辺BCの中点をMとし，∠AMD＝αとする。次の問いに答えよ。（大原看護専門学校）

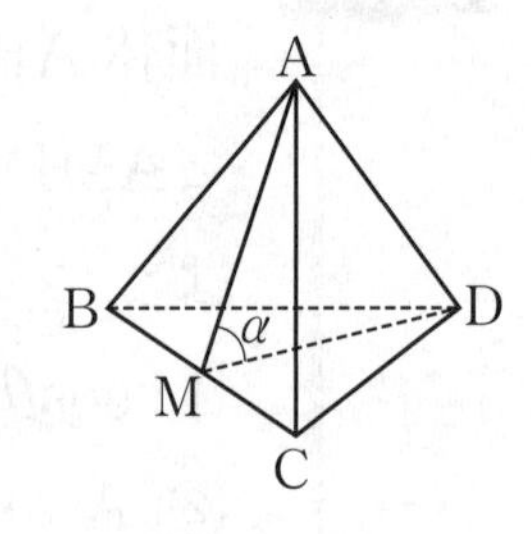

(1) 線分AMの長さを求めよ。

(2) $\cos\alpha$の値を求めよ。

(3) 三角形AMDの面積を求めよ。

3 平行四辺形ABCDを底面とする右の図のような立体図形OABCDにおいて底面ABCDの対角線AC，BDの交点をEとし，∠ODA＝∠ODB＝∠ODC＝90°とする。AC＝16，BD＝8，∠AED＝120°，OC＝8とするとき，以下の設問に答えよ。

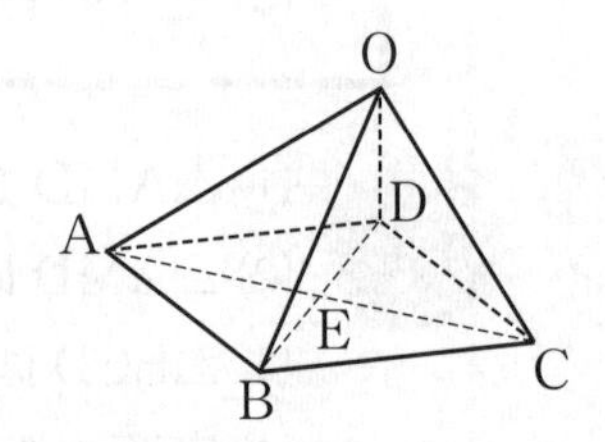

（岩手県立一関高等看護学院，岩手県立宮古高等看護学院，岩手県立二戸高等看護学院）

(1) AB＝［ア］√［イ］で，BC＝［ウ］√［エ］，OD＝［オ］である。

(2) AO＝［カ］√［キ］で，BO＝［ク］√［ケ］である。

(3) △OABの面積は［コ］√［サ］である。

★★★★

右の図の三角錐PABCにおいて，$AB=3$，$BP=\sqrt{10}$，$PA=4$，$\angle ACP=\angle BCP=90°$，$\angle APC=45°$のとき，三角錐PABCの体積を求めよ。

（西宮市医師会看護専門学校）

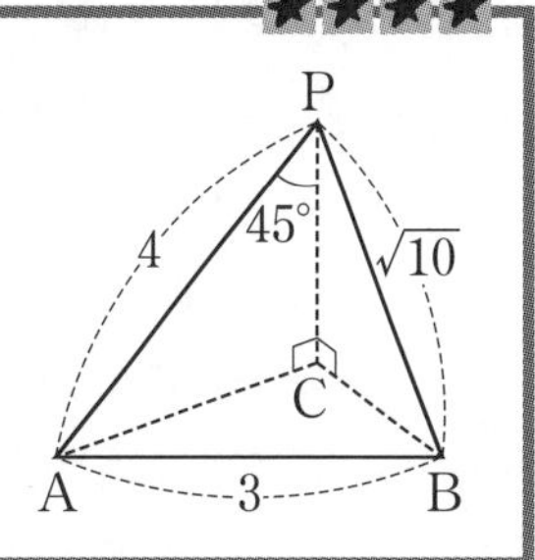

❶ $\dfrac{1}{3}\times\triangle ABC\times PC$で求めるのがよさよう。

❷ △PACは∠ACPが直角の直角二等辺三角形。PAがわかっているからPC，ACもわかる。

❸ PC，PBがわかればCBが求められる。

❹ 3辺がわかったので△ABCの面積が求められる。

❺ 高さPCはわかっているので，三角錐の体積を求めることができる。

△PACに注目すると，これは∠ACPが直角の直角二等辺三角形である。

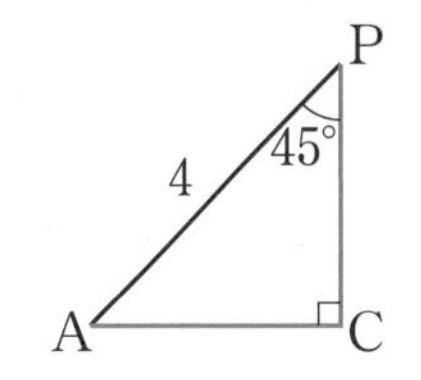

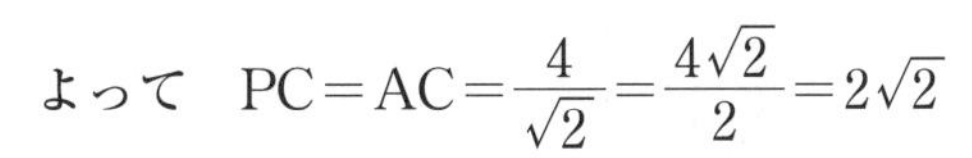

よって　$PC=AC=\dfrac{4}{\sqrt{2}}=\dfrac{4\sqrt{2}}{2}=2\sqrt{2}$

次に，△PBCに注目する。

三平方の定理により　$BC^2+CP^2=PB^2$

$BC>0$より　$BC=\sqrt{(\sqrt{10})^2-(2\sqrt{2})^2}=\sqrt{10-8}=\sqrt{2}$

△ABCの3辺の長さがわかったので$\cos C$を求める。

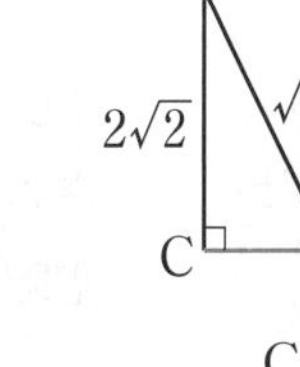

余弦定理により

$$\cos C=\frac{(2\sqrt{2})^2+(\sqrt{2})^2-3^2}{2\cdot 2\sqrt{2}\cdot\sqrt{2}}$$

$$=\frac{8+2-9}{8}=\frac{1}{8}$$

よって　$\sin C=\sqrt{1-\left(\dfrac{1}{8}\right)^2}=\dfrac{\sqrt{63}}{8}=\dfrac{3\sqrt{7}}{8}$

△ABCの面積は　$\dfrac{1}{2}\cdot 2\sqrt{2}\cdot\sqrt{2}\cdot\dfrac{3\sqrt{7}}{8}=\dfrac{3\sqrt{7}}{4}$

したがって，三角錐PABCの体積は　$\dfrac{1}{3}\cdot\dfrac{3\sqrt{7}}{4}\cdot 2\sqrt{2}=\dfrac{\sqrt{14}}{2}$　…答

チェック 39-3 15分 解答▶別冊 *p.31*

1 右の図のような四面体 OABC があり，3 辺 OA，OB，OC はともに長さ 2 で互いに垂直である。次の問いに答えよ。（PL 学園衛生看護専門学校）

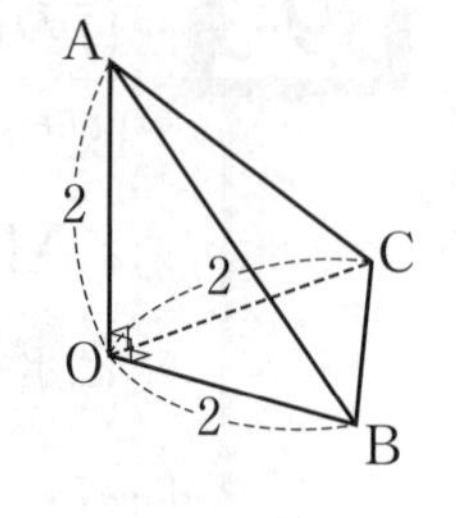

(1) この四面体の体積 V を求めよ。

(2) △ABC の面積 S を求めよ。

(3) 頂点 O から底辺 ABC へ下ろした垂線 OH の長さを求めよ。

2 図の三角錐 OABC において，OA＝2，OB＝1，OC＝3，∠AOB＝∠BOC＝∠COA＝90°のとき，次の問いに答えよ。（日鋼記念看護学校）

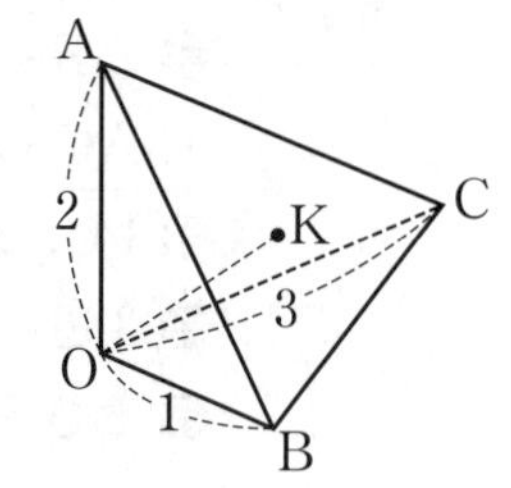

(1) cos∠ABC の値を求めよ。

(2) △ABC の面積を求めよ。

(3) 三角錐 OABC の体積を求めよ。

(4) O から △ABC に下ろした垂線の長さ OK を求めよ。

正弦定理や余弦定理を応用して，直接測量できない距離を計算で求めることができるんだよ。
空間図形で養った力を存分に発揮してね。

★★★★

山の頂上 P の高さを調べるために，400m 離れた山のふもとの 2 地点 A，B を定めて測定したところ，∠PAB＝60°，∠PBA＝75°，∠PBH＝30°であった。次の問いに答えよ。（高岡市立看護専門学校）

P
A 60°
H
30°
75°
400m
B

(1) BP の長さを求めよ。

(2) 山の高さ PH を求めよ。

空間図形と同じように図をかこう。

(1) △PAB で，∠APB がわかるから正弦定理の利用。

(2) △PBH に注目。PB がわかれば PH は求められる。

(1) △PAB に注目すると右の図のようになる。

$\angle P = 180^\circ - (60^\circ + 75^\circ) = 45^\circ$

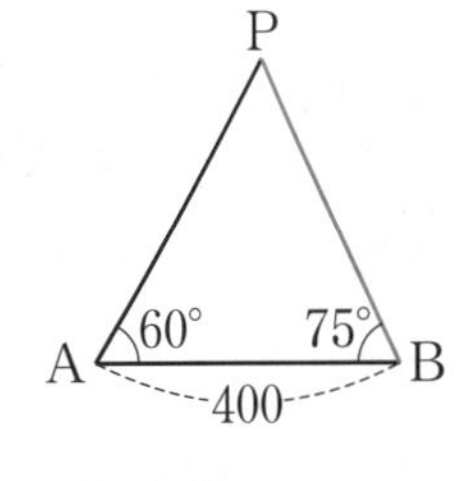

正弦定理により　$\dfrac{BP}{\sin 60^\circ} = \dfrac{400}{\sin 45^\circ}$

よって　$BP = 400 \cdot \dfrac{\sqrt{3}}{2} \div \dfrac{\sqrt{2}}{2}$

$= \dfrac{400 \cdot \sqrt{3} \cdot 2}{2 \cdot \sqrt{2}}$

$= \mathbf{200\sqrt{6}}$ **(m)**　…答

(2) △PBH に注目すると

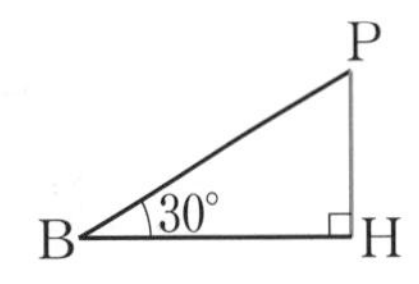

$PH = BP\sin 30^\circ$

$= 200\sqrt{6} \cdot \dfrac{1}{2}$

$= \mathbf{100\sqrt{6}}$ **(m)**　…答

チェック 39-4　6分　解答▶別冊 *p.32*

1 水面からの高さが 100m の塔 OA がある。その頂上 A から池の向こうにある山の頂上 B を見上げると仰角（水平面から見上げる角）が 30° であった。また，水面に映った山頂の俯角（水平面から見下ろす角）は 45° であった。このとき HB＝HD である。OH＝am，HB＝bm とおく。

$a-b$ の値は [(1)] であり，比 $\dfrac{a}{b-100}$ の値は [(2)] となるから，$a=$ [(3)]，$b=$ [(4)] を得る。

（藤田保健衛生大学看護専門学校・改）

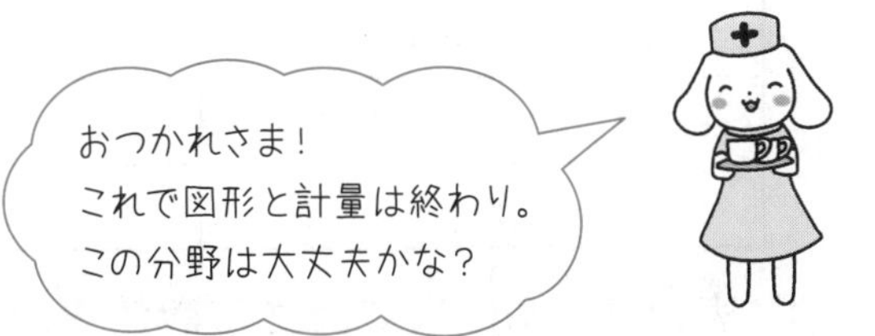

item 40

データの整理

度数分布表とヒストグラムは覚えているかな？

度数分布表やヒストグラムは，中学校で習った内容だけど，君たちの受ける看護医療系の入試にもよく出題されるよ。データの分析の基本となる内容だからね。復習をかねて，もう一度確認しておこう。

度数分布表の重要語句

・階級…データを等しい幅で何個かの区間に区切ったときの各区間。

・階級の幅…区間の幅。

・度数…階級に含まれるデータの個数。

・階級値…各階級の中央の値。

・**相対度数**…$\dfrac{\text{階級の度数}}{\text{度数の合計}}$

・ヒストグラム…度数分布を柱状のグラフにしたもの。

ケース 40-1 ★★★★

次の表は 15 人の生徒がボール投げを行った結果をもとにした度数分布表である。（イムス横浜国際看護専門学校）

ボール投げの結果(m)	階級値(m)	度数(人)
0 以上～ 3 未満		2
3 以上～ 6 未満		2
6 以上～ 9 未満	(ア)	2
9 以上～12 未満		(イ)
12 以上～15 未満		1
15 以上～18 未満		3
18 以上～21 未満		2
計		15

(1) 表の(ア)，(イ)に当てはまる数値を求めよ。

(2) 階級が 15 以上～18 未満の相対度数を求めよ。

(1) (ア) 階級値…各階級の中央の値。

(イ) 各階級の度数の合計は 15 になる。

(2) 相対度数は $\dfrac{\text{階級の度数}}{\text{度数の合計}}$

(1) (ア) 6 以上 9 未満の中央の値は

$(6+9)\div 2=\mathbf{7.5}$ …答

(イ) 各階級の度数の合計は 15 になるから，9 以上 12 未満の階級の度数を x とすると

$2+2+2+x+1+3+2=15$　　$12+x=15$　　$x=15-12=\mathbf{3}$ …答

(2) 相対度数 $=\dfrac{\text{階級の度数}}{\text{度数の合計}}=\dfrac{3}{15}=\mathbf{0.2}$ …答

チェック 40-1　5分　解答▶別冊 *p.33*

1 8 名の生徒に 10 点満点の小テストを行った。8 名のうち 5 名の生徒の点数は，それぞれ 6 点，4 点，10 点，6 点，7 点であった。残りの 3 名の点数を x，y，z とするとき，$x-y=3$，$x+z=18$ で，8 名全員の平均点が 7 点であるとして，以下の設問に答えよ。

（岩手県立一関高等看護学院，岩手県立宮古高等看護学院，岩手県立二戸高等看護学院）

(1) $x=$ (ア)，$y=$ (イ)，$z=$ (ウ) である。

(2) 右の表は 8 名の点数の度数分布である。(エ)～(キ)に最も適当な数を答えよ。また，(ク)～(サ)には下の数から最も適当な数を選び，その番号を答えよ。

① 0　② 0.12　③ 0.125
④ 0.25　⑤ 0.31　⑥ 0.325
⑦ 0.375　⑧ 0.415　⑨ 0.42

階級(点)	度数(人)	相対度数
2～3	(エ)	(ク)
4～5	(オ)	0.25
6～7	(カ)	(ケ)
8～9	(キ)	(コ)
10～11	2	(サ)

2 右の表は，クラスの 50m 走の記録を度数分布に表したものである。次の各問いに答えよ。

（勤医会東葛飾看護専門学校）

(1) 表の階級の幅を答えよ。

(2) 度数が最も多い階級を A ～ E の記号で答えよ。

(3) 速いほうから数えて 10 番目の生徒はどの階級に入るか A ～ E の記号で答えよ。

	階級(秒) 以上　未満	度数(人)
A	7.0 ～ 7.5	4
B	7.5 ～ 8.0	5
C	8.0 ～ 8.5	9
D	8.5 ～ 9.0	10
E	9.0 ～ 9.5	8

item 41

代表値

よく出るのは，平均値，中央値，最頻値。

データの特徴を１つの数値で表す方法がある。

テストが戻ってくるとき，先生から“平均点は○○点です”と言われたことがあるだろう。これが**平均値**だ。

中央値は，もっとラクにあまり計算しないで求められる。

また，服や靴のサイズなどで，どのサイズのものをたくさん作ればよいか，など考えるときは，“日本人に１番多いサイズはどんな大きさ？”などを調べたいね。

このようなとき使われるのが**最頻値**だ。

これらをデータの代表値というんだ。

代表値

平均値$(\bar{x})$　代表値の中でもよく使われる。

① n 個のデータ x_1，x_2，x_3，…，x_n が与えられたとき

$$\bar{x}=\frac{1}{n}(x_1+x_2+x_3+\cdots+x_n)$$

② 度数分布表から求める場合は，その階級に属するデータはすべて階級値と等しいと考える。

階級値	x_1	x_2	x_3	…	x_n	計
度数	f_1	f_2	f_3	…	f_n	N

$$\bar{x}=\frac{1}{N}(x_1f_1+x_2f_2+x_3f_3+\cdots+x_nf_n)$$

中央値（メジアン）

n 個のデータを大きさの順に並べたとき，中央にくる値のこと。

① n が奇数の場合…中央$\left(\frac{n+1}{2}\text{番目}\right)$の値。

② n が偶数の場合…中央の２つ$\left(\frac{n}{2}\text{番目と}\left(\frac{n}{2}+1\right)\text{番目}\right)$の値の平均値。

最頻値（モード）…度数分布表の中で最も度数の多い階級の階級値。

ケース 41-1 ★★★★★

下の表は，30人の生徒に10点満点のテストを行い，その結果を得点ごとの人数でまとめたものである。

得点	0	1	2	3	4	5	6	7	8	9	10
人数	2	1	3	2	6	5	5	3	2	1	0

（国際医療福祉大学塩谷看護専門学校）

(1) 得点の最大値，最小値，範囲を求めよ。

(2) 得点の最頻値(モード)を求めよ。

(3) 得点の平均値を求めよ。

(4) 得点の中央値を求めよ。

(1) 範囲＝最大値－最小値　← p.142参照

(2)～(4) 最頻値，平均値，中央値はp.140の説明通り。

(1) 最大値　9点　…答

最小値　0点　…答

範囲　9－0＝9(点)　…答

(2) 最頻値は4点　…答　← 分布表の最も度数の多い得点

(3) 度数分布表を使った計算方法で求める。

$$\bar{x}=\frac{1}{30}(0\times2+1\times1+2\times3+3\times2+4\times6+5\times5+6\times5+7\times3+8\times2+9\times1+10\times0)$$

$$=\frac{138}{30}=4.6\text{(点)}\cdots\text{答}$$

(4) 30個のデータの中央値であるので，中央の2つ　15，16番目のデータの平均値が中央値となる。

└ 偶数個　（15 ← $\frac{30}{2}$，16 ← 15＋1）

小さい順に並べて中央をさがすと

0，0，1，2，2，2，……，4，4，5，5，5，……，7，8，8，9

人数分並べること　14番目　15番目　16番目

15番目と16番目の値はともに5で，その平均値だから，5点。…答

チェック 41-1　3分　解答▶別冊 p.33

1　次のデータの平均値，最頻値，中央値を求めよ。　（福島看護専門学校）

7，12，10，6，5，6，7，4，10，7，9，7

item 42

箱ひげ図

データの散らばりの様子を視覚的にとらえる。

10 点満点のテストを受けた 2 組のグループの点数の結果は次の通りだった。

A：1，1，1，10，10，10　B：5，5，5，6，6，6

どちらも平均値は 5.5 点だ。でも，平均値が同じだからといって同じような特徴を持つ集団と考えるのは乱暴だね。そこで，データの散らばりの様子を視覚的にとらえられる箱ひげ図を用いて考えてみよう。

データの散らばり

① **範囲(レンジ)**＝最大値－最小値

② **四分位数**　データを大きさの順に並べ，4 等分する値（Q_1，Q_2，Q_3）。

（Q_1：第 1 四分位数，Q_2：第 2 四分位数（中央値），Q_3：第 3 四分位数）

③ **四分位偏差**＝$\dfrac{Q_3-Q_1}{2}$

箱ひげ図

データの分布を表す図。分布の中心やデータのばらつきがよくわかる。

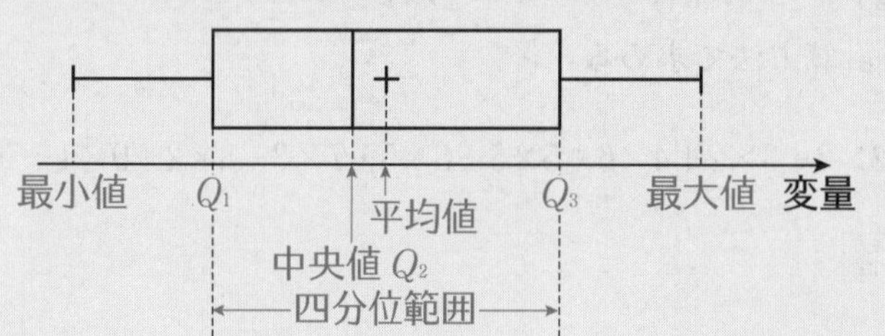

箱ひげ図には平均値を記入しないこともある。

四分位数の求め方

❶　データを大きさの順に並べる。　❷　中央値を求める。… Q_2＝中央値

❸　データの個数が等しい 2 つのグループとして，中央値より値が大きいグループと値が小さいグループに分ける。データの個数が奇数の場合，中央値はどちらのグループにも入れない。

データの数が奇数個のとき　中央値より小さいグループ ○ ○ ○ … ○ ○　○（中央値）　中央値より大きいグループ ○ ○ … ○ ○ ○

データの数が偶数個のとき

❹　小さいグループの中央値を求める。… Q_1　❺　大きいグループの中央値を求める。… Q_3

ケース 42-1 ★★★★

下の図は，100 人の数学のテストの得点を箱ひげ図に表したものである。この箱ひげ図から読み取れるものを，次の㋐～㋕の中からすべて選べ。

（労災看護専門学校）

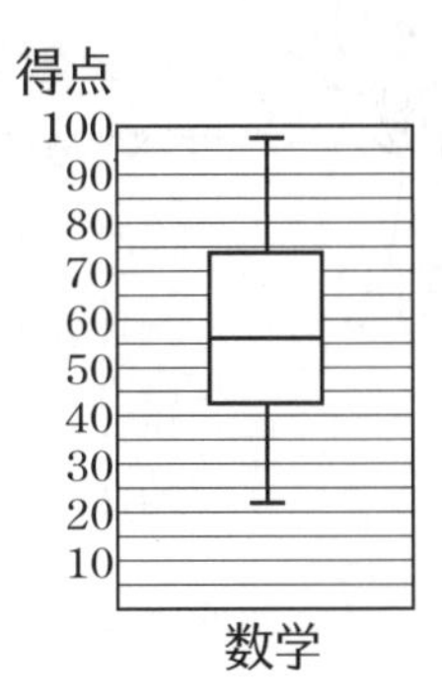

㋐ データの範囲は，70 点より大きく，80 点未満である。

㋑ 60 点以上の生徒は 50 人以上いる。

㋒ 60 点未満の生徒は 50 人以上いる。

㋓ 最頻値(モード)は 55 点である。

㋔ 平均値は 55 点である。

㋕ 四分位偏差は 12.5 より大きく，17.5 より小さい。

処方せん

- 箱ひげ図からデータの特徴を読み取る。
- p.142 の箱ひげ図の作成方法をマスターしておくこと。

解答

㋐ 最大値を M とすると　$95<M<100$

最小値を m とすると　$20<m<25$

$$\begin{array}{rcl} 95< & M & <100 \\ -25< & -m & <-20 \\ \hline 70< & M-m & <80 \end{array}$$

データの範囲は 70 点より大きく 80 点未満だから，真。

㋑，㋒ 中央値が約 55 点で，それより上に 50 人，下に 50 人いる。よって，
60 点以上に 50 人以上いるとは限らないが，
60 点未満には 50 人以上いる。よって，㋑は偽，㋒は真。

㋓ 箱ひげ図から最頻値は読み取れないから，偽。

㋔ この箱ひげ図に平均値は示されていないから，偽。

㋕ 四分位数を小さい方から Q_1，Q_2，Q_3とすると　$40<Q_1<45$，$70<Q_3<75$

$$12.5<\frac{Q_3-Q_1}{2}<17.5$$

$$\begin{array}{rcl} 70< & Q_3 & <75 \\ -45< & -Q_1 & <-40 \\ \hline 25< & Q_3-Q_1 & <35 \end{array}$$

四分位偏差は 12.5 より大きく 17.5 より小さいから，真。

したがって，読み取れるのは　㋐，㋒，㋕　…答

チェック 42-1 5分　解答▶別冊 *p.33*

1 ある量の次のような 10 個のデータがある。

0　0　1　2　2　3　4　5　6　8

この量の平均値は □ である。この量の分布を表す箱ひげ図をかけ。

（大阪赤十字看護専門学校）

item 43

分散と標準偏差

散らばりの様子を数値で表現する。

n 個のデータ x_1, x_2, …, x_n が平均値 $\overline{x}$ とどれだけ離れているかを見るために，$x_i-\overline{x}$ を考えてみよう。これを**偏差**というんだ。

すべてのデータの偏差を加えると，次のように0になる。

$$(x_1-\overline{x})+(x_2-\overline{x})+(x_3-\overline{x})+\cdots+(x_n-\overline{x})$$
$$=(x_1+x_2+x_3+\cdots+x_n)-n\overline{x}$$
$$=0$$

つまり，偏差の平均も0となるから，偏差の平均値で散らばりの様子を見ることはできない。そこで，偏差を平方して加えることにしよう。その平均値を**分散**といい，s^2 で表す。分散は偏差を平方して求めたので，分散の正の平方根をとった数値を考える。これを**標準偏差**といい，s で表すんだ。つまり，標準偏差 $s=\sqrt{分散}$ だね。

この標準偏差は散らばり具合を見る重要な数値だよ。まとめると次のようになる。

標準偏差

すべてのデータを使った場合

分散　$s^2=\dfrac{1}{n}\{(x_1-\overline{x})^2+(x_2-\overline{x})^2+\cdots+(x_n-\overline{x})^2\}$

この式は次のようにも変形ができる。

$$s^2=\frac{1}{n}(x_1{}^2+x_2{}^2+x_3{}^2+\cdots+x_n{}^2)-(\overline{x})^2$$

標準偏差　$s=\sqrt{分散}$

度数分布表が与えられた場合

階級値	x_1	x_2	x_3	…	x_i	…	x_n	計
度数	f_1	f_2	f_3	…	f_i	…	f_n	N

分散

$$s^2=\frac{1}{N}\{(x_1-\overline{x})^2f_1+(x_2-\overline{x})^2f_2+(x_3-\overline{x})^2f_3+\cdots+(x_n-\overline{x})^2f_n\}$$

標準偏差　$s=\sqrt{分散}$

★★★★★

次のデータ　A 組：8, 7, 6, 4, 10　B 組 6, 8, 7, 6, 8　は 10 人を 5 人ずつ A, B に分けて 10 点満点のゲームをしたときの結果である。この両組の平均値は同点であるが，分散を求めると A 組は［　　］, B 組は［　　］である。また，平均値の近くに集まっている組はどちらか。

（宝塚市立看護専門学校）

① データの数は 5 個なので，すべてを使って計算する。

② 次のような表を作る。

	得点(x)	$x-\overline{x}$	$(x-\overline{x})^2$
	n 個 ⋮	⋮	⋮
合計	合計		合計
平均値	$\overline{x}=\dfrac{合計}{n}$		$s^2=\dfrac{合計}{n}$

得点は大きさの順に並べておく方が，中央値や計算ミスが見つかりやすくていいよ。

③ s^2 の値が小さいほど平均値の近くに集まっているデータといえる。

〔A 組〕

平均値を $\overline{x}_A$，分散を $s_A{}^2$ とする。

A 組	得点(x)	$x-\overline{x}_A$	$(x-\overline{x}_A)^2$
	4	−3	9
	6	−1	1
	7	0	0
	8	1	1
	10	3	9
合計	35		20
平均	$\overline{x}_A=\dfrac{35}{5}=7$		$s_A{}^2=\dfrac{20}{5}=4$

〔B 組〕

平均値を $\overline{x}_B$，分散を $s_B{}^2$ とする。

B 組	得点(x)	$x-\overline{x}_B$	$(x-\overline{x}_B)^2$
	6	−1	1
	6	−1	1
	7	0	0
	8	1	1
	8	1	1
合計	35		4
平均	$\overline{x}_B=\dfrac{35}{5}=7$		$s_B{}^2=\dfrac{4}{5}=0.8$

A 組の分散は　4, B 組の分散は　**0.8**　…答

したがって，平均値の近くに集まっているのは B 組　…答

チェック 43-1　5分

解答▶別冊 *p.33*

1　次の 6 個のデータ 3, 4, 6, 7, 7, 9 について平均値，中央値，最頻値，分散，標準偏差を求めよ。

（鶴岡市立荘内看護専門学校）

item 44

データの相関

2つの変量の相関関係。

これまでは１種類の変量に関するデータの特徴を，視覚的に見たり（箱ひげ図），数値（分散，標準偏差）から見たりしてきたね。ここでは，『身長と体重』とか『数学のテストの点数と英語のテストの点数』など，２種類のデータの相関関係について考えてみよう。

データの相関

散布図…個々のデータのもつ２つの変量を，それぞれ x，y とし $(x,\ y)$ を座標とする点を xy 平面にとった図を**散布図**という。

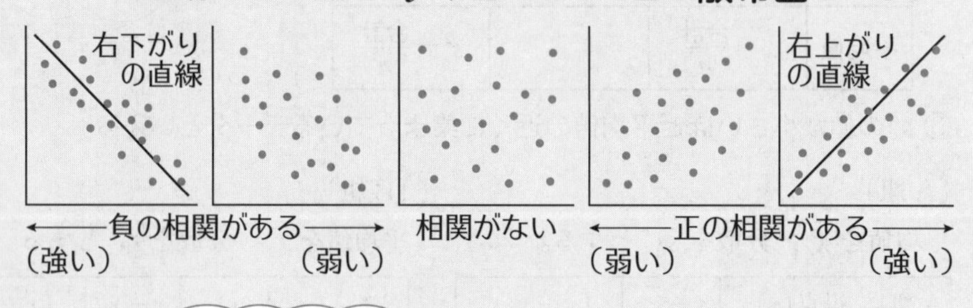

点の並びが直線に近いほど相関が強いんだ。

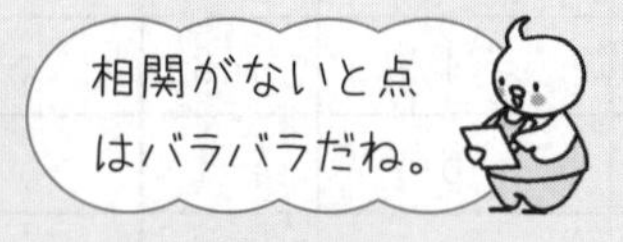

相関係数… ２つの変量の相関の度合いを表す数値。

２つの偏差の積の平均値を**共分散**といい，s_{xy} で表す。

$$s_{xy}=\frac{1}{n}\{(x_1-\overline{x})(y_1-\overline{y})+(x_2-\overline{x})(y_2-\overline{y})+\cdots+(x_n-\overline{x})(y_n-\overline{y})\}$$

x，y の標準偏差を，それぞれ s_x，s_y とすると，相関係数 r は

$$r=\frac{s_{xy}}{s_x \cdot s_y}\quad(-1\leqq r\leqq 1)$$

相関係数 r

−1		0		1
強い負の相関	弱い負の相関	相関はない	弱い正の相関	強い正の相関

★★★

下の表は，5人の生徒に対して行われた英語と国語の小テスト(各10点満点)の結果である。次の問いに答えよ。(福岡国際医療福祉学院)

生徒番号	1	2	3	4	5
英語(点)	3	4	5	4	4
国語(点)	7	9	10	8	6

(1) 英語の得点の平均値と分散を求めよ。

(2) 国語の得点の平均値と分散を求めよ。

(3) 英語の得点と国語の得点の共分散を求めよ。

(4) 英語の得点と国語の得点の相関係数をrとするとき，r^2を求めよ。

(1)，(2) 平均値，分散の公式を用いる。　分散…$(\text{偏差})^2$の平均値

(3) 各生徒の{(英語の偏差)×(国語の偏差)}の平均値　←データと平均値の差

(4) $\dfrac{\text{共分散}}{\text{英語の標準偏差}\times\text{国語の標準偏差}}$

(1) 平均値　$(3+4+5+4+4)\div5=\mathbf{4}$**(点)**　…答

分散　$\{(3-4)^2+(4-4)^2+(5-4)^2+(4-4)^2+(4-4)^2\}\div5=\mathbf{0.4}$　…答

(2) 平均値　$(7+9+10+8+6)\div5=\mathbf{8}$**(点)**　…答

分散　$\{(7-8)^2+(9-8)^2+(10-8)^2+(8-8)^2+(6-8)^2\}\div5=\mathbf{2}$　…答

(3) $\dfrac{(3-4)(7-8)+(4-4)(9-8)+(5-4)(10-8)+(4-4)(8-8)+(4-4)(6-8)}{5}$

$=\mathbf{0.6}$　…答

(4) 標準偏差$=\sqrt{\text{分散}}$だから　$r^2=\left(\dfrac{0.6}{\sqrt{0.4}\cdot\sqrt{2}}\right)^2=\dfrac{0.36}{0.8}=\mathbf{0.45}$　…答

チェック 44-1　8分　解答▶別冊 *p.34*

1 右の図は7人の生徒に数学と英語のテスト(各10点満点)を行い，その結果をまとめた散布図である。次の問いに答えよ。小数で解答する場合は小数第2位を四捨五入すること。(福岡国際医療福祉学院)

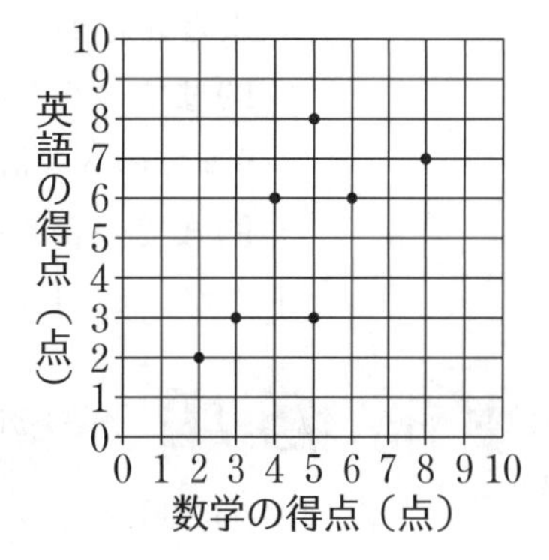

(1) 英語の得点が最も高い生徒の数学の得点を求めよ。

(2) 数学の得点データの中央値と平均値を求めよ。

(3) 英語の得点データの分散を求めよ。

(4) 数学と英語の得点データの相関係数をrとすると，rの値の範囲は，

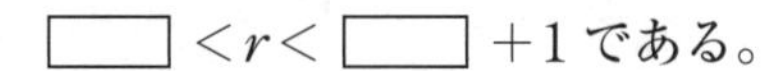

□ $<r<$ □ $+1$である。

item 45

集合の要素の個数

ベン図をうまく利用しよう！

集合の要素の個数

集合 P の要素の個数を $n(P)$ と表すと

・$n(\overline{A})=n(U)-n(A)$

・$n(A\cup B)=n(A)+n(B)-n(A\cap B)$

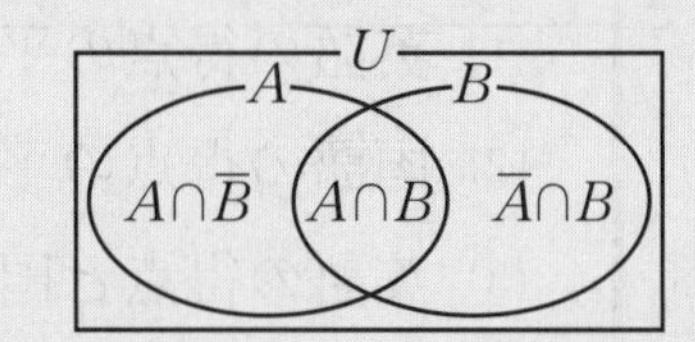

ド・モルガンの法則

$\overline{A\cap B}=\overline{A}\cup\overline{B}$　　$\overline{A\cup B}=\overline{A}\cap\overline{B}$

ケース 45-1 ★★★

2桁の自然数について，次の問いに答えよ。（玉野総合医療専門学校）

(1) 3の倍数は何個あるか。

(2) 2の倍数かつ3の倍数であるが，5の倍数でない数は何個あるか。

処方せん

2桁の自然数は99までの自然数から9までの自然数を除いたもの。

(1) 99までの3の倍数から9までの3の倍数を除いたもの。

(2)「2の倍数かつ3の倍数」は6の倍数である。

解答

(1) 99までの3の倍数の個数　$99\div3=33$（個）

9までの3の倍数の個数　$9\div3=3$（個）

したがって　$33-3=$ **30（個）** …答

(2) 求める集合は右の図の色の部分である。

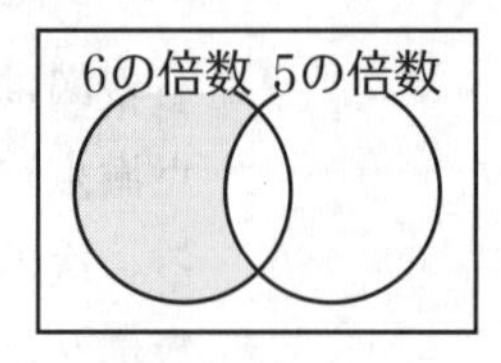

99までの6の倍数　$99\div6=16$ 余り3より，16個。

9までの6の倍数　$9\div6=1$ 余り3より，1個。

99までの5と6の公倍数　$99\div30=3$ 余り9より，3個。

したがって　$(16-1)-3=$ **12（個）** …答

チェック 45-1　3分　解答▶別冊 p.35

1 1から200までの自然数のうち，3または5または7で割りきれる数の個数を求めよ。（市立函館病院高等看護学院）

item 46

場合の数

もれなく重複なく数える。

★★★

赤，青，白の3個のサイコロを同時に投げるとき，次の場合の数を求めよ。（秋田県立衛生看護学院）

(1) 目の出る総数。

(2) 赤と青の目が等しい場合。

(3) 赤と青の目の合計が白の目より小さい場合。

● もれなく／重複なく 数えるには **樹形図**／辞書式配列 などを利用する。

● 樹形図を作成するとき，かく順序の工夫がポイント。

白を1列目にする方が，少なくて済むね。赤や青だと1〜6まで考えないと…。

(1) 赤　青　白

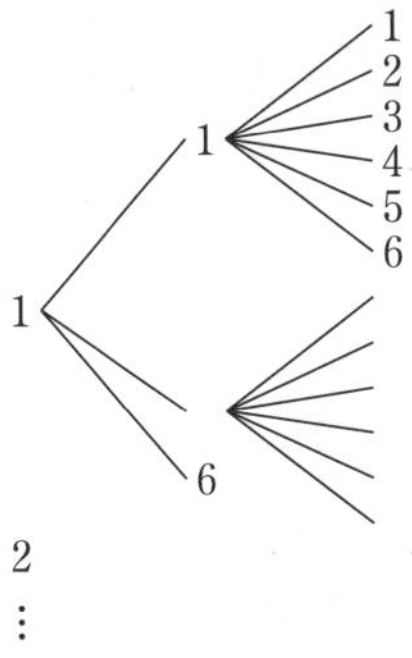

赤1〜6のそれぞれについて青1〜6の6通り。白も1〜6の6通り。

$6\times6\times6$

$=216$（通り）…答

(2) 赤　青　白

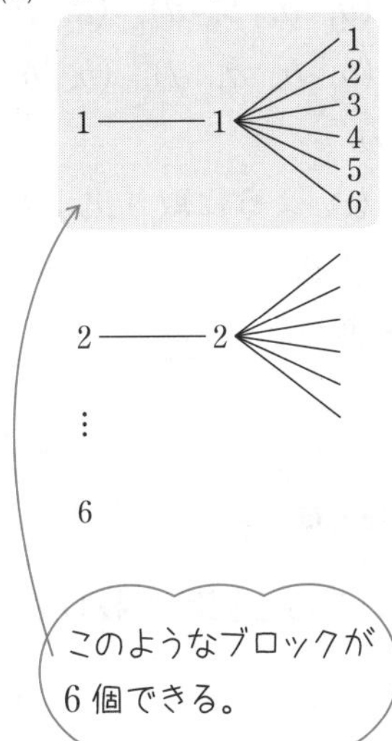

6×6

$=36$（通り）…答

(3)

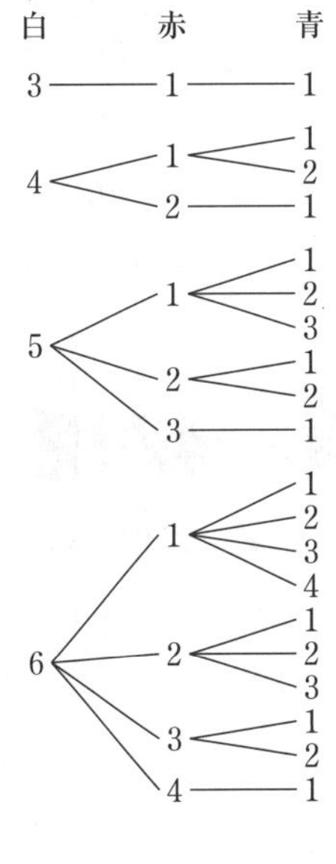

すべてを書き出して，

20通り。…答

チェック 46-1　3分　解答▶別冊 p.35

1 10円硬貨が4枚，50円硬貨が1枚，100円硬貨が7枚ある。これらの硬貨の一部または全部を使って支払うことができる金額は何通りあるか。（労災看護専門学校）

item 47

和の法則

場合分けして考えよう。

★★★

a, a, b, b, c, d から4文字を取り出す方法は何通りあるか。

（宝塚市立看護専門学校）

[和の法則]

2つの事柄A，Bが同時に起こらないとき，Aの起こり方が m 通り，Bの起こり方が n 通りであるとすると

AまたはBの起こる場合＝$m+n$（通り）

(i) 同じ文字を2個ずつ，2種類の文字を取り出す場合

(a, a, b, b) の1通り。…①

(ii) 1種類だけ同じ文字を2個取り出す場合

(a, a, b, c), (a, a, b, d), (a, a, c, d),

(b, b, a, c), (b, b, a, d), (b, b, c, d)

の6通り。…②

a，a 以外は辞書式に取り出す。

b，b 以外は辞書式で…。

(iii) 同じ文字を含まないように取り出す場合

(a, b, c, d) の1通り。…③

①＋②＋③より，8通り。…答

✓チェック 47-1 2分 解答▶別冊 *p.35*

1 大中小の3個のさいころを同時に投げるとき，目の和が偶数になる場合は何通りあるか。

（市立函館病院高等看護専門学院）

場合分けして
加えればいいんだよね…。

積の法則

ひき続いて起こる場合は掛け算で！

ケース 48-1 ★★★★

1つのさいころを3回続けて投げて，出た目を順に記録するとき，以下の問いに答えよ。（広島市立看護専門学校）

(1) 3回とも偶数である目の出方は全部で何通りあるか。

(2) 3回の出た目の積が9の倍数である目の出方は何通りあるか。

[積の法則]

事柄Aの起こり方が m 通り，Aのそれぞれの場合に事柄Bの起こり方が n 通りであるとき

AとBがともに起こる場合の数 $= m \times n$（通り）

(1) 3回とも偶数の目になる様子を，樹形図を使ってかくと，右のようになる。

1回目に2，4，6の3通り，

そのおのおのについて2回目が3通り，

さらにそのおのおのについて3回目が3通りずつある。

したがって　$3 \times 3 \times 3 = 27$（通り）　…答

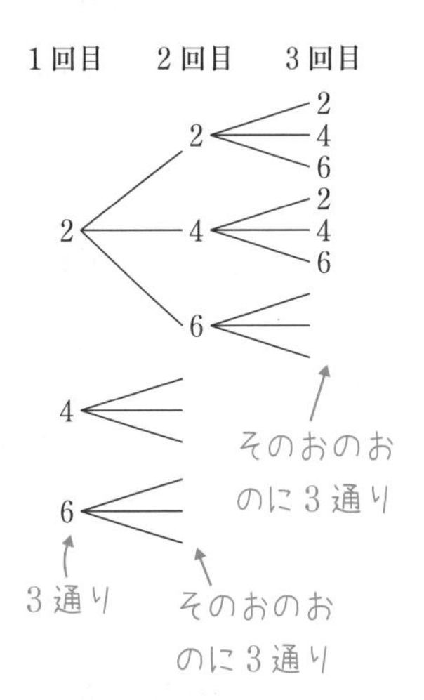

(2) 3回の出た目の積が9の倍数になるのは，3または6が2回以上出るとき。次の2通りの場合が考えられる。

(i) 3回とも3または6の場合

$2 \times 2 \times 2 = 8$（通り）

(ii) 3回中2回だけ3か6が出る場合

（1回目と2回目）　$2 \times 2 \times 4 = 16$（通り）

3か6の2通り　　3，6以外

（1回目と3回目）　$2 \times 4 \times 2 = 16$（通り）

（2回目と3回目）　$4 \times 2 \times 2 = 16$（通り）

(i)，(ii)より　$8 + 16 \times 3 = 56$（通り）　…答

チェック 48-1　3分　解答▶別冊 p.35

1　5個の数字0，1，2，3，4がある。この中から異なる3個の数字を用いて3桁の整数をつくるとき，全部で何個できるか。（富山市立看護専門学校）

item 49 約数の個数

素因数分解がカギ

ケース 49-1 ★★★★

$2^3 \times 3^2 \times 5 = 360$ の約数の個数を求めよ。　（津山中央看護専門学校）

① $2^3 \times 3^2 \times 5$ の約数は $\mathbf{2^p \cdot 3^q \cdot 5^r}$ の形で表される。

② p は0，1，2，3，q は0，1，2，r は0，1のいずれか。

$p=0$ のとき $2^0=1$ ですよ。

解答

360を素因数分解すると　$2^3 \cdot 3^2 \cdot 5$

その約数はすべて $2^p \cdot 3^q \cdot 5^r$ の形で表せ，

p は0，1，2，3の4通り。

q は0，1，2　の3通り。

r は0，1　　の2通り。

p，q，r のとり方を樹形図で表すと右のようになる。

積の法則により　$4 \times 3 \times 2 = 24$（個）　…答

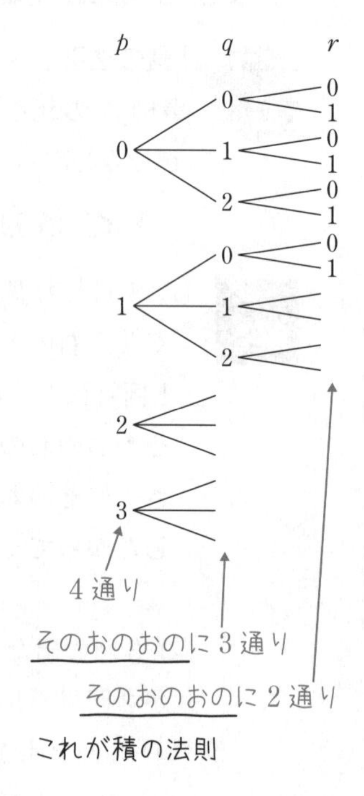

チェック 49-1　2分　解答▶別冊 p.35

1　1176の偶数の約数は，全部で何個あるか。　（労災看護専門学校）

・約数の和

$(2^0+2^1+2^2+2^3)(3^0+3^1+3^2)(5^0+5^1)$　…①　を展開してできた数式の各項は360の約数を表すね。だから①を計算すれば，360の約数の和を求めることができるよ。

$(1+2+4+8)(1+3+9)(1+5) = 15 \times 13 \times 6 = 1170$

したがって，360の約数の総和は1170だよ。

item 50

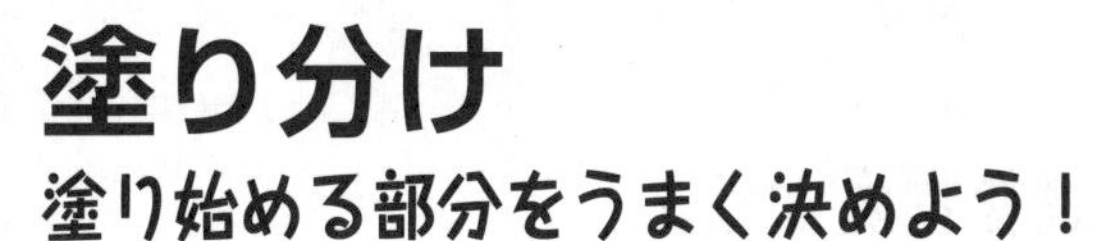

塗り分け

塗り始める部分をうまく決めよう！

ケース 50-1 ★★★★

右の図のように，6 個の部分に区切った画用紙に色を塗る。境界を接している部分は異なる色で塗ることにして，4 色以内で塗り分ける方法は何通りあるか。　（市立函館病院高等看護学院・改）

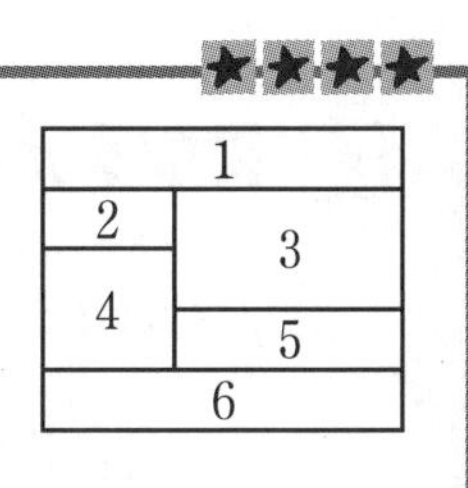

処方せん

1 の場所と接しているのは 2，3 の 2 か所だけだけど，3 の場所と接しているのは 1，2，4，5 の 4 か所ある。接している部分が少ないところから塗り始める方がラクだ。

解答

塗る色を a，b，c，d として塗り分け方だけを考える。

樹形図

1	2	3	4	5	6	図
a	b	c	a	b	c	①
					d	②
				d	b	③
					c	④
			d	a	b	⑤
					c	⑥
				b	a	⑦
					c	⑧

図

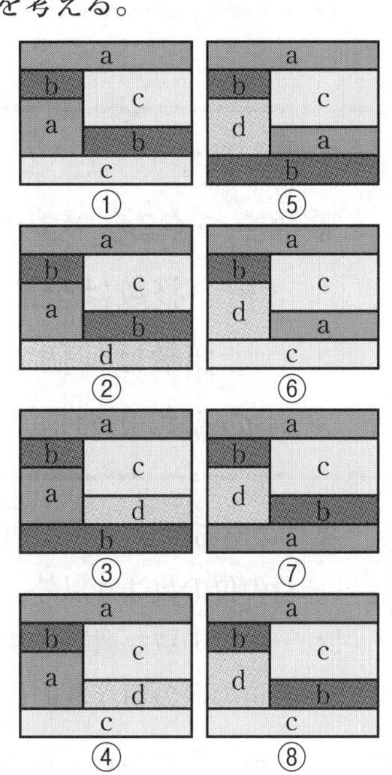

以上 8 通りで塗り分けられる。

a，b，c，d の色の決め方は

4×3×2×1＝24（通り）

よって　8×24＝**192（通り）**　…答

（8：1 つの色の決め方に対して塗り方は 8 通りある。）

チェック 50-1　5分　解答▶別冊 p.36

1　右の図のように 5 つの三角形からなる領域を色分けしたい。隣り合った領域には異なる色を使い，指定された数だけの色はすべて使うものとする。次の問いに答えよ。　（日鋼記念看護学校）

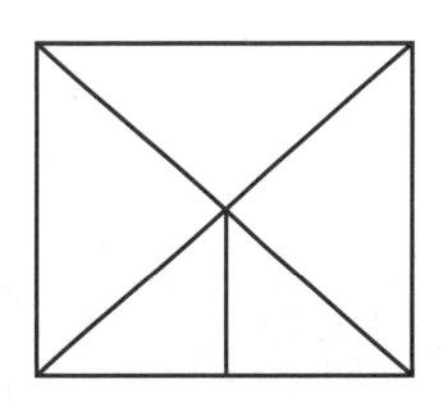

(1)　5 色で塗り分ける分け方は何通りあるか。

(2)　4 色で塗り分ける分け方は何通りあるか。

item 51

順　列

いくつかの公式を覚えよう。

異なる n 個のものから異なる r 個を取り出して並べた順列の数

$${}_nP_r=n(n-1)(n-2)\cdots(n-r+1)$$
$$=\frac{n!}{(n-r)!}\quad(0!=1\text{と定める})$$

異なる n 個のものを1列に並べる順列の数

${}_nP_n=n!$（階乗）

ケース 51-1　★★★★★

5個の数字0，1，2，3，4から異なる3個の数字を選んで3桁の整数をつくる。次の問いに答えよ。（日鋼記念看護学校）

(1) 3桁の整数は全部で何個できるか。

(2) (1)で偶数は何個できるか。

(3) (1)のうち9の倍数は何個できるか。

処方せん

条件のある位から決めていこう。

(1) 百の位の数は0以外。

(2) 一の位の数が偶数になる。とくに，一の位の数が0のときには注意すること。

(3) 各位の数の和が9の倍数になる。

解答

(1) 3桁の数だから，百の位，十の位，一の位(□□□)に何通りの数を入れることができるか考える。

□　□　□ ← 2文字使ったので残り3通り

0がこないから4通り　先頭で使った数は使わないから4通り

よって　4×4×3＝48(個)　…答

(2) 一の位が0の場合

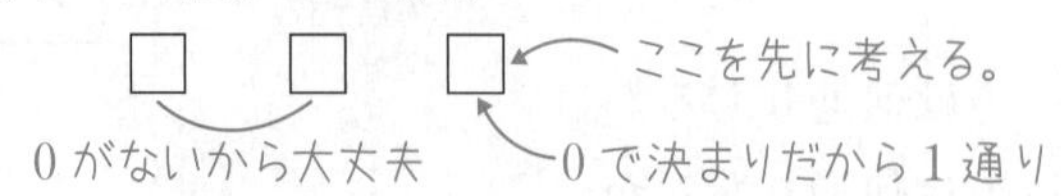

$_4P_2 \times 1 = 4 \times 3 \times 1 = 12$ …①

一の位が 2 か 4 の場合

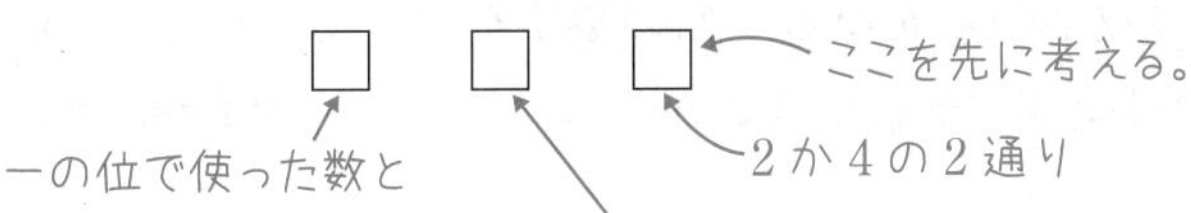

$3 \times 3 \times 2 = 18$ …②

①と②の和だから　$12 + 18 = $ **30**(個) …答

(3) 和が 9 になるのは (2, 3, 4) の組だけだから

$_3P_3 = 3 \times 2 \times 1 = $ **6**(個) …答

チェック 51-1 3分　解答▶別冊 *p.36*

1 {0, 1, 2, 3, 4, 5} の 6 つの数字のうち，異なる 4 つの数字を使ってできる 4 桁の整数のうち，5 の倍数は何個あるか。　(津山中央看護専門学校)

★★★★★

[0]，[1]，[2]，[3]，[4]，[5] の 6 枚のカードから 4 枚を取り出して 4 桁の数をつくる。このとき 4200 より小さい数はいくつできるか求めよ。　(更生看護専門学校)

処方せん

4000 以上 4200 未満の数　…(i)　と，1000 以上 4000 未満の数　…(ii)
に分けて数えよう。

(i) 考えるのは百，十，一の位。

(ii) 考えるのは千，百，十，一の位。

解答

(i) 4000 以上 4200 未満の数を数える。

4　□　□　□　← □は 3 つ

決まった数　0 か 1 の 2 通り　2 文字使ったので残り 4 通り　3 文字使ったので残り 3 通り

$2 \times 4 \times 3 = 24$ …①

(ii) 1000 以上 4000 未満の数を数える。

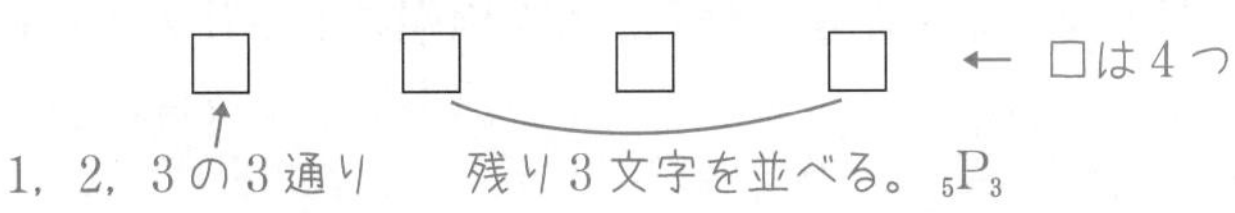

$3 \times {}_5P_3 = 3 \times 5 \cdot 4 \cdot 3 = 180$ …②

①＋②より　$24 + 180 = $ **204**(個) …答

✓チェック 51-2 5分　解答▶別冊 *p.36*

1 0，1，2，3，4，5の6個の数字から異なる4個の数字を取って並べて，4桁の整数をつくるとき，次のものは全部で何個できるか。（函館厚生院看護専門学校）

(1) 偶数

(2) 2300より大きい

2 5個の数字1，2，3，4，5を並べ替えてつくることができる5桁の整数を小さいものから順に並べたとき，25341は何番目の数か。次の①～⑤の中から選べ。

（気仙沼市立病院附属看護専門学校）

① 40番目　② 42番目　③ 44番目　④ 46番目　⑤ 48番目

ケース 51-3 ★★★★

a，b，c，d，e，f，g，hの8文字の中から異なる6文字を選んで1列に並べる。このとき，両端が母音になる並べ方は何通りあるか。（磐城共立高等看護学院）

❶ まず，両端の2か所に入る母音を決めよう。

❷ 次に，❶で使った母音以外の文字を，中の4か所に並べよう。

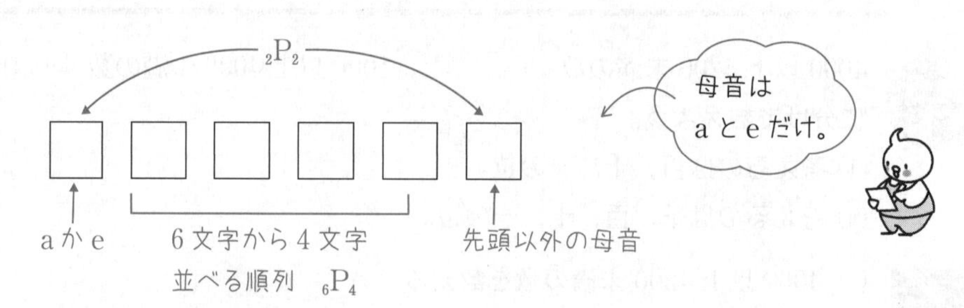

よって　$_2P_2 \times {}_6P_4 = 2 \cdot 1 \times 6 \cdot 5 \cdot 4 \cdot 3 = 720$（通り）　…答

✓チェック 51-3 3分　解答▶別冊 *p.37*

1 男子3人，女子3人が1列に並ぶとき，女子2人が両端に並ぶ仕方は何通りあるか。

（大阪赤十字看護専門学校）

★★★★★

男子３人，女子３人が１列に並ぶとき，次のような並び方は何通りあるか。

(1) 一端が男子，もう一端に女子が並ぶ。

(2) 男子３人が続いて並ぶ。

(3) どの女子も隣り合わない。 （函館厚生院看護専門学校・改）

(1) まず，両端を決めよう。

(2) ❶ 男子３人をひとまとめにして１人とみなし，女子との計４人の並べ方を考える。

❷ 次に，その中の男子３人の並べ方を考える。

(3) 男子３人を並べ，両端と男子の間の計４か所に女子３人を入れると考える。

(1) □ □ □ □ □ □

両端：男／女 と 女／男 → ２通りある。　中の４つ：残り４人の順列

$3\times3\times2\times{}_4P_4=18\times4\cdot3\cdot2\cdot1=$**432**（通り） …答

（男子，女子，両端の男女の入れ替わり）

(2) 男子３人をまとめて１人と考えて，女子３人との計４人を並べると

${}_4P_4=4!=4\cdot3\cdot2\cdot1=24$（通り）

そのおのおので，男子３人が入れかわる。男子３人の並び方は

${}_3P_3=3!=3\cdot2\cdot1=6$（通り）

したがって　$4!\times3!=24\times6=$**144**（通り） …答

(3) 男子３人を並べると，両端と男子の間は図のように４か所できる。

① 男 ② 男 ③ 男 ④

どの女子も隣り合わないためには，上の図の４か所に女子が入ればよい。

よって　${}_3P_3\times{}_4P_3$

$=3\cdot2\cdot1\times4\cdot3\cdot2=$**144**（通り） …答

①，②，③，④の座席札を作り女子３人にわたすと考える。

女 女 女

４通り ３通り ２通りのわたし方がある。

✓チェック 51-4　５分　解答▶別冊 p.37

1 男子４人，女子３人が１列に並ぶとき，次の並び方は何通りあるか。

（福岡看護専門学校）

(1) 女子３人が続いて並ぶ。

(2) どの女子も隣り合わない。

item 52 円順列

1か所を固定しよう！

4つの文字A，B，C，Dの並び方ABCD，BCDA，CDAB，DABCはすべて異なる並び方だけど，円の状態に並べれば，全部同じになるね。
円の状態に並べるときは，どこか**1か所を固定**して考えればいいんだ。

円順列

異なる n 個のものを円形に並べる順列の数は　$(n-1)!$

ケース 52-1　★★★★★

大人5人，子ども3人が円形に並ぶとき，次の問いに答えよ。

（姫路市医師会看護専門学校）

(1) 3人の子どもが続いて並ぶ並び方は何通りあるか。
(2) どの子どもも隣り合わない並び方は何通りあるか。

処方せん
(1) 3人の子どもをひとまとめにして考えるのは，ケース *51-4* と同じ。
(2) まず，大人5人のうち1人を固定して円形に並べよう。

解答
(1) 子ども3人をひとまとめにして1人と考える。
5人の大人と合わせて6人の円順列は　$(6-1)!=5!$（通り）
子ども3人の並び方は，$3!$ 通り。
よって　$5!\times 3!=5\cdot4\cdot3\cdot2\cdot1\times3\cdot2\cdot1=120\times6=$**720**（通り）　…答

(2) 大人と大人の間に子どもを並べる。
大人5人を円形に並べると　$(5-1)!=4!$（通り）
「大人と大人の間」は図のように5か所あるので，この5か所に3人の子どもを並べる方法は，${}_5\mathrm{P}_3$ 通り。
したがって　$4!\times{}_5\mathrm{P}_3=4\cdot3\cdot2\cdot1\times5\cdot4\cdot3$
$=$**1440**（通り）　…答

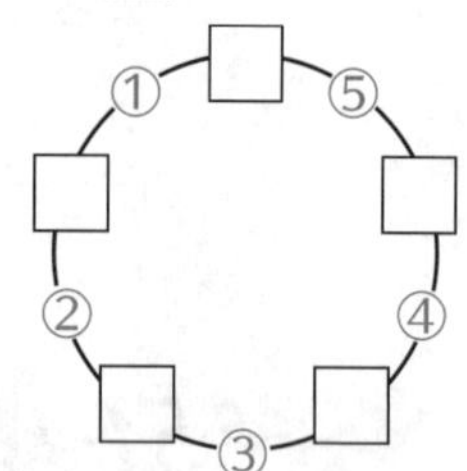

チェック 52-1　3分　解答▶別冊 *p.37*

1　両親2人と子ども4人が6人がけの円卓に座るとき，両親が隣り合わない座り方は何通りあるか。

（藤沢市立看護専門学校・改）

item 53

組合せ

順列と混同しないように！

順列と組合せの違いについて説明しておこう。

順列は，異なる n 個のものから r 個を**取り出し，並べる方法の総数。**

組合せは，異なる n 個のものから r 個を**取り出す方法の総数。**

違いは，**取り出したあと並べるか並べないか**だよ。

異なる n 個のものから r 個取る組合せの数

$${}_n\mathrm{C}_r=\frac{{}_n\mathrm{P}_r}{r!}=\frac{n!}{r!(n-r)!}=\frac{n(n-1)(n-2)\cdots(n-r+1)}{r(r-1)(r-2)\cdots3\cdot2\cdot1}$$

異なる n 個のものから r 個取り出して並べる場合の数 ＝ 異なる n 個のものから r 個取り出す場合の数 × r 個のものを並べる場合の数

‖ 順列の総数 ‖ 組合せの総数 ‖ $r!$

$${}_n\mathrm{P}_r={}_n\mathrm{C}_r\times r!$$

計算で役立つ組合せの公式 2 つ

・${}_n\mathrm{C}_r={}_n\mathrm{C}_{n-r}\ (0\leqq r\leqq n)$

n 人の中から r 人を選ぶ ＝ n 人の中の選ばれない $(n-r)$ 人を決める。

$${}_n\mathrm{C}_r={}_n\mathrm{C}_{n-r}$$

・${}_n\mathrm{C}_r={}_{n-1}\mathrm{C}_{r-1}+{}_{n-1}\mathrm{C}_r\ (1\leqq r\leqq n-1)$

A 以外の $(n-1)$ 人から $(r-1)$ 人を選ぶ　A 以外の $(n-1)$ 人から r 人を選ぶ

n 人から r 人を選ぶ場合の数 ＝ 選ぶ r 人の中に A が含まれる場合の数 ＋ 選ぶ r 人の中に A が含まれない場合の数

$${}_n\mathrm{C}_r={}_{n-1}\mathrm{C}_{r-1}+{}_{n-1}\mathrm{C}_r$$

★★★★★

男女各5人の合計10人の中から4人の委員を選ぶとき，次の場合の数を求めよ。　（福岡看護専門学校）

⑴ 男女の区別なしに4人を選ぶ場合。

⑵ 10人の中の1人Aが必ず選ばれる場合。

⑶ 男女各2人ずつ選ぶ場合。

何人から何人の委員を選ぶのかをはっきりさせれば簡単だよ。

⑴ 男女の区別なしに考えるから，10人から4人選ぶ。

したがって　$_{10}C_4=\dfrac{10\cdot9\cdot8\cdot7}{4\cdot3\cdot2\cdot1}=\mathbf{210}$**(通り)**　…答

⑵ Aは必ず選ばれるから，残り9人から3人選ぶ。

したがって　$_9C_3=\dfrac{9\cdot8\cdot7}{3\cdot2\cdot1}=\mathbf{84}$**(通り)**　…答

⑶ 男子については，5人から2人選ぶから，$_5C_2$ 通り。

女子も同様に，$_5C_2$ 通り。

男子の選び方おのおのに対して，女子2人の選び方が対応するから

積の法則

$_5C_2\times{}_5C_2=\dfrac{5\cdot4}{2\cdot1}\times\dfrac{5\cdot4}{2\cdot1}=\mathbf{100}$**(通り)**　…答

チェック53-1　10分　解答▶別冊 *p.37*

1 男子7人と女子5人の中から委員5人を選ぶとき，次の選び方は何通りあるか。

（岐阜県立衛生専門学校，岐阜県立多治見看護専門学校，岐阜県立下呂看護専門学校）

⑴ 男子3人の委員，女子2人の委員を選ぶ方法。

⑵ 男子委員5人または女子委員5人を選ぶ方法。

⑶ 少なくとも1人の女子委員を選ぶ方法。

⑷ 女子委員より男子委員を多く選ぶ方法。

⑸ 委員の中に男子Aと女子Bを必ず選ぶ方法。

難 **2** ある会合に5組の夫婦が集まり，この中から3人の委員を選ぶことになった。夫婦がそろって委員になる，ということがないようにするには何通りの選び方があるか。

（島田市立看護専門学校）

ケース 53-2 ★★★★

次の問いに答えよ。

⑴ 平面上の10本の直線が，どの2直線も平行でなく，どの3直線も1点で交わらないとき，交点は何個あるか。また，三角形は何個できるか。（市立函館病院高等看護学院）

⑵ 正十二角形の異なる3頂点を結んで三角形をつくるとき，もとの正十二角形と辺を共有しない三角形は全部で何個できるか。（更生看護専門学校）

処方せん

⑴ 条件より，2本の直線で交点が1つ，3本の直線で三角形が1つ決まる。

⑵ すべての三角形から1辺を共有するもの，2辺を共有するものを除く。

解答

⑴ 2本の直線を選べば，交点が1つ決まる。

つまり，10本の直線から2本の直線を選ぶ方法だから

$${}_{10}C_2=\frac{10\cdot 9}{2\cdot 1}=\mathbf{45}\,\text{(個)}\quad \cdots \boxed{\text{答}}$$

3本の直線を選べば三角形が1つ決まる。

つまり，10本の直線から3本の直線を選ぶ方法だから

$${}_{10}C_3=\frac{10\cdot 9\cdot 8}{3\cdot 2\cdot 1}=\mathbf{120}\,\text{(個)}\quad \cdots \boxed{\text{答}}$$

⑵ 正十二角形の頂点12個から3個の頂点を選ぶ方法は

$${}_{12}C_3=\frac{12\cdot 11\cdot 10}{3\cdot 2\cdot 1}=220\,\text{(通り)}$$

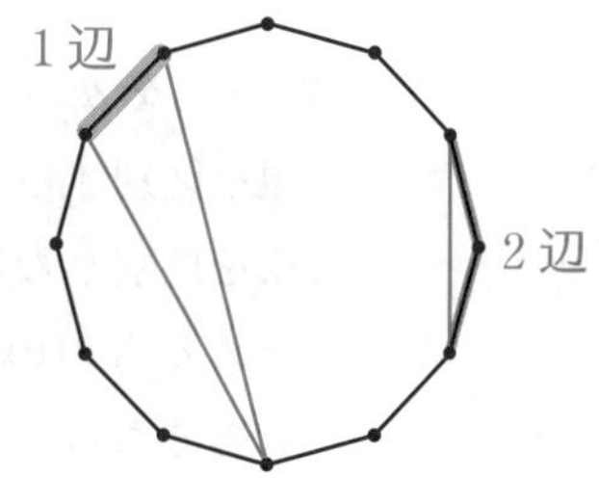

1辺だけを共有する三角形の数は，1辺と残り1点を選べば決まる。1辺の選び方は12通りで，残りの1点の選び方は　$12-4=8$（通り）　← 右の図より

よって　$12\times 8=96$（通り）

2辺を共有する三角形は，隣り合う2辺を選べば決まる。

隣り合う2辺の選び方は12通りだから，できる三角形は12個。

したがって　$220-96-12=\mathbf{112}$（個）　…答

チェック 53-2　5分　解答▶別冊 *p.38*

1 次の問いに答えよ。

⑴ 正八角形の頂点から異なる3つの頂点を結んで三角形をつくるとき，全部で何個できるか。（富山市立看護専門学校）

⑵ 6本の平行線と，それらに交わる4本の平行線とによってできる平行四辺形は何個あるか。（福岡看護専門学校）

item 54

組分け

色々なケースがある。

★★★★★

6人を次のように分ける方法の総数を求めよ。（倉敷中央看護専門学校）

⑴ A組，B組，C組に2人ずつ入れる。

⑵ 2人ずつの3組に分ける。

⑶ A組，B組，C組の3組に入れる。どの組に何人も入れるし，0人の組があっても良い。

⑴ ${}_nC_r$ で計算できるのは**組の区別があるとき**。

⑵ 組の区別がなくなれば，⑴の場合で同じになるものが現れることに注意する。

⑶ 発想を変えよう。6人はどの組に入ってもいい。

⑴ A組の2人を選ぶと，${}_6C_2$ 通り。

残りの4人からB組の2人を選ぶから，${}_4C_2$ 通り。

残った2人は自動的にC組になる。

$${}_6C_2\times{}_4C_2\times{}_2C_2=\frac{6\cdot5}{2\cdot1}\times\frac{4\cdot3}{2\cdot1}\times\frac{2\cdot1}{2\cdot1}=90\text{(通り)}$$ …答

残った2人は自動的にC組になるが $\times{}_2C_2(=1)$ とした方がわかりやすい。

⑵ 6人を a, b, c, d, e, f と考え，例えば ab, cd, ef に分けたとする。この場合

組を区別するとき　$3!=6$(通り)

組を区別しなければ，これを1通りと数えるから，

求めるものの総数は，⑴で求めた数を $3!$ で割ったものである。

ab　cd　ef

A＜B―C, C―B

B＜

C-----

6通り

よって　$\frac{90}{3!}=15$(通り) …答

⑶ a の入る組は3通り。b, c, …, f についても3通りずつある。

よって　$3^6=729$(通り) …答

✓チェック 54-1 3分　解答▶別冊 p.38

1 9人の生徒を次のように分ける方法は何通りあるか。（京都中央看護保健大学校）

⑴ 4人，3人，2人の3組。

⑵ 3人，3人，3人の3組。

item 55

最短経路の問題

「順列」だけど「組合せ」の考え方で解く。

a，a，a，b，b，c の6文字の順列を考えてみよう。

① ② ③ ④ ⑤ ⑥
□ □ □ □ □ □ の6個の箱に1文字ずつ入れるとすると，

a の入る場所は ${}_6C_3$（通り），b の入る場所は ${}_3C_2$（通り），c の入る場所は残り1か所に自動的に決まり ${}_1C_1$（通り）。

よって，この順列の総数は ${}_6C_3 \times {}_3C_2 \times {}_1C_1$（通り）となるんだ。

ケース 55-1 ★★★★

次のような碁盤目の経路を考える。AからBまで行く最短経路で，次のようなものはそれぞれ何通りあるか。　（イムス横浜国際看護専門学校）

(1) PもQも通る場合。

(2) PもQも通らない場合。

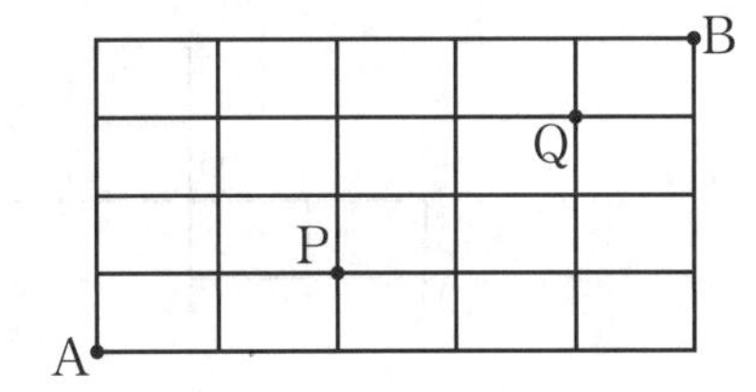

右へ1区画進むことを「右」，上へ1区画進むことを「上」と表せば，AからBまでは，右が5つ，上が4つの並び方となる。

右の例は，

「右右上右右上上上右」

を表すよ。

(1) 必ずPとQを通るから，A→P→Q→Bと進む。

A→P…右×2，上×1の順列　${}_3C_1$ 通り

「上」が入る1か所を求める。

P→Q…右×2，上×2の順列　${}_4C_2$ 通り

Q→B…右×1，上×1の順列　${}_2C_1$ 通り

よって　${}_3C_1 \times {}_4C_2 \times {}_2C_1 = \dfrac{3}{1} \times \dfrac{4 \cdot 3}{2 \cdot 1} \times \dfrac{2}{1} = 36$（通り）…**答**

(2)（PもQも通らない場合）　← $\overline{\text{Pを通る}} \cap \overline{\text{Qを通る}} = \overline{\text{Pを通る} \cup \text{Qを通る}}$

＝（全体）－{（Pを通る場合）＋（Qを通る場合）－（PもQも通る場合）}

（全体）：A→B　（Pを通る場合）：A→P→B　（Qを通る場合）：A→Q→B　（PもQも通る場合）：(1)

A→B…右×5，上×4の順列　${}_9C_4$ 通り

A→P→B…右×2，上×1および右×3，上×3の順列　${}_3C_1 \times {}_6C_3$（通り）

A → Q → B…右×4，上×3 および右×1，上×1 の順列　${}_7C_3 \times {}_2C_1$（通り）

よって　${}_9C_4-({}_3C_1\times{}_6C_3+{}_7C_3\times{}_2C_1-36)$

$=\dfrac{9\cdot8\cdot7\cdot6}{4\cdot3\cdot2\cdot1}-3\times\dfrac{6\cdot5\cdot4}{3\cdot2\cdot1}-\dfrac{7\cdot6\cdot5}{3\cdot2\cdot1}\times2+36$

$=126-60-70+36=$ **32（通り）**　…**答**

［別解］　経路をコツコツと数え上げる方法を紹介しておくよ。場合によってはこの方が早いかも？どちらか得意な方で解こうね！

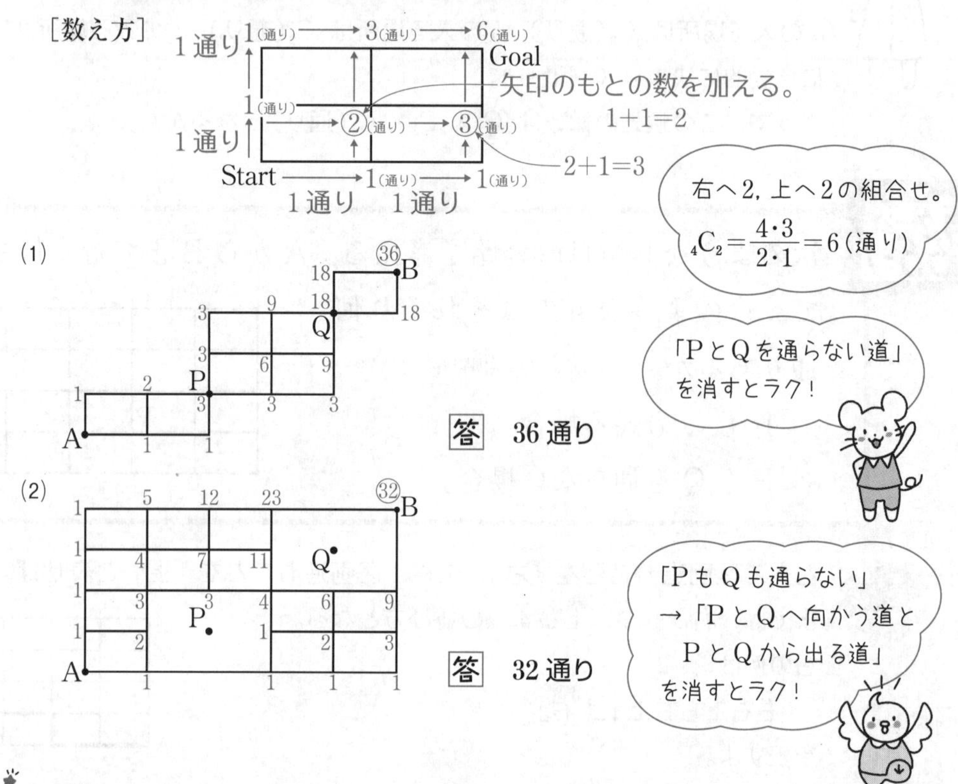

p 個，q 個，r 個が同じものであるとき，これら n 個 $(p+q+r=n)$ のものを 1 列に並べる場合の数は

$${}_nC_p\times{}_{n-p}C_q\times{}_{n-p-q}C_r=\frac{n!}{p!(n-p)!}\times\frac{(n-p)!}{q!(n-p-q)!}\times1=\frac{n!}{p!q!r!}$$

（$n-p-q$ ← r，${}_rC_r$ ↓ 1）

チェック 55-1　5分　解答▶別冊 p.38

1　図のような道のある地域で，次のような最短の道順は何通りか。（市立函館病院高等看護学院）

(1) A から B まで行く。

(2) A から C を通って B まで行く。

(3) A から C と D を通って B まで行く。

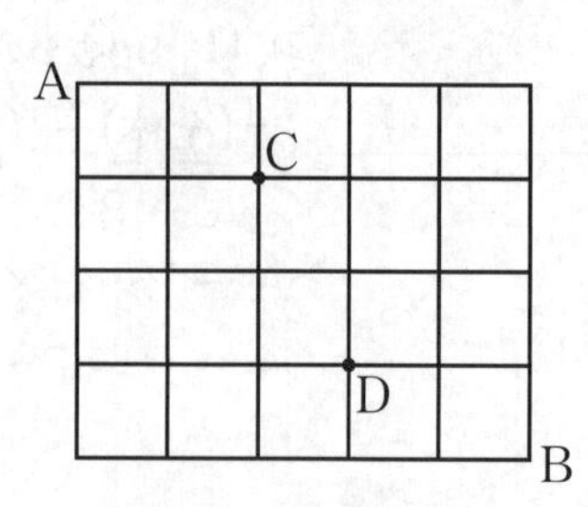

item 56

基本的な確率

順列や組合せの考えを上手に使おう。

ある事柄の起こりやすさの度合い，すなわちある事柄の起こる確率は

$$\textbf{事象 } A \textbf{ の起こる確率 } P(A) = \frac{\textbf{事象 } A \textbf{ の起こる場合の数}}{\textbf{起こりうるすべての場合の数}}$$

この公式を１つ覚えておくだけでほとんど解決できるよ。

ケース 56-1 ★★★★

A，B，C，D，E，Fの６人がくじ引きで順番を決めて１列に並ぶとき，次の問いに答えよ。（三友堂看護専門学校）

(1) 両端がA，Bである確率を求めよ。

(2) AとBが隣り合う確率を求めよ。

●“くじ引きで順番を決める”
⟹“事柄”はすべて同じ割合で起こる
⟹「同様に確からしい」

●順列の考えを使おう。

(1) ６人を１列に並べる場合の数は

$_6P_6 = 6!$（通り）　← 異なる６文字の順列

次にA，Bが両端にくる並べ方は，

A，Bの両端への並べ方が　$_2P_1 = 2!$（通り）

そのおのおのに対する中の４人の並べ方が　$_4P_4 = 4!$（通り）

よって，両端がA，Bである場合の数は　$2! \times 4!$（通り）

したがって，求める確率は　$\dfrac{2! \times 4!}{6!} = \dfrac{2 \cdot 1}{6 \cdot 5} = \mathbf{\dfrac{1}{15}}$　…答

AかB
□ □ □ □ □ □
2　4!　1

(2) A，B２人を１まとめにして，残り４人との並べ方は

$_5P_5 = 5!$（通り）

そのおのおのに対して，A，B２人の並べ方は　$2!$（通り）

よって，AとBが隣り合う場合の数は　$5! \times 2!$（通り）

したがって，求める確率は　$\dfrac{5! \times 2!}{6!} = \dfrac{2}{6} = \mathbf{\dfrac{1}{3}}$　…答

チェック 56-1 3分 解答▶別冊 *p.38*

難 **1** OKAYAMAの7文字を並べる場合，子音KはYよりも左で，かつMはYよりも右になる確率を求めよ。

（岡山済生会看護専門学校）

ケース 56-2 ★★★★★

赤玉4個と白玉3個の合計7個の玉が入った袋から3個の玉を同時に取り出すとき，次の問いに答えよ。

（島根県立石見高等看護学院・泉州看護専門学校）

(1) 3個とも赤玉である確率を求めよ。

(2) 赤玉2個と白玉1個を取り出す確率を求めよ。

確率の問題ではすべて異なる玉と考える。

すべての場合は，7個の玉から3個を取り出す組合せ。

(1) 場合の数は4個の赤玉から3個を取り出す組合せ。

(2) 赤玉4個から2個を取り出し，そのおのおのについて，白玉3個から1個取り出す場合の数を考える。

(1) 異なる7個の玉から3個の玉を取り出す場合の数は

$${}_7C_3=\frac{7\cdot6\cdot5}{3\cdot2\cdot1}=35\text{（通り）}$$ ← 全体の数

3個とも赤玉となる場合は，異なる4個の赤玉から3個の赤玉を取り出す場合の数だから ${}_4C_3={}_4C_1=4$（通り） ← 場合の数

└ *p.*159の ${}_nC_r={}_nC_{n-r}$ を使ったよ

したがって，3個とも赤玉である確率は $\frac{4}{35}$ …答

(2) 赤玉2個と白玉1個を取り出す場合の数は

$${}_4C_2\times{}_3C_1=\frac{4\cdot3}{2\cdot1}\times3=18\text{（通り）}$$

したがって，赤玉2個と白玉1個を取り出す確率は $\frac{18}{35}$ …答

チェック 56-2 2分 解答▶別冊 *p.39*

1 袋の中に7個の白球と3個の黒球が入っている。この袋から3個の球を同時に取り出すとき，取り出した3個の球が次の場合になる確率を求めよ。

（京都中央看護保健大学校）

(1) 3個とも白球

(2) 2個が白球，1個が黒球

★★★★★

次の問いに答えよ。（玉野総合医療専門学校）

(1) 1つのさいころを4回投げるとき，すべての目の出方は何通りあるか。

(2) (1)で，出た目がすべて異なる確率を求めよ。

(3) (1)で，1回目，2回目，3回目，4回目に出た目をそれぞれ a, b, c, d とするとき，$a<b<c<d$ となる確率を求めよ。

(1) さいころを1回投げるとき，どの目も出る確率は等しい。

(2) 出た目がすべて異なる場合の数は，1〜6までの数から4個取り出して並べたものの総数と同じ。

(3) $a<b<c<d$ と大小が決まっているから6個の数字から4個取り出せば並べ方は1通りとなる。

(1) さいころを4回投げるから

1回目に1〜6，そのおのおのに2回目も1〜6，… このように考えれば，

$6^4=\mathbf{1296}$**(通り)** …答

(2) 1〜6までの異なる6個の数から4個を取り出して並べれば，それが1回目から4回目に出る目になるから

$_6P_4=6\cdot5\cdot4\cdot3=360$ (通り)

したがって，求める確率は $\dfrac{_6P_4}{6^4}=\dfrac{6\cdot5\cdot4\cdot3}{6\cdot6\cdot6\cdot6}=\dfrac{5\cdot2}{6\cdot6}=\mathbf{\dfrac{5}{18}}$ …答

(3) 1〜6までの異なる6個の数から4個を取り出して，小さい順に並べればそれが a, b, c, d $(a<b<c<d)$ になる。

$_6C_4={}_6C_2=\dfrac{6\cdot5}{2\cdot1}=15$ (通り)

したがって，求める確率は $\dfrac{_6C_4}{6^4}=\dfrac{15}{1296}=\mathbf{\dfrac{5}{432}}$ …答

チェック 56-3　10分　解答▶別冊 *p.39*

1 3個のさいころを同時に投げるとき，次の確率を求めよ。（広島市立看護専門学校）

(1) 出る目の積が奇数である確率。

(2) 出る目の積が5の倍数である確率。

難 (3) 出る目の積が10の倍数である確率。

item 57

点の移動の確率

もれなく重複なく。

★★★

正方形ABCDの頂点をA→B→C→D→A…の順に回る点Pがある。1回目にAを出発して，さいころを1回投げて出た目の数だけPを移動させる。2回目に1回目で移った点を出発点として，もう1度さいころを投げ，出た目の数だけPを移動させる。次の確率を求めよ。 （イムス横浜国際看護専門学校）

⑴ 1回目でPがCにいる確率。

⑵ 2回目でPがAにいる確率。

図を利用しよう。

もれなく，重複なく数え上げること。

⑴1回目にPがCにいるには，どの目が出ればよいか？

⑵1回目で止まった位置からAに戻るには，2回目にどの目が出ればよいか？

⑴ 1回さいころを投げて，2か6が出れば，PはCで止まる。

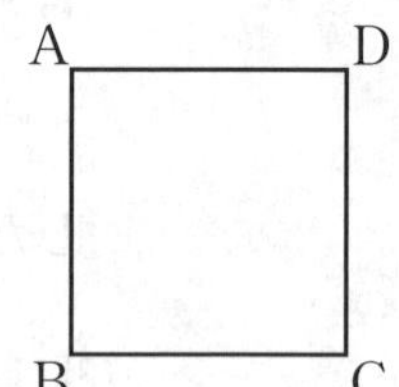

したがって　$\frac{2}{6}=\frac{1}{3}$　…答

⑵

スタート	1回目	2回目		さいころの目 1回目	2回目
A	A	A	のときは	4	4
A	B	A	のときは	1	3
				5	3
A	C	A	のときは	2	2
					6
				6	2
					6
A	D	A	のときは	3	1
					5

9通り

したがって　$\frac{9}{6^2}=\frac{1}{4}$　…答

チェック 57-1 3分　解答▶別冊 p.39

1 原点から出発して，数直線上を動く点Pがある。さいころを投げて出た目の数kに対して，点Pは$+k$だけ移動するものとする。さいころを3回投げたとき，点Pの座標が14となる確率を求めよ。 （日鋼記念看護学校）

確率の基本性質

集合の要素の個数がわかれば簡単。

確率の基本性質

全事象をUとし，Uにおける事象をA，Bとする。

事象Aの起こる確率　$P(A)=\dfrac{n(A)}{n(U)}$

① どのような事象Aに対しても　$0 \leqq P(A) \leqq 1$　← $0 \leqq n(A) \leqq n(U)$ より

② 空事象$\varnothing$の確率　$P(\varnothing)=0$　　③ 全事象Uの確率　$P(U)=1$

④ 和事象$(A \cup B)$の起こる確率　$P(A \cup B)=P(A)+P(B)-P(A \cap B)$

とくにAとBが排反$(A \cap B=\varnothing)$のとき　$P(A \cup B)=P(A)+P(B)$

└ 同時に起こらない

★★★★

赤玉6個，白玉5個が入った袋から，玉を4個同時に取り出すとき，白玉が3個または4個出る確率を求めよ。（大阪赤十字看護専門学校）

- 事象全体は11個から4個取り出す場合の数。
- 白玉が3個，赤玉が1個出る事象をA，白玉が4個出る事象をBとすると，AとBは互いに**排反である**から　$P(A \cup B)=P(A)+P(B)$

赤6個の中からどの1個を選ぶか。
白5個の中からどの3個を選ぶか。

(i) 白玉が3個，赤玉が1個出る確率は　$\dfrac{{}_5C_3 \times {}_6C_1}{{}_{11}C_4}=\dfrac{5 \cdot 4 \cdot 3}{3 \cdot 2 \cdot 1} \times 6 \times \dfrac{4 \cdot 3 \cdot 2 \cdot 1}{11 \cdot 10 \cdot 9 \cdot 8}$

$=\dfrac{2}{11}$

(ii) 白玉が4個出る確率は　$\dfrac{{}_5C_4}{{}_{11}C_4}=\dfrac{5 \cdot 4 \cdot 3 \cdot 2}{4 \cdot 3 \cdot 2 \cdot 1} \times \dfrac{4 \cdot 3 \cdot 2 \cdot 1}{11 \cdot 10 \cdot 9 \cdot 8}=\dfrac{1}{66}$

(i)，(ii)は互いに排反だから　$\dfrac{2}{11}+\dfrac{1}{66}=\dfrac{12}{66}+\dfrac{1}{66}=\mathbf{\dfrac{13}{66}}$　…答

チェック 58-1　3分　解答▶別冊 p.39

1　箱の中に1，2，3，4，5と書かれた5個のボールが入っている。この箱をよくかき混ぜて無作為に2個のボールを取り出す。このとき選んだ2個の数の和が偶数になる確率を求めよ。（東京都済生会看護専門学校）

item 59

余事象の確率

「少なくとも…」がでてきたら余事象を考えよう。

事象 A に対して，「A が起こらない」という事象を，
A の**余事象**といって，$\overline{A}$ で表すよ。
$A\cup\overline{A}$ は全事象になるから　$P(A)+P(\overline{A})=1$
したがって，余事象の確率は　$\boldsymbol{P(\overline{A})=1-P(A)}$

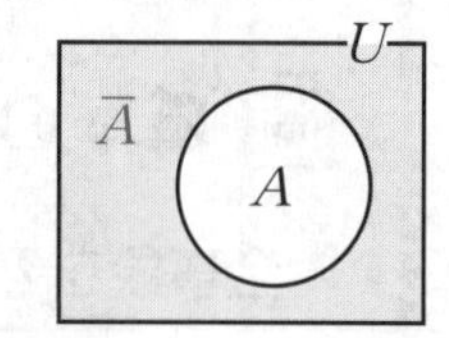

★★★★★

1 から 10 の番号がそれぞれ 1 つずつ書かれた 10 枚のカードから同時に 2 枚を選ぶ。（京都中央看護保健大学校）

(1) 2 枚の数の和が奇数である確率を求めよ。

(2) 2 枚の数の積が偶数である確率を求めよ。

(1) 2 枚の数の和が奇数になるのは，一方が偶数でもう一方が奇数の場合
(2) 2 枚の数の積が偶数になるのは，
「一方が偶数でもう一方が奇数」または「2 枚とも偶数」
⟺ **「少なくとも一方が偶数」**
⟺ **「2 枚とも奇数」の余事象**

解答

(1) 2 枚の数の和が奇数になるのは奇数と偶数を 1 枚ずつ選ぶことである。したがって

$$\frac{{}_5C_1\times{}_5C_1}{{}_{10}C_2}=\frac{5\times5}{45}=\frac{5}{9}\quad\cdots\boxed{答}$$

${}_{10}C_2=\frac{10\cdot9}{2\cdot1}=45$

(2) 2 枚の数の積が偶数になるには，少なくとも一方が偶数であればよい。これは，「2 枚とも奇数」の余事象。

${}_5C_2=\frac{5\cdot4}{2\cdot1}=10$

したがって　$1-\frac{{}_5C_2}{{}_{10}C_2}=1-\frac{2}{9}=\frac{7}{9}\quad\cdots\boxed{答}$

fight …

チェック 59-1　3分　解答▶別冊 *p.40*

1　1 個のさいころを 5 回投げるとき，偶数の目が少なくとも 1 回出る確率を求めよ。
（函館厚生院看護専門学校）

ケース 59-2 ★★★★★

赤球3個と白球5個から同時に3個を取り出すとき，次の確率を求めよ。 （函館厚生院看護専門学校）

(1) 3個とも同じ色である。

(2) 少なくとも1個は白球である。

(1) 3個とも赤球，または3個とも白球。

(2)「少なくとも1個は白球である」事象 ⟹「3個とも赤球である」事象の余事象

(1)

3個とも赤球 ↓ 3個とも白球 ↓

$$\frac{{}_3C_3}{{}_8C_3}+\frac{{}_5C_3}{{}_8C_3}=\frac{1}{56}+\frac{10}{56}=\mathbf{\frac{11}{56}}$$ …答 ← ${}_8C_3=\frac{8\cdot7\cdot6}{3\cdot2\cdot1}=56$ ${}_5C_3={}_5C_2=\frac{5\cdot4}{2\cdot1}=10$

(2)「3個とも赤球である」事象の余事象を考えて

$$1-\frac{{}_3C_3}{{}_8C_3}=1-\frac{1}{56}=\mathbf{\frac{55}{56}}$$ …答

チェック 59-2 3分 解答▶別冊 *p.40*

1 男子が3人と女子が2人の5人中から2人を選ぶとき，少なくとも1人は女子が選ばれる確率を求めよ。 （神戸市医師会看護専門学校）

ケース 59-3 ★★★★★

15本のくじの中に当たりくじが6本ある。このくじを同時に3本引くとき，少なくとも1本当たる確率を求めよ。（市立室蘭看護専門学院）

「少なくとも1本は当たる」事象 ⟹「1本も当たらない」事象の余事象

15本のくじには当たりが6本，はずれが9本入っている。
15本から同時に3本引くとき，「1本も当たらない」事象の余事象を考えて

$$1-\frac{{}_9C_3}{{}_{15}C_3}=1-\frac{9\cdot8\cdot7}{3\cdot2\cdot1}\times\frac{3\cdot2\cdot1}{15\cdot14\cdot13}=1-\frac{12}{65}=\mathbf{\frac{53}{65}}$$ …答

チェック 59-3 3分 解答▶別冊 *p.40*

1 20本のくじの中に当たりくじが4本ある。このくじの中から同時に2本のくじを引くとき，少なくとも1本当たる確率を求めよ。 （君津中央病院附属看護学校）

item 60

独立な試行と確率

2つの試行が互いに影響しないよ。

さいころを投げる試行や，袋から球を取り出して色を確認してもとにもどす試行のように，1回目の結果が2回目の試行に影響を与えないとき，これらの試行は**独立**であるというんだ。

独立な試行の確率

2つの独立な試行において，それぞれ事象 A，B が同時に起こる確率は
└ 続けて起こってもいいよ

$P(A)\times P(B)$ ← それぞれの確率を掛ければOK!

ケース 60-1 ★★★★★

袋の中に白球4個と赤球5個が入っている。この袋から球を1個取り出し，色を調べてからもとにもどすことを2回行う。このとき，2回目に初めて赤球が出る確率を求めよ。（藤沢市立看護専門学校）

色を調べてから**「もとにもどす」**から1回目の試行と，2回目の試行は独立な試行だよ。 ← 球を袋にもどすから，1回目に何色が出ても2回目の試行に影響を与えない。

2回目に初めて赤球が出るから，1回目では白球が出る。

1回目白　2回目赤

$$\frac{4}{9}\times\frac{5}{9}=\frac{20}{81}$$ …答

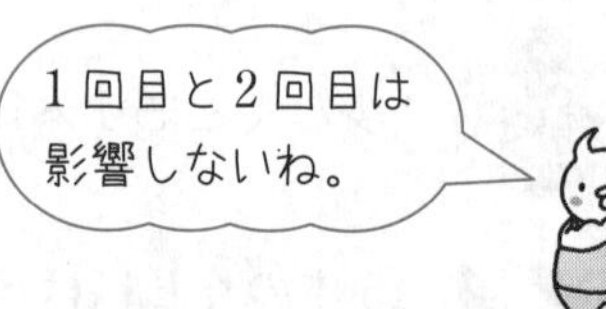

チェック 60-1 5分　解答▶別冊 *p.40*

1 Aの袋には白玉が5個，黒玉が4個，Bの袋には白玉3個，黒玉5個が入っている。A，Bの袋から1個ずつ玉を取り出すとき，次の確率を求めよ。（福岡看護専門学校）

(1) Aからは白玉が，Bからは黒玉が出る確率。

(2) 2個の玉の色が同じである確率。

(3) 2個の玉の色が異なる確率。

★★★★★

Aの袋には，1から6までの6個の数字が1つずつ書かれたカードが6枚入っている。Bの袋には，7から15までの9個の数字が1つずつ書かれたカードが9枚入っている。Aの袋，Bの袋からそれぞれ1枚ずつカードを取り出すとき，次の確率を求めよ。

（尾道市医師会看護専門学校）

(1) Aの袋から偶数，Bの袋から奇数のカードを引く確率。

(2) 1枚だけ偶数のカードを引く確率。

(3) 少なくとも1枚は奇数のカードを引く確率。

(1) 2つの試行は独立で，2つの事象が同時に起こる。

(2)「Aから奇数，Bから偶数」の場合と(1)の場合を考えると，これらの事象は排反である。

(3) 余事象の確率で求めよう。

(1) Aの袋に入っている偶数のカードは3枚，Bの袋に入っている奇数のカードは5枚だから $\frac{3}{6}\times\frac{5}{9}=\frac{5}{18}$ …答

(2) Aの袋に入っている奇数のカードは3枚，Bの袋に入っている偶数のカードは4枚だから，Aから奇数，Bから偶数のカードを取り出す確率は $\frac{3}{6}\times\frac{4}{9}=\frac{2}{9}$

1枚だけ偶数のカードになるのは，上の場合と(1)の場合である。

これらの事象は排反だから $\frac{2}{9}+\frac{5}{18}=\frac{9}{18}=\frac{1}{2}$ …答

(3) 題意の事象は「Aから偶数，Bからも偶数のカードを取り出す」事象の余事象だから $1-\frac{3}{6}\times\frac{4}{9}=1-\frac{2}{9}=\frac{7}{9}$ …答

チェック 60-2 5分 解答▶別冊 p.40

1 AとB 2つの袋がある。Aの袋には，1から5までの番号がそれぞれ1つずつ書かれた赤玉が5個入っており，Bの袋には，1から4までの番号がそれぞれ1つずつ書かれた青玉が4個入っている。さいころを1つ振り，出た目が3の倍数のときは袋Aから，それ以外のときは袋Bから玉を1つ取り出し，番号を確認してもとにもどす試行をTとする。このとき，次の確率を求めよ。（気仙沼市立病院附属看護専門学校・改）

(1) Tを1回行うとき，取り出した玉が赤玉の奇数番号である確率。

(2) Tを2回行うとき，取り出した2つの玉が異色で同じ番号である確率。

A，B，Cの３人がある試験を受けた。このとき，A，B，Cの各人が合格する確率がそれぞれ $\frac{2}{3}$，$\frac{1}{2}$，$\frac{2}{5}$ であるとき，次の確率を求めよ。

（静岡市立静岡看護専門学校，静岡市立清水看護専門学校）

⑴ １人だけ合格する確率。

⑵ ２人だけ合格する確率。

⑶ ３人とも合格する確率。

⑷ ３人とも不合格となる確率。

A，B，Cの３人のそれぞれの合否は，他の人に影響を与えないから，独立な試行の確率として考える。

⑴ Aだけが合格する確率は，Aが合格でBが不合格でCが不合格のときだから

$\frac{2}{3}\times\frac{1}{2}\times\frac{3}{5}=\frac{1}{5}$

（$\frac{1}{2}$：Bが不合格となる確率，$\frac{3}{5}$：Cが不合格となる確率）

同様にして，Bだけが合格する確率は　$\frac{1}{3}\times\frac{1}{2}\times\frac{3}{5}=\frac{1}{10}$

Cだけが合格する確率は　$\frac{1}{3}\times\frac{1}{2}\times\frac{2}{5}=\frac{1}{15}$

したがって，１人だけ合格する確率は

$\frac{1}{5}+\frac{1}{10}+\frac{1}{15}=\frac{6}{30}+\frac{3}{30}+\frac{2}{30}=\mathbf{\frac{11}{30}}$　…**答**

⑵ ２人だけ合格するのは，AとBが合格，AとCが合格，BとCが合格の３通りの場合だから

$\frac{2}{3}\times\frac{1}{2}\times\frac{3}{5}+\frac{2}{3}\times\frac{1}{2}\times\frac{2}{5}+\frac{1}{3}\times\frac{1}{2}\times\frac{2}{5}$

$=\frac{1}{5}+\frac{2}{15}+\frac{1}{15}=\frac{6}{15}=\mathbf{\frac{2}{5}}$　…**答**

⑶ ３人とも合格だから　$\frac{2}{3}\times\frac{1}{2}\times\frac{2}{5}=\mathbf{\frac{2}{15}}$　…**答**

⑷ ３人とも不合格だから　$\frac{1}{3}\times\frac{1}{2}\times\frac{3}{5}=\mathbf{\frac{1}{10}}$　…**答**

チェック 60-3　３分　解答▶別冊 *p.40*

1　４人の学生がある資格試験を受けようとしている。４人の合格する確率をそれぞれ $\frac{1}{3}$，$\frac{1}{4}$，$\frac{1}{5}$，$\frac{1}{6}$ とするとき，４人のうち少なくとも２人が合格する確率を求めよ。

（藤沢市立看護専門学校）

ケース 60-4 難 ★★★

2個のさいころを投げ，出た目のうち大きい方を得点とするゲームを行う。A君とB君が1回ずつゲームを行い，得点の高い方を勝ちとし，同点の場合は引き分けとする。このとき，次の各確率を求めよ。（北海道立旭川高等看護学院，北海道立紋別高等看護学院，北海道立江差高等看護学院）

⑴ A君の得点が2点となる確率。

⑵ A君の得点が3点となる確率。

⑶ A君の得点が4点のとき，B君が勝つか引き分ける確率。

⑷ このゲームでA君とB君が引き分けとなる勝率。

さいころをn個投げて，**最大の目**が$r\,(1\leqq r\leqq 6)$となる確率は

$$\left(\frac{r}{6}\right)^n-\left(\frac{r-1}{6}\right)^n$$

r以下の目が出る確率　　n個すべてが$(r-1)$以下の目だけの場合を除く。

⑴ 得点が2点となるのは，出た目の最大値が2になるとき。

したがって　$\left(\frac{2}{6}\right)^2-\left(\frac{1}{6}\right)^2=\frac{3}{36}=\boldsymbol{\frac{1}{12}}$　…答

⑵ 得点が3点になるのは出た目の最大値が3になるとき。

したがって　$\left(\frac{3}{6}\right)^2-\left(\frac{2}{6}\right)^2=\boldsymbol{\frac{5}{36}}$　…答

⑶ B君の得点が4点以上になるときだから

$\left(\frac{6}{6}\right)^2-\left(\frac{3}{6}\right)^2=1-\frac{1}{4}=\boldsymbol{\frac{3}{4}}$　…答

3以下の目だけの場合を除けばよい。

⑷ $\left(\frac{1}{36}\right)^2+\left(\frac{3}{36}\right)^2+\left(\frac{5}{36}\right)^2+\left(\frac{7}{36}\right)^2+\left(\frac{9}{36}\right)^2+\left(\frac{11}{36}\right)^2$

2人とも1点　2人とも2点 …　$=\frac{286}{1296}=\boldsymbol{\frac{143}{648}}$　…答

得点の表

＼	1	2	3	4	5	6
1	1	2	3	4	5	6
2	2	2	3	4	5	6
3	3	3	3	4	5	6
4	4	4	4	4	5	6
5	5	5	5	5	5	6
6	6	6	6	6	6	6

✓チェック 60-4 5分　解答▶別冊 p.41

1 1つのさいころを続けて4回投げるとする。次の確率を求めよ。

（島根県立石見高等看護学院）

⑴ 出た目がすべて偶数である確率。

⑵ 出た目の最大値が3以下である確率。

⑶ 出た目の最大値がちょうど3である確率。

反復試行の確率

同じ試行を繰り返し行う。

硬貨やさいころを繰り返し投げるといった，同じ条件のもとで1つの試行を繰り返し行うことを**反復試行**というんだ。

反復試行の確率

1回の試行で事象 A が起こる確率を p とするとき，n 回の反復試行で A が r 回起こる確率 P_r は　$P_r={}_n\mathrm{C}_r p^r(1-p)^{n-r}$

ケース 61-1 ★★★★

さいころを何回か投げるゲームを行う。偶数の目が4回，または奇数の目が4回出たところでゲームを終了するとき，ちょうど6回投げてゲームが終了する確率を求めよ。　(更生看護専門学校)

6回の試行は次のようになる。偶数の目の出る確率を p とすると

p　p　$1-p$　p　$1-p$　p

5回中3回は偶数
残り2回は奇数

6回目で終了するから6回目は偶数。その確率は p
(奇数についても同じ)

6回目に偶数の目が4回出て終了する場合，6回目は必ず偶数の目が出る。それまでの5回は，5回中3回は偶数，残り2回は奇数の目が出るから

$${}_5\mathrm{C}_3\left(\frac{1}{2}\right)^3\left(\frac{1}{2}\right)^2\left(\frac{1}{2}\right)=\frac{10}{2^6}=\frac{5}{32}$$

偶数の目が出る3回の選び方　3回の偶数　2回の奇数　6回目は偶数

奇数の目の場合も同じで $\dfrac{5}{32}$ だから，求める確率は　$\dfrac{5}{32}+\dfrac{5}{32}=\dfrac{5}{16}$　…答

チェック 61-1　3分　解答▶別冊 p.41

1　1個のさいころを5回振るとき，次の確率を求めよ。　(大阪赤十字看護専門学校)

(1)　3の倍数の目がちょうど2回出る確率。

(2)　3の倍数の目が少なくとも1回出る確率。

条件付き確率

出題が多いのは，順にくじを引くパターン。

さいころを投げるときは同じ条件で試行を行うけど，くじを順に引く場合は引いたくじをもどすときともどさないときとで条件が変わってくる。このような場合の確率を考えてみよう。

条件付き確率

事象 A が起こったときに事象 B が起こる確率を，A が起こったときの B の起こる**条件付き確率**といい，$P_A(B)$ と表す。 $P_A(B)=\dfrac{P(A\cap B)}{P(A)}$

$P(A)\neq 0$

確率の乗法定理

この公式をよく使うよ。

$$P(A\cap B)=P(A)\cdot P_A(B)=P(B)\cdot P_B(A)$$

ケース 62-1 ★★★★★

赤玉4個と白玉3個が入った袋から玉を1個取り出し，その玉と同じ色の玉を1個加えて2個とも袋にもどす。この作業を3回繰り返した後に，袋の中に赤玉6個と白玉4個が入っている確率を求めよ。

（岡崎市立看護専門学校）

処方せん

赤玉が2個，白玉が1個ふえているので，3回の試行では赤玉2個，白玉1個を取り出している。

解答

赤が2個，白が1個ふえている。よって，赤を2回，白を1回取り出す場合を順に調べる。

最初		1回目	1回後		2回目	2回後		3回目	3回後	
赤	白		赤	白		赤	白		赤	白
4	3	赤$\left(\frac{4}{7}\right)$	5	3	赤$\left(\frac{5}{8}\right)$	6	3	白$\left(\frac{3}{9}\right)$	6	4
		赤$\left(\frac{4}{7}\right)$	5	3	白$\left(\frac{3}{8}\right)$	5	4	赤$\left(\frac{5}{9}\right)$		
		白$\left(\frac{3}{7}\right)$	4	4	赤$\left(\frac{4}{8}\right)$	5	4	赤$\left(\frac{5}{9}\right)$		

したがって，求める確率は

$$\frac{4}{7}\times\frac{5}{8}\times\frac{3}{9}+\frac{4}{7}\times\frac{3}{8}\times\frac{5}{9}+\frac{3}{7}\times\frac{4}{8}\times\frac{5}{9}=\frac{5}{42}+\frac{5}{42}+\frac{5}{42}=\frac{15}{42}=\mathbf{\frac{5}{14}}$$ …答

チェック 62-1 4分 解答▶別冊 *p.41*

1 当たりくじが4本入っているくじが10本ある。このくじをA，B，C，Dの4人が順に1本ずつ引く。引いたくじはもとにもどさないこととするとき次の確率を求めよ。 （広島市立看護専門学校）

⑴ 4人とも当たる確率。

⑵ 4人のうち少なくとも1人がはずれのくじを引く確率。

⑶ 4人のうち3人がはずれ，1人のみが当たる確率。

★★★★★

当たりくじが3本，はずれくじが5本の合計8本のくじの入った箱からA，B，Cの3人がこの順に1本ずつくじを引く。ただし，引いたくじはもとにもどさないものとする。このとき，次の確率を求めよ。 （気仙沼市立病院附属看護専門学校）

⑴ Aが当たりくじを引く確率。

⑵ Cが当たりくじを引く確率。

⑵ A，Bの当たりはずれを考えながら，Cが当たる確率を求める。

⑴ Aが引くときは，8本中3本の当たりくじが入っていることから

$\frac{3}{8}$ …答

⑵ A，B，Cの当たり，はずれを樹形図で考える。

当たりを○印で，はずれを×印で示し，その確率を右側に書くと

A　　B　　C

○$\frac{3}{8}$ ─ ○$\frac{2}{7}$ ── ○$\frac{1}{6}$ … $\frac{3}{8}\times\frac{2}{7}\times\frac{1}{6}=\frac{1}{56}$

○$\frac{3}{8}$ ─ ×$\frac{5}{7}$ ── ○$\frac{2}{6}$ … $\frac{3}{8}\times\frac{5}{7}\times\frac{2}{6}=\frac{5}{56}$

×$\frac{5}{8}$ ─ ○$\frac{3}{7}$ ── ○$\frac{2}{6}$ … $\frac{5}{8}\times\frac{3}{7}\times\frac{2}{6}=\frac{5}{56}$

×$\frac{5}{8}$ ─ ×$\frac{4}{7}$ ── ○$\frac{3}{6}$ … $\frac{5}{8}\times\frac{4}{7}\times\frac{3}{6}=\frac{10}{56}$

したがって，Cの当たる確率は　$\frac{1}{56}+\frac{5}{56}+\frac{5}{56}+\frac{10}{56}=\frac{21}{56}=\frac{3}{8}$ …答

✓チェック 62-2 5分 解答▶別冊 p.41

1 10本のくじの中に当たりが3本ある。引いたくじをもとにもどさないで，A，B，Cの3人がこの順に1本ずつ引くとき，次の確率を求めよ。 （富山市立看護専門学校）

(1) A，B，Cの全員が当たる確率。

(2) Cが当たる確率。

ケース 62-3 ★★★

事象 A，B の起こる確率はそれぞれ $P(A)=\dfrac{1}{4}$，$P(B)=\dfrac{1}{5}$ である。いま，$P_A(B)=\dfrac{1}{3}$ とするとき，次の確率を求めよ。

（イムス横浜国際看護専門学校）

(1) $P(A\cap B)$　　(2) $P_B(A)$　　(3) $P(\overline{A}\cap B)$

(1) 条件付き確率　$P_A(B)=\dfrac{P(A\cap B)}{P(A)}$ の公式を利用しよう。

(2) $P_B(A)=\dfrac{P(A\cap B)}{P(B)}$　← (1)で求めた。← 問題に与えられている。

(3) $(\overline{A}\cap B)\cup(A\cap B)=B$

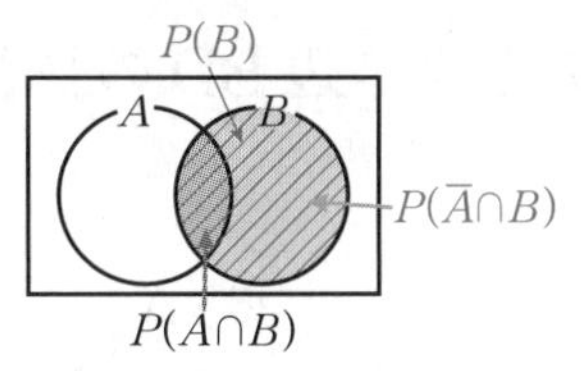

(1) $P(A\cap B)=P(A)\times P_A(B)=\dfrac{1}{4}\times\dfrac{1}{3}=\dfrac{1}{12}$ …答

(2) $P_B(A)=\dfrac{P(A\cap B)}{P(B)}$

$=\dfrac{1}{12}\div\dfrac{1}{5}=\dfrac{5}{12}$ …答

(3) $P(\overline{A}\cap B)=P(B)-P(A\cap B)$

$=\dfrac{1}{5}-\dfrac{1}{12}=\dfrac{7}{60}$ …答

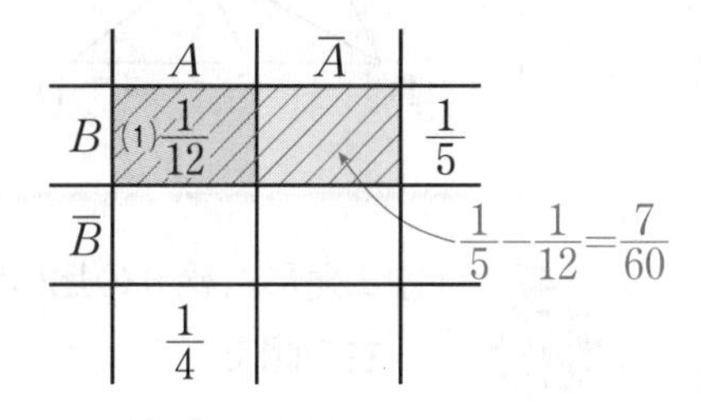

✓チェック 62-3 5分 解答▶別冊 p.41

1 ある工場で作られる製品の3%が不良品であるという。不良品かどうかを検査する機械は，誤って判定する確率が $\dfrac{1}{100}$ である。このとき次の確率を求めよ。

（大阪赤十字看護専門学校）

(1) 製品の中から1個を取り出してこの機械で検査するとき，不良品であると判定される確率。

(2) 不良品であると判定されたときに，良品である確率。

item 63

平面図形の基本性質

まずは，中学校の復習から始めよう！

平行線と角，平行線と比，三角形の合同条件，相似条件といった基本的な図形の性質については，中学校で勉強したね。ちょっと復習しておこう。実は，入試には中学校の範囲からもよく出題されるんだ。中学校の内容を完ぺきにしておくだけでも，かなりの得点アップが狙えるよ！

★★★★

次の問いに答えよ。

(1) AB，CD，EF は互いに平行であり，AB＝3，CD＝4 であるとき，EF＝□ （大阪赤十字看護専門学校）

(2) 下の図において，x の大きさを求めよ。 （市立函館病院高等看護学院）

(3) 下の図で，線分 AD は円の直径であり，AB＝6，∠ACB＝60° である。このとき，辺 BD の長さを求めよ。

（気仙沼市立病院附属看護専門学校）

(1)

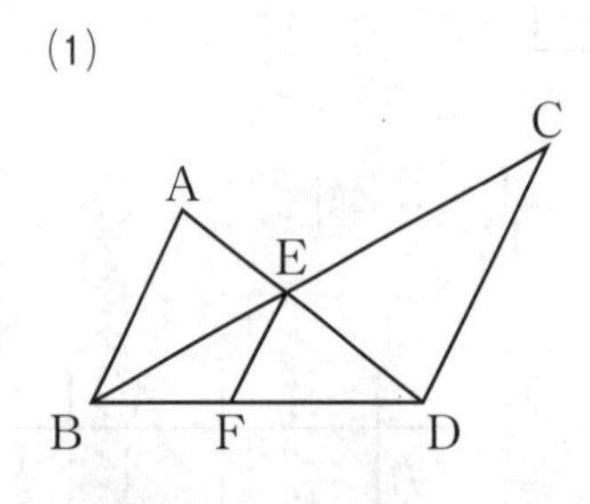

(2)

A C 25° 30° D 50° x E 35° B

(3)

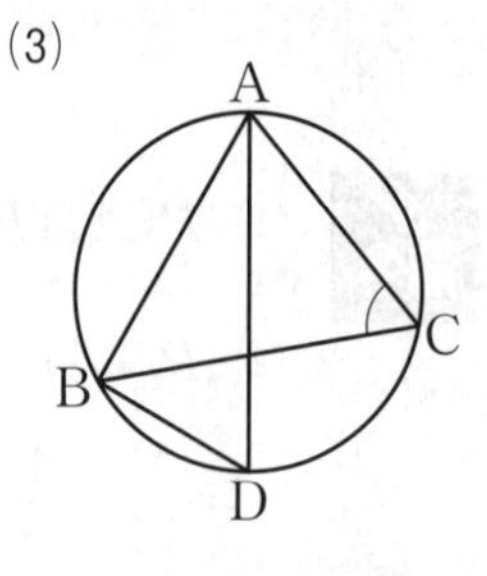

(1) 三角形と線分の比の関係を使おう。

右の図で

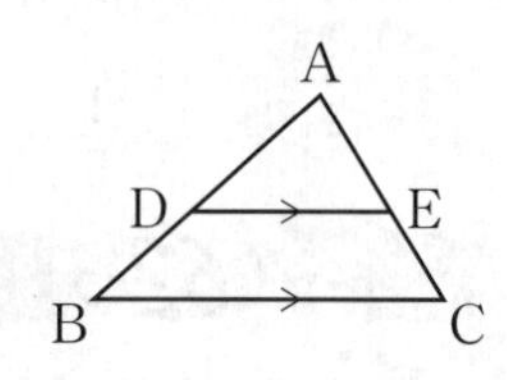

DE∥BC

⟺ AD：AB＝AE：AC＝DE：BC

(2)「三角形の１つの外角は，それと隣り合わない２つの内角の和に等しい」を覚えているかな？最後は，「三角形の内角の和は 180°」で求める。

(3) 円周角の定理と三平方の定理を用いる。

解答

⑴ △EAB と △EDC において，

AB∥CD より　∠EAB＝∠EDC

　　　　　　　∠EBA＝∠ECD

2 組の角がそれぞれ等しいので　△EAB∽△EDC

よって　AE：ED＝3：4

また，AB∥EF より

　DE：DA＝EF：AB

　4：7＝EF：3

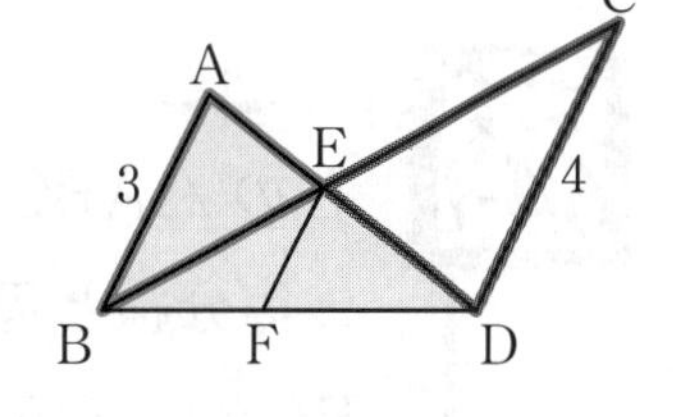

したがって　EF＝$\frac{12}{7}$　…答

⑵ 右の図のように F，G，H，I，J とする。

△IAB に着目すると，∠HIE は ∠BIA の外角だから

　∠HIE＝25°＋35°＝60°　← 三角形の１つの外角は，それと隣り合わない２つの内角の和に等しい。

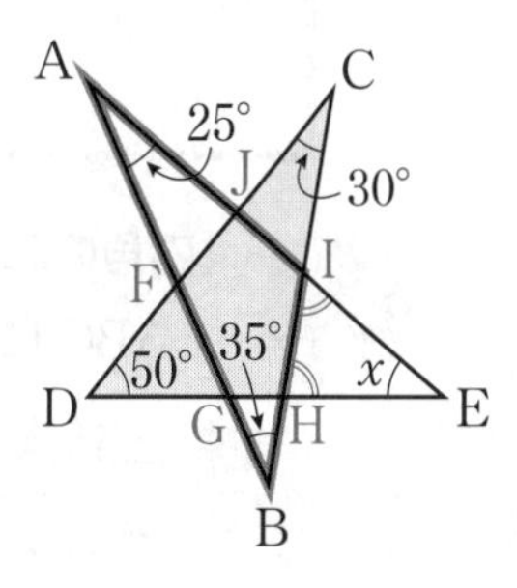

次に，△HCD に着目すると，同様に

　∠IHE＝30°＋50°＝80°

したがって　x＝180°－(60°＋80°)＝**40°**　…答

⑶ △ABD に着目すると，

AD は直径だから　∠ABD＝90°

円周角の定理により　∠ADB＝60°

よって，△ABD は 30°，60°，90° の直角三角形。

したがって　BD：AB＝1：$\sqrt{3}$　　BD：6＝1：$\sqrt{3}$

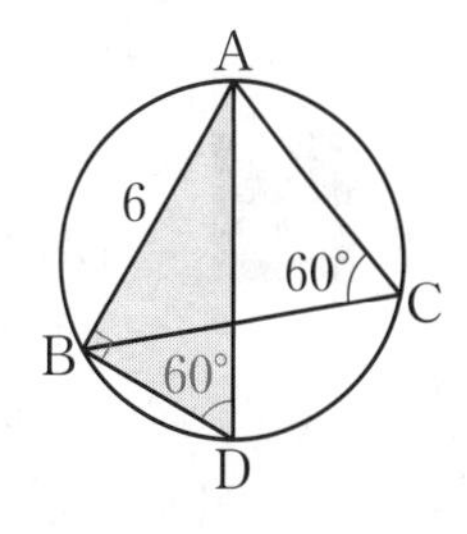

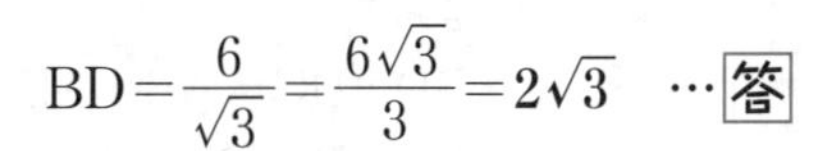

　BD＝$\frac{6}{\sqrt{3}}$＝$\frac{6\sqrt{3}}{3}$＝$\mathbf{2\sqrt{3}}$　…答

中学校で
勉強したことを
思い出さなきゃ…

チェック 63-1　5分　解答▶別冊 p.42

1　右の図の直角三角形 ABC において x，y の値を求めよ。　（秋田しらかみ看護学院）

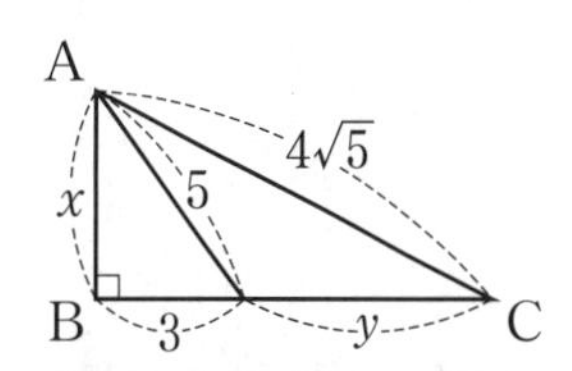

2　対角線の長さが 13，周の長さが 34 である長方形の面積を求めよ。

（姫路市医師会看護専門学校）

item 64

角の二等分線

角の二等分線ときたら公式はどちらか。

★★★★★

右の△ABC において，点 D は ∠A の二等分線と辺 BC の交点である。AB＝4, BC＝5, CA＝2, BD＝x とするとき，x の値を求めよ。

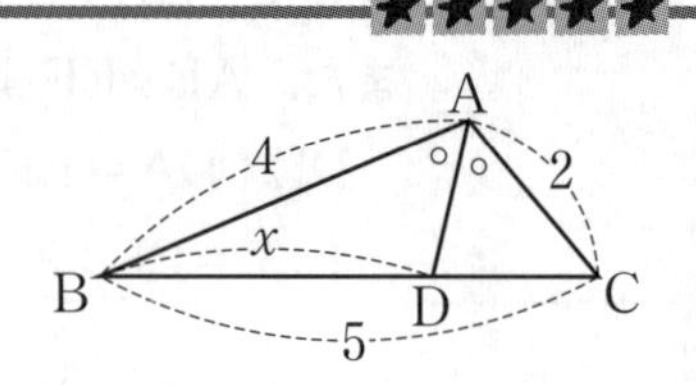

（岐阜県立衛生専門学校，岐阜県立多治見看護専門学校，岐阜県立下呂看護専門学校）

［内角の二等分線］

△ABC において，辺 BC 上に点 D があるとき

∠BAD＝∠CAD

⟺ BD：DC＝AB：AC

点 D は線分 BC を AB : AC に**内分**する点。

この公式はぜひ覚えよう。

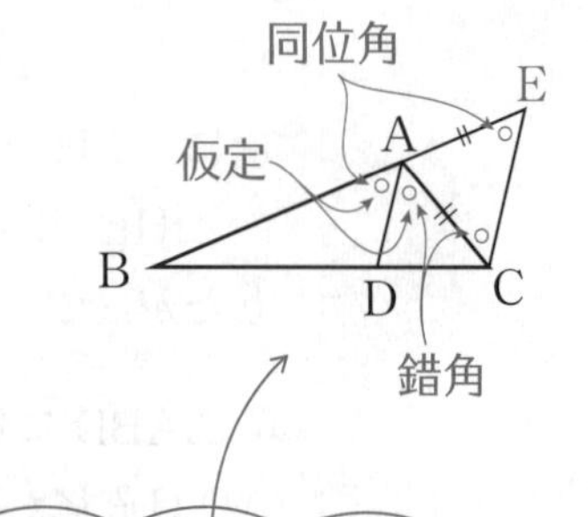

AD は ∠A の二等分線だから

BD : DC＝AB : AC

$x : (5-x) = 4 : 2 = 2 : 1$

$x = 2(5-x)$

$x = 10-2x$

$3x = 10$

$\boldsymbol{x = \dfrac{10}{3}}$ …答

BA の延長上に AE＝AC となる点 E をとると，図の○印の角が等しいから　AD∥EC

よって

BD : DC＝AB : AE＝AB : AC

（三角形と線分の比）

チェック 64-1　3分　解答▶別冊 *p.42*

1　AB＝2，BC＝4，CA＝3 である三角形において，∠A の二等分線が辺 BC と交わる点を D とするとき，線分 BD の長さを求めよ。　（富山市立看護専門学校）

★★★

右の図で，AD，AE はそれぞれ △ABC の ∠A の内角，外角の二等分線，AB＝3，BD＝2，CA＝5 であるとき，CD，BE の長さを求めよ。

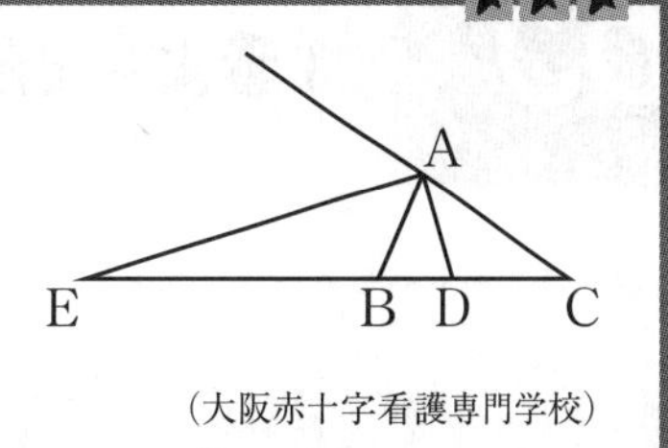

（大阪赤十字看護専門学校）

［外角の二等分線］

△ABC において，辺 BC の延長上に点 D が，辺 BA の延長上に点 E があるとき

$$\angle \mathrm{CAD} = \angle \mathrm{EAD}$$

$$\Longleftrightarrow \mathrm{BD} : \mathrm{DC} = \mathrm{AB} : \mathrm{AC}$$

点 D は線分 BC を AB：AC に**外分**する点。

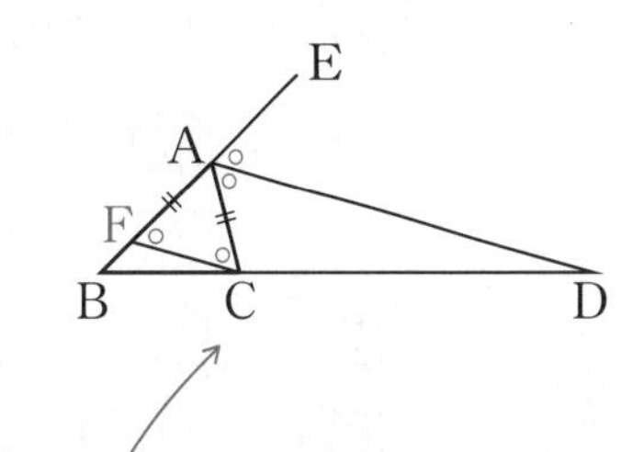

結論の式は内角の二等分線の公式と同じだから覚えやすいでしょう。

AB 上に AF＝AC となる点 F をとると，
図の○印の角が等しいから
AD∥FC └ (180°−∠CAF)÷2
よって BD : DC＝BA : AF＝AB : AC

CD＝x とすると，AD は ∠A の二等分線だから

$2 : x = 3 : 5 \qquad 3x = 10 \qquad x = \dfrac{10}{3}$

したがって　**CD＝$\dfrac{10}{3}$**　…答

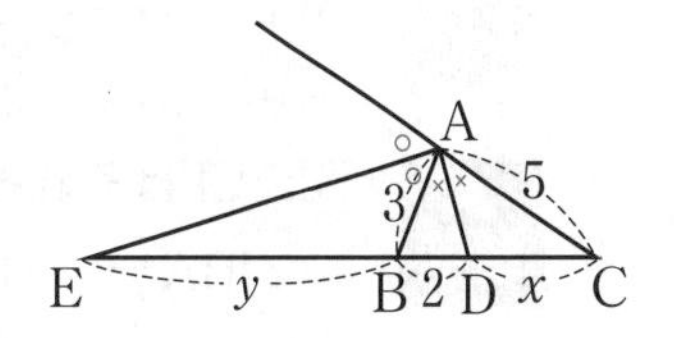

次に，BE＝y とすると，

AE は ∠A の外角の二等分線だから

CE：EB＝AC：AB

よって　$\left(y+2+\dfrac{10}{3}\right) : y = 5 : 3 \qquad 3\left(y+\dfrac{16}{3}\right) = 5y \qquad 3y+16=5y$

$2y = 16 \qquad y = 8$

したがって　**BE＝8**　…答

チェック 64-2　3分　解答▶別冊 p.42

1　AB＝40，BC＝20，AC＝30 である △ABC において，∠A の外角の二等分線と辺 BC の延長との交点を D とする。線分 BD の長さを求めよ。

（市立函館病院高等看護学院）

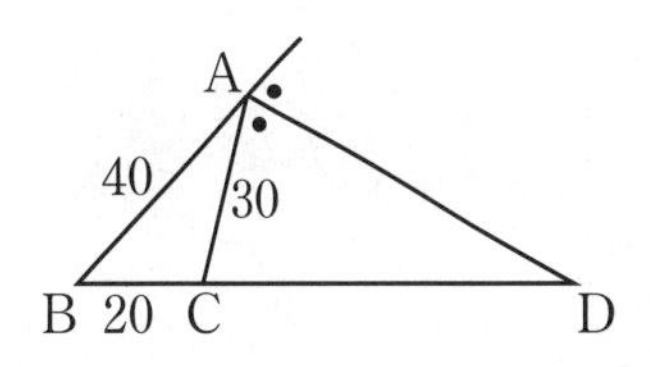

item 65

三角形の内心・外心・重心・垂心

1番よく出題されるのは内心！

内　心

三角形の，3 つの内角の二等分線が交わる点。
三角形の内接円の中心。

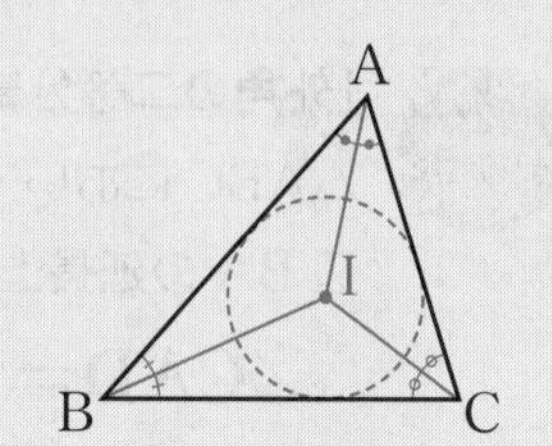

ケース 65-1 ★★★★★

右の $\triangle ABC$ において，点 I を内心とするとき，$\angle\alpha$ の値を求めよ。

（藤沢市立看護専門学校）

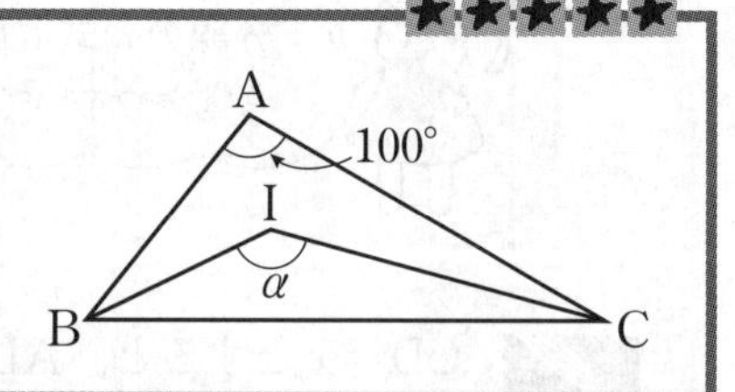

処方せん　BI は $\angle B$ を，CI は $\angle C$ を 2 等分することを利用しよう。

解答　BI，CI はそれぞれ $\angle B$，$\angle C$ の二等分線だから

$\angle IBA = \angle IBC = b$

$\angle ICA = \angle ICB = c$

とおくと，

$100° + 2b + 2c = 180°$ より　$b + c = 40°$

$\angle\alpha = 180° - (b + c)$

$= 180° - 40°$

$= \mathbf{140°}$　…答

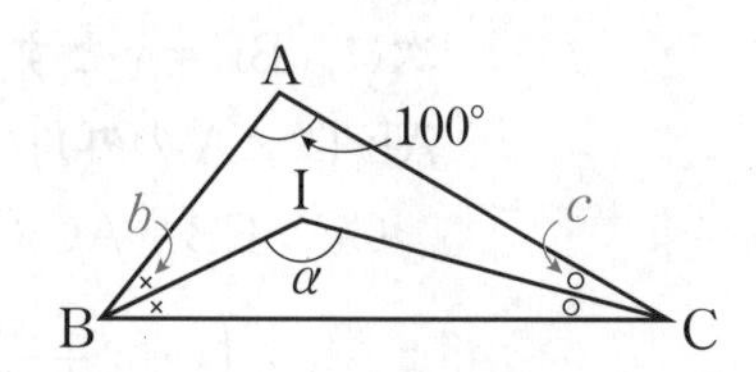

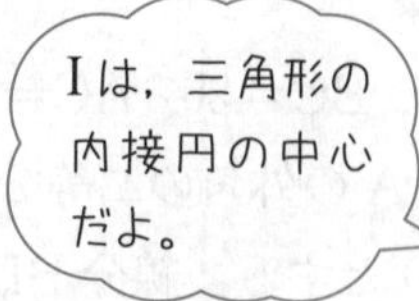

チェック 65-1 3分 解答▶別冊 p.42

1 右の図は，三角形の角の二等分線の交点を表している。x の角度を計算せよ。 （岡山済生会看護専門学校）

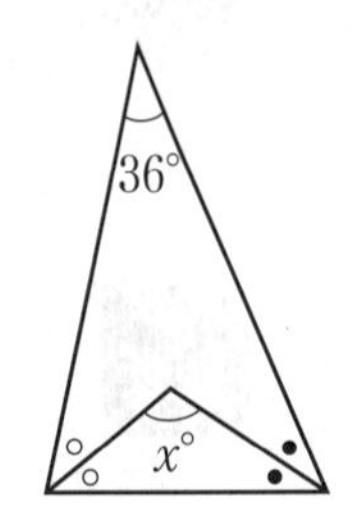

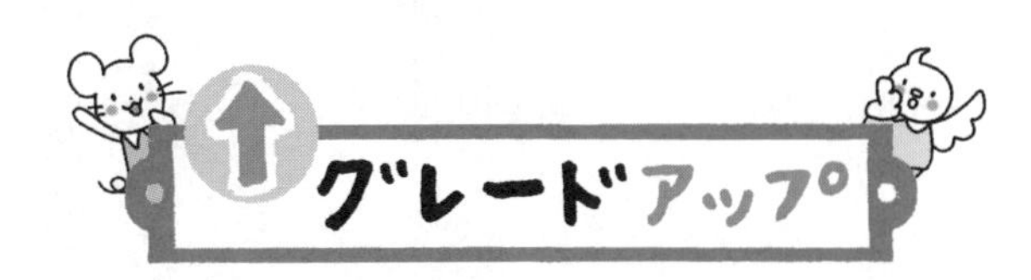

内心に関する便利な関係式

ケース *65-1* やチェック *65-1* のような問題はよく出題される。次の関係式を知っていれば，すぐ解答できるね。

△ABC で，I を内心とし，AI の延長上に D をとる。

$\angle A=2a$，$\angle B=2b$，$\angle C=2c$ とおくと

$\angle BIC=\angle BID+\angle CID=(a+b)+(c+a)$

$=(a+b+c)+a=90°+a$

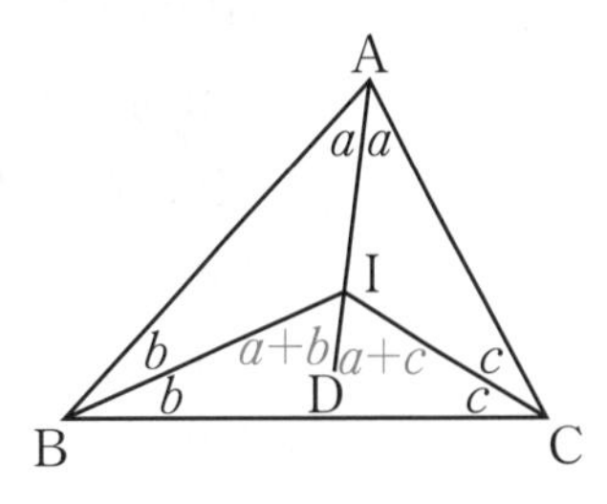

したがって，次の関係式が成り立つ。

$$\angle \mathrm{BIC}=90°+\frac{1}{2}\angle \mathrm{A}$$

★★★★

$AB=2$，$BC=\sqrt{3}$，$CA=1$ である直角三角形 ABC の内接円の半径を求めよ。

（北九州看護大学校）

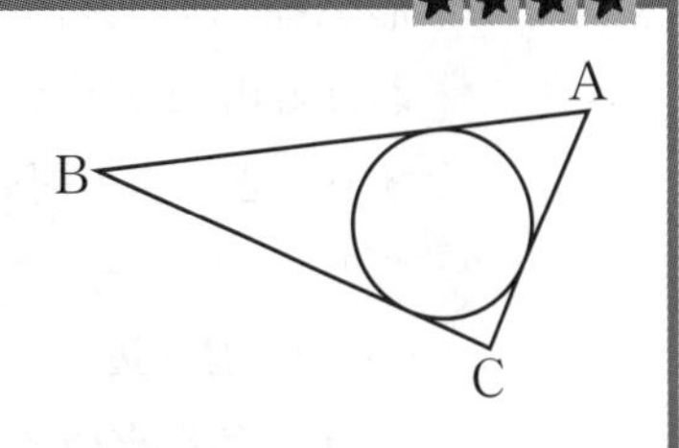

3辺の長さが a, b, c である三角形の面積を S, 内接円の半径を r とすると　$S=\frac{1}{2}r(a+b+c)$

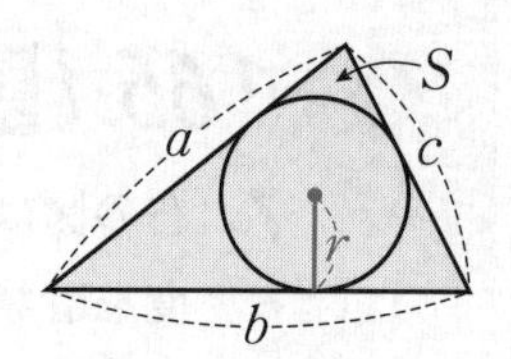

△ABC の面積を S とすると，△ABC は ∠C が直角であるから

$$S=\frac{1}{2}\cdot 1\cdot\sqrt{3}=\frac{\sqrt{3}}{2}\quad\cdots①$$

また，内接円の半径を r とすると

$$S=\frac{1}{2}(2+\sqrt{3}+1)r=\frac{3+\sqrt{3}}{2}r\quad\cdots②$$

①，②より　$\frac{3+\sqrt{3}}{2}r=\frac{\sqrt{3}}{2}$

$$r=\frac{\sqrt{3}}{2}\cdot\frac{2}{3+\sqrt{3}}=\frac{\sqrt{3}}{2}\cdot\frac{2}{\sqrt{3}(\sqrt{3}+1)}=\frac{1}{\sqrt{3}+1}$$

$$=\frac{\sqrt{3}-1}{(\sqrt{3}+1)(\sqrt{3}-1)}=\boldsymbol{\frac{\sqrt{3}-1}{2}}\quad\cdots\boxed{答}$$

［別解］「円外の1点からその円に引いた2本の接線の長さは等しい」ことを利用する。

直角三角形 ABC の内心 I から辺 BC，CA，AB に垂線 ID，IE，IF を引く。

内接円の半径を r とすると

ID＝IE＝CD＝CE＝r

また　AF＝AE＝$1-r$

BF＝BD＝$\sqrt{3}-r$

AB＝AF＋BF より

$2=1-r+\sqrt{3}-r$　　$2r=\sqrt{3}-1$

よって　$r=\boldsymbol{\frac{\sqrt{3}-1}{2}}$

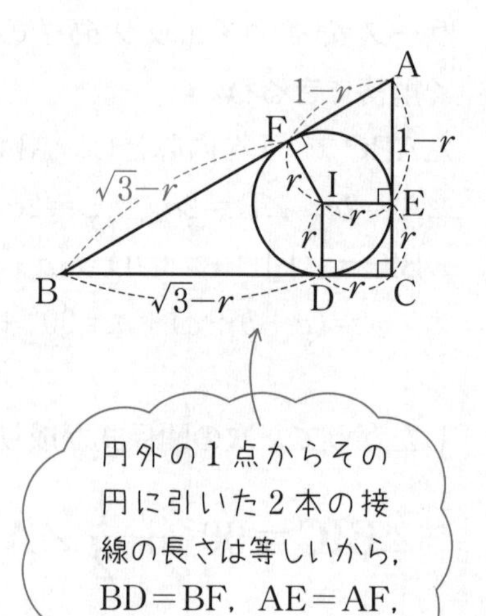

チェック 65-2　5分

解答▶別冊 *p.42*

1　右の図において，円 O は ∠A＝90°の直角三角形 ABC の内接円であり，点 P は辺 BC 上における円 O の接点である。円 O の半径を r とするとき，次の問いに答えよ。

（市立函館病院高等看護学院）

(1) 辺 AB，辺 AC の長さを r で表せ。

(2) r の値を求めよ。

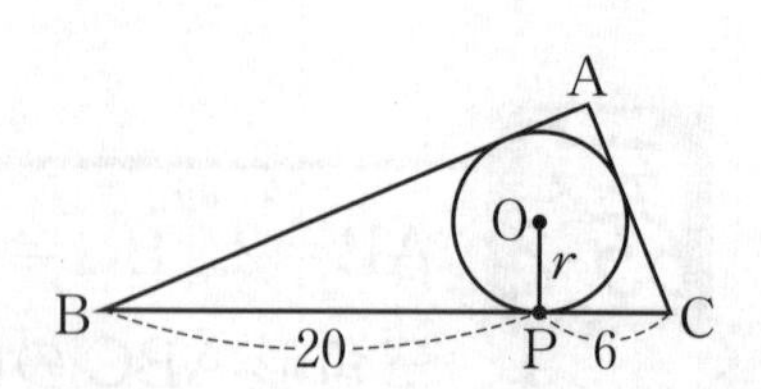

外　心

三角形の，3 **辺の垂直二等分線**が交わる点（下の図の O）。
三角形の**外接円の中心**。

垂　心

三角形で，3 **つの頂点から対辺に引いた垂線**が交わる点
（下の図の H）。

［外心］

［垂心］

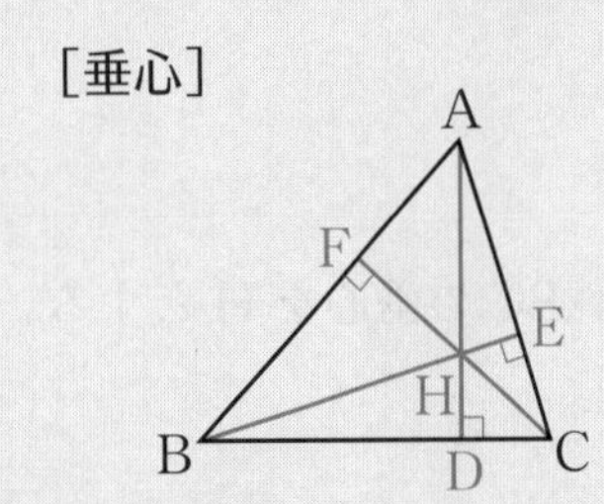

★★★★

右の △ABC で，点 P，Q，R はそれぞれ辺 BC，CA，AB の中点である。このとき，△ABC の外心 O は △PQR の垂心であることを証明する。次の問いに答えよ。　（玉野総合医療専門学校）

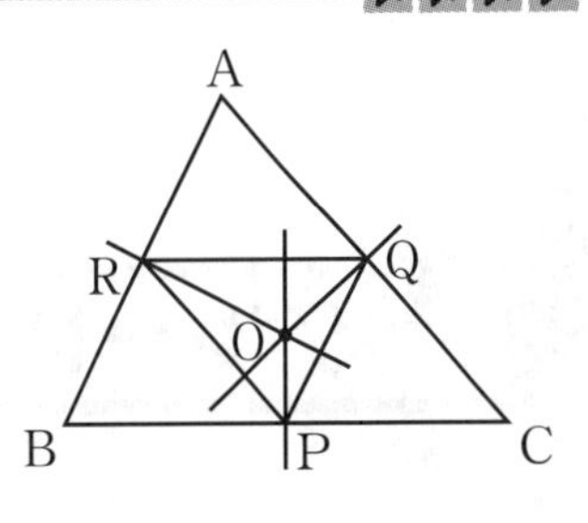

(1) △ABC の外心 O は，辺 BC，CA，AB についての，それぞれどんな直線の交点か。

(2) △ABC の外心 O は △PQR の垂心であることを証明せよ。

(1) 外心の定義を思い出そう。
(2) 垂心：3 つの頂点から対辺に引いた垂線が交わる点。

(1) 答　外心の定義より，辺 BC，CA，AB の垂直二等分線の交点。

(2) **［証明］**　△ABC において

AR＝RB，AQ＝QC で，中点連結定理により　RQ∥BC

また，OP は BC の垂直二等分線だから　OP⊥BC

したがって　OP⊥RQ　…①

同様にして　OQ⊥PR　…②

　　　　　　OR⊥PQ　…③

①，②，③より，△PQRにおいて，頂点から対辺に引いた3本の垂線が1点Oで交わっている。

したがって，点Oは△PQRの垂心である。　　　　　　　　　　　　　　［証明終］

チェック 65-3 8分　解答▶別冊 *p.42*

1　Oは△ABCの外心，∠OAB＝15°，∠OCB＝23°であるとき，∠OAC，∠AOCの大きさを求めよ。

（大阪赤十字看護専門学校）

2　△ABCの垂心をHとする。右の図の∠*a*，∠*b*を求めよ。

（市立函館病院高等看護学院）

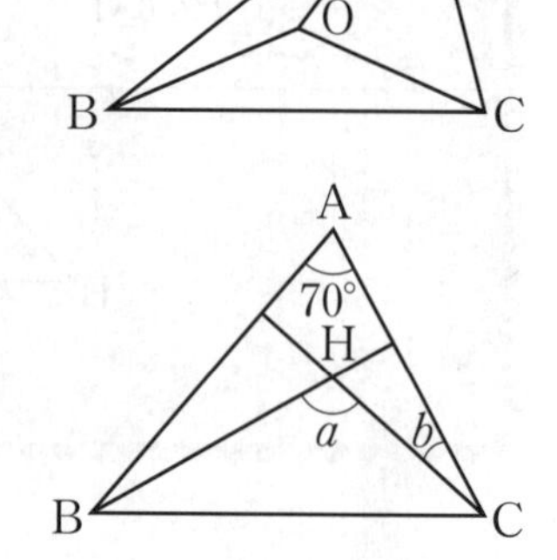

重心の性質

「△ABCの重心を求めよ」のように，ストレートに出題されることは少ないけど，図形の問題では重心の性質を使わないと解けない問題がたくさんある。知っているとは思うけど，もう一度復習しておこうね。

［重心］

三角形の，**3本の中線**の交点。

└ 三角形の頂点と対辺の中点を結ぶ直線

重心で，中線は**2：1の比**に分けられる。

item 66 メネラウスの定理・チェバの定理

順に回り方を覚えれば覚えやすい公式。

メネラウスの定理

△ABC の辺 BC，CA，AB またはその延長が三角形の頂点を通らない１本の直線と交わり，その交点をそれぞれ D，E，F とするとき

$$\frac{BD}{DC}\cdot\frac{CE}{EA}\cdot\frac{AF}{FB}=1$$

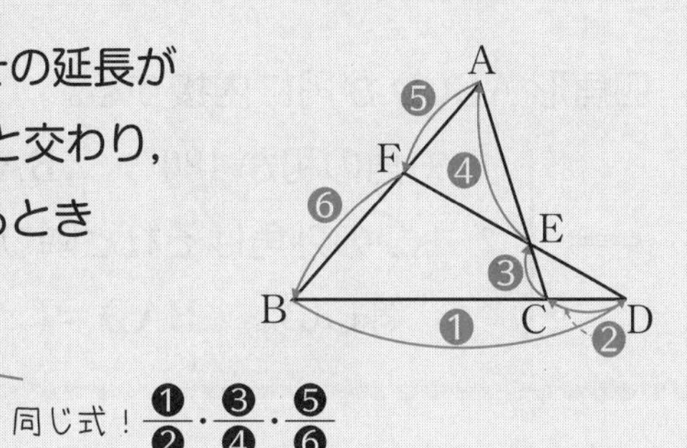

チェバの定理

△ABC の内部に点 O があり，AO，BO，CO の延長と各辺 BC，CA，AB との交点をそれぞれ D，E，F とするとき $\dfrac{BD}{DC}\cdot\dfrac{CE}{EA}\cdot\dfrac{AF}{FB}=1$

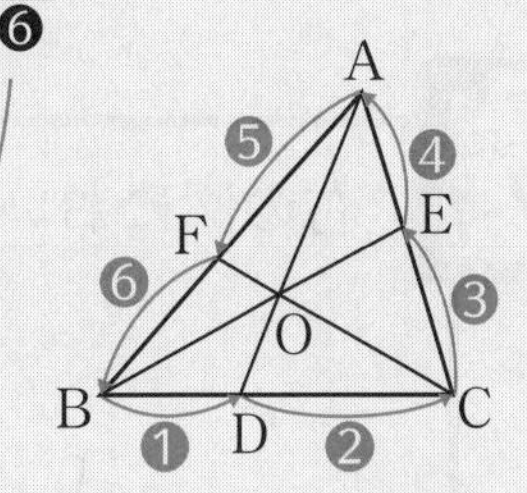

★★★

右の図で 5BP＝2PC，AQ＝QC，RQ∥BC のとき，AR：RS を求めよ。（岡崎市立看護専門学校）

△APC に直線 BQ が交わっているとみると，メネラウスの定理により，PS：SA が求められる。

5BP＝2PC より　BP：PC＝2：5，AQ：QC＝1：1

右の図で，△APC と直線 BQ にメネラウスの定理を用いて

$$\frac{CB}{BP}\cdot\frac{PS}{SA}\cdot\frac{AQ}{QC}=\frac{7}{2}\cdot\frac{PS}{SA}\cdot\frac{1}{1}=1 \text{ より } \quad \frac{PS}{SA}=\frac{2}{7}$$

RQ∥BC，AQ＝QC より　AR＝RP

$$AR:RS=\frac{AP}{2}:\left(\frac{AP}{2}-\frac{2}{9}AP\right)=9:5$$ …答

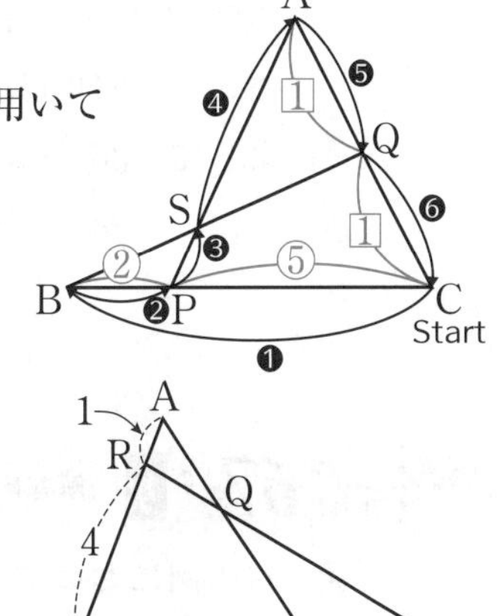

解答▶別冊 *p.43*

1　右の三角形 ABC において，AQ：QC の比を求めよ。（藤沢市立看護専門学校）

item 67

円の性質

円に内接する四角形と接弦定理

円に内接する四角形

四角形 ABCD が円に内接する。

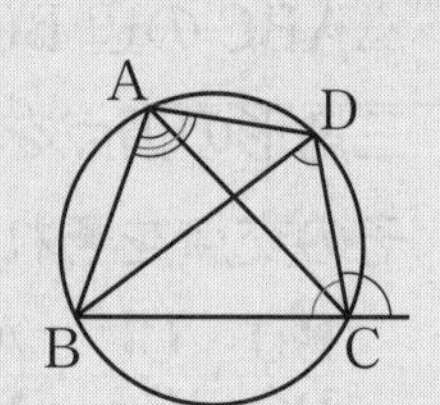

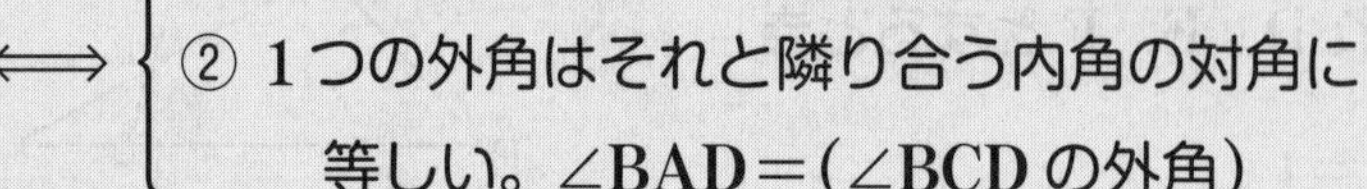

$\Longleftrightarrow$ ① 対角の和が 180°　$\angle BAD + \angle BCD = 180°$
② 1つの外角はそれと隣り合う内角の対角に等しい。$\angle BAD = (\angle BCD$ の外角$)$

ケース 67-1 ★★★★★

右の図において，α を求めよ。

（市立函館病院高等看護学院）

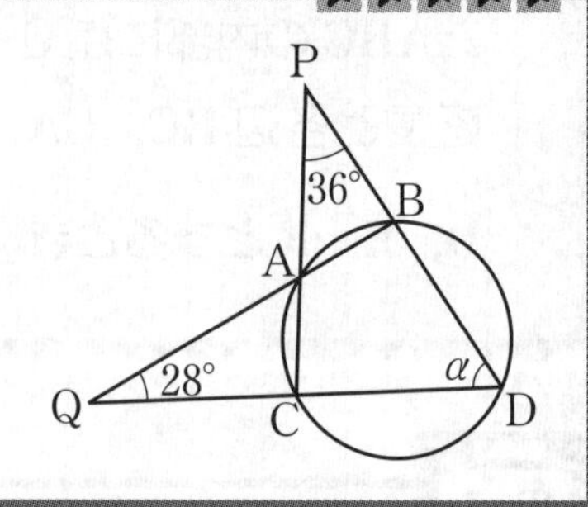

処方せん

❶ 着目する三角形を決める。
例えば $\triangle PAB$ に着目すると，$\angle PAB = \alpha$，$\angle ABD = \alpha + 36°$ など。（上のまとめの②）

❷ 四角形 ACDB は円に内接するから上のまとめの①を使う。

解答

四角形 ACDB が円に内接するから　$\angle PAB = \angle QAC = \alpha$

$\triangle PAB$ に着目すると　$\angle ABD = \angle APB + \angle PAB = 36° + \alpha$

$\triangle QCA$ に着目すると　$\angle ACD = \angle AQC + \angle QAC = 28° + \alpha$

ここで，四角形 ACDB が円に内接することから　$\angle ABD + \angle ACD = 180°$（上のまとめの①）

よって　$36° + \alpha + 28° + \alpha = 180°$

$2\alpha = 116°$　　$\alpha = 58°$　…答

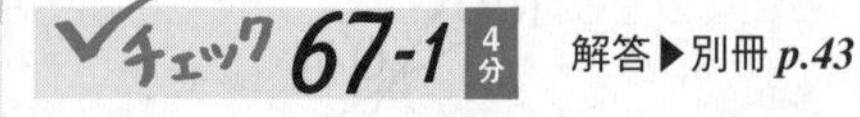

チェック 67-1　4分　解答▶別冊 *p.43*

1 右の図において，角 θ の大きさを求めよ。ただし，O は円の中心である。

（北九州看護大学校）

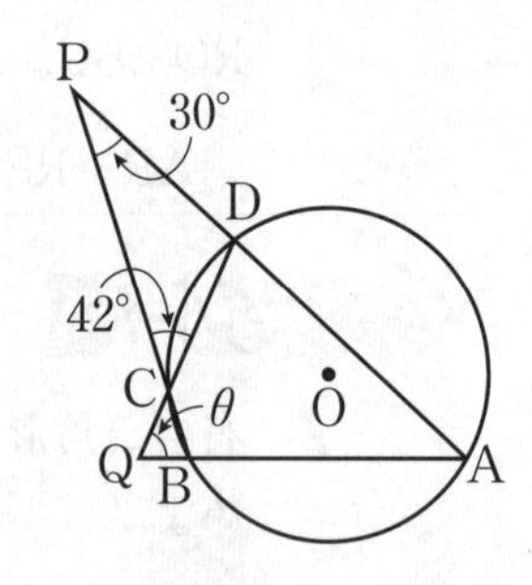

接線と弦の作る角（接弦定理）

円周上の点 A における接線と弦 AB のつくる角は，
角の内部にある弧 AB に対する円周角に等しい。

$$\angle BAT = \angle APB$$

弦 AB と接線 AT のつくる角　弧 AB に対する円周角

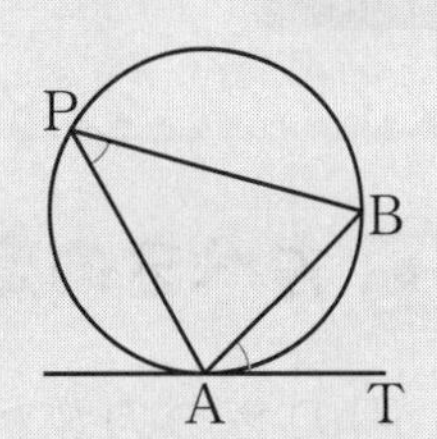

ケース 67-2 ★★★★★

四角形 ABCD は円 O に内接し，直線 TA は A を接点とする接線であるとき $\angle x$ を求めよ。

（東群馬看護専門学校）

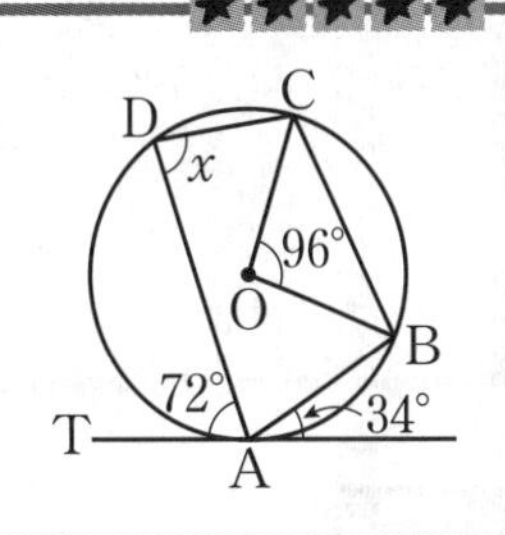

❶ B，D を結ぶ。
❷ $\angle x = \angle ADB + \angle BDC$

解答

B，D を結ぶ。TA の延長上に S をとる。
△ABD において

$\angle ADB = \angle BAS = 34°$
（接弦定理により）

$\angle BDC = \frac{1}{2}\angle BOC = 48°$
（円周角の定理により）

したがって
$\angle x = 34° + 48° = 82°$　…答

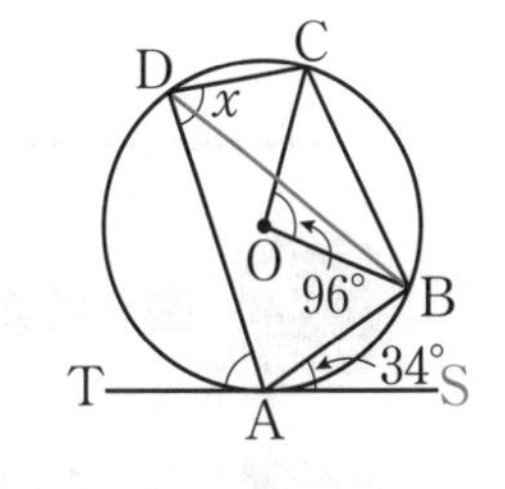

チェック 67-2 3分　解答▶別冊 *p.43*

1 AT は円の接線であり A は円の接点である。
$\angle BCD = 76°$，$\angle BAT = 43°$
であるとき，$\angle ABD$ を求めよ。　（大阪赤十字看護専門学校）

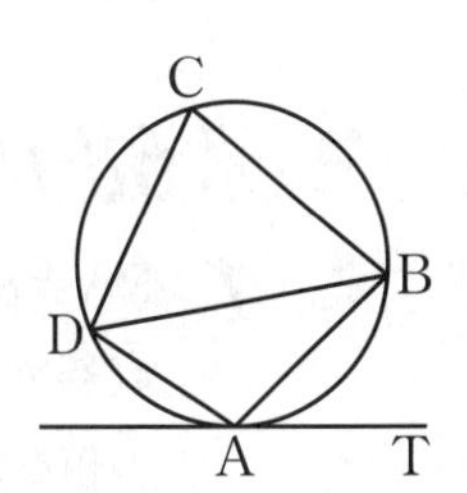

item 68

方べきの定理

特徴のある図だから，使うときがわかりやすい！

方べきの定理

円の 2 つの弦 AB，CD の交点(延長上の交点でもよい)を P とすると

$PA \cdot PB = PC \cdot PD$

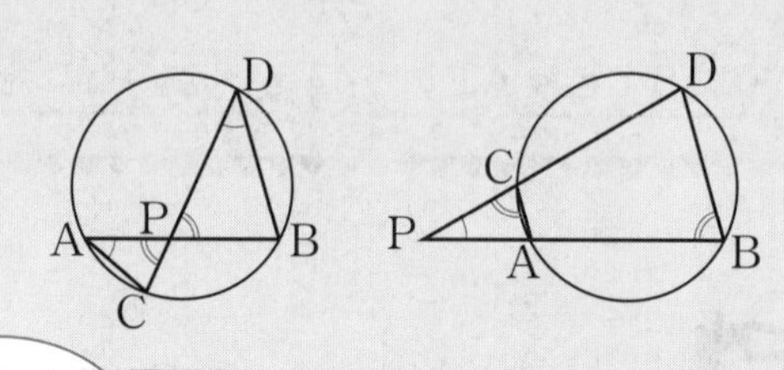

△PAC と △PDB において，
2 組の角がそれぞれ等しいので　△PAC∽△PDB
よって，PA : PD＝PC : PB より　$PA \cdot PB = PC \cdot PD$

★★★★

右の図において，x を求めよ。

（尾道市医師会看護専門学校）

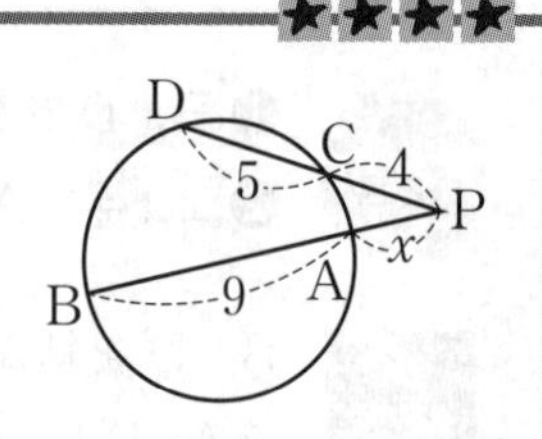

図を見るだけで**方べきの定理**の活用であることがわかるね。

方べきの定理により

$PA \cdot PB = PC \cdot PD$

$x \cdot (x+9) = 4 \cdot (4+5)$

$x^2 + 9x - 36 = 0$

$(x+12)(x-3) = 0$

$x > 0$ より　$\boldsymbol{x = 3}$　…答

方べきの定理に
気がつけば
カンタンなんだけど…。

チェック 68-1　2分　解答▶別冊 *p.43*

1　PA＝8，AB＝7，PC＝10 とする。点 P を通る 2 直線が円と 2 点 A と B，C と D で交わるとき CD の値を求めよ。

（館林高等看護学院）

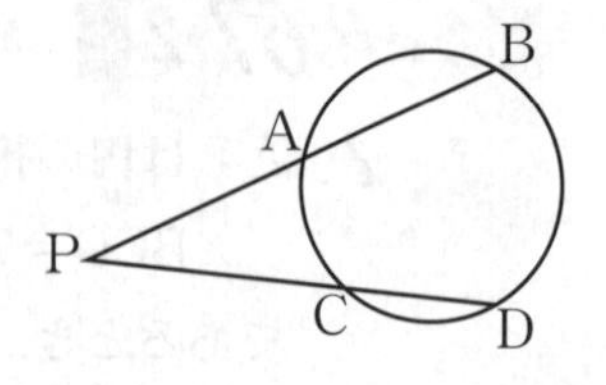

相似比

面積比と体積比。

ケース 69-1 ★★★★

次の問いに答えよ。

(1) 相似な図形 P と Q がある。P と Q の面積をそれぞれ S_1，S_2 とするとき，次の問いに答えよ。 (福島看護専門学校)

① P と Q の相似比が $5:2$ で，$S_1=100$ のとき，S_2 を求めよ。

② P と Q の相似比が $k:1$ で，S_1 は S_2 の 4 倍であるとき，k の値を求めよ。

(2) 2つの相似な立方体がある。体積の比が $216:1$ のとき，表面積の比を求めよ。 (島根県立石見高等看護学院)

処方せん

(1) 相似比が $k:l$ の図形において，面積比は　$k^2:l^2$

(2) 相似比が $k:l$ の立体において，表面積比は　$k^2:l^2$，体積比は　$k^3:l^3$

解答

(1) ① $S_1:S_2=100:S_2=5^2:2^2$　　したがって　$S_2=\dfrac{100\times4}{25}=\mathbf{16}$　…答

② $S_1:S_2=k^2:1^2=4:1$　　$k^2=4$　　$k>0$ より　$\boldsymbol{k=2}$　…答

(2) 体積比が $216:1=6^3:1^3$ より，相似比　$6:1$

したがって，表面積の比は　$6^2:1^2=\mathbf{36:1}$　…答

チェック 69-1　5分　解答▶別冊 *p.43*

1 右の図は，∠C が直角の直角三角形の辺 AB，AC 上に，それぞれ D，E を，DE と BC が平行で AD：DB＝3：2 となるようにとったものである。このとき △ADE と △ABC の面積の比は [(1)] であり，△ABC の面積が 100cm^2 のとき，台形 DBCE の面積は [(2)] cm^2 である。 (鹿児島医療福祉専門学校)

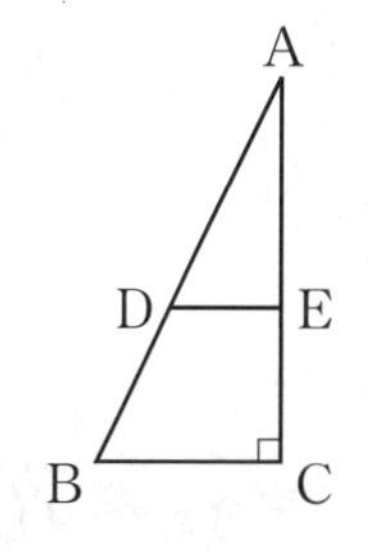

2 右の図のように，正四面体 OABC の辺 OA を 2：1 に内分する点 D を通り底面 ABC に平行な平面と，辺 OB，OC との交点を，それぞれ E，F とする。このとき，三角錐台 DEF-ABC の体積は正四面体 ODEF の体積の何倍かを求めよ。 (富山市立看護専門学校)

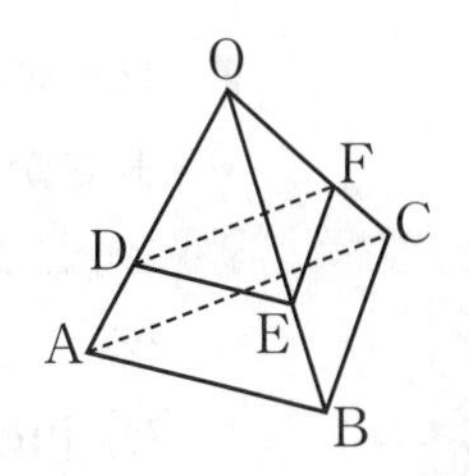

item 70 正多角形と正多面体

正多角形は円に，正多面体は球に内接している。

ケース 70-1 ★★★★

1辺の長さが1の正五角形ABCDEの対角線の長さADを求めたい。（東京山手メディカルセンター附属看護専門学校）

(1) ∠ACDと∠CADの大きさをそれぞれ求めよ。

(2) ∠ACDの二等分線とADの交点をFとする。線分CFとAFの長さをそれぞれ求めよ。

(3) 対角線ADの長さを求めよ。

処方せん

図はできるだけ**正確に大きく**かこう。

(3) △ACD∽△CDFを利用しよう。

解答

(1) 正五角形の1つの内角は $\dfrac{180^\circ\times(5-2)}{5}=108^\circ$

$\angle BAC=\angle CAD=\angle DAE$（等しい弧に対する円周角は等しい）

よって　$\angle CAD=\dfrac{108^\circ}{3}=\mathbf{36^\circ}$　…答

また，$AC=AD$ だから　$\angle ACD=\angle ADC$

よって　$\angle ACD=\dfrac{180^\circ-36^\circ}{2}=\mathbf{72^\circ}$　…答

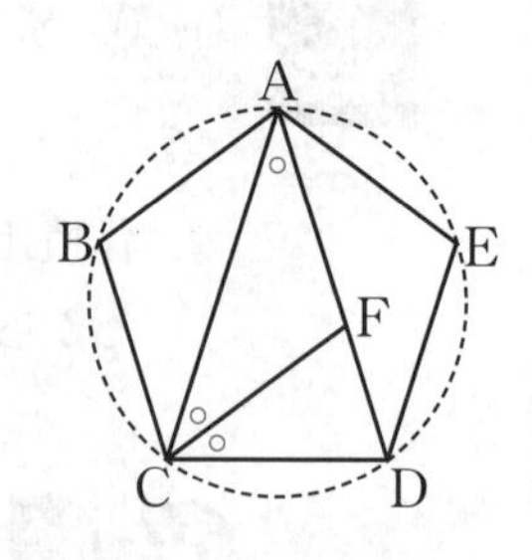

(2) $\angle FCA=\angle FCD=72^\circ\div2=36^\circ$ より，

△CFDと△FACは二等辺三角形。

$CD=1$ より　$\mathbf{CF=AF=1}$　…答

(3) △ACD∽△CDF（2組の角がそれぞれ等しい）より，

$AD=x$ とおくと　$x:1=1:(x-1)$　　$x(x-1)=1$

$x^2-x-1=0$　　$x=\dfrac{1\pm\sqrt{5}}{2}$　　$x>0$ より　$AD=x=\dfrac{1+\sqrt{5}}{2}$　…答

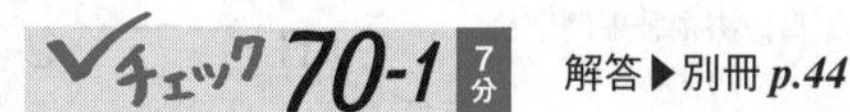

チェック 70-1　7分　解答▶別冊 p.44

1 図のような円に内接する正六角形ABCDEFがある。線分BDの長さが $4\sqrt{3}$ であるとき，次の各問いに答えよ。（函館看護専門学校）

(1) ∠BCDの大きさを求めよ。

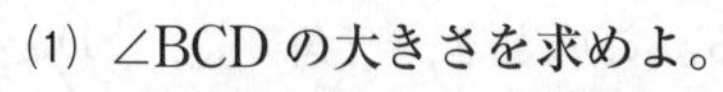

(2) △BCDにおいて辺BCの長さを求めよ。

(3) 円の半径を求めよ。　(4) 四角形ABDFの面積を求めよ。

1 辺の長さが 2 の正八面体に内接する球の半径を求めよ。

(北九州看護大学校)

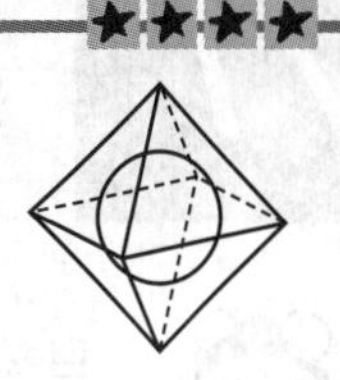

●正八面体は，すべての辺の長さが等しい正四角錐を 2 つ重ねたもの。

●球との接点を通る断面図をかく。

正八面体を上半分だけかき，頂点を図 1 のようにとる。

また，BC，DE の中点をそれぞれ M，N とする。

3 点 A，M，N を通る平面で切ると，図 2 のようになる。

ここで，MN＝2 である。

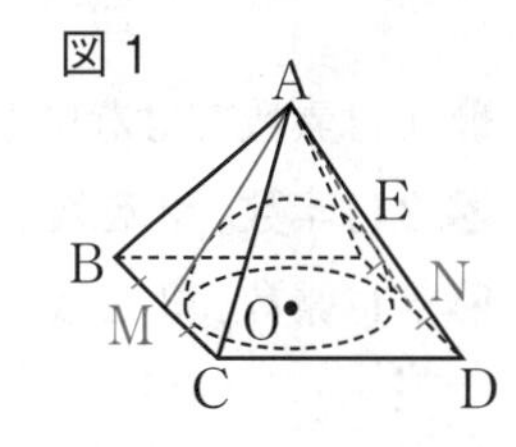

図 1

AM は正三角形 ABC の中線だから　$AM=\sqrt{3}$

また，AM，AN と球との接点を P，Q とすると

$\triangle AOM \backsim \triangle OPM$ (2 組の角がそれぞれ等しいから)

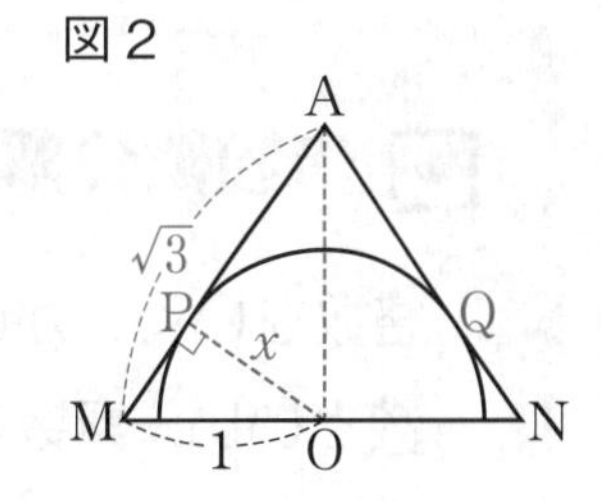

図 2

OM＝1，$AM=\sqrt{3}$ より

$AO=\sqrt{(\sqrt{3})^2-1^2}=\sqrt{2}$

OP＝x とすると

AM：AO＝OM：OP より　$\sqrt{3}:\sqrt{2}=1:x$

したがって　$x=\dfrac{\sqrt{2}}{\sqrt{3}}=\dfrac{\sqrt{6}}{3}$　…答

チェック 70-2　20分　解答▶別冊 p.44

1 いずれも半径が 3 である 3 つの球が水平な台の上で互いに外接している。これを真上から見た図が図 1 である。さらに，半径 3 の球を，この 3 つの球に接するように上に乗せる。これを真上から見た図が図 2 である。これら 4 つの球の中心を結ぶと，正四面体ができる。

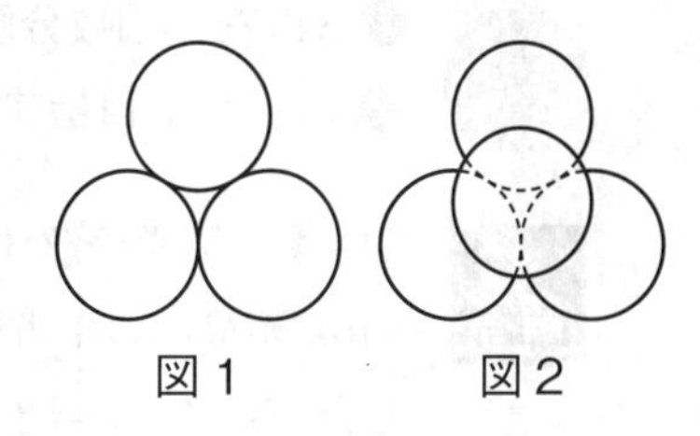
図 1　図 2

(福岡国際医療福祉学院)

(1) この正四面体の表面積を求めよ。

(2) この正四面体の体積を求めよ。

(3) この正四面体に内接する球の半径を求めよ。

(4) 最も上に位置する球の中心から水平な台に下ろした垂線の長さを求めよ。

item 71

素因数分解

整数を素数の積の形に表す。

自然数 a が **1とその数自身以外の正の約数をもたない**とき a を**素数**という。

素数の見つけ方(エラトステネスのふるい)

❶ 1は素数ではないから消す。
❷ 2は素数。2を残して残りの2の倍数を消す。
❸ 3は素数。3を残して残りの3の倍数を消す。
⋮　⋮

~~1~~ ② ③ ~~4~~ ⑤ ~~6~~ ⑦ ~~8~~ ~~9~~ ~~10~~
⑪ ~~12~~ ⑬ ~~14~~ ~~15~~ ~~16~~ ⑰ ~~18~~ ⑲ ~~20~~
~~21~~ ~~22~~ ㉓ ~~24~~ ~~25~~ ~~26~~ ~~27~~ ~~28~~ ㉙ ~~30~~
⋮ ⋮ ⋮

素因数分解

整数をいくつかの整数の積の形で表すとき，その1つ1つの整数を**因数**といい，素数である因数を**素因数**という。
自然数を素数の積の形にすることを**素因数分解**という。

ケース 71-1 ★★★★

$\sqrt{840n}$ が自然数になるような最小の自然数 n の値を求めよ。

(富山市立看護専門学校)

処方せん

❶ 840を素因数分解する。
❷ $\sqrt{(\ \ )^2}$ を目指す。

解答

840を素因数分解すると　$2^3 \cdot 3 \cdot 5 \cdot 7$
$840n$ が最小の平方数となるとき　$840n=(2^2 \cdot 3 \cdot 5 \cdot 7)^2$
したがって　$n=2 \cdot 3 \cdot 5 \cdot 7=\mathbf{210}$　…答

```
2) 840
2) 420
2) 210
3) 105
5)  35
     7
```

チェック 71-1　3分　解答▶別冊 *p.45*

1　$\sqrt{\dfrac{756}{n}}$ が自然数になるような最小の自然数 n を求めよ。

(北九州看護大学校)

item 72

公約数と公倍数

素因数分解をうまく使おう！

最大公約数と最小公倍数の性質

2つの自然数を a, b とし，その最大公約数を g,
最小公倍数を l とすると

$a=ga'$, $b=gb'$ （a' と b' は互いに素）

と表せるから

和… $a+b=g(a'+b')$　　差… $a-b=g(a'-b')$

積… $ab=g^2a'b'$　　最小公倍数… $l=ga'b'$　　$ab=gl$

$g\underline{)\ a\quad b}$
$\quad a'\quad b'$
$l=ga'b'$
↑
この形で覚えよう。

ケース 72-1 ★★★★

360の約数の総和を求めよ。　（岡山済生会看護専門学校）

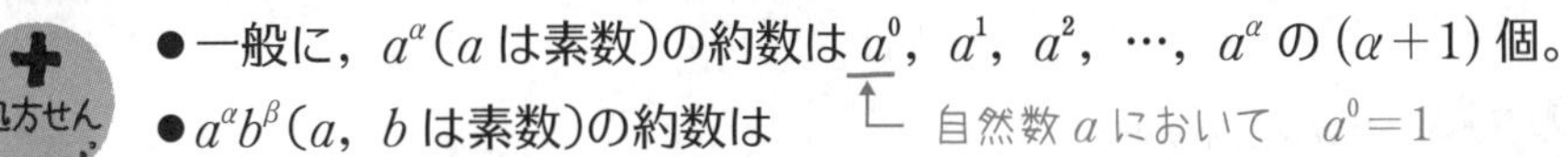

処方せん

- 一般に，a^{α}（a は素数）の約数は a^0, a^1, a^2, …, a^{α} の $(\alpha+1)$ 個。
  （↑ 自然数 a において　$a^0=1$）
- $a^{\alpha}b^{\beta}$（a, b は素数）の約数は
  $(a^0+a^1+a^2+\cdots+a^{\alpha})(b^0+b^1+b^2+\cdots+b^{\beta})$
  を展開したときの項にすべて現れる。

解答

360を素因数分解すると　$2^3\cdot3^2\cdot5$

よって，約数の総和は

$(2^0+2^1+2^2+2^3)(3^0+3^1+3^2)(5^0+5^1)$
$=(1+2+4+8)(1+3+9)(1+5)$
$=15\cdot13\cdot6=$ **1170**　…答

$$\begin{array}{r|l} 2 & 360 \\ 2 & 180 \\ 2 & 90 \\ 3 & 45 \\ 3 & 15 \\ & 5 \end{array}$$

約数のすべては，式を展開したときの項に現れるね。今回は，約数の総和を求めるだけだから展開しないで和を計算すればいいのよ。（p.152参照。）

チェック 72-1　5分　解答▶別冊 p.45

1 次の問いに答えよ。　（八王子市立看護専門学校）

(1) 10個の約数をもつ最小の自然数はどれか。

① 24　② 36　③ 48　④ 52　⑤ 420

(2) 1から25までの数を1回ずつ掛け合わせるとき，末尾に続く0の個数は何個あるか。

★★★★★

2つの3桁の自然数a，bの最大公約数は25，最小公倍数は1575である。$a<b$とするとき，a，bの値を求めよ。（広島市立看護専門学校）

$g\underline{)\,a\quad b}$ 最大公約数 g

$\quad a'\quad b'$ 最小公倍数は $l=ga'b'$ ← lはgを因数にもつ。

（a'とb'は互いに素）

└ 1以外の公約数をもたない。

最大公約数が25であるから，

$a=25a'$，$b=25b'$（a'とb'は互いに素）と表される。

このとき，a，bの最小公倍数は$25a'b'$と表される。

よって　$25a'b'=1575$　　$a'b'=1575\div25=63$

a'，b'は互いに素で，$a<b$より$a'<b'$だから，$(a',\ b')$の組は

$(a',\ b')=(1,\ 63)$，$(7,\ 9)$の2組。

この中でa，bが3桁の自然数になるa'，b'は　$a'=7$，$b'=9$

$a=25\times7$，$b=25\times9$より

$\boldsymbol{a=175}$，$\boldsymbol{b=225}$　…答

↑ $a'=1$，$b'=63$のときは，$a=25\times1=25$となり，3桁にならない。

チェック 72-2　10分　解答▶別冊 *p.45*

1 次の問いに答えよ。

(1) 2つの自然数a，bの最大公約数が12，最小公倍数が72であるとき，aとbは互いに素である整数a'，b'を用いて，

$a=12a'$，$b=12b'$

と表すことができる。ただし，$a<b$とする。このとき，a'の最小値は［①］であり，$a+b$の最小値は［②］である。（製鉄記念八幡看護専門学校）

(2) 2つの100未満の自然数A，B $(A>B)$がある。最大公約数が13で最小公倍数が273のとき，A，Bを求めよ。（泉州看護専門学校・改）

item 73 整数の割り算と商・余り

整数は余りでグループ分けできる。

整数 n を p で割ると，余りは 0，1，2，…，$p-1$ になるね。だから，整数は

$n=pk$，$n=pk+1$，$n=pk+2$，…，$n=pk+(p-1)$（k は整数）

と，余りによって p 個にグループ分けできるんだ。

ケース 73-1 ★★★★★

次の問いに答えよ。

(1) a, b は整数とする。a を 7 で割ると 5 余り，b を 7 で割ると 4 余る。$a+b$ を 7 で割ったときの余りを求めよ。（君津中央病院附属看護学校）

難 (2) 23 で割ると 5 余り，17 で割ると 11 余る自然数のうち，4 桁で最小のものを求めよ。（三友堂看護専門学校）

(1) $a=7k+5$，$b=7l+4$ とおく（k，l は整数）。

(2) まず，条件をみたす最小の整数を求めよう。

(1) a は 7 で割ると 5 余るから　$a=7k+5$（k は整数）

b は 7 で割ると 4 余るから　$b=7l+4$（l は整数）　と表せる。

よって　$a+b=7k+5+7l+4=7k+7l+9=7(k+l+1)+2$

$k+l+1$ は整数だから，求める余りは　2　…答

(2) 求める数を n とすると，

n は 23 で割ると 5 余るから　$n=23k+5$（k は 0 以上の整数）

また，n は 17 で割ると 11 余るから　$n=17l+11$（l は 0 以上の整数）　と表せる。

$n=23k+5=17l+11$ より　$23k=17l+6$　…①

$23=17+6$ より，①をみたす最小の k, l は　$k=l=1$　　よって，最小の n は　28

また，23 と 17 の最小公倍数の 391 増えるごとに条件をみたす。

よって　$n=391m+28$（m は 0 以上の整数）

4 桁の最小の数は $m=3$ のとき。　したがって　$n=1201$　…答

チェック 73-1 10分 解答▶別冊 p.45

1 次の問いに答えよ。

(1) a，b は正の整数である。a を 5 で割ると 3 余り，b を 5 で割ると 4 余る。このとき，ab を 5 で割ったときの余りを求めよ。（岡崎市立看護専門学校）

難 (2) 31^{10} を 900 で割ったときの余りを求めよ。（労災看護専門学校）

item 74

ユークリッドの互除法

最大公約数は互除法で求める。

最大公約数の求め方

2つの自然数 a, b で, a を b で割ったときの商を q, 余りを r として,
$a=bq+r\ (r \neq 0)$ と表されるとき, **a, b の最大公約数は b, r の最大公約数に等しい。**

このことを繰り返し使って, 最大公約数を求めることができる。この方法を, **ユークリッドの互除法**という。

ケース 74-1 ★★★★★

3293 と 1517 は $3293=1517\times2+259$ で表される。ユークリッドの互除法を用いてこの 2 数の最大公約数を求めると ☐ である。

(宝塚市立看護専門学校・改)

3293 と 1517 の最大公約数は 1517 と 259 $(=3293-1517\times2)$ の最大公約数に等しい。同様の方法を繰り返して, 数を小さくしていく。

(3293, 1517)
↓ ← $3293=1517\times2+259$
(1517, 259)
↓ ← $1517=259\times5+222$
(259, 222)
↓ ← $259=222\times1+37$
(222, 37)
↓ ← $222=37\times6+0$
(37, 0)

したがって, 最大公約数は 37 …答

3293
1517
259×5
222
1517×2
259
37×6
37

チェック 74-1 5分 解答▶別冊 p.46

1 次の問いに答えよ。

(1) 4216 と 1457 の最大公約数を求めよ。 (富士吉田市立看護専門学校)

難 (2) $3n+14$ と $4n+17$ の最大公約数が 5 となるような 20 未満の自然数 n をすべて求めよ。

(静岡市立静岡看護専門学校, 静岡市立清水看護専門学校)

item 75

不定方程式

整数解を求める。

★★★★★

$xy-2x-y+2$ を因数分解すると [(1)] となる。

$xy-2x-y+2=3$ をみたす整数の組 $(x,\ y)$ を求めると，全部で [(2)] 組ある。

（石巻赤十字看護専門学校）

(1) $(x-\square)(y-\triangle)$ を考える。

(2) (1)の結果をうまく使おう。

整数解の求め方 ⟹ 2 数の積の形に表す

(1) $xy-2x-y+2=x(y-2)-(y-2)$

$=\boldsymbol{(x-1)(y-2)}$ …答

(2) (1)の結果より，

$xy-2x-y+2=3$ を積の形に変形すると

$(x-1)(y-2)=3$

右辺の 3 を 2 つの整数の積で表すと 1×3，$-1\times(-3)$ だから，$x-1$，$y-2$ の値は

$(x-1,\ y-2)=(1,\ 3),\ (3,\ 1),\ (-1,\ -3),\ (-3,\ -1)$

の 4 組。

ここから $(x,\ y)$ の組を求めると

$(x,\ y)=(2,\ 5),\ (4,\ 3),\ (0,\ -1),\ (-2,\ 1)$

したがって，4 組ある。 …答

ちょっと
因数分解みたい…。

チェック 75-1 （20分） 解答▶別冊 *p.46*

1 次の問いに答えよ。

(1) $(m-2)(n-3)=2$ をみたす整数 $(m,\ n)$ の組をすべて求めよ。

（呉共済病院看護専門学校）

(2) 方程式 $xy-2x+5y-3=0$ の整数解をすべて求めよ。 （昭和大学医学部附属専門学校）

難 (3) x と y に関する方程式 $2x^2-xy+6=0$ をみたす正の整数の組 $(x,\ y)$ を求めたい。そのすべてを書きあげよ。

（石川県立総合看護専門学校）

ケース 75-2 ★★★

次の方程式の整数解をすべて求めよ。

$2x+5y=1$ （磐城共立高等看護学院）

処方せん

❶ $2x+5y=1$ をみたす $(x,\ y)$ の組を1組（$(\alpha,\ \beta)$ とする）求める。

❷ もとの式と $(\alpha,\ \beta)$ を代入した式の差をとって，定数部分を消去する。

$$\begin{array}{rl} & 2x+5y=1 \\ -) & 2\alpha+5\beta=1 \\ \hline & 2(x-\alpha)+5(y-\beta)=0 \end{array}$$

解答

$2x+5y=1$ をみたす $(x,\ y)$ の組を1組求めると

$x=-2,\ y=1$

ここで

$$\begin{array}{rl} & 2x \qquad +5y\ =1 \\ -) & 2\cdot(-2)+5\cdot1=1 \\ \hline & 2(x+2)+5(y-1)=0 \end{array}$$

よって　$2(x+2)=-5(y-1)$　← この式をしっかり読む。

2，5は互いに素だから，$x+2$ は5の倍数である。

よって，$x+2=5k$（k は整数）とおくと

$2\cdot5k=-5(y-1)$ より　$y-1=-2k$

したがって　$\boldsymbol{x=5k-2,\ y=-2k+1}$（$\boldsymbol{k}$ **は整数**）…答

[参考]　最後の4行は，次のようにしてもかまわない。

2，5は互いに素だから，$y-1$ は2の倍数である。

よって，$y-1=2l$（l は整数）とおくと

$2(x+2)=-5\cdot2l$ より　$x+2=-5l$

したがって　$\boldsymbol{x=-5l-2,\ y=2l+1}$

チェック 75-2 7分　解答▶別冊 *p.46*

1　111と399の最大公約数を m とするとき，$m=$ [(1)] であり，不定方程式 $111x-399y=m$ の正の整数解 $x,\ y$ のうち，最小のものは $x=$ [(2)]，$y=$ [(3)] である。（大阪赤十字看護専門学校）

item 76

循環小数

分数の形に直せるよ。

小数の分類

小数 ｛ 有限小数 ／ 無限小数 ｛ 循環小数 ／ 循環しない無限小数…無理数

有限小数・循環小数 … 有理数(分数で表せる)

★★★★

次の問いに答えよ。

(1) $\dfrac{1}{6}$ を循環小数の記号「・」を用いて表せ。 (福島看護専門学校)

(2) 循環小数 $0.\dot{1}\dot{8}$ を既約分数で表したときの分母の値を求めよ。

(八王子市立看護専門学校)

(1) 割り算を実行する。同じ余り以降からが繰り返しの部分になる。
└ 循環節という。

(2) $x=0.\dot{1}\dot{8}$ とおく。100倍すると　$18.\dot{1}\dot{8}$
└ 循環節を1つずらせるよう何倍すればよいか考える。

この2つの差をとり，**小数点以下の循環節を消去する。**

(1) $\dfrac{1}{6}=\mathbf{0.1\dot{6}}$ …答

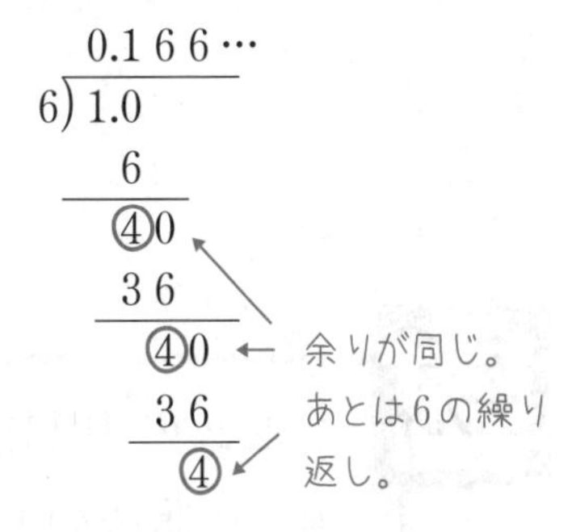

(2) $x=0.\dot{1}\dot{8}$ とおくと　$100x=18.\dot{1}\dot{8}$

$$
\begin{array}{rr}
 & 100x=18.\dot{1}\dot{8} \\
-) & x=\ 0.\dot{1}\dot{8} \\
\hline
 & 99x=18
\end{array}
$$

$x=\dfrac{18}{99}=\dfrac{2}{11}$ より，分母は　**11** …答

チェック 76-1　5分　解答▶別冊 *p.47*

難 **1** 分数 $\dfrac{22}{7}$ を小数で表したとき，小数第314位の数を求めよ。

(東京女子医科大学看護専門学校)

item 77

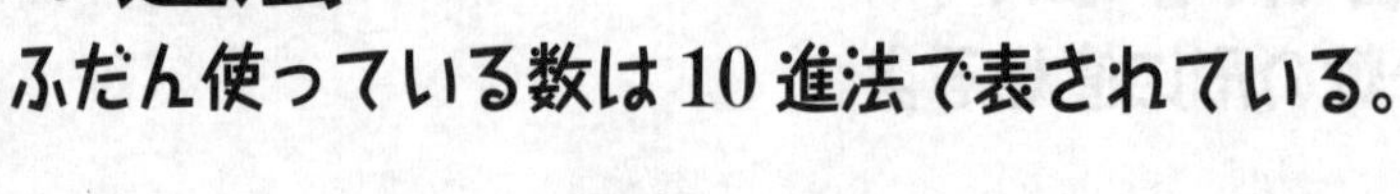

n 進法
ふだん使っている数は 10 進法で表されている。

私たちがふだん普通に使っている数は，**10 進法**で表された数なんだよ。これは，0～9 までの 10 種類の数字を使って，10^0，10^1，10^2，10^3，… の位をもとに表しているんだ。これからは，同じように，2^0，2^1，2^2，… の位や 5^0，5^1，5^2，… の位，n^0，n^1，n^2，… の位をもとに表す数も考えてみよう。

2 進法で表された $1001_{(2)}$ を 10 進法で表す方法

「2 進法で表された数」という意味。
10 進法の「(10)」は省くことが多い。

$$1001_{(2)}=1\times 2^3+0\times 2^2+0\times 2^1+1\times 2^0$$

$$=8+0+0+1=9$$

10 進法で表された 39 を 2 進法で表す方法

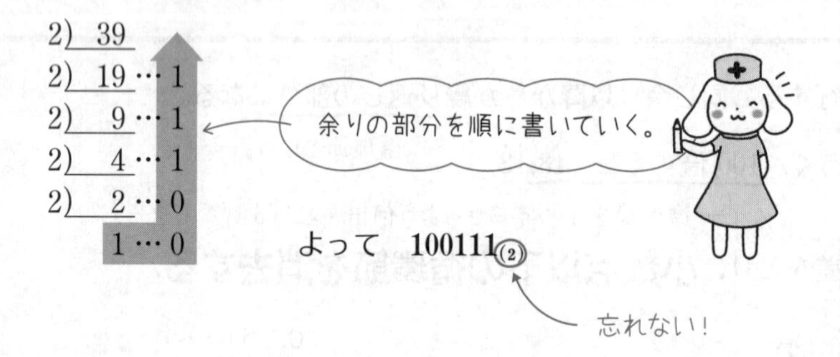

ケース 77-1 ★★★★

2 進法の $1011_{(2)}=1\times 2^3+($ ⑴ $)+1\times 2^1+1\times 2^0$ は 10 進法の (⑵) を表し，10 進法の「15」の数は 2 進法の (⑶) となる。また，2 進法の加法の例では，

$1001_{(2)}+111_{(2)}=($ ⑷ $)_{(2)}$

2) 9		(余り)
2) 4	1	↑
2) 2	0	
1	0	

（泉州看護専門学校）

(1), (2) 2 進法で表された数を 10 進法で表す。

(3) 10 進法で表された数を 2 進法で表す。

(4) 筆算をしよう。桁の数を加えて「2」になったら 1 繰り上がる。

(1), (2) $1011_{(2)} = 1\times 2^3 + \underline{\mathbf{0\times 2^2}} + 1\times 2^1 + 1\times 2^0$ 答(1)

$= 8+0+2+1$

$= \mathbf{11}$ …答(2)

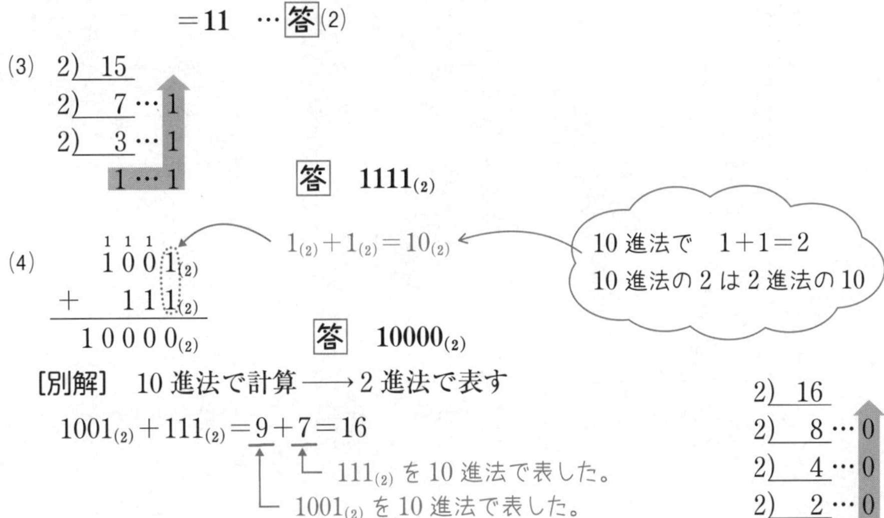

(3)

$$\begin{array}{r|l} 2 & 15 \\ \hline 2 & 7 \cdots 1 \\ \hline 2 & 3 \cdots 1 \\ \hline & 1 \cdots 1 \end{array}$$

答 $\mathbf{1111_{(2)}}$

(4)

$$\begin{array}{r} {}^{1\,1\,1}\quad\ \\ 1001_{(2)} \\ +\quad 111_{(2)} \\ \hline 10000_{(2)} \end{array}$$

$1_{(2)} + 1_{(2)} = 10_{(2)}$

10 進法で　$1+1=2$
10 進法の 2 は 2 進法の 10

答 $\mathbf{10000_{(2)}}$

[別解]　10 進法で計算 ⟶ 2 進法で表す

$1001_{(2)} + 111_{(2)} = \underline{9} + \underline{7} = 16$

└ $111_{(2)}$ を 10 進法で表した。

└ $1001_{(2)}$ を 10 進法で表した。

$16 = \mathbf{10000_{(2)}}$　← 10 進法で表された 16 を 2 進法で表す。

$$\begin{array}{r|l} 2 & 16 \\ \hline 2 & 8 \cdots 0 \\ \hline 2 & 4 \cdots 0 \\ \hline 2 & 2 \cdots 0 \\ \hline & 1 \cdots 0 \end{array}$$

ときには，2 進法で表された数と 5 進法で表された数の計算なども出題されます。そういうときは，次のようにしましょう。　← 上の [別解] に相当

❶ まず，すべての数を 10 進法で表して，10 進法で計算する。

❷ ❶で求めた答えを，必要に応じて 2 進法や 5 進法で表す。

チェック 77-1　12分　解答▶別冊 *p.47*

1 次の問いに答えよ。

(1) 10 進法の 2015 を 3 進法で表すと (　　　) となる。　（姫路市医師会看護専門学校）

(2) 2 進法で表された数 $110010_{(2)}$ を 10 進法で表せ。　（岡山済生会看護専門学校）

2 2 進法で数の計算をすると，

$10101_{(2)} + 1111_{(2)} =$ [(1)]

$1011_{(2)} \times 111_{(2)} =$ [(2)]　（大阪赤十字看護専門学校）

Memo

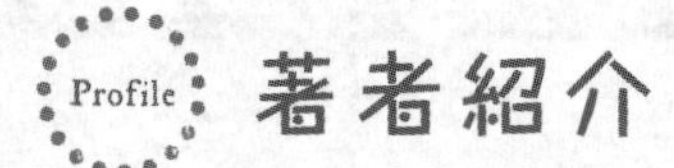

著者紹介

松田 親典 （まつだ ちかのり）

神戸大学教育学部卒業後，奈良県の高等学校で長年にわたり数学の教諭として勤務。教頭，校長を経て退職。

奈良県数学教育会においては，教諭時代に役員を10年間，さらに校長時代には副会長，会長を務めた。

その後，奈良文化女子短期大学衛生看護学科で統計学を教える。この間，別の看護専門学校で数学の入試問題を作成。

のちに，同学の教授，学長，学校法人奈良学園常勤監事を経て，現在同学園の評議員。

趣味は，スキー，囲碁，水墨画。

著書に，

高校これでわかる数学Ⅰ＋A，Ⅱ＋B，Ⅱ，Ⅲ

高校これでわかる問題集数学Ⅰ＋A，Ⅱ＋B，Ⅲ

高校やさしくわかりやすい問題集数学Ⅰ＋A，Ⅱ＋B

（いずれも文英堂）がある。

カバーデザイン　はにいろデザイン

紙面デザイン　福永重孝　はにいろデザイン

図　版　㈲Y-Yard

イラスト　江村文代

シグマベスト

看護医療系の数学Ⅰ＋A

編著者　松田親典

発行者　益井英郎

印刷所　中村印刷株式会社

発行所　株式会社　文英堂

〒601-8121　京都市南区上鳥羽大物町28

〒162-0832　東京都新宿区岩戸町17

（代表）03-3269-4231

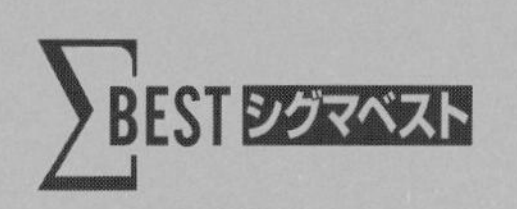

専門学校受験
看護医療系の数学Ⅰ+A

別冊解答

文英堂

第1章 数と式

item 1 単項式の計算

チェック 1-1 本冊 p.7

1 (1) $3a^2b\times(-2ab^3)^2$

$=3\times a^2\times b\times(-2)^2\times a^2\times(b^3)^2$

$=3\times4\times a^2\times a^2\times b\times b^6$

$=\mathbf{12a^4b^7}$ … 答

(2) $(-ab)^2\times(-2a^3b)^3\div a^2b^3$

$=(-1)^2\times a^2\times b^2\times(-2)^3\times(a^3)^3\times b^3\times\dfrac{1}{a^2b^3}$

$=\dfrac{-8\times a^2\times a^9\times b^2\times b^3}{a^2\times b^3}$

$=\mathbf{-8a^9b^2}$ … 答

2 (1) $(-2a^2b)^3\times(4ab^3)^2$

$=(-2)^3\times(a^2)^3\times b^3\times4^2\times a^2\times(b^3)^2$

$=(-8)\times16\times a^6\times a^2\times b^3\times b^6$

$=\mathbf{-128a^8b^9}$ … 答

(2) $(-2a^3b^2)^2\div(-ab^2)^2$

$=(-2)^2\times(a^3)^2\times(b^2)^2\times\dfrac{1}{(-1)^2\times a^2\times(b^2)^2}$

$=\dfrac{4\times a^6\times b^4}{a^2\times b^4}$

$=\mathbf{4a^4}$ … 答

(3) $-5x^2y\times(-2xy^2)^2\div2xy$

$=(-5)\times x^2\times y\times(-2)^2\times x^2\times(y^2)^2\times\dfrac{1}{2xy}$

$=\dfrac{(-5)\times4\times x^2\times x^2\times y\times y^4}{2\times x\times y}$

$=\mathbf{-10x^3y^4}$ … 答

item 2 整式の加法・減法

チェック 2-1 本冊 p.9

1 (1) $\dfrac{3a-b}{3}-a+\dfrac{a+2b}{2}$

$=\dfrac{2(3a-b)-6a+3(a+2b)}{6}$

$=\dfrac{6a-2b-6a+3a+6b}{6}$

$=\dfrac{6a-6a+3a-2b+6b}{6}$

$=\mathbf{\dfrac{3a+4b}{6}}$ … 答

(2) $3(2x^2-3x+5)-2(3x^2-7x-4)$

$=6x^2-9x+15-6x^2+14x+8$

$=\mathbf{5x+23}$ … 答

チェック 2-2 本冊 p.9

1 2つの整式を A，B とおくと

$A+B=7x^2-2x+1$ …①

$A-B=3x^2-4x+7$ …②

①＋② より　$2A=10x^2-6x+8$

$A=5x^2-3x+4$

①－② より　$2B=4x^2+2x-6$

$B=2x^2+x-3$

したがって，求める2式は

$\mathbf{5x^2-3x+4,\ 2x^2+x-3}$ … 答

2 代入する前に，計算する式を簡単にしよう。

$2(A+C)+3(2B-C)$

$=2A+2C+6B-3C$

$=2A+6B-C$

これに A，B，C の表す式を代入して

$=2(2x^2-3x+5)+6(-2x^2+4x-7)-(x^2+3x-2)$

$=4x^2-6x+10-12x^2+24x-42-x^2-3x+2$

$=\mathbf{-9x^2+15x-30}$ … 答

別解として，次の方法を紹介しておこう。

	$2A=$	$4x^2-6x+10$	← A の式を2倍
	$6B=$	$-12x^2+24x-42$	← B の式を6倍
＋)	$-C=$	$-x^2-3x+2$	← C の式を (-1) 倍
	$2A+6B-C=$	$\mathbf{-9x^2+15x-30}$	… 答

item 3 整式の乗法

チェック 3-1 本冊 p.10

1 (1) $(3x-4)(-2y+5)$

$=3x\times(-2y)+3x\times5-4\times(-2y)-4\times5$

$=\mathbf{-6xy+15x+8y-20}$ … 答

(2) $(3x-2)(x^2+6x-5)$

$=3x(x^2+6x-5)-2(x^2+6x-5)$

$=3x^3+18x^2-15x-2x^2-12x+10$

$=\mathbf{3x^3+16x^2-27x+10}$ … 答

(3) $(x+2y-3z)(3x-2y+z)$

$=x(3x-2y+z)+2y(3x-2y+z)$

$\quad -3z(3x-2y+z)$

$=3x^2-2xy+xz+6xy-4y^2+2yz$

$\quad -9zx+6yz-3z^2$

$=\boldsymbol{3x^2-4y^2-3z^2+4xy+8yz-8zx}$ … 答

チェック 3-2 本冊 p.12

1 (1) $(4x+3)(3x-2)$

$=4\cdot3x^2+\{4\cdot(-2)+3\cdot3\}x+3\cdot(-2)$

$=\boldsymbol{12x^2+x-6}$ … 答

(2) $(x+2y)^3$

$=x^3+3\cdot x^2\cdot 2y+3\cdot x\cdot(2y)^2+(2y)^3$

$=\boldsymbol{x^3+6x^2y+12xy^2+8y^3}$ … 答

(3) $(3x-4y)^3$

$=(3x)^3-3\cdot(3x)^2\cdot 4y+3\cdot 3x\cdot(4y)^2-(4y)^3$

$=\boldsymbol{27x^3-108x^2y+144xy^2-64y^3}$ … 答

(4) $(a+4)(a^2-4a+16)$

$=(a+4)(a^2-a\cdot4+4^2)$

$=a^3+4^3$

$=\boldsymbol{a^3+64}$ … 答

チェック 3-3 本冊 p.13

1 (1) $a-2b=A$ とおく。

$(\underline{a-2b}-3c)^2$

$=(A-3c)^2=A^2-6Ac+9c^2$

$=(a-2b)^2-6(a-2b)c+9c^2$ ← A をもどす。

$=a^2-4ab+4b^2-6ac+12bc+9c^2$

$=\boldsymbol{a^2+4b^2+9c^2-4ab+12bc-6ca}$ … 答

(2) $x+y=A$ とおく。

$(\underline{x+y}+z)(\underline{x+y}-z)$

$=(A+z)(A-z)=A^2-z^2$

$=(x+y)^2-z^2$

$=\boldsymbol{x^2+2xy+y^2-z^2}$ … 答

(3) $x^2-3x=A$ とおく。

$(\underline{x^2-3x}+5)(\underline{x^2-3x}-2)$

$=(A+5)(A-2)=A^2+3A-10$

$=(x^2-3x)^2+3(x^2-3x)-10$

$=x^4-6x^3+9x^2+3x^2-9x-10$

$=\boldsymbol{x^4-6x^3+12x^2-9x-10}$ … 答

(4) $x^2+x=A$ とおく。

$(\underline{x^2+x}-1)^2$

$=(A-1)^2=A^2-2A+1$

$=(x^2+x)^2-2(x^2+x)+1$

$=x^4+2x^3+x^2-2x^2-2x+1$

$=\boldsymbol{x^4+2x^3-x^2-2x+1}$ … 答

2 (1) $a-b=A$ とおく。

$(\underline{a-b}+2c)(\underline{a-b}-2c)$

$=(A+2c)(A-2c)=A^2-4c^2$

$=(a-b)^2-4c^2$

$=\boldsymbol{a^2-2ab+b^2-4c^2}$ … 答

(2) $(a+b-c-d)(a-b-c+d)$

$=\{(\underline{a-c})+(\underline{b-d})\}\{(\underline{a-c})-(\underline{b-d})\}$

$a-c=A,\ b-d=B$ とおく。

$=(A+B)(A-B)=A^2-B^2$

$=(a-c)^2-(b-d)^2$

$=a^2-2ac+c^2-(b^2-2bd+d^2)$

$=\boldsymbol{a^2-b^2+c^2-d^2-2ac+2bd}$ … 答

チェック 3-4 本冊 p.14

工夫して展開する問題です。

1 (1) $(x+1)^2(x-1)^2$

$=\{(x+1)(x-1)\}^2=(x^2-1)^2$

$=\boldsymbol{x^4-2x^2+1}$ … 答

(2) $(x+y)^2(x-y)^2$

$=\{(x+y)(x-y)\}^2$

$=(x^2-y^2)^2$

$=\boldsymbol{x^4-2x^2y^2+y^4}$ … 答

(3) $(3a-2b)^2(3a+2b)^2$

$=\{(3a-2b)(3a+2b)\}^2$

$=\{(3a)^2-(2b)^2\}^2$

$=(9a^2-4b^2)^2$

$=\boldsymbol{81a^4-72a^2b^2+16b^4}$ … 答

(4) $(x-y)^2(x+y)^2(x^2+y^2)^2$

$=\{(x-y)(x+y)\}^2(x^2+y^2)^2$

$=(x^2-y^2)^2(x^2+y^2)^2$

$=\{(x^2-y^2)(x^2+y^2)\}^2$

$=(x^4-y^4)^2$

$=\boldsymbol{x^8-2x^4y^4+y^8}$ … 答

(5) $(x+1)(x-2)(x^2-x+1)$

$=(\underline{x^2-x}-2)(\underline{x^2-x}+1)$

$x^2-x=A$ とおく。

$=(A-2)(A+1)=A^2-A-2$

$=(x^2-x)^2-(x^2-x)-2$

$=x^4-2x^3+x^2-x^2+x-2$

$=\boldsymbol{x^4-2x^3+x-2}$ … 答

［別解］ $(x+1)(x^2-x+1)=x^3+1$ に気づけば…

与式 $=(x+1)(x^2-x+1)(x-2)$

$=(x^3+1)(x-2)=\boldsymbol{x^4-2x^3+x-2}$

(6) $(x-1)(x-2)(x+3)(x+4)$

└ おき換えができるように 2 つの組を考える。

$=\{(x-1)(x+3)\}\{(x-2)(x+4)\}$

$=(\underline{x^2+2x}-3)(\underline{x^2+2x}-8)$

$x^2+2x=A$ とおく。

$=(A-3)(A-8)=A^2-11A+24$

$=(x^2+2x)^2-11(x^2+2x)+24$

$=x^4+4x^3+4x^2-11x^2-22x+24$

$=\boldsymbol{x^4+4x^3-7x^2-22x+24}$ … 答

(7) $(a+1)(a+2)(a-1)(a-2)$

└ 組み合わせ方を考えて計算する。

$=\{(a+1)(a-1)\}\{(a+2)(a-2)\}$

$=(a^2-1)(a^2-4)$

$=\boldsymbol{a^4-5a^2+4}$ … 答

別解として，次の方法も有効です。

$\{(a+1)(a+2)\}\{(a-1)(a-2)\}$

$=(\underline{a^2}+3a\underline{+2})(\underline{a^2}-3a\underline{+2})$

$a^2+2=A$ とおく。

$=(A+3a)(A-3a)=A^2-9a^2$

$=(a^2+2)^2-9a^2$

$=a^4+4a^2+4-9a^2$

$=\boldsymbol{a^4-5a^2+4}$

(8) $(a+b)(a-b)(a^2+ab+b^2)(a^2-ab+b^2)$

$=\{(a+b)(a^2-ab+b^2)\}\{(a-b)(a^2+ab+b^2)\}$

$=(a^3+b^3)(a^3-b^3)$ ← 展開公式Ⅵが使える。

$=(a^3)^2-(b^3)^2=\boldsymbol{a^6-b^6}$ … 答

(9) $(x-y)(x+y)(x^2+y^2)(x^4+y^4)(x^8+y^8)$

└ 前から 2 つを計算して順次進める。

$=(x^2-y^2)(x^2+y^2)(x^4+y^4)(x^8+y^8)$

$=(x^4-y^4)(x^4+y^4)(x^8+y^8)$

$=(x^8-y^8)(x^8+y^8)$

$=\boldsymbol{x^{16}-y^{16}}$ … 答

item 4 因数分解

チェック 4-1 本冊 p.18

たすきがけ問題。

1 (1) a^2-a-20

$=\boldsymbol{(a-5)(a+4)}$ … 答

1	×	−5	−5
1		4	4
1		−20	−1

(2) $x^2-3x-18$

$=\boldsymbol{(x-6)(x+3)}$ … 答

1	×	−6	−6
1		3	3
1		−18	−3

(3) $2a^2-5a-3$

$=\boldsymbol{(2a+1)(a-3)}$ … 答

2	×	1	1
1		−3	−6
2		−3	−5

(4) $6x^2-5x-6$

$=\boldsymbol{(2x-3)(3x+2)}$ … 答

2	×	−3	−9
3		2	4
6		−6	−5

(5) $6x^2-13x+6$

$=\boldsymbol{(2x-3)(3x-2)}$ … 答

2	×	−3	−9
3		−2	−4
6		6	−13

(6) $12x^2-7xy-10y^2$

$=\boldsymbol{(4x-5y)(3x+2y)}$ … 答

4	×	$-5y$	$-15y$
3		$2y$	$8y$
12		$-10y^2$	$-7y$

2 (1) $ax^2-(a+2)x+2$

$=\boldsymbol{(x-1)(ax-2)}$ … 答

1	×	−1	$-a$
a		−2	−2
a		2	$-(a+2)$

(2) $ax^2+(a^2-1)x-a$

$=\boldsymbol{(x+a)(ax-1)}$ … 答

1	×	a	a^2
a		−1	−1
a		$-a$	a^2-1

チェック 4-2 本冊 p.18

おき換えるとわかりやすいよ。

1 (1) $x-1=A$ とおく。

$(x-1)^3-125$

$=A^3-5^3$ ← 公式Ⅵ（3 乗の差）が使える。

$=(A-5)(A^2+5A+25)$

$=\{(x-1)-5\}\{(x-1)^2+5(x-1)+25\}$

$=(x-6)(x^2-2x+1+5x-5+25)$

$=\boldsymbol{(x-6)(x^2+3x+21)}$ … 答

(2) $x^3=A$ とおく。

x^6-7x^3-8

$=A^2-7A-8$

$=(A+1)(A-8)$

1	×	1	1
1		−8	−8
1		−8	−7

$=(x^3+1)(x^3-8)$

$=(x+1)(x^2-x+1)(x-2)(x^2+2x+4)$

$=\boldsymbol{(x+1)(x-2)(x^2-x+1)(x^2+2x+4)}$ … 答

✓チェック 4-3　本冊 p.19

共通因数をさがそう。

1 (1) $18a^3-8a$ ← 共通因数でくくる。

$=2a(9a^2-4)$ ← 平方の差

$=\mathbf{2a(3a+2)(3a-2)}$ … 答

(2) $5a^3-20ab^2=5a(a^2-4b^2)$

$=\mathbf{5a(a+2b)(a-2b)}$ … 答

(3) $y^2(5x-3)+4(3-5x)$

$=y^2(5x-3)-4(5x-3)$ ← $5x-3$ が共通因数

$=(5x-3)(y^2-4)$

$=\mathbf{(5x-3)(y+2)(y-2)}$ … 答

✓チェック 4-4　本冊 p.20

1 (1) $b+1=B$ とおくと，平方の差。

$a^2-(b+1)^2$

$=a^2-B^2=(a+B)(a-B)$

$=\{a+(b+1)\}\{a-(b+1)\}$

$=\mathbf{(a+b+1)(a-b-1)}$ … 答

(2) $2x-3y=A$ とおく。

$2(2x-3y)^2-7(2x-3y)+3$

$=2A^2-7A+3$

$=(A-3)(2A-1)$

$$\begin{array}{ccc} 1 & -3 & -6 \\ 2 & -1 & -1 \\ \hline 2 & 3 & -7 \end{array}$$

$=(2x-3y-3)\{2(2x-3y)-1\}$

$=\mathbf{(2x-3y-3)(4x-6y-1)}$ … 答

(3) $x+y=A$ とおく。

$6(x+y)^2-5(x+y)-4$

$=6A^2-5A-4$

$=(2A+1)(3A-4)$

$$\begin{array}{ccc} 2 & 1 & 3 \\ 3 & -4 & -8 \\ \hline 6 & -4 & -5 \end{array}$$

$=\{2(x+y)+1\}\{3(x+y)-4\}$

$=\mathbf{(2x+2y+1)(3x+3y-4)}$ … 答

(4) $x^2=A$ とおく。

$4x^4+7x^2-2$

$=4A^2+7A-2$

$=(A+2)(4A-1)$

$$\begin{array}{ccc} 1 & 2 & 8 \\ 4 & -1 & -1 \\ \hline 4 & -2 & 7 \end{array}$$

$=(x^2+2)(4x^2-1)$

$=(x^2+2)\{(2x)^2-1\}$

$=\mathbf{(x^2+2)(2x+1)(2x-1)}$ … 答

2 (1) $x^2+2x=A$ とおく。

$(x^2+2x)^2-7(x^2+2x)-8$

$=A^2-7A-8$

$$\begin{array}{ccc} 1 & -8 & -8 \\ 1 & 1 & 1 \\ \hline 1 & -8 & -7 \end{array}$$

$=(A-8)(A+1)$

$=(x^2+2x-8)(x^2+2x+1)$

$$\begin{array}{ccc} 1 & 4 & 4 \\ 1 & -2 & -2 \\ \hline 1 & -8 & 2 \end{array}$$

$=\mathbf{(x+4)(x-2)(x+1)^2}$

… 答

(2) $2x^2+3=A$ とおく。

$(2x^2+3)^2-2x(2x^2+3)-35x^2$

$=A^2-2xA-35x^2$

$$\begin{array}{ccc} 1 & -7x & -7x \\ 1 & 5x & 5x \\ \hline 1 & -35x^2 & -2x \end{array}$$

$=(A-7x)(A+5x)$

$=(2x^2+3-7x)(2x^2+3+5x)$

$$\begin{array}{ccc} 1 & -3 & -6 \\ 2 & -1 & -1 \\ \hline 2 & 3 & -7 \end{array}$$

$=(2x^2-7x+3)(2x^2+5x+3)$

$=\mathbf{(x-3)(2x-1)(x+1)(2x+3)}$

$$\begin{array}{ccc} 1 & 1 & 2 \\ 2 & 3 & 3 \\ \hline 2 & 3 & 5 \end{array}$$

… 答

✓チェック 4-5　本冊 p.21

複雑なたすきがけの問題。

1 (1) $x^2+5xy+6y^2+7x+17y+12$

$$\begin{array}{ccc} 2 & 3 & 9 \\ 3 & 4 & 8 \\ \hline 6 & 12 & 17 \end{array}$$

$=x^2+(5y+7)x+(6y^2+17y+12)$

$=x^2+(5y+7)x+(2y+3)(3y+4)$

$=\{x+(2y+3)\}\{x+(3y+4)\}$

$$\begin{array}{ccc} 1 & 2y+3 & 2y+3 \\ 1 & 3y+4 & 3y+4 \\ \hline 1 & (2y+3)(3y+4) & 5y+7 \end{array}$$

$=\mathbf{(x+2y+3)(x+3y+4)}$ … 答

(2) $2x^2-7xy+3y^2+4x-7y+2$

$$\begin{array}{ccc} 1 & -2 & -6 \\ 3 & -1 & -1 \\ \hline 3 & 2 & -7 \end{array}$$

$=2x^2-(7y-4)x+(3y^2-7y+2)$

$=2x^2-(7y-4)x+(y-2)(3y-1)$

$=\{x-(3y-1)\}\{2x-(y-2)\}$

$$\begin{array}{ccc} 1 & -(3y-1) & -6y+2 \\ 2 & -(y-2) & -y+2 \\ \hline 2 & (3y-1)(y-2) & -7y+4 \end{array}$$

$=\mathbf{(x-3y+1)(2x-y+2)}$ … 答

(3) $2x^2-7x-y^2+y-xy+6$

$$\begin{array}{ccc} 1 & 2 & 2 \\ 1 & -3 & -3 \\ \hline 1 & -6 & -1 \end{array}$$

$=2x^2-(y+7)x-(y^2-y-6)$

$=2x^2-(y+7)x-(y+2)(y-3)$

$=\{x-(y+2)\}\{2x+(y-3)\}$

$$\begin{array}{ccc} 1 & -(y+2) & -2y-4 \\ 2 & (y-3) & y-3 \\ \hline 2 & -(y+2)(y-3) & -y-7 \end{array}$$

$=\mathbf{(x-y-2)(2x+y-3)}$ … 答

チェック 4-6 本冊 p.22

組み合わせを考える問題。別の文字におき換えなくてもできるようになったかな。

1 (1) $x^2+6xy+9y^2-z^2$

$=(x^2+6xy+9y^2)-z^2$

$=(x+3y)^2-z^2$ ←平方の差

$=\{(x+3y)+z\}\{(x+3y)-z\}$

$=\boldsymbol{(x+3y+z)(x+3y-z)}$ …答

(2) $9x^2-y^2+2y-1$

$=9x^2-(y^2-2y+1)$

$=(3x)^2-(y-1)^2$

$=\{3x+(y-1)\}\{3x-(y-1)\}$

$=\boldsymbol{(3x+y-1)(3x-y+1)}$ …答

(3) x^2-y^2+6y-9

$=x^2-(y^2-6y+9)$

$=x^2-(y-3)^2$

$=\{x+(y-3)\}\{x-(y-3)\}$

$=\boldsymbol{(x+y-3)(x-y+3)}$ …答

(4) $2yz+zx+x+2y-3z-3$ ←zで整理する。

$=(x+2y-3)z+(x+2y-3)$ ←$x+2y-3$が共通因数

$=\boldsymbol{(x+2y-3)(z+1)}$ …答

(5) $x^3-4y^3+x^2y-4xy^2$

$=(x^3+x^2y)-(4y^3+4xy^2)$

$=x^2(x+y)-4y^2(x+y)$ ←$x+y$が共通因数

$=(x+y)(x^2-4y^2)$ ←まだできるぞ！平方の差

$=\boldsymbol{(x+y)(x+2y)(x-2y)}$ …答

チェック 4-7 本冊 p.24

次数の低い文字で整理してみよう。

1 (1) $x^2+xz-yz-y^2$ ←zで整理する。

$=(x-y)z+(x^2-y^2)$

$=(x-y)z+(x-y)(x+y)$ ←$x-y$が共通因数

$=(x-y)\{z+(x+y)\}$

$=\boldsymbol{(x-y)(x+y+z)}$ …答

(2) $a^2b+a-b-1$ ←bで整理する。

$=(a^2-1)b+(a-1)$

$=(a-1)(a+1)b+(a-1)$ ←$a-1$が共通因数

$=(a-1)\{(a+1)b+1\}$

$=\boldsymbol{(a-1)(ab+b+1)}$ …答

(3) $x^3z-xy^2z+x^2-y^2$ ←zで整理する。

$=(x^3-xy^2)z+(x^2-y^2)$

$=x(x^2-y^2)z+(x^2-y^2)$ ←(x^2-y^2)が共通因数

$=(x^2-y^2)(xz+1)$

$=\boldsymbol{(x+y)(x-y)(xz+1)}$ …答

(4) $a(b^2-c^2)+b(c^2-a^2)+c(a^2-b^2)$

$=ab^2-ac^2+bc^2-a^2b+a^2c-b^2c$ ←aで整理しよう。

$=-(b-c)a^2+(b^2-c^2)a+(bc^2-b^2c)$

$=-(b-c)a^2+(b-c)(b+c)a-bc(b-c)$

$=-(b-c)\{a^2-(b+c)a+bc\}$

$=-(b-c)(a-b)(a-c)$

$=\boldsymbol{(a-b)(b-c)(c-a)}$ …答

1	$-b$	$-b$
1	$-c$	$-c$
1	bc	$-(b+c)$

(5) $(x+y)(y+z)(z+x)+xyz$ ←xで整理しよう。

$=(y+z)\{x^2+(y+z)x+yz\}+xyz$

$=(y+z)x^2+(y+z)^2x+yz(y+z)+xyz$

$=(y+z)x^2+\{(y+z)^2+yz\}x+yz(y+z)$

2次3項式だから→たすきがけで解決

1	$y+z$	$(y+z)^2$
$y+z$	yz	yz
$y+z$	$yz(y+z)$	$(y+z)^2+yz$

与式$=\{x+(y+z)\}\{(y+z)x+yz\}$

$=(x+y+z)(yx+zx+yz)$

$=\boldsymbol{(x+y+z)(xy+yz+zx)}$ …答

item 5 実数と絶対値

チェック 5-1 本冊 p.26

1 $x=0.\dot{2}\dot{7}$ とおく。

$100x=27.\dot{2}\dot{7}$ ←小数点を循環節のあとにもってくる。

$-)\quad x=0.\dot{2}\dot{7}$

$99x=27$ より

$x=\dfrac{27}{99}=\dfrac{3}{11}$ …答

チェック 5-2 本冊 p.27

1 (1) $|2-5|+|2|\times|-5|+|2\times(-5)|$

$=|-3|+2\times5+|-10|$

$=3+10+10=23$ …答

(2) $\sqrt{x^2-4x+4}+\sqrt{x^2+2x+1}$

$=\sqrt{(x-2)^2}+\sqrt{(x+1)^2}$

$=|x-2|+|x+1|$

$=P$ とおく。

	$x<-1$	$-1\leqq x<2$	$2\leqq x$
$\lvert x-2\rvert$	$-(x-2)$	$-(x-2)$	$x-2$
$\lvert x+1\rvert$	$-(x+1)$	$x+1$	$x+1$

$2\leqq x$ のとき

$P=(x-2)+(x+1)=2x-1$

$-1\leqq x<2$ のとき

$P=-(x-2)+(x+1)=3$

$x<-1$ のとき

$P=-(x-2)-(x+1)=-2x+1$

したがって $\begin{cases} 2x-1 \ (2\leqq x \text{ のとき}) \\ 3 \ (-1\leqq x<2 \text{ のとき}) \\ -2x+1 \ (x<-1 \text{ のとき}) \end{cases}$ …答

item 6 無理数の計算

チェック 6-1 本冊 p.29

$\sqrt{a}$ を１つの文字のように考える。

1 (1) $4\sqrt{2}+\sqrt{50}-\sqrt{18}$

$=4\sqrt{2}+\sqrt{5^2\cdot 2}-\sqrt{3^2\cdot 2}$

$=4\sqrt{2}+5\sqrt{2}-3\sqrt{2}$

$=\mathbf{6\sqrt{2}}$ …答

(2) $\sqrt{24}-\sqrt{28}+\sqrt{54}+\sqrt{112}$

$=\sqrt{2^2\cdot 6}-\sqrt{2^2\cdot 7}+\sqrt{3^2\cdot 6}+\sqrt{4^2\cdot 7}$

$=2\sqrt{6}-2\sqrt{7}+3\sqrt{6}+4\sqrt{7}$

$=\mathbf{5\sqrt{6}+2\sqrt{7}}$ …答

チェック 6-2 本冊 p.29

1 (1) $(4\sqrt{3}+\sqrt{7})(\sqrt{3}-\sqrt{7})$

$=4(\sqrt{3})^2-4\sqrt{3}\cdot\sqrt{7}+\sqrt{7}\cdot\sqrt{3}-(\sqrt{7})^2$

$=12-4\sqrt{21}+\sqrt{21}-7$

$=\mathbf{5-3\sqrt{21}}$ …答

(2) $(\sqrt{2}+\sqrt{3})^2-(\sqrt{5})^2$

$=(\sqrt{2})^2+2\sqrt{2}\cdot\sqrt{3}+(\sqrt{3})^2-5$

$=2+2\sqrt{6}+3-5$

$=\mathbf{2\sqrt{6}}$ …答

(3) $(\sqrt{5}+\sqrt{7}+\sqrt{11})(\sqrt{5}+\sqrt{7}-\sqrt{11})$

$=\{(\sqrt{5}+\sqrt{7})+\sqrt{11}\}\{(\sqrt{5}+\sqrt{7})-\sqrt{11}\}$

$=(\sqrt{5}+\sqrt{7})^2-(\sqrt{11})^2$

$=(\sqrt{5})^2+2\sqrt{5}\cdot\sqrt{7}+(\sqrt{7})^2-11$

$=5+2\sqrt{35}+7-11$

$=\mathbf{1+2\sqrt{35}}$ …答

item 7 分母の有理化

チェック 7-1 本冊 p.30

分母を有理化してから通分する。

1 (1) $\dfrac{5}{\sqrt{12}}-\dfrac{3}{\sqrt{27}}=\dfrac{5}{\sqrt{2^2\cdot 3}}-\dfrac{3}{\sqrt{3^2\cdot 3}}$

$=\dfrac{5}{2\sqrt{3}}-\dfrac{3}{3\sqrt{3}}=\dfrac{5\sqrt{3}}{2(\sqrt{3})^2}-\dfrac{\sqrt{3}}{(\sqrt{3})^2}$

$=\dfrac{5\sqrt{3}}{6}-\dfrac{\sqrt{3}}{3}=\dfrac{5\sqrt{3}-2\sqrt{3}}{6}=\dfrac{3\sqrt{3}}{6}$

$=\mathbf{\dfrac{\sqrt{3}}{2}}$ …答

(2) $\dfrac{2}{\sqrt{6}}+\dfrac{2\sqrt{2}}{\sqrt{3}}-\dfrac{3\sqrt{12}}{\sqrt{18}}$

$=\dfrac{2\sqrt{6}}{(\sqrt{6})^2}+\dfrac{2\sqrt{2}\cdot\sqrt{3}}{(\sqrt{3})^2}-\dfrac{3\sqrt{2^2\cdot 3}}{\sqrt{3^2\cdot 2}}$

$=\dfrac{2\sqrt{6}}{6}+\dfrac{2\sqrt{6}}{3}-\dfrac{6\sqrt{3}}{3\sqrt{2}}$

$=\dfrac{\sqrt{6}}{3}+\dfrac{2\sqrt{6}}{3}-\dfrac{2\sqrt{3}\cdot\sqrt{2}}{(\sqrt{2})^2}$

$=\dfrac{3\sqrt{6}}{3}-\dfrac{2\sqrt{6}}{2}$

$=\sqrt{6}-\sqrt{6}=\mathbf{0}$ …答

チェック 7-2 本冊 p.31

1 (1) $\dfrac{\sqrt{2}}{\sqrt{3}+\sqrt{2}}=\dfrac{\sqrt{2}(\sqrt{3}-\sqrt{2})}{(\sqrt{3}+\sqrt{2})(\sqrt{3}-\sqrt{2})}=\dfrac{\sqrt{6}-2}{3-2}$

$=\sqrt{6}-2$

$\dfrac{\sqrt{3}}{\sqrt{3}-\sqrt{2}}=\dfrac{\sqrt{3}(\sqrt{3}+\sqrt{2})}{(\sqrt{3}-\sqrt{2})(\sqrt{3}+\sqrt{2})}=\dfrac{3+\sqrt{6}}{3-2}$

$=3+\sqrt{6}$

したがって

与式$=(\sqrt{6}-2)-(3+\sqrt{6})=\mathbf{-5}$ …答

(2) $\dfrac{\sqrt{5}}{\sqrt{3}+1}=\dfrac{\sqrt{5}(\sqrt{3}-1)}{(\sqrt{3}+1)(\sqrt{3}-1)}=\dfrac{\sqrt{15}-\sqrt{5}}{3-1}$

$=\dfrac{\sqrt{15}-\sqrt{5}}{2}$

$\dfrac{\sqrt{3}}{\sqrt{5}+\sqrt{3}}=\dfrac{\sqrt{3}(\sqrt{5}-\sqrt{3})}{(\sqrt{5}+\sqrt{3})(\sqrt{5}-\sqrt{3})}=\dfrac{\sqrt{15}-3}{5-3}$

$=\dfrac{\sqrt{15}-3}{2}$

したがって

与式$=\dfrac{\sqrt{15}-\sqrt{5}}{2}-\dfrac{\sqrt{15}-3}{2}$

$=\dfrac{(\sqrt{15}-\sqrt{5})-(\sqrt{15}-3)}{2}=\mathbf{\dfrac{3-\sqrt{5}}{2}}$ …答

チェック 7-3　本冊 p.32

1 (1) ここでは，ケース 7-3 の処方せんで少し触れた，通分する方法で解いてみましょう。

$$\frac{\sqrt{5}-2}{\sqrt{5}+2}+\frac{\sqrt{5}+2}{\sqrt{5}-2}$$

$$=\frac{(\sqrt{5}-2)^2+(\sqrt{5}+2)^2}{(\sqrt{5}+2)(\sqrt{5}-2)}$$

$$=\frac{5-4\sqrt{5}+4+5+4\sqrt{5}+4}{5-4}$$

$$=18$$ … 答

(2) $$\left(\frac{\sqrt{3}+1}{\sqrt{3}-1}\right)^2=\left\{\frac{(\sqrt{3}+1)^2}{(\sqrt{3}-1)(\sqrt{3}+1)}\right\}^2$$

$$=\left(\frac{3+2\sqrt{3}+1}{3-1}\right)^2=\left(\frac{4+2\sqrt{3}}{2}\right)^2=(2+\sqrt{3})^2$$

$$=4+4\sqrt{3}+3=7+4\sqrt{3}$$

$$\left(\frac{\sqrt{3}-1}{\sqrt{3}+1}\right)^2=\left\{\frac{(\sqrt{3}-1)^2}{(\sqrt{3}+1)(\sqrt{3}-1)}\right\}^2$$

$$=\left(\frac{3-2\sqrt{3}+1}{3-1}\right)^2=\left(\frac{4-2\sqrt{3}}{2}\right)^2=(2-\sqrt{3})^2$$

$$=4-4\sqrt{3}+3=7-4\sqrt{3}$$

したがって

与式 $=(7+4\sqrt{3})+(7-4\sqrt{3})=14$ … 答

チェック 7-4　本冊 p.33

1 (1) $$\frac{1}{\sqrt{2}-1}=\frac{\sqrt{2}+1}{(\sqrt{2}-1)(\sqrt{2}+1)}=\frac{\sqrt{2}+1}{2-1}=\sqrt{2}+1$$

$$\frac{1}{\sqrt{2}+\sqrt{3}}=\frac{\sqrt{2}-\sqrt{3}}{(\sqrt{2}+\sqrt{3})(\sqrt{2}-\sqrt{3})}=\frac{\sqrt{2}-\sqrt{3}}{2-3}$$

$$=\sqrt{3}-\sqrt{2}$$

$$\frac{1}{1-\sqrt{2}}=-\frac{1}{\sqrt{2}-1}=-(\sqrt{2}+1)$$

したがって

与式 $=(\sqrt{2}+1)+(\sqrt{3}-\sqrt{2})+(\sqrt{2}+1)$

$=\sqrt{3}+\sqrt{2}+2$ … 答

(2) $$\frac{1}{(2-\sqrt{3})^2}+\frac{1}{(2+\sqrt{3})^2}$$

$$=\frac{(2+\sqrt{3})^2+(2-\sqrt{3})^2}{(2-\sqrt{3})^2(2+\sqrt{3})^2}$$

$$=\frac{4+4\sqrt{3}+3+4-4\sqrt{3}+3}{\{(2-\sqrt{3})(2+\sqrt{3})\}^2}$$

$$=\frac{14}{(4-3)^2}=14$$ … 答

(3) $$\frac{\sqrt{2}}{\sqrt{3}-1}=\frac{\sqrt{2}(\sqrt{3}+1)}{(\sqrt{3}-1)(\sqrt{3}+1)}=\frac{\sqrt{6}+\sqrt{2}}{3-1}$$

$$=\frac{\sqrt{6}+\sqrt{2}}{2}$$

$$\frac{\sqrt{2}}{\sqrt{3}+1}=\frac{\sqrt{2}(\sqrt{3}-1)}{(\sqrt{3}+1)(\sqrt{3}-1)}=\frac{\sqrt{6}-\sqrt{2}}{3-1}$$

$$=\frac{\sqrt{6}-\sqrt{2}}{2}$$

$$\frac{\sqrt{3}}{\sqrt{2}+1}=\frac{\sqrt{3}(\sqrt{2}-1)}{(\sqrt{2}+1)(\sqrt{2}-1)}=\frac{\sqrt{6}-\sqrt{3}}{2-1}$$

$$=\sqrt{6}-\sqrt{3}$$

したがって

与式 $=\dfrac{\sqrt{6}+\sqrt{2}}{2}+\dfrac{\sqrt{6}-\sqrt{2}}{2}-(\sqrt{6}-\sqrt{3})$

$$=\frac{2\sqrt{6}}{2}-(\sqrt{6}-\sqrt{3})$$

$$=\sqrt{6}-\sqrt{6}+\sqrt{3}=\sqrt{3}$$ … 答

チェック 7-5　本冊 p.34

組み合わせを考えて，分母を有理化する。

1 (1) $$\frac{1}{\sqrt{2}+\sqrt{3}-\sqrt{5}}$$

$$=\frac{(\sqrt{2}+\sqrt{3})+\sqrt{5}}{\{(\sqrt{2}+\sqrt{3})-\sqrt{5}\}\{(\sqrt{2}+\sqrt{3})+\sqrt{5}\}}$$

$$=\frac{\sqrt{2}+\sqrt{3}+\sqrt{5}}{(\sqrt{2}+\sqrt{3})^2-5}=\frac{\sqrt{2}+\sqrt{3}+\sqrt{5}}{2+2\sqrt{6}+3-5}$$

$$=\frac{\sqrt{2}+\sqrt{3}+\sqrt{5}}{2\sqrt{6}}=\frac{(\sqrt{2}+\sqrt{3}+\sqrt{5})\sqrt{6}}{2\sqrt{6}\cdot\sqrt{6}}$$

$$=\frac{\sqrt{2}\cdot\sqrt{6}+\sqrt{3}\cdot\sqrt{6}+\sqrt{5}\cdot\sqrt{6}}{12}$$

$$=\frac{2\sqrt{3}+3\sqrt{2}+\sqrt{30}}{12}$$ … 答

(2) $$\frac{\sqrt{2}-\sqrt{3}+\sqrt{5}}{\sqrt{2}+\sqrt{3}-\sqrt{5}}$$

$$=\frac{(\sqrt{2}-\sqrt{3}+\sqrt{5})(\sqrt{2}+\sqrt{3}+\sqrt{5})}{(\sqrt{2}+\sqrt{3}-\sqrt{5})(\sqrt{2}+\sqrt{3}+\sqrt{5})}$$

$$=\frac{\{(\sqrt{2}+\sqrt{5})-\sqrt{3}\}\{(\sqrt{2}+\sqrt{5})+\sqrt{3}\}}{\{(\sqrt{2}+\sqrt{3})-\sqrt{5}\}\{(\sqrt{2}+\sqrt{3})+\sqrt{5}\}}$$

$$=\frac{(\sqrt{2}+\sqrt{5})^2-(\sqrt{3})^2}{(\sqrt{2}+\sqrt{3})^2-(\sqrt{5})^2}=\frac{2+2\sqrt{10}+5-3}{2+2\sqrt{6}+3-5}$$

$$=\frac{4+2\sqrt{10}}{2\sqrt{6}}=\frac{(2+\sqrt{10})\sqrt{6}}{\sqrt{6}\cdot\sqrt{6}}$$

$$=\frac{2\sqrt{6}+\sqrt{10}\cdot\sqrt{6}}{6}$$

$$=\frac{2\sqrt{6}+2\sqrt{15}}{6}=\frac{\sqrt{6}+\sqrt{15}}{3}$$ … 答

item 8 無理数の整数部分と小数部分

チェック 8-1 本冊 p.37

1 $2<\sqrt{5}<3$ だから　$a=2$

小数部分は　$b=\sqrt{5}-2$

よって　$\dfrac{a}{b}=\dfrac{2}{\sqrt{5}-2}=\dfrac{2(\sqrt{5}+2)}{(\sqrt{5}-2)(\sqrt{5}+2)}$

$=\dfrac{2(\sqrt{5}+2)}{5-4}=2\sqrt{5}+4$

$4<2\sqrt{5}<5$ ← $(2\sqrt{5})^2=20$, $16<20<25$ （$16=4^2$, $25=5^2$）

$8<2\sqrt{5}+4<9$ だから，$2\sqrt{5}+4$ の整数部分は　8

したがって，小数部分は

$(2\sqrt{5}+4)-8=\mathbf{2\sqrt{5}-4}$　… 答

チェック 8-2 本冊 p.37

1 (1) $\dfrac{1}{2-\sqrt{3}}=\dfrac{2+\sqrt{3}}{(2-\sqrt{3})(2+\sqrt{3})}=\dfrac{2+\sqrt{3}}{4-3}=2+\sqrt{3}$

$1<\sqrt{3}<2$ より $3<2+\sqrt{3}<4$ だから

整数部分　$a=3$

小数部分　$b=2+\sqrt{3}-3=\sqrt{3}-1$

よって　$\mathbf{a=3,\ b=\sqrt{3}-1}$　… 答

(2) $a^2+4ab+4b^2=(a+2b)^2$

$=\{3+2(\sqrt{3}-1)\}^2=(1+2\sqrt{3})^2$

$=1+4\sqrt{3}+(2\sqrt{3})^2$

$=1+4\sqrt{3}+12=\mathbf{13+4\sqrt{3}}$　… 答

2 (1) $\sqrt{28+\sqrt{300}}=\sqrt{28+\sqrt{4\cdot 75}}$

$=\sqrt{28+2\sqrt{75}}=\sqrt{(25+3)+2\sqrt{25\cdot 3}}$

$=\sqrt{(\sqrt{25}+\sqrt{3})^2}=\sqrt{25}+\sqrt{3}=5+\sqrt{3}$

$1<\sqrt{3}<2$ より　$6<5+\sqrt{3}<7$

ゆえに　$a=6,\ b=5+\sqrt{3}-6=\sqrt{3}-1$

これより

$\dfrac{1}{a+b+1}+\dfrac{1}{a-b-1}$

$=\dfrac{1}{a+b+1}+\dfrac{1}{a-(b+1)}$

$=\dfrac{1}{6+\sqrt{3}}+\dfrac{1}{6-\sqrt{3}}$

$=\dfrac{(6-\sqrt{3})+(6+\sqrt{3})}{(6+\sqrt{3})(6-\sqrt{3})}$

$=\dfrac{12}{36-3}=\dfrac{12}{33}$

$=\mathbf{\dfrac{4}{11}}$　… 答

item 9 式の値

チェック 9-1 本冊 p.39

1 対称式は基本対称式で表せる。

$x=\dfrac{1}{\sqrt{5}-2}=\dfrac{\sqrt{5}+2}{(\sqrt{5}-2)(\sqrt{5}+2)}=\dfrac{\sqrt{5}+2}{5-4}=\sqrt{5}+2$

$y=\dfrac{1}{\sqrt{5}+2}=\dfrac{\sqrt{5}-2}{(\sqrt{5}+2)(\sqrt{5}-2)}=\dfrac{\sqrt{5}-2}{5-4}=\sqrt{5}-2$

より

(1) $xy=(\sqrt{5}+2)(\sqrt{5}-2)=5-4=\mathbf{1}$　… 答

(2) $x+y=(\sqrt{5}+2)+(\sqrt{5}-2)=\mathbf{2\sqrt{5}}$　… 答

(3) $x^2+xy+y^2=(x+y)^2-xy$

$=(2\sqrt{5})^2-1=20-1=\mathbf{19}$　… 答

(4) $x^3+y^3=(x+y)(x^2-xy+y^2)$

$=(x+y)\{(x+y)^2-3xy\}$

$=2\sqrt{5}\{(2\sqrt{5})^2-3\cdot 1\}$

$=2\sqrt{5}(20-3)=\mathbf{34\sqrt{5}}$　… 答

2 $x=\dfrac{\sqrt{3}}{\sqrt{2}+1}=\dfrac{\sqrt{3}(\sqrt{2}-1)}{(\sqrt{2}+1)(\sqrt{2}-1)}=\dfrac{\sqrt{6}-\sqrt{3}}{2-1}$

$=\sqrt{6}-\sqrt{3}$

$y=\dfrac{\sqrt{3}}{\sqrt{2}-1}=\dfrac{\sqrt{3}(\sqrt{2}+1)}{(\sqrt{2}-1)(\sqrt{2}+1)}=\dfrac{\sqrt{6}+\sqrt{3}}{2-1}$

$=\sqrt{6}+\sqrt{3}$

より

(1) $x+y=(\sqrt{6}-\sqrt{3})+(\sqrt{6}+\sqrt{3})=\mathbf{2\sqrt{6}}$　… 答

(2) $xy=(\sqrt{6}-\sqrt{3})(\sqrt{6}+\sqrt{3})=6-3=\mathbf{3}$　… 答

(3) $x^2+y^2=x^2+2xy+y^2-2xy$

$=(x+y)^2-2xy$

$=(2\sqrt{6})^2-2\cdot 3=24-6=\mathbf{18}$　… 答

チェック 9-2 本冊 p.39

1 $x^2+y^2=(x+y)^2-2xy$

$=3^2-2(-1)=9+2=\mathbf{11}$　… 答

$x^3+y^3=(x+y)(x^2-xy+y^2)$

$=(x+y)\{(x^2+y^2)-xy\}$

$=3\{11-(-1)\}$

$=3\cdot 12=\mathbf{36}$　… 答

2 (1) $x^2+y^2=(x+y)^2-2xy$ だから

$17=5^2-2xy$　　$2xy=25-17$　　$2xy=8$

したがって　$\mathbf{xy=4}$　… 答

(2) $x^3+y^3=(x+y)(x^2-xy+y^2)$

$=5(17-4)=\mathbf{65}$　… 答

チェック 9-3　本冊 p.40

対称式の考え方で解こう。

1 (1) $x=\sqrt{3}-\sqrt{2}$ だから

$$\frac{1}{x}=\frac{1}{\sqrt{3}-\sqrt{2}}=\frac{\sqrt{3}+\sqrt{2}}{(\sqrt{3}-\sqrt{2})(\sqrt{3}+\sqrt{2})}$$

$$=\frac{\sqrt{3}+\sqrt{2}}{3-2}=\sqrt{3}+\sqrt{2}$$

$$x+\frac{1}{x}=(\sqrt{3}-\sqrt{2})+(\sqrt{3}+\sqrt{2})=\mathbf{2\sqrt{3}}$$ …答

(2) $x^2+\dfrac{1}{x^2}=\left(x+\dfrac{1}{x}\right)^2-2x\cdot\dfrac{1}{x}$

$=(2\sqrt{3})^2-2\cdot1=12-2=\mathbf{10}$ …答

(3) $x^3+\dfrac{1}{x^3}=\left(x+\dfrac{1}{x}\right)\left(x^2-x\cdot\dfrac{1}{x}+\dfrac{1}{x^2}\right)$

$=2\sqrt{3}(10-1)=\mathbf{18\sqrt{3}}$ …答

item 10　1 次不等式

チェック 10-1　本冊 p.43

1 (1) $\dfrac{x-5}{3}<\dfrac{2x+3}{7}$ の両辺に 21 を掛ける。

$7(x-5)<3(2x+3)$

$7x-35<6x+9$　移項して

$7x-6x<9+35$

$\boldsymbol{x<44}$ …答

(2) $\dfrac{x-1}{2}-\dfrac{-x+1}{3}>1$ の両辺に 6 を掛ける。

$3(x-1)-2(-x+1)>6$

$3x-3+2x-2>6$　移項して

$3x+2x>6+3+2$

$5x>11$

$\boldsymbol{x>\dfrac{11}{5}}$ …答

チェック 10-2　本冊 p.44

1 (1)

$3(1-x)\leqq 5-x$	$x-9<6(2-x)$
$3-3x\leqq 5-x$	$x-9<12-6x$
$-3x+x\leqq 5-3$	$x+6x<12+9$
$-2x\leqq 2$	$7x<21$
$x\geqq -1$ …①	$x<3$ …②

①，②より

$\boldsymbol{-1\leqq x<3}$ …答

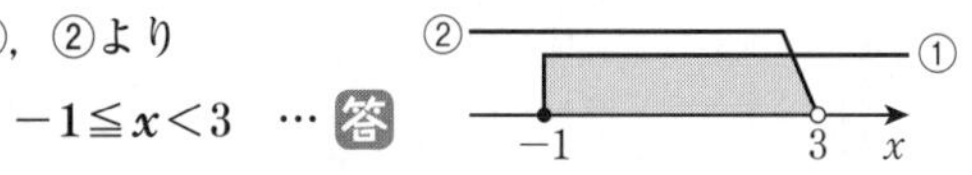

(2)

$\dfrac{x+4}{6}\geqq\dfrac{x}{2}-\dfrac{1}{3}$	$\dfrac{x}{2}-\dfrac{1}{3}>\dfrac{x}{3}-2$
$x+4\geqq 3x-2$	$3x-2>2x-12$
$x-3x\geqq -2-4$	$3x-2x>-12+2$
$-2x\geqq -6$	$x>-10$ …②
$x\leqq 3$ …①	

①，②より

$\boldsymbol{-10<x\leqq 3}$ …答

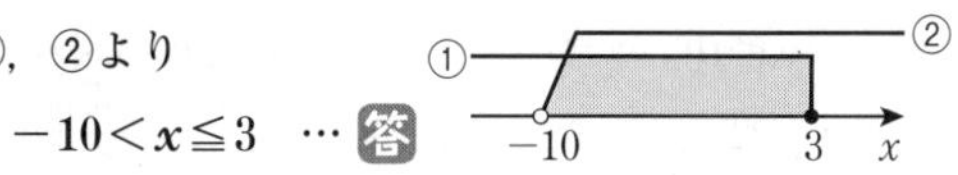

チェック 10-3　本冊 p.45

1

$5x-8<2x+1$	$x+3\leqq 3x-a$
$5x-2x<1+8$	$x-3x\leqq -a-3$
$3x<9$	$-2x\leqq -a-3$
$x<3$ …①	$x\geqq\dfrac{a+3}{2}$ …②

①かつ②の範囲内に整数が 5 個存在するには

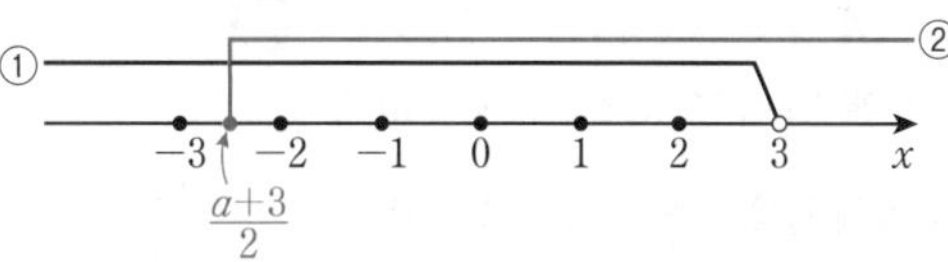

$-3<\dfrac{a+3}{2}\leqq -2$ ←各辺に 2 を掛けて

$-6<a+3\leqq -4$ ←各辺に −3 を加えて

$\boldsymbol{-9<a\leqq -7}$ …答

チェック 10-4　本冊 p.47

1 (1) 10% の食塩水に 6% の食塩水 xg を混ぜて 200g の食塩水を作るから，10% の食塩水は $(200-x)$g

	10% の食塩水	6% の食塩水	混ぜた食塩水
食塩水の重さ	$200-x$	x	200
食塩の重さ	$0.1(200-x)$	$0.06x$	←2 つの和
濃度(小数で)	0.1	0.06	

混ぜた食塩水の食塩の量は

$\{0.1(200-x)+0.06x\}$g

食塩水の量は 200g だから，その濃度は

$$\frac{0.1(200-x)+0.06x}{200}$$

これを百分率で表すと

$$\frac{0.1(200-x)+0.06x}{200}\times100$$

$$=\frac{10(200-x)+6x}{200}$$

$$=\frac{2000-10x+6x}{200}=\frac{2000-4x}{200}$$

$=\boldsymbol{\dfrac{500-x}{50}}$ (%) …答

(2) (1)で求めた濃度が8% 以上9% 以下だから

$8 \leqq \dfrac{500-x}{50} \leqq 9$ ←各辺に50を掛ける。

$400 \leqq 500-x \leqq 450$

$400 \leqq 500-x$　かつ　$500-x \leqq 450$

$x \leqq 500-400$　　　　$-x \leqq 450-500$

$x \leqq 100$　…①　　　　$x \geqq 50$　…②

①，②より　$50 \leqq x \leqq 100$

よって，**50g 以上 100g 以下。** 

チェック 10-5　本冊 p.48

1 (1) 走る時間と歩く時間が等しいので，これを x 分とする。このとき

$180x+60x=6000$　　$240x=6000$

$x=25$ (分)

したがって　$25 \times 2=$ **50 (分)** …答

(2) 分速 180m で走る距離を xm とする。

走る時間は $\dfrac{x}{180}$ 分，歩く時間は $\dfrac{6000-x}{60}$ 分

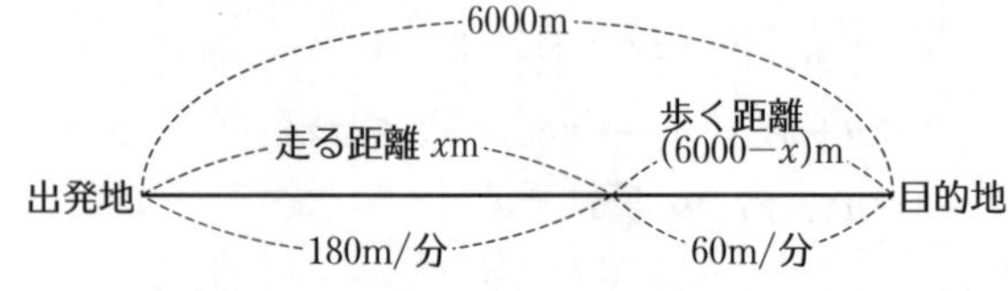

よって　$40 \leqq \dfrac{x}{180}+\dfrac{6000-x}{60} \leqq 45$ ←180倍する。

$40 \times 180 \leqq x+3(6000-x) \leqq 45 \times 180$

$7200 \leqq x+18000-3x \leqq 8100$

$7200 \leqq -2x+18000 \leqq 8100$

$7200 \leqq -2x+18000$　かつ　$-2x+18000 \leqq 8100$

$2x \leqq 18000-7200$　　　$-2x \leqq 8100-18000$

$x \leqq 5400$　　　　　$x \geqq 4950$

よって　$4950 \leqq x \leqq 5400$

したがって，**4950m 以上 5400m 以下。** 

$x=5400$ のときは，

走る時間は　$\dfrac{5400}{180}=30$ (分)

歩く時間は　$\dfrac{600}{60}=10$ (分)

このとき 40 分。

$x=4950$ のときは，

走る時間は　$\dfrac{4950}{180}=\dfrac{55}{2}$ (分)

歩く時間は　$\dfrac{1050}{60}=\dfrac{35}{2}$ (分)

このとき 45 分。

item 11　絶対値記号を含む方程式・不等式

チェック 11-1　本冊 p.50

1 (1) $|2x+1|=7$ だから

$2x+1=7$　または　$2x+1=-7$

$2x=6$　　　　$2x=-8$

$x=3$　　　　$x=-4$

よって　**$x=3,\ -4$** …答

(2) $|2x-3|<5$ だから

$-5<2x-3<5$

$-5<2x-3$　かつ　$2x-3<5$

$-2x<2$　　　　$2x<8$

$x>-1$　…①　　　$x<4$　…②

①，②より　**$-1<x<4$** …答

(3) $|6-x| \geqq 3$ だから

$6-x \leqq -3$　または　$6-x \geqq 3$

$-x \leqq -9$　　　　$-x \geqq -3$

$x \geqq 9$　…①　　　$x \leqq 3$　…②

①，②より　**$x \leqq 3,\ 9 \leqq x$** …答

2 (1) $|x-2| \geqq 3$ より　$x-2 \leqq -3$　または　$x-2 \geqq 3$

$x-2 \leqq -3$ より　$x \leqq -1$

$x-2 \geqq 3$ より　$x \geqq 5$

$-6 \leqq x<6$ とともに図示すると

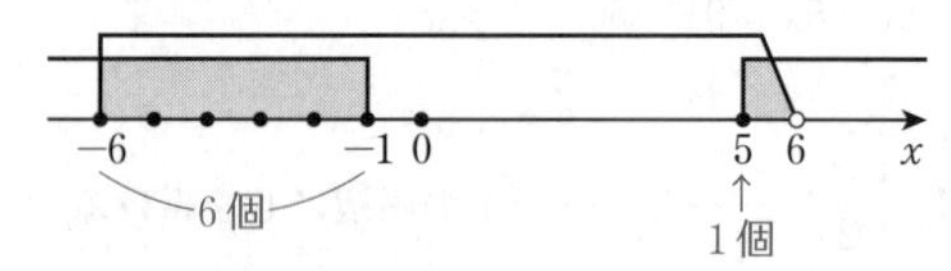

よって，求める x の個数は7個。…答

(2) (1)より，$a=6$ のとき x の個数は7個。

$a=7$ のとき x の個数は9個。

$a=8$ のとき x の個数は11個。…

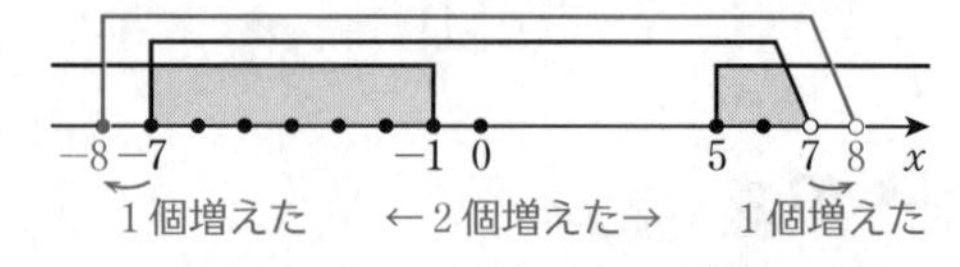

a が1大きくなると x の個数は2個増える。

$a=6$ のときより $25-7=18$ (個) 増えるのは，a が $18 \div 2=9$ 大きくなるとき。

よって　$6+9=$ **15** …答

チェック 11-2　本冊 p.51

1 (1) $|x+1|+2x=7$

$$|x+1|=\begin{cases} x+1 & (x \geqq -1 \text{ のとき}) \\ -(x+1) & (x<-1 \text{ のとき}) \end{cases}$$ だから

(i) $x \geqq -1$ のとき

$x+1+2x=7$

$3x=6$

$x=2$ ($x \geqq -1$ より適)

(ii) $x<-1$ のとき

$-(x+1)+2x=7$

$-x-1+2x=7$

$x=8$ ($x<-1$ より不適)

(i), (ii)より　$\boldsymbol{x=2}$　… 答

(2) $|x-2|<\frac{1}{2}x-\frac{1}{2}$

$$|x-2|=\begin{cases} x-2 & (x \geqq 2 \text{ のとき}) \\ -(x-2) & (x<2 \text{ のとき}) \end{cases}$$ だから

(i) $x \geqq 2$ のとき

$x-2<\frac{1}{2}x-\frac{1}{2}$

両辺に 2 を掛けて

$2(x-2)<x-1$

$2x-4<x-1$

$x<3$

$x \geqq 2$ だから　$2 \leqq x<3$　…①

(ii) $x<2$ のとき

$-(x-2)<\frac{1}{2}x-\frac{1}{2}$

両辺に 2 を掛けて

$-2(x-2)<x-1$

$-2x+4<x-1$

$-3x<-5$

$x>\frac{5}{3}$

$x<2$ だから　$\frac{5}{3}<x<2$　…②

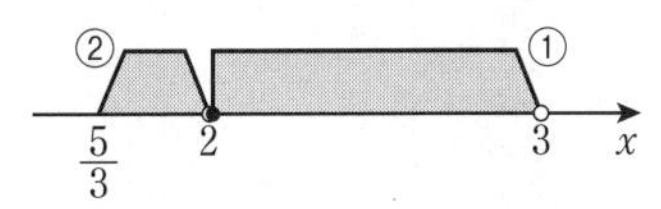

(i), (ii)より　$\boldsymbol{\frac{5}{3}<x<3}$　… 答

item 12 集 合

チェック 12-1　本冊 p.53

1 $U=\{1,\ 2,\ 3,\ 4,\ 5,\ 6,\ 7,\ 8,\ 9\}$

$A=\{1,\ 3,\ 5,\ 7,\ 9\}$

$B=\{2,\ 3,\ 5,\ 7\}$

ベン図は右のようになることから，

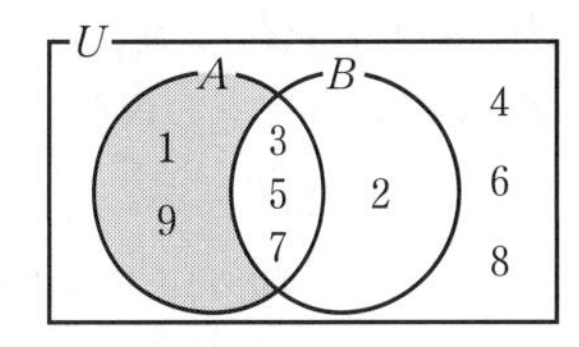

$A \cap \overline{B}$ で　④　… 答

チェック 12-2　本冊 p.53

1 (1) $\{2,\ 5\}$　… 答

(2) $x<1,\ 4<x$ より　$\{0,\ 5\}$　… 答

(3) $x^2+9 \geqq 6x$ より　$x^2-6x+9 \geqq 0$

$(x-3)^2 \geqq 0$ の解はすべての実数だから

$\{0,\ 1,\ 2,\ 3,\ 4,\ 5\}$　… 答

(4) $\sqrt{0}=0,\ \sqrt{1}=1,\ \sqrt{4}=2$ は有理数だから

$\{2,\ 3,\ 5\}$　… 答

item 13 命 題

チェック 13-1　本冊 p.55

「ヤリは先が必要」を覚えているかな。

1 図より，$P \subset Q$　だから　$\overline{Q} \subset \overline{P}$

よって　$\overline{q} \overset{○}{\underset{×}{\rightleftarrows}} \overline{p}$ (は) ←「は」のある方に矢印の先がある。

必要条件であるが，十分条件でない。

答　②

2 $(x-y)(y-z)=0 \Longrightarrow x=y=z$ について

$(x-y)(y-z)=0$ は $x=y$ または $y=z$

よって，成立しない。(反例：$x=y=1,\ z=2$)

$x=y=z \Longrightarrow (x-y)(y-z)=0$ は成立する。

よって

$(x-y)(y-z)=0$ (は) $\overset{×}{\underset{○}{\rightleftarrows}}$ $x=y=z$ ←「は」の方に矢印の先がある。

$(x-y)(y-z)=0$ は $x=y=z$ であるための必要条件であるが十分条件ではない。 答　③

3 (1) $x^2=9$ より　$x=\pm 3$

ゆえに　$x^2=9$ (は) $\overset{×(\text{反例}：x=-3)}{\underset{○}{\rightleftarrows}}$ $x=3$ だから

$x^2=9$ は $x=3$ であるための必要条件であるが十分条件でない。 答　①

(2) 四角形 ABCD が正方形である (は) $\overset{\bigcirc}{\underset{\times}{\rightleftarrows}}$ 四角形 ABCD が長方形である

だから，四角形 ABCD が正方形であることは四角形 ABCD が長方形であるための十分条件であるが必要条件でない。 答 ②

チェック 13-2 本冊 p.57

1 命題は「m は 3 の倍数かつ n は 2 の倍数であるならば，mn は 6 の倍数である。」だから

(1) 逆は，「mn は 6 の倍数ならば，m は 3 の倍数かつ n は 2 の倍数である。」

偽，反例：$m=6$，$n=1$ …答

(2) 対偶は，「mn は 6 の倍数でないならば，m は 3 の倍数でない，または n は 2 の倍数でない。」

真 …答

［理由］ 命題 A の真偽を考える。

m は 3 の倍数だから　$m=3p$ (p：自然数)

n は 2 の倍数だから　$n=2q$ (q：自然数)

このとき $mn=3p\cdot2q=6pq$ で，pq は自然数だから mn は 6 の倍数である。

よって，命題 A は真である。

したがって，命題 A の対偶も真である。［証明終］

第2章　2次関数

item 14　2次関数のグラフ

チェック 14-1　本冊 p.59

1 (1) $y=x^2+2x-1$

$=(x^2+2x+1^2-1^2)-1$　← 平方が作れる。

$=(x+1)^2-2$

したがって，軸の方程式　$x=-1$
頂点の座標　$(-1,\ -2)$　…答

(2) $y=-x^2+4x+3$

$=-(x^2-4x)+3$

$=-(x^2-4x+2^2-2^2)+3$　← 平方が作れる。

$=-\{(x-2)^2-4\}+3$

$=-(x-2)^2+4+3$

$=-(x-2)^2+7$

したがって，頂点の座標は　$(2,\ 7)$　…答

item 15　2次関数のグラフの移動

チェック 15-1　本冊 p.61

1 $y=2x^2-16x+34$

$=2\left(x^2-\frac{16}{2}x\right)+34$

$=2(x^2-8x+4^2-4^2)+34$

$=2\{(x-4)^2-16\}+34$

$=2(x-4)^2-32+34$

$=2(x-4)^2+2$

頂点の座標は　$(4,\ 2)$

x 軸方向に -2，y 軸方向に -2 だけ平行移動すると，頂点は点 $(2,\ 0)$ に移る。

よって，求める方程式は　$y=2(x-2)^2$　…答

[別解]

x 軸方向に -2，y 軸方向に -2 だけ平行移動するから

$x \to x+2,\ y \to y+2$

となる。もとの式に代入して

$y+2=2(x+2)^2-16(x+2)+34$

整理して　$y=2x^2-8x+8$　…答

2 $y=3x^2-2x+1$

$=3\left(x^2-\frac{2}{3}x\right)+1$

$=3\left\{\left(x-\frac{1}{3}\right)^2-\frac{1}{9}\right\}+1$

$=3\left(x-\frac{1}{3}\right)^2-\frac{1}{3}+1$

$=3\left(x-\frac{1}{3}\right)^2+\frac{2}{3}$

頂点の座標は　$\left(\frac{1}{3},\ \frac{2}{3}\right)$

$y=3x^2-8x+7$

$=3\left(x^2-\frac{8}{3}x\right)+7$

$=3\left\{\left(x-\frac{4}{3}\right)^2-\frac{16}{9}\right\}+7$

$=3\left(x-\frac{4}{3}\right)^2-\frac{16}{3}+7$

$=3\left(x-\frac{4}{3}\right)^2+\frac{5}{3}$

頂点の座標は　$\left(\frac{4}{3},\ \frac{5}{3}\right)$

よって，点 $\left(\frac{1}{3},\ \frac{2}{3}\right)$ が点 $\left(\frac{4}{3},\ \frac{5}{3}\right)$ に移るには，

x 軸方向に $\frac{4}{3}-\frac{1}{3}=1$，$y$ 軸方向に $\frac{5}{3}-\frac{2}{3}=1$ だけ平行移動すればよい。①1，②1　…答

チェック 15-2　本冊 p.62

1 もとの放物線の頂点の座標を $(p,\ q)$ とする。

放物線のもとの頂点の座標を求めることがポイント！

$(p,\ q)$　3　-2　$(1,\ 2)$

点 $(p,\ q)$ を，x 軸方向に 3，y 軸方向に -2 だけ平行移動すると点 $(1,\ 2)$ になるから

$p+3=1,\ q-2=2$

$p=-2,\ q=4$ より，もとの放物線の頂点の座標は

$(-2,\ 4)$　← 図から求めてもいいよ。

よって，もとの放物線の方程式は

$y=2(x+2)^2+4$

これを展開して　$y=2x^2+8x+12$

したがって　$a=8,\ b=12$　…答

2 $y=-x^2-4x+1$
$=-(x^2+4x)+1$
$=-(x^2+4x+2^2-2^2)+1$
$=-\{(x+2)^2-4\}+1$
$=-(x+2)^2+5$ より，

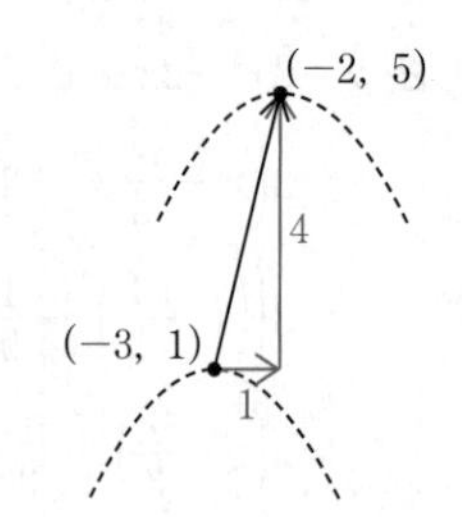

頂点の座標は　$(-2,\ 5)$

もとの 2 次関数のグラフの頂点を，x 軸方向に 1，y 軸方向に 4 だけ平行移動すると点 $(-2,\ 5)$ になる。

もとの 2 次関数のグラフの頂点の座標は，図より

$(-3,\ 1)$

x^2 の係数は変わらない。

よって，もとの 2 次関数は

$y=-(x+3)^2+1=-x^2-6x-8$

したがって　$\boldsymbol{a=-1,\ b=-6,\ c=-8}$ …答

チェック 15-3　本冊 p.63

1 (1) y 軸に関して対称移動だから，x を $-x$ におき換えればよい。

$y=(-x)^2-2(-x)-3$ より

$y=\boldsymbol{x^2+2x-3}$ …答

(2) もとの放物線の頂点と移動した後の放物線の頂点を結ぶ線分の中点が，直線 $y=n$ 上にあると考えよう。x 座標は移動したあとも変わらないよ。

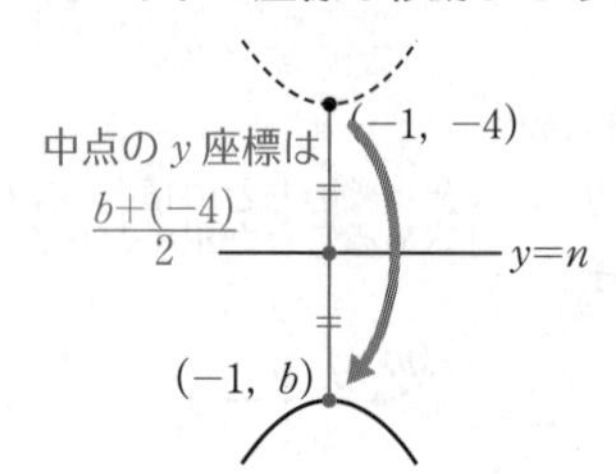

$y=x^2+2x-3$
$=(x+1)^2-1-3$
$=(x+1)^2-4$

頂点の座標は　$(-1,\ -4)$

点 $(-1,\ -4)$ を直線 $y=n$ に関して対称に移動した点の座標を $(-1,\ b)$ とすると，中点が直線 $y=n$ 上にあるから

$\dfrac{b-4}{2}=n$　　$b-4=2n$　　$b=2n+4$

また，放物線の凹凸が逆になるので，x^2 の係数の符号が変わる。

求める放物線は，$y=-(x+1)^2+(2n+4)$ より

$y=\boldsymbol{-(x+1)^2+2n+4}$ …答

2 (1) ①を x 軸方向に -2，y 軸方向に P だけ平行移動したものは　$y-P=-(x+2)^2+2(x+2)+3$

これが点 $(-2,\ 4)$ を通るので

$4-P=-(-2+2)^2+2(-2+2)+3$

$\boldsymbol{P=1}$ …答

求める放物線は，

$y-1=-(x+2)^2+2(x+2)+3$ より

$\boldsymbol{y=-x^2-2x+4}$ …答

(2) 原点に関して対称移動だから，x を $-x$ に，y を $-y$ におき換えればよい。

求める放物線は，$-y=-(-x)^2+2(-x)+3$ より

$\boldsymbol{y=x^2+2x-3}$ …答

(3) $y=-x^2+2x+3$
$=-(x^2-2x)+3$
$=-(x^2-2x+1^2-1^2)+3$
$=-\{(x-1)^2-1\}+3$
$=-(x-1)^2+4$

頂点の座標は　$(1,\ 4)$

点 $(1,\ 4)$ を直線 $y=-2$ に関して対称移動する。

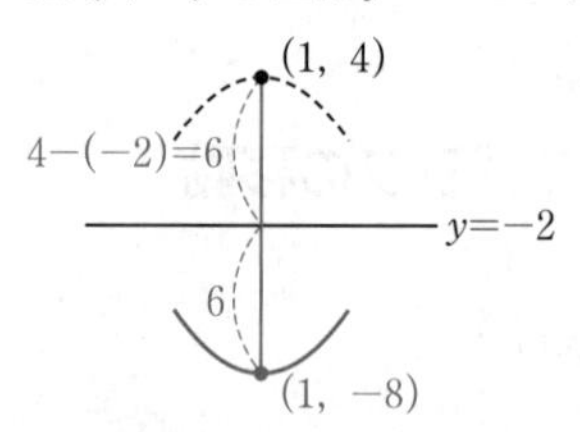

図より，点 $(1,\ -8)$ に移る。

また，放物線の凹凸が逆になるので，x^2 の係数の符号が変わる。

求める放物線は

$\boldsymbol{y=(x-1)^2-8}$ …答

「直線に関して対称」という問題では，
①具体的に直線の式が与えられていたら図から読み取る。
②与えられていなかったら中点を考える。
のがよさそうだね。

item 16 2次関数の決定

チェック 16-1 本冊 p.64

1 (1) 頂点の座標が $(-1,\ -3)$ だから

$y=a(x+1)^2-3$ …①

①が点 $(1,\ 1)$ を通るから

$1=a(1+1)^2-3$　　$4a=4$　　$a=1$

したがって　$\boldsymbol{y=(x+1)^2-3}$ … 答

(2) 軸が直線 $x=-2$ だから

$y=a(x+2)^2+q$ …①

①が点 $(0,\ 3)$ を通るから　$3=4a+q$ …②

①が点 $(-1,\ 0)$ を通るから　$0=a+q$ …③

②，③の連立方程式を解くと

$a=1,\ q=-1$ ←

$$\begin{array}{r} 4a+q=3 \\ -)\ \ a+q=0 \\ \hline 3a\quad\ =3 \\ a\quad\ =1 \end{array}$$

したがって

$\boldsymbol{y=(x+2)^2-1}$ … 答

チェック 16-2 本冊 p.65

1 (1) 求める2次関数を $y=ax^2+bx+c$ …①　とおく。

①が点 $(0,\ 1)$ を通るから　$1=c$ …②

①が点 $(1,\ 6)$ を通るから　$6=a+b+c$ …③

①が点 $(-2,\ 3)$ を通るから

$3=4a-2b+c$ …④

②を③に代入して　$a+b=5$ …③′

②を④に代入して　$4a-2b=2$

$2a-b=1$ …④′

③′，④′ の連立方程式を解くと

$a=2,\ b=3$ ←

$$\begin{array}{r} 2a-b=1 \\ +)\ \ a+b=5 \\ \hline 3a\quad\ =6 \end{array}$$

したがって

$\boldsymbol{y=2x^2+3x+1}$ … 答

(2) 求める2次関数を $y=ax^2+bx+c$ …①　とおく。

①が点 $(1,\ 7)$ を通るから　$7=a+b+c$ …②

①が点 $(-1,\ 1)$ を通るから　$1=a-b+c$ …③

①が点 $(3,\ 5)$ を通るから　$5=9a+3b+c$ …④

②－③より　$2b=6$　　$b=3$

$b=3$ を②に代入して　$a+c=4$ …②′

$b=3$ を④に代入して　$9a+c=-4$ …④′

④′－②′ より　$8a=-8$　　$a=-1$

$a=-1$ を②′ に代入して　$c=4+1=5$

したがって　$\boldsymbol{y=-x^2+3x+5}$ … 答

チェック 16-3 本冊 p.65

1 (1) 2点 $(-3,\ 0)$，$(1,\ 0)$ を通るから，

$y=a(x+3)(x-1)$ とおける。

これが点 $(-2,\ -6)$ を通るから

$-6=a(-2+3)(-2-1)$　　$-6=-3a$

$a=2$

求める2次関数は　$\boldsymbol{y=2(x+3)(x-1)}$ … 答

(2) 2点 $(-2,\ 0)$，$(5,\ 0)$ を通るから，

$y=a(x+2)(x-5)$ とおける。

これが点 $(4,\ 6)$ を通るから

$6=a(4+2)(4-5)$　　$6=-6a$　　$a=-1$

求める2次関数は　$\boldsymbol{y=-(x+2)(x-5)}$ … 答

2 x 軸と $x=-1,\ 3$ で交わる

$\Longleftrightarrow$ 2点 $(-1,\ 0)$，$(3,\ 0)$ を通る

よって，$y=a(x+1)(x-3)$ とおける。

y 軸と $y=3$ で交わる $\Longleftrightarrow$ 点 $(0,\ 3)$ を通る

よって　$3=a(0+1)(0-3)$　　$3=-3a$　　$a=-1$

求める放物線の方程式は

$\boldsymbol{y=-(x+1)(x-3)}$ … 答

item 17 2次関数の最大・最小

チェック 17-1 本冊 p.67

1 $y=x^2-6x+10$

$=x^2-6x+9-9+10$ ← 平方が作れる。

$=(x-3)^2+1$

したがって，最小値　**1（$\boldsymbol{x=3}$ のとき）** … 答

チェック 17-2 本冊 p.67

1 $y=-2x^2+4kx+4$

$=-2(x^2-2kx+k^2-k^2)+4$

$=-2\{(x-k)^2-k^2\}+4$

$=-2(x-k)^2+2k^2+4$

よって，$x=k$ のとき最大値は $2k^2+4$ だから

$2k^2+4=6$　　$k^2=1$　　$k=\pm1$

$k>0$ より　$\boldsymbol{k=1}$ … 答

item 18 2次関数の最大・最小（定義域に制限がある）

チェック 18-1 本冊 p.68

1 $y=3x^2+18x-5$

$=3(x^2+6x+9-9)-5$

$=3\{(x+3)^2-9\}-5$

$=3(x+3)^2-32$

定義域は $-2\leqq x\leqq 1$ だから，

グラフは右のようになる。

したがって

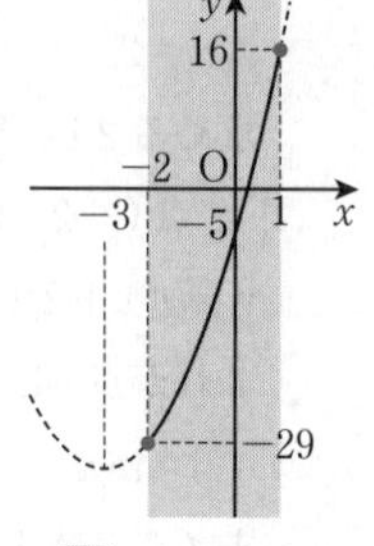

$\begin{cases}\text{最大値} & 16\ (x=1\text{ のとき})\\ \text{最小値} & -29\ (x=-2\text{ のとき})\end{cases}$ … 答

チェック 18-2 本冊 p.69

定義域 $0\leqq x\leqq a$ の部分のグラフをかこう。

1 $y=x^2-4x+1$

$=(x^2-4x+4-4)+1$

$=\{(x-2)^2-4\}+1$

$=(x-2)^2-3$

(i) $0<a<2$ のとき，軸は定義域の右外にあり，グラフは右の図のようになる。

よって，最小値をとるのは $x=a$ のときで

a^2-4a+1

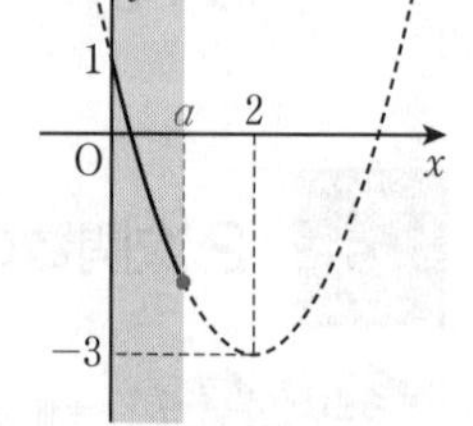

(ii) $2\leqq a$ のとき，軸は定義域内にあり，グラフは右の図のようになる。

よって，最小値をとるのは $x=2$ のときで　-3

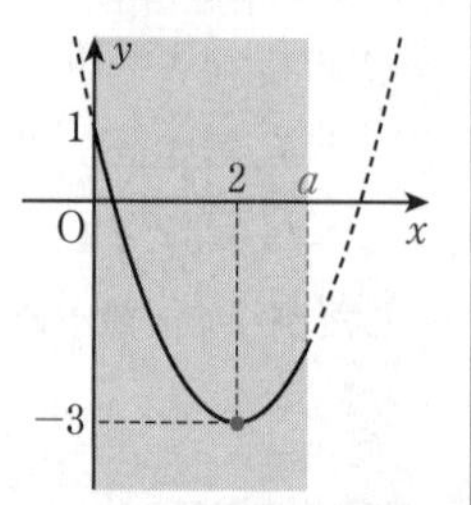

したがって

$\begin{cases}0<a<2\text{ のとき} & a^2-4a+1\ (x=a\text{ のとき})\\ 2\leqq a\text{ のとき} & -3\ (x=2\text{ のとき})\end{cases}$ … 答

チェック 18-3 本冊 p.70

1 $a<-1$ より　$a+2<1$

よって，軸は定義域の右外にある。

右のグラフより，最小値をとるのは $x=a+2$ のときで

$y=(a+2-1)^2+2$

$=a^2+2a+3$

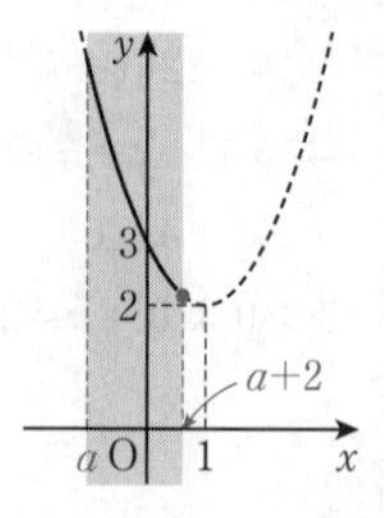

答 $a^2+2a+3\ (x=a+2$ のとき$)$

チェック 18-4 本冊 p.71

1 $y=-x^2+2ax+3$

$=-(x^2-2ax+a^2-a^2)+3$

$=-\{(x-a)^2-a^2\}+3$

$=-(x-a)^2+a^2+3$

軸は　$x=a$

(i) グラフの軸が定義域の左外にある場合

つまり，$a<-2$ のとき。

右のグラフより，

最大値をとるのは $x=-2$ のときで

$y=-(-2)^2+2a(-2)+3$

$=-4a-1$

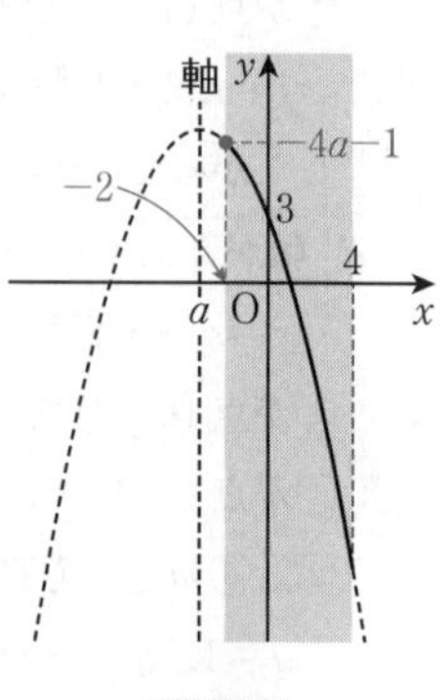

(ii) グラフの軸が定義域の内部にある場合

つまり，$-2\leqq a\leqq 4$ のとき，

最大値をとるのは $x=a$ のときで

$y=a^2+3$

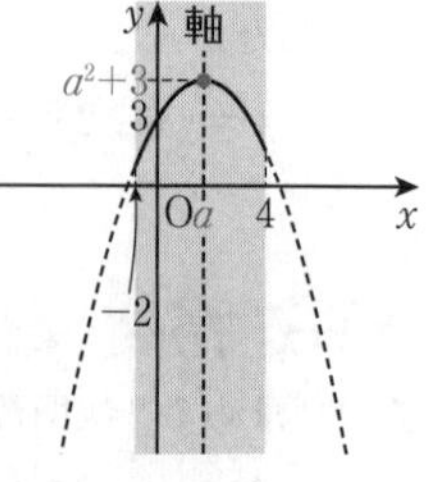

(iii) グラフの軸が定義域の右外にある場合

つまり，$4<a$ のとき，

最大値をとるのは $x=4$ のときで

$y=-4^2+2a\cdot 4+3$

$=8a-13$

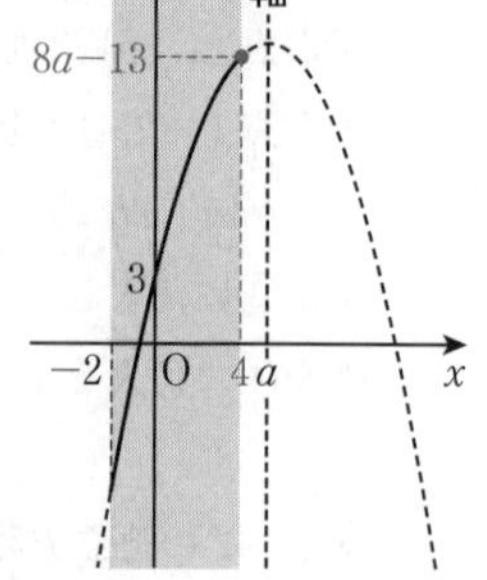

したがって　$\begin{cases}a<-2\text{ のとき} & -4a-1\\ -2\leqq a\leqq 4\text{ のとき} & a^2+3\\ 4<a\text{ のとき} & 8a-13\end{cases}$ … 答

item 19 複雑な関数の最大・最小

チェック 19-1 本冊 p.72

1 $y=(x^2-4x)^2+2(x^2-4x)+2$

$(0\leqq x\leqq 5)$

$x^2-4x=t$ とおくと

$t=x^2-4x+4-4$

$=(x-2)^2-4\ (0\leqq x\leqq 5)$

このグラフは右のようになる。

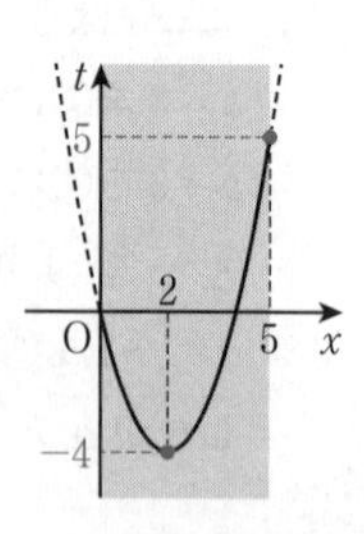

t の変域は　$-4 \leqq t \leqq 5$

よって

$y = t^2 + 2t + 2\ (-4 \leqq t \leqq 5)$

$y = t^2 + 2t + 1 + 1$

$\quad = (t+1)^2 + 1$

グラフは右の通り。

$\begin{cases} \text{最大値}\ 37 \\ \text{最小値}\ 1 \end{cases}$ …**答**

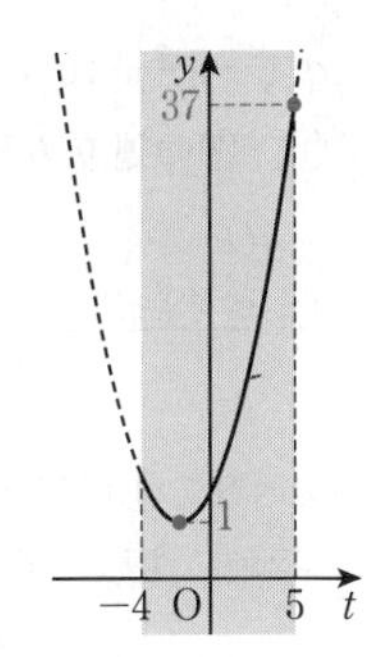

item 20 最大値・最小値が与えられた問題

チェック 20-1　本冊 p.73

1 $y = ax^2 - 4ax + b\ (0 \leqq x \leqq 5,\ a > 0)$

$y = a(x^2 - 4x) + b$

$\quad = a(x^2 - 4x + 4 - 4) + b$

$\quad = a\{(x-2)^2 - 4\} + b$

$\quad = a(x-2)^2 - 4a + b$

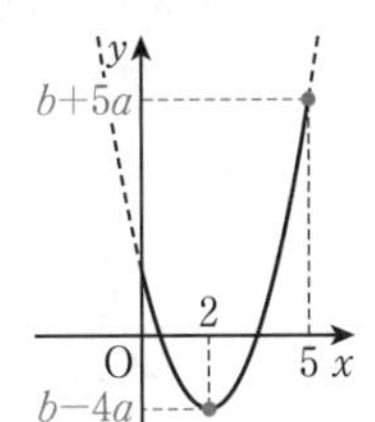

グラフより，

最大値をとるのは $x = 5$ のときで

$b + 5a = 7$　…①

最小値をとるのは $x = 2$ のときで

$b - 4a = -2$　…②

①−②より　$9a = 9$　　$a = 1$

$a > 0$ より適する。

①に代入して　$b + 5 = 7$　　$b = 2$

したがって　$\boldsymbol{a = 1,\ b = 2}$　…**答**

item 21 条件式のある最大・最小

チェック 21-1　本冊 p.74

条件式を利用して，文字を減らそう。

1 $x^2 + y^2 = z$ とおく。

$2x - y = 5$ より　$y = 2x - 5$

$z = x^2 + y^2$ に代入して

$z = x^2 + (2x-5)^2$

$\quad = 5x^2 - 20x + 25$

$\quad = 5(x^2 - 4x) + 25$

$\quad = 5(x^2 - 4x + 4 - 4) + 25$

$\quad = 5\{(x-2)^2 - 4\} + 25$

$\quad = 5(x-2)^2 + 5$

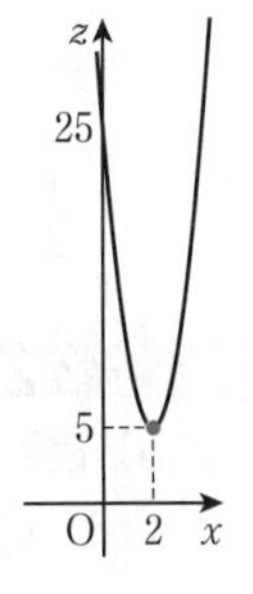

グラフより，$x = 2$ のとき最小値 5 をとる。

このとき　$y = -1$

答　$\boldsymbol{5\ (x = 2,\ y = -1\ のとき)}$

item 22 2次方程式

チェック 22-1　本冊 p.76

1 (1) $3x^2 + 5x - 2 = 0$ ←因数分解できる。

$(x+2)(3x-1) = 0$

$\boldsymbol{x = -2,\ \dfrac{1}{3}}$　…**答**

1 ╳ 2 — 6
3 ╳ −1 — −1
3　−2　5

(2) $x^2 - 2x - 1 = 0$ ←解の公式の利用

$x = 1 \pm \sqrt{1^2 - 1 \cdot (-1)}$　　$x = \dfrac{-b' \pm \sqrt{b'^2 - ac}}{a}$

$\quad \boldsymbol{= 1 \pm \sqrt{2}}$　…**答**

(3) $\dfrac{1}{2}x^2 - x - \dfrac{1}{5} = 0$ ←両辺を 10 倍する。

$5x^2 - 10x - 2 = 0$ ←解の公式の利用

$x = \dfrac{5 \pm \sqrt{5^2 - 5 \cdot (-2)}}{5} = \boldsymbol{\dfrac{5 \pm \sqrt{35}}{5}}$　…**答**

(4) $x^2 - \sqrt{2}x - 4 = 0$ ←解の公式の利用

$x = \dfrac{\sqrt{2} \pm \sqrt{(\sqrt{2})^2 - 4 \cdot 1 \cdot (-4)}}{2 \cdot 1}$　　$x = \dfrac{-b \pm \sqrt{b^2 - 4ac}}{2a}$

$\quad = \dfrac{\sqrt{2} \pm \sqrt{18}}{2} = \dfrac{\sqrt{2} \pm 3\sqrt{2}}{2}$ より

$x = \dfrac{4\sqrt{2}}{2} = 2\sqrt{2}$，$x = \dfrac{-2\sqrt{2}}{2} = -\sqrt{2}$

したがって　$\boldsymbol{x = 2\sqrt{2},\ -\sqrt{2}}$　…**答**

(5) $(x+1)^2 = 3x^2 - 2$

$x^2 + 2x + 1 = 3x^2 - 2$

$2x^2 - 2x - 3 = 0$ ←解の公式の利用

$x = \dfrac{1 \pm \sqrt{1 - 2 \cdot (-3)}}{2} = \boldsymbol{\dfrac{1 \pm \sqrt{7}}{2}}$　…**答**

(6) $2x^2 - 3x = 1$

$2x^2 - 3x - 1 = 0$ ←解の公式の利用

$x = \dfrac{3 \pm \sqrt{9 - 4 \cdot 2 \cdot (-1)}}{2 \cdot 2} = \boldsymbol{\dfrac{3 \pm \sqrt{17}}{4}}$　…**答**

(7) $(x+2)^2 + 8(x+2) + 15 = 0$

$x + 2 = t$ とおくと

$t^2 + 8t + 15 = 0$ ←たすきがけ

1 ╳ 3 — 3
1 ╳ 5 — 5
1　15　8

$(t+3)(t+5) = 0$

$t = -3,\ -5$ ←$t = x + 2$ にもどす。

$x + 2 = -3$，$x + 2 = -5$ より

$\boldsymbol{x = -5,\ -7}$　…**答**

✓チェック 22-2　本冊 p.78

1 (1) $x^2+(k-3)x+k=0$ が重解をもつのは $D=0$ のとき。

$D=(k-3)^2-4k=0$ より　$k^2-6k+9-4k=0$

$k^2-10k+9=0$ ← 因数分解できる。

$(k-1)(k-9)=0$ より　$k=1,\ 9$

$k=1$ のとき

$x^2-2x+1=0$　　$(x-1)^2=0$ より　$x=1$

$k=9$ のとき

$x^2+6x+9=0$　　$(x+3)^2=0$ より　$x=-3$

したがって $\begin{cases} \boldsymbol{k=1} \text{のとき，重解は}\ \boldsymbol{x=1} \\ \boldsymbol{k=9} \text{のとき，重解は}\ \boldsymbol{x=-3} \end{cases}$ …答

(2) $x^2+2(a-1)x+a^2-3a-1=0$ が重解をもつから

$\dfrac{D}{4}=(a-1)^2-(a^2-3a-1)=0$

$a^2-2a+1-a^2+3a+1=0$

$a+2=0$　　$a=-2$

$a=-2$ のとき，$x^2-6x+9=0$ だから

$(x-3)^2=0$　　$x=3$

したがって，

$a=-2$ のとき，重解は　$x=3$ …答

✓チェック 22-3　本冊 p.79

1 $x=2$ が方程式 $ax^2+(a+1)x+3=0$ の解だから，$x=2$ をこの方程式に代入して

$a\cdot 2^2+(a+1)\cdot 2+3=0$

$4a+2a+2+3=0$　　$6a=-5$

$a=-\dfrac{5}{6}$

よって　この方程式は

$-\dfrac{5}{6}x^2+\left(-\dfrac{5}{6}+1\right)x+3=0$ ← 両辺を 6 倍

$-5x^2+x+18=0$

$5x^2-x-18=0$ ← $\begin{array}{ccc} 5 & 9 & 9 \\ 1 & -2 & -10 \\ \hline 5 & -18 & -1 \end{array}$

$(5x+9)(x-2)=0$

よって　$x=-\dfrac{9}{5},\ 2$

したがって，もう 1 つの解は　**$x=-\dfrac{9}{5}$** …答

✓チェック 22-4　本冊 p.79

1 $x=-5$ が 2 つの方程式の解だから，$x=-5$ を方程式に代入して，

$(-5)^2+a\cdot(-5)+2b=0$ より　$5a-2b=25$　…①

$a\cdot(-5)^2+16\cdot(-5)-b=0$ より　$25a-b=80$　…②

①，②の連立方程式を解くと

$$\begin{array}{rrr} ① & 5a-2b= & 25 \\ ②\times 2\ -) & 50a-2b= & 160 \\ \hline & -45a\qquad = & -135 \end{array}$$

$a=3$

$a=3$ を①に代入して　　$5\cdot 3-2b=25$

$2b=-10$　　$b=-5$

したがって　$\begin{cases} \boldsymbol{a=3} \\ \boldsymbol{b=-5} \end{cases}$ …答

item 23　2次関数のグラフと方程式

✓チェック 23-1　本冊 p.82

1 (1) x 軸は，直線 $y=0$ だから，$2x^2+x-1=0$ の解が x 軸との交点の x 座標。

$(2x-1)(x+1)=0$ より ← $\begin{array}{ccc} 2 & -1 & -1 \\ 1 & 1 & 2 \\ \hline 2 & -1 & 1 \end{array}$

$x=\dfrac{1}{2},\ -1$

したがって，x 軸から切り取る線分の長さは

$\dfrac{1}{2}-(-1)=\dfrac{3}{2}$ …答

(2) 放物線 $y=2x^2+x-1$ の頂点の座標を求める。

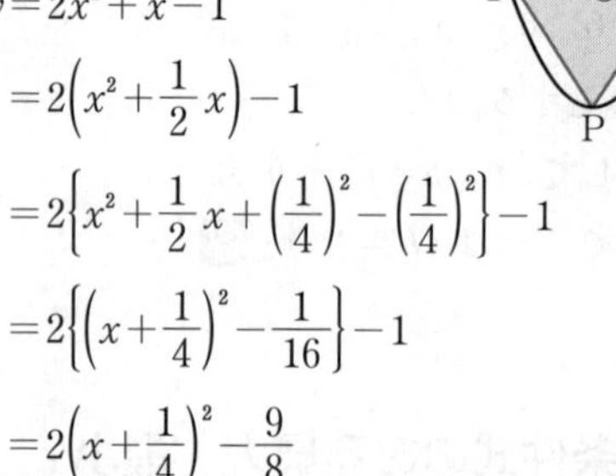

$y=2x^2+x-1$

$=2\left(x^2+\dfrac{1}{2}x\right)-1$

$=2\left\{x^2+\dfrac{1}{2}x+\left(\dfrac{1}{4}\right)^2-\left(\dfrac{1}{4}\right)^2\right\}-1$

$=2\left\{\left(x+\dfrac{1}{4}\right)^2-\dfrac{1}{16}\right\}-1$

$=2\left(x+\dfrac{1}{4}\right)^2-\dfrac{9}{8}$

よって，頂点の座標は　$\mathrm{P}\left(-\dfrac{1}{4},\ -\dfrac{9}{8}\right)$

$\triangle\mathrm{ABP}$ は，底辺 $\mathrm{AB}=\dfrac{3}{2}$，高さ $\dfrac{9}{8}$ の三角形。

したがって，求める面積は

$\dfrac{1}{2}\cdot\dfrac{3}{2}\cdot\dfrac{9}{8}=\dfrac{27}{32}$ …答

✓チェック 23-2　本冊 p.83

1 (1) 直線と放物線の共有点が 2 つ

$\Longleftrightarrow$ y を消去した方程式が異なる 2 つの実数解をもつ

$\Longleftrightarrow$ 方程式の判別式　$D>0$

放物線 $y=x^2-2kx+2k^2-4k$ と x 軸との共有点の x 座標は $x^2-2kx+2k^2-4k=0$ の解である。

$\dfrac{D}{4}=k^2-(2k^2-4k)>0$ より

$-k^2+4k>0$ ← 両辺に -1 を掛ける。

$k^2-4k<0 \qquad k(k-4)<0$

したがって　$\boldsymbol{0<k<4}$ …答

(2) 直線と放物線が接する

$\Longleftrightarrow$ y を消去した方程式が重解をもつ

$\Longleftrightarrow$ 方程式の判別式　$D=0$

$\begin{cases} y=x^2-2kx+2k^2-4k \\ y=2x-6 \end{cases}$ から y を消去して

$x^2-2kx+2k^2-4k=2x-6$

$x^2-2(k+1)x+(2k^2-4k+6)=0$

$\dfrac{D}{4}=(k+1)^2-(2k^2-4k+6)=0$

$k^2+2k+1-2k^2+4k-6=0$

$-k^2+6k-5=0 \qquad k^2-6k+5=0$

$(k-1)(k-5)=0 \qquad k=1,\ 5$

したがって　$\boldsymbol{k=1,\ 5}$ …答

2 ①と $y=2x-1$ が接するとき，

$x^2+ax+b=2x-1$ が重解をもつ。

$x^2+(a-2)x+(b+1)=0$

判別式 $(a-2)^2-4(b+1)=0$ より

$a^2-4a+4-4b-4=0 \qquad a^2-4a-4b=0$ …②

同様にして，①と $y=-4x+2$ が接するとき，

$x^2+ax+b=-4x+2$ が重解をもつ。

$x^2+(a+4)x+(b-2)=0$

判別式 $(a+4)^2-4(b-2)=0$ より

$a^2+8a+16-4b+8=0$

$a^2+8a-4b+24=0$ …③

②，③の連立方程式を解くと

$$\begin{array}{rrrrl} & a^2 & -4a & -4b & =0 \\ -) & a^2 & +8a & -4b+24 & =0 \\ \hline & & -12a & -24 & =0 \end{array}$$

$a=-2$

$(-2)^2-4\cdot(-2)-4b=0$

$b=3$

したがって　$\begin{cases} \boldsymbol{a=-2} \\ \boldsymbol{b=3} \end{cases}$ …答

item 24

2次不等式

✓チェック 24-1　本冊 p.85

1 (1) $(x-1)^2-4=0$

$(x-1+2)(x-1-2)=0$

$(x+1)(x-3)=0$

$x=-1,\ 3$

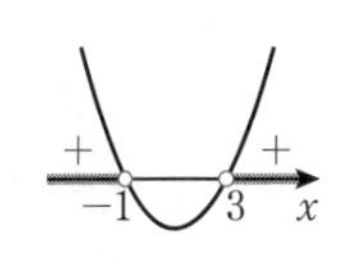

グラフより，不等式の解は

$\boldsymbol{x<-1,\ 3<x}$ …答

(2) $x^2-2x+3=0$ の判別式を D とすると

$D=(-2)^2-4\cdot1\cdot3=-8<0$

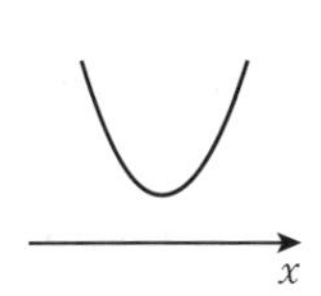

グラフより，

不等式の解はない。…答

(3) $-x^2+2x-2<0$ ← 両辺に -1 を掛ける。

$x^2-2x+2>0$

$x^2-2x+2=0$ の判別式を D とすると

$D=(-2)^2-4\cdot1\cdot2=-4<0$

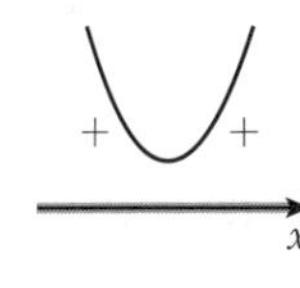

グラフより，

不等式の解はすべての実数。…答

(4) $x^2+10x-25=0$

$x=-5\pm\sqrt{5^2-1\cdot(-25)}$

$=-5\pm5\sqrt{2}$

グラフより，不等式の解は

$\boldsymbol{-5-5\sqrt{2}\leqq x\leqq -5+5\sqrt{2}}$ …答

(5) $16x^2-8x+1=0$

$(4x-1)^2=0$

$x=\dfrac{1}{4}$

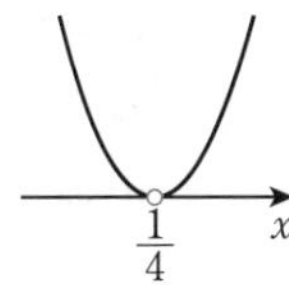

グラフより，不等式の解は

$\boldsymbol{x=\dfrac{1}{4}}$ 以外のすべての実数。…答

(6) $9x^2-12x+4=0$

$(3x-2)^2=0$

$x=\dfrac{2}{3}$

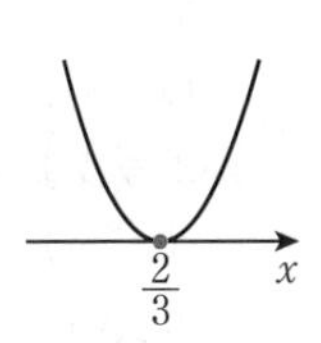

グラフより，不等式の解は

$\boldsymbol{x=\dfrac{2}{3}}$ …答

チェック 24-2 本冊 p.86

1 (1) $x^2-2x-3\leqq 0$

$(x-3)(x+1)\leqq 0$

グラフより　$-1\leqq x\leqq 3$　…①

$x^2-3x+2>0$

$(x-1)(x-2)>0$

グラフより　$x<1,\ 2<x$　…②

①，②の共通部分を

とって

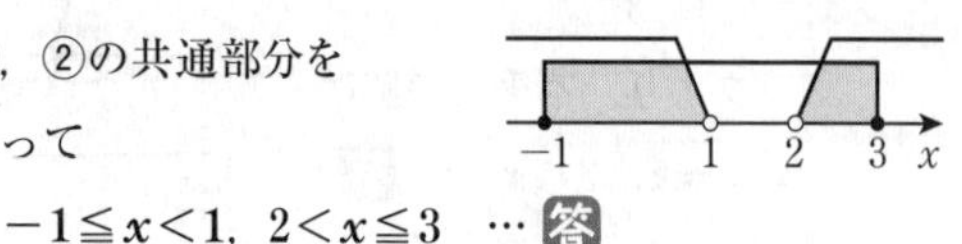

$-1\leqq x<1,\ 2<x\leqq 3$　… 答

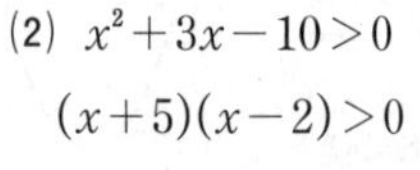

(2) $x^2+3x-10>0$

$(x+5)(x-2)>0$

グラフより

$x<-5,\ 2<x$　…①

$x^2-2x-3\leqq 0$

$(x-3)(x+1)\leqq 0$

グラフより　$-1\leqq x\leqq 3$　…②

①，②の共通部分をとって

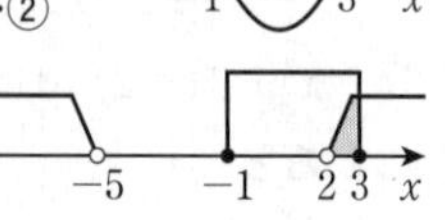

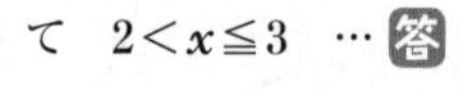

て　**$2<x\leqq 3$**　… 答

(3) $-2x<x^2$ より　$x^2+2x>0$

$x(x+2)>0$

グラフより

$x<-2,\ 0<x$　…①

$x^2<4x+5$

$x^2-4x-5<0$

$(x-5)(x+1)<0$

グラフより

$-1<x<5$　…②

①，②の共通部分を

とって

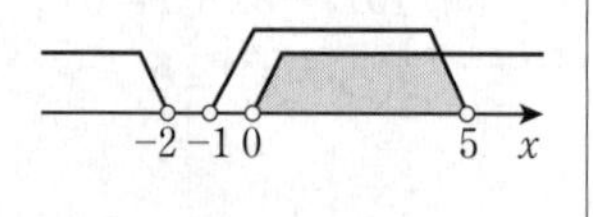

$0<x<5$　… 答

(4) $|x-1|<3$ より　$-3<x-1<3$

よって　$-2<x<4$　…①

└ $-3<x-1<3$ の各辺に 1 を加える。

$x^2-3x+2\geqq 0$

$(x-1)(x-2)\geqq 0$

グラフより　$x\leqq 1,\ 2\leqq x$　…②

①，②の共通部分を

とって

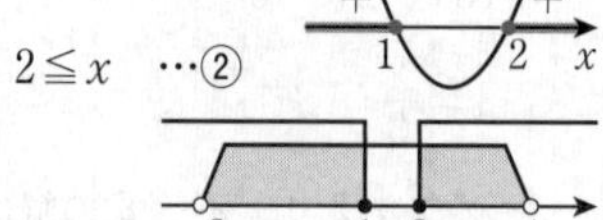

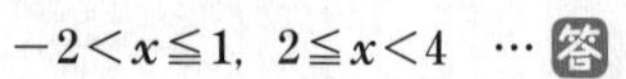

$-2<x\leqq 1,\ 2\leqq x<4$　… 答

チェック 24-3 本冊 p.87

1 常に $2x^2-(k+5)x+(2k+4)>0$ となるのは，

$y=2x^2-(k+5)x+(2k+4)$

のグラフが右の図のようになる

場合である。

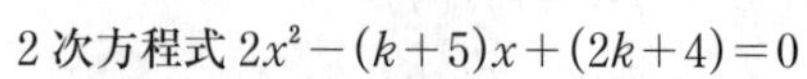

2 次方程式 $2x^2-(k+5)x+(2k+4)=0$

の判別式を D とすると

$D=(k+5)^2-4\cdot 2\cdot(2k+4)$

$=k^2+10k+25-16k-32$

$=k^2-6k-7$

$=(k+1)(k-7)$

$D<0$ となればよいから

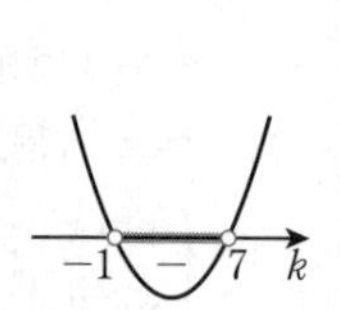

$(k+1)(k-7)<0$

グラフより　**$-1<k<7$**　… 答

2 $x^2+(a-1)x-a(2a-1)<0$ ←たすきがけ

$(x-a)(x+2a-1)<0$

$(x-a)(x+2a-1)=0$ の解

は $x=a,\ -2a+1$ である。

$$\begin{array}{ccc} 1 & -a & \to -a \\ 1 & (2a-1) & \to 2a-1 \\ \hline 1 & -a(2a-1) & a-1 \end{array}$$

不等式を解くためのグラフは a と $-2a+1$ の大小で変わる。

$a-(-2a+1)=3a-1$

(i) $a<-2a+1\left(a<\dfrac{1}{3}\right)$ のとき

グラフは右の図のようになる

から

$a<x<-2a+1$

(ii) $a=-2a+1\left(a=\dfrac{1}{3}\right)$ のとき

グラフは右の図のようになる

から，解なし。

(iii) $a>-2a+1\left(a>\dfrac{1}{3}\right)$ のとき

グラフは右の図のようになる

から

$-2a+1<x<a$

したがって

$$\begin{cases} a<\dfrac{1}{3} \text{ のとき}\quad a<x<-2a+1 \\ a=\dfrac{1}{3} \text{ のとき}\quad \text{解なし} \\ a>\dfrac{1}{3} \text{ のとき}\quad -2a+1<x<a \end{cases}$$

… 答

2次方程式の解の存在範囲

チェック 25-1　本冊 p.90

1 (1) 2次方程式 $x^2+mx+(m^2+2m)=0$ …① の判別式を D とする。

①が重解をもつのは，$D=0$ のときである。

$D=m^2-4(m^2+2m)$

$=-3m^2-8m$

$=-m(3m+8)$

$=0$ より

$m=0,\ -\dfrac{8}{3}$

$m=0$ のとき，①は $x^2=0$　重解は　$x=0$

$m=-\dfrac{8}{3}$ のとき，①は

$x^2-\dfrac{8}{3}x+\left(-\dfrac{8}{3}\right)^2+2\left(-\dfrac{8}{3}\right)=0$

$x^2-\dfrac{8}{3}x+\dfrac{16}{9}=0$　　$\left(x-\dfrac{4}{3}\right)^2=0$

重解は　$x=\dfrac{4}{3}$

正の重解をもつのは　$m=-\dfrac{8}{3}$　… 答

(2) $f(x)=x^2+mx+m^2+2m$ とおく。

①が正と負の実数解を1つずつもつのは，$y=f(x)$ のグラフが右の図のようになるときで，その条件は

$f(0)<0$

$f(0)=m^2+2m$

$=m(m+2)<0$

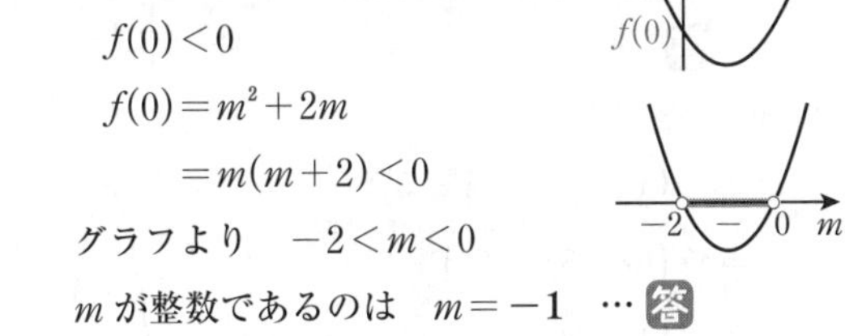

グラフより　$-2<m<0$

m が整数であるのは　$m=-1$　… 答

2 2次方程式 $x^2+mx+(m+8)=0$ …① について，

(1) ①の判別式を D とする。

①が異なる2つの実数解をもつのは，$D>0$ のときである。

$D=m^2-4(m+8)$

$=m^2-4m-32$

$=(m+4)(m-8)>0$

グラフより

$m<-4,\ 8<m$　… 答

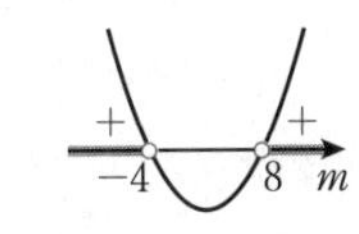

(2) $f(x)=x^2+mx+(m+8)$ とおく。

①が正の解と負の解をもつのは，$y=f(x)$ のグラフが右の図のようになるときで，その条件は

$f(0)<0$

$f(0)=m+8<0$

したがって　$m<-8$　… 答

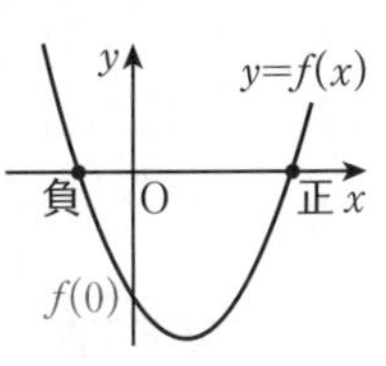

チェック 25-2　本冊 p.91

1 ＊の判別式を D とする。

(1) ＊が異なる2つの実数解をもつ条件は　$D>0$

$\dfrac{D}{4}=a^2-(2-a)=a^2+a-2$

$=(a-1)(a+2)>0$

グラフより　$a<-2,\ 1<a$　… 答

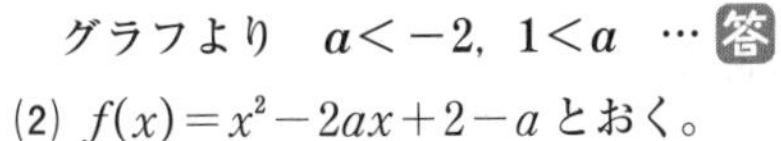

(2) $f(x)=x^2-2ax+2-a$ とおく。

＊が異なる2つの負の解をもつのは，$y=f(x)$ のグラフが右の図のようになる場合である。

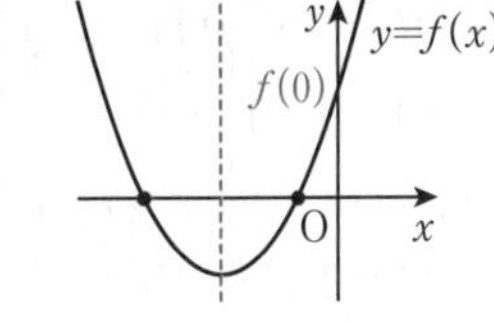

このようになる条件は

$D>0$，軸<0，$f(0)>0$
（(1)）

軸<0 より　$a<0$　…①

$f(0)>0$ より　$2-a>0$　　$a<2$　…②

(1)と①，②より

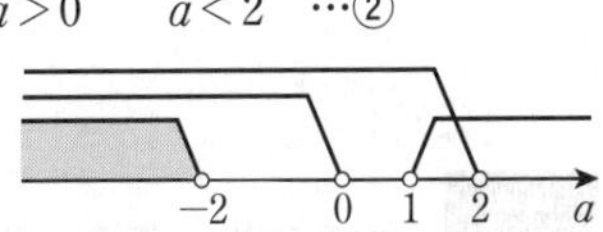

$a<-2$　… 答

2 $f(x)=x^2-2mx+3m-2$ とおく。

2次方程式 $f(x)=0$ の解が2つとも $\dfrac{1}{2}$ より大きくなるのは，$y=f(x)$ のグラフが右の図のようになる場合である。

このようになる条件は

$D\geqq 0$，軸$>\dfrac{1}{2}$，$f\left(\dfrac{1}{2}\right)>0$

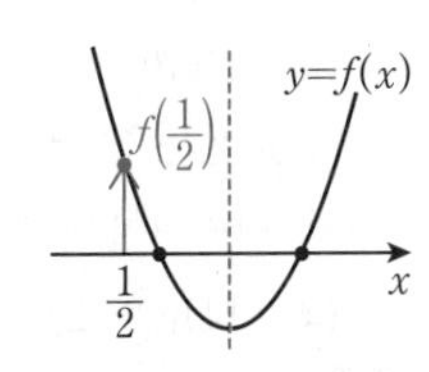

・判別式を D とすると　$D\geqq 0$

$\dfrac{D}{4}=m^2-(3m-2)=m^2-3m+2$

$=(m-1)(m-2)\geqq 0$

グラフより　$m\leqq 1,\ 2\leqq m$　…①

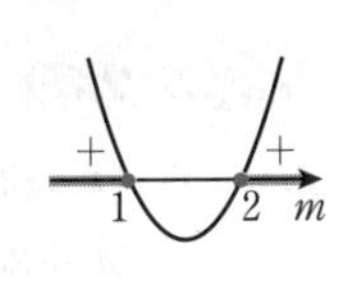

・軸$>\dfrac{1}{2}$ より　$x=m>\dfrac{1}{2}$　…②

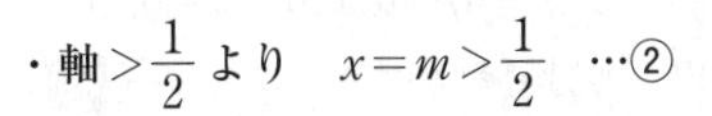

・$f\left(\frac{1}{2}\right)>0$ より $f\left(\frac{1}{2}\right)=\left(\frac{1}{2}\right)^2-2m\left(\frac{1}{2}\right)+3m-2$

$=\frac{1}{4}-m+3m-2$

$=2m-\frac{7}{4}>0 \quad m>\frac{7}{8}$ …③

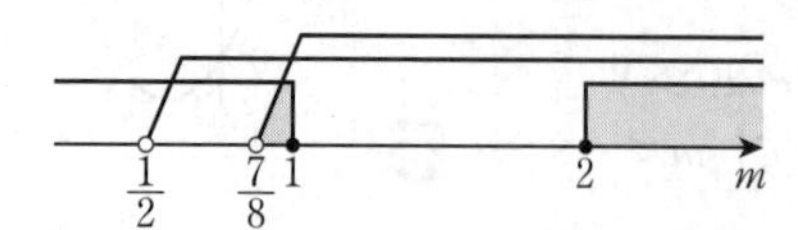

①，②，③より $\frac{7}{8}<m\leqq1,\ 2\leqq m$ …答

チェック 25-3 本冊 p.92

1 $f(x)=2x^2-3x+a$ とおく。

$f(x)=0$ の1つの解が0と1の間，他の解が1と2の間にあるのは $y=f(x)$ のグラフが右の図のようになる場合である。

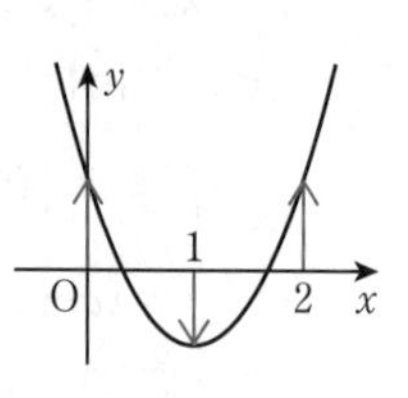

その条件は

$f(0)>0,\ f(1)<0,\ f(2)>0$

$f(0)=a>0$ …①

$f(1)=2-3+a=a-1<0$ より $a<1$ …②

$f(2)=2\cdot2^2-3\cdot2+a=a+2>0$ より

$a>-2$ …③

①，②，③より

$0<a<1$ …答

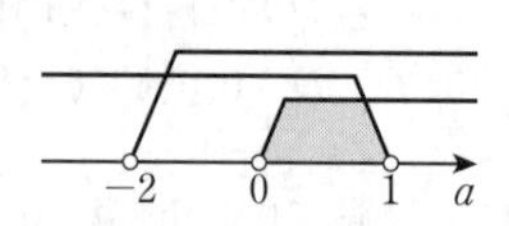

item 26 方程式・不等式の文章題

チェック 26-1 本冊 p.94

1 $x$cm 切り取るとすると，残った面積は

$(6-x)(10-x)=x^2-16x+60\ (\text{cm}^2)$

これが 32cm^2 になるから

$x^2-16x+60=32 \qquad x^2-16x+28=0$

$(x-14)(x-2)=0 \qquad 0<x<6$ より $x=2$

答 2cm

チェック 26-2 本冊 p.94

1 (1) ボールが地上に落ちるのは $y=0$ になるとき。

$-5t^2+30t=-5t(t-6)=0$ より $t=0,\ 6$

したがって，ボールは6秒後に落ちる。…答

(2) ボールの高さが 25m 以上になるのは，不等式 $-5t^2+30t\geqq25$ をみたす場合である。

$-5t^2+30t-25\geqq0 \qquad t^2-6t+5\leqq0$

$(t-1)(t-5)\leqq0 \qquad 1\leqq t\leqq5$

したがって，1秒後から5秒後までの間。…答

item 27 2次関数の総合問題

チェック 27-1 本冊 p.96

1 折り曲げる部分の長さを $x$cm $(0<x<20)$ とすると，切り口の長方形は，縦 $x$cm，横 $(40-2x)$cm である。

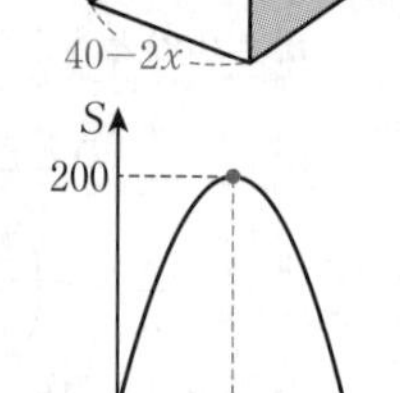

よって，長方形の面積を S とすると

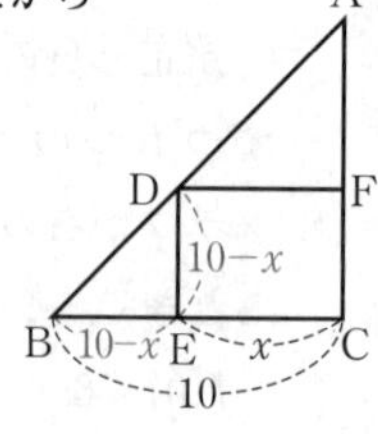

$S=x(40-2x)=-2x^2+40x$

$=-2(x^2-20x+10^2-10^2)$ ←平方完成

$=-2\{(x-10)^2-100\}$

$=-2(x-10)^2+200$

$x=10$ のとき，最大値 200

したがって，折り曲げる部分の長さは **10cm** …答

2 (1) △DBE は直角二等辺三角形だから

DE＝BE＝$10-x$

よって，長方形 DECF は縦 $10-x$，横 x の長方形だから

$y=x(10-x)\ (0<x<10)$

…答

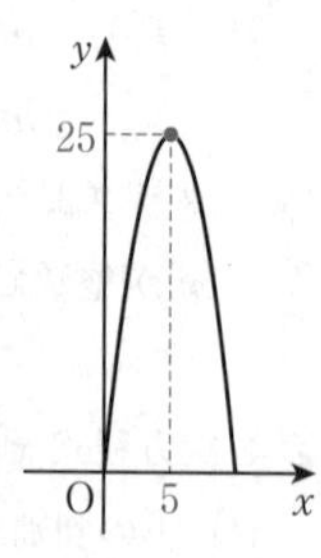

(2) $y=-x^2+10x$

$=-(x^2-10x+5^2-5^2)$ ←平方完成

$=-\{(x-5)^2-25\}$

$=-(x-5)^2+25$

したがって，

$x=5$ のとき，最大値 25 …答

チェック 27-2 本冊 p.97

1 $x^2-2x=x(x-2)>0$

グラフより $x<0,\ 2<x$ …③

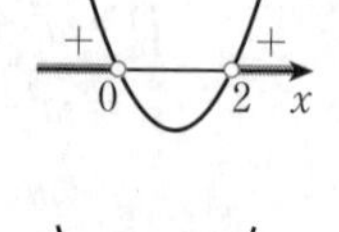

$-x^2+a^2>0$ の両辺に -1 を掛けて

$x^2-a^2<0 \qquad (x-a)(x+a)<0$

グラフより，②の解は

$-|a|<x<|a|$ …④

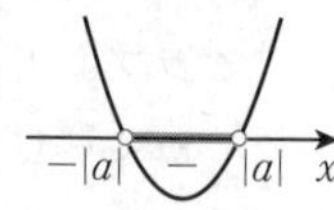

③，④の共通部分に自然数が 3 つあるから

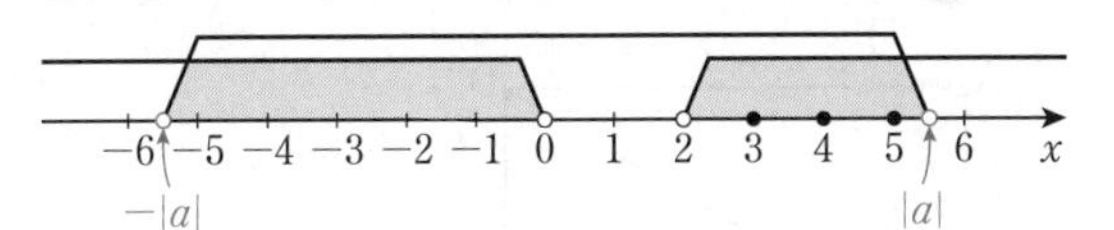

上の図より　$5<|a|\leqq 6$　　$|a|=6$ の場合 $-6<x<6$ となり，自然数は 3 つ。

したがって

　$-6\leqq a<-5$，$5<a\leqq 6$　… 答

✓チェック 27-3　本冊 p.99

1 (1) $f(x)=x^2+2x-3$

$=(x^2+2x+1-1)-3$

$=\{(x+1)^2-1\}-3$

$=(x+1)^2-4$ より

頂点の座標は　$(-1,\ -4)$　… 答

$g(x)=-x^2+2ax-a^2+a+3$

$=-(x^2-2ax+a^2)+a+3$

$=-(x-a)^2+a+3$ より

頂点の座標は　$(a,\ a+3)$　… 答

(2) (1)より，$f(x)$ の最小値は -4，$g(x)$ の最大値は $a+3$ だから

$-4>a+3$　　$-7>a$

したがって　$a<-7$　… 答

(3) $f(x)-g(x)$

$=(x^2+2x-3)-(-x^2+2ax-a^2+a+3)$

$=2x^2-2(a-1)x+a^2-a-6$

$f(x)-g(x)=0$ の判別式を D とすると，

$f(x)-g(x)$ が常に正となるのは，

右の図より $D<0$ の場合。

$\dfrac{D}{4}=(a-1)^2-2(a^2-a-6)$

$=a^2-2a+1-2a^2+2a+12$

$=-a^2+13<0$ より

$a^2-13>0$　　$(a+\sqrt{13})(a-\sqrt{13})>0$

よって　$a<-\sqrt{13}$，$\sqrt{13}<a$　… 答

2 (1) $x^2-x-6=(x+2)(x-3)<0$

グラフより

$-2<x<3$　…①´　… 答

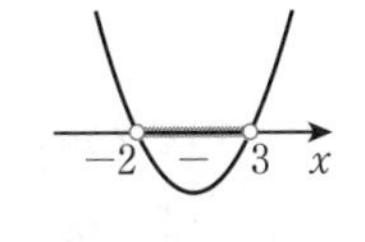

(2) $x^2+2x-8=(x+4)(x-2)>0$

グラフより

$x<-4$，$2<x$　…②´

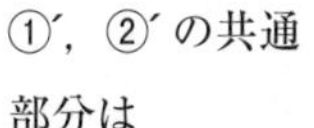

①´，②´ の共通部分は

$2<x<3$　… 答

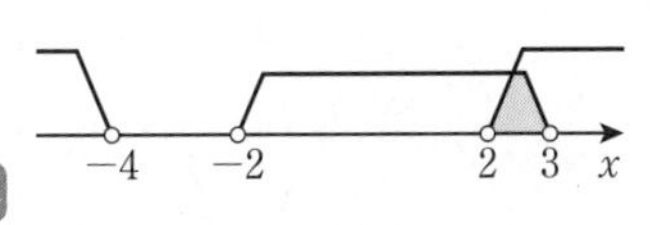

(3) $x^2-4ax+3a^2$

$=(x-a)(x-3a)<0$

$a>0$ とグラフより

$a<x<3a$　…③´

②´ と③´ が共通部分をもたないので，

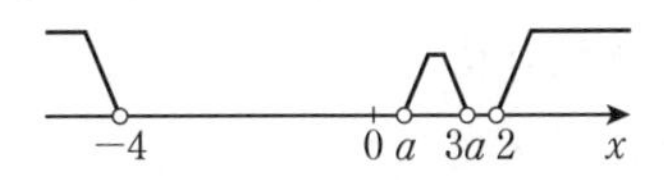

図より　$3a\leqq 2$　　$0<a\leqq\dfrac{2}{3}$　… 答

(4) (2)の解 $2<x<3$ が③´ に含まれるから，図より

$a\leqq 2$ かつ $3\leqq 3a$

$3\leqq 3a$ より　$1\leqq a$

したがって　$1\leqq a\leqq 2$　… 答

3 (1) $y=|(\sqrt{2}-1)^2-4|-2(\sqrt{2}-1)$

$=|-1-2\sqrt{2}|-2\sqrt{2}+2$

$=1+2\sqrt{2}-2\sqrt{2}+2=3$　… 答

(2) $x^2-4=(x+2)(x-2)\leqq 0$

グラフより　$-2\leqq x\leqq 2$　… 答

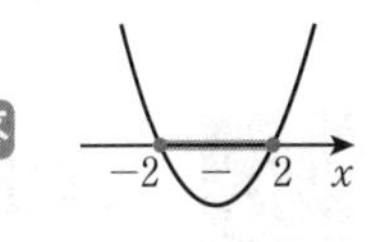

$x^2-4\leqq 0$ だから

$|x^2-4|=-(x^2-4)$

と絶対値記号をはずすことができる。

$y=|x^2-4|-2x$

$=-(x^2-4)-2x$

$=-x^2-2x+4$

$=-(x^2+2x+1-1)+4$

$=-\{(x+1)^2-1\}+4$

$=-(x+1)^2+5$

頂点の座標は　$(-1,\ 5)$　… 答

(3) $|x^2-4|=\begin{cases}-(x^2-4) & (-2\leqq x\leqq 2)\\ x^2-4 & (x<-2,\ 2<x)\end{cases}$

(i) $-2\leqq x\leqq 2$ のとき

(2)より　$y=-(x+1)^2+5$

(ii) $x<-2$，$2<x$ のとき

$y=x^2-2x-4=(x-1)^2-5$

グラフは右の図のようになる。

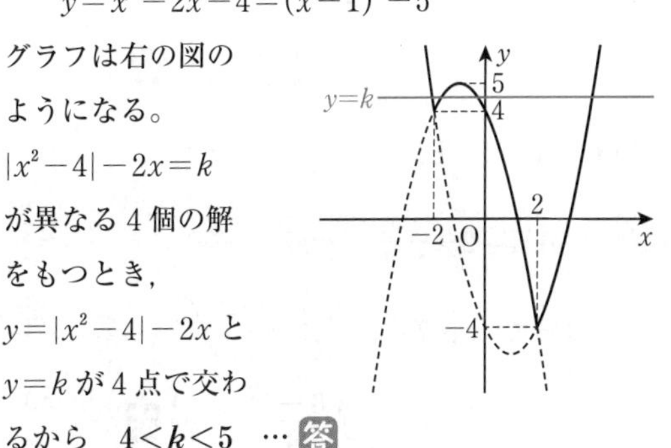

$|x^2-4|-2x=k$

が異なる 4 個の解をもつとき，

$y=|x^2-4|-2x$ と $y=k$ が 4 点で交わるから　$4<k<5$　… 答

第3章 図形と計量

item 28 鋭角の三角比

✓チェック 28-1 本冊 p.101

1 $AC=\sqrt{5^2+12^2}=13$ ←5，12，13 は暗記！

(1) $\sin A=\dfrac{BC}{AC}=\dfrac{12}{13}$ …答

(2) $\cos A=\dfrac{AB}{AC}=\dfrac{5}{13}$ …答

✓チェック 28-2 本冊 p.101

1 $\sin 60^\circ=\dfrac{\sqrt{3}}{2}$，$\tan 30^\circ=\dfrac{\sqrt{3}}{3}$，$\cos 45^\circ=\dfrac{\sqrt{2}}{2}$ だから

$\sin 60^\circ\tan 30^\circ-\cos^2 45^\circ$

$=\dfrac{\sqrt{3}}{2}\cdot\dfrac{\sqrt{3}}{3}-\left(\dfrac{\sqrt{2}}{2}\right)^2=\dfrac{1}{2}-\dfrac{1}{2}=0$ …答

item 29 三角比の応用

✓チェック 29-1 本冊 p.103

1 △ABD は 30°，60°，90°の直角三角形だから

$AB=2$，$AD=\sqrt{3}$

△ADC は直角二等辺三角形だから

$DC=\sqrt{3}$，$AC=\sqrt{6}$

(1) $\mathbf{AB=2}$，$\mathbf{CD=\sqrt{3}}$，$\mathbf{AC=\sqrt{6}}$ …答

(2) $\angle BAC=75^\circ$

C から AB に垂線 CH を引く。

△BCH は 30°，60°，90°の直角三角形だから，

$BC=1+\sqrt{3}$ より　$CH=\dfrac{\sqrt{3}}{2}(1+\sqrt{3})=\dfrac{3+\sqrt{3}}{2}$

よって　$\sin 75^\circ=\dfrac{CH}{AC}=\dfrac{3+\sqrt{3}}{2}\div\sqrt{6}=\dfrac{\sqrt{3}+1}{2\sqrt{2}}$

$=\dfrac{\sqrt{6}+\sqrt{2}}{4}$ …答

(3) $AB=2$，$BH=\dfrac{1+\sqrt{3}}{2}$ より

$AH=2-\dfrac{1+\sqrt{3}}{2}=\dfrac{3-\sqrt{3}}{2}$

よって　$\cos 75^\circ=\dfrac{AH}{AC}=\dfrac{3-\sqrt{3}}{2}\div\sqrt{6}=\dfrac{\sqrt{3}-1}{2\sqrt{2}}$

$=\dfrac{\sqrt{6}-\sqrt{2}}{4}$ …答

2 (1) 答　下の図の黒の部分

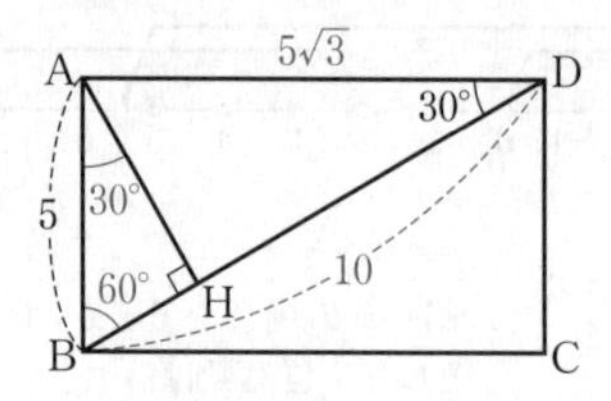

(2) △DBA は 30°，60°，90°の直角三角形だから

$\sin\angle ABD=\sin 60^\circ=\dfrac{\sqrt{3}}{2}$ …答

(3) △ABH は 30°，60°，90°の直角三角形だから

$AH=5\sin 60^\circ=5\cdot\dfrac{\sqrt{3}}{2}=\dfrac{5\sqrt{3}}{2}$ …答

(4) $\triangle ABH=\dfrac{1}{2}AB\cdot AH\sin 30^\circ$

$=\dfrac{1}{2}\cdot 5\cdot\dfrac{5\sqrt{3}}{2}\cdot\dfrac{1}{2}$

$=\dfrac{25\sqrt{3}}{8}$ …答

3

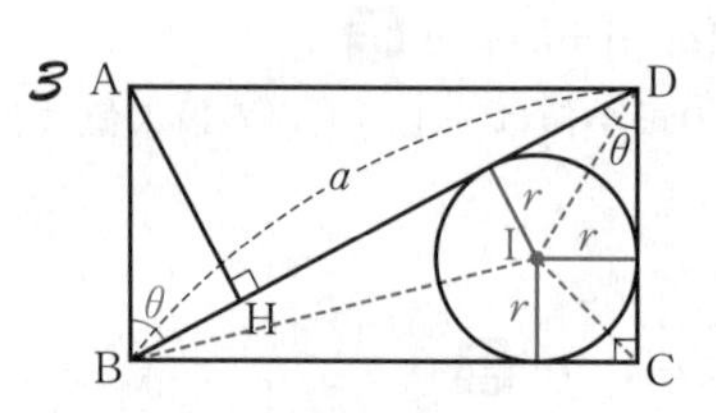

(1) $\sin\theta=\dfrac{BC}{BD}$ より

$BC=BD\sin\theta=\boldsymbol{a\sin\theta}$ …答

(2) $AB=CD=BD\cos\theta=a\cos\theta$ より

$AH=AB\sin\theta=\boldsymbol{a\sin\theta\cos\theta}$ …答

(3) △BCD の内心を I，内接円の半径を r とすると

$\triangle BCD=\triangle IBC+\triangle ICD+\triangle IDB$

$=\dfrac{1}{2}r\cdot a\sin\theta+\dfrac{1}{2}r\cdot a\cos\theta+\dfrac{1}{2}r\cdot a$

$=\dfrac{1}{2}ar(1+\sin\theta+\cos\theta)$ …①

また　$\triangle BCD=\dfrac{1}{2}\cdot BC\cdot CD=\dfrac{1}{2}a\sin\theta\cdot a\cos\theta$

$=\dfrac{1}{2}a^2\sin\theta\cos\theta$ …②

①と②が等しいので

$\dfrac{1}{2}ar(1+\sin\theta+\cos\theta)=\dfrac{1}{2}a^2\sin\theta\cos\theta$

よって　$r=\dfrac{\boldsymbol{a\sin\theta\cos\theta}}{\boldsymbol{1+\sin\theta+\cos\theta}}$ …答

鈍角の三角比

チェック 30-1 本冊 p.105

1 (1) $\tan135^\circ=\dfrac{\frac{\sqrt{2}}{2}}{-\frac{\sqrt{2}}{2}}=-1$, $\sin90^\circ=1$

$\cos120^\circ=-\dfrac{1}{2}$

よって　与式$=-1-1-\dfrac{1}{2}=-\dfrac{5}{2}$ …答

(2) $\sin60^\circ=\dfrac{\sqrt{3}}{2}$, $\tan30^\circ=\dfrac{\frac{1}{2}}{\frac{\sqrt{3}}{2}}=\dfrac{1}{\sqrt{3}}$,

$\cos120^\circ=-\dfrac{1}{2}$

よって　与式$=\dfrac{\sqrt{3}}{2}\cdot\dfrac{1}{\sqrt{3}}-\left(-\dfrac{1}{2}\right)$

$=\dfrac{1}{2}+\dfrac{1}{2}=\mathbf{1}$ …答

(3) $\sin60^\circ=\dfrac{\sqrt{3}}{2}$, $\cos120^\circ=-\dfrac{1}{2}$, $\sin120^\circ=\dfrac{\sqrt{3}}{2}$,

$\tan45^\circ=1$

よって　分子$=\sin60^\circ+\cos120^\circ=\dfrac{\sqrt{3}}{2}-\dfrac{1}{2}$

$=\dfrac{\sqrt{3}-1}{2}$

分母$=\sin120^\circ+\tan45^\circ=\dfrac{\sqrt{3}}{2}+1=\dfrac{\sqrt{3}+2}{2}$

したがって

与式$=\dfrac{\sqrt{3}-1}{2}\div\dfrac{2+\sqrt{3}}{2}$

$=\dfrac{\sqrt{3}-1}{2+\sqrt{3}}=\dfrac{(\sqrt{3}-1)(2-\sqrt{3})}{(2+\sqrt{3})(2-\sqrt{3})}$

$=\dfrac{2\sqrt{3}-3-2+\sqrt{3}}{4-3}$

$=\mathbf{3\sqrt{3}-5}$ …答

90°−θ, 180°−θ の三角比

チェック 31-1 本冊 p.107

1 (1) $\cos65^\circ=\cos(90^\circ-25^\circ)=\sin25^\circ$

$\sin65^\circ=\sin(90^\circ-25^\circ)=\cos25^\circ$ より

$\sin25^\circ\cos65^\circ+\cos25^\circ\sin65^\circ$

$=\sin^2 25^\circ+\cos^2 25^\circ=\mathbf{1}$ …答

(2) $\tan55^\circ=\tan(90^\circ-35^\circ)=\dfrac{1}{\tan35^\circ}$

$\tan75^\circ=\tan(90^\circ-15^\circ)=\dfrac{1}{\tan15^\circ}$ より

$\tan35^\circ\tan55^\circ-\tan15^\circ\tan75^\circ$

$=\tan35^\circ\cdot\dfrac{1}{\tan35^\circ}-\tan15^\circ\cdot\dfrac{1}{\tan15^\circ}$

$=1-1=\mathbf{0}$ …答

item 32 三角比の相互関係

チェック 32-1 本冊 p.110

1 (1) $\sin^2\theta+\cos^2\theta=1$ より

$\left(\dfrac{3}{4}\right)^2+\cos^2\theta=1$　　$\cos^2\theta=1-\dfrac{9}{16}=\dfrac{7}{16}$

よって　$\cos\theta=\pm\dfrac{\sqrt{7}}{4}$

また，$\tan\theta=\dfrac{\sin\theta}{\cos\theta}$ より

$\tan\theta=\dfrac{3}{4}\div\left(\pm\dfrac{\sqrt{7}}{4}\right)=\pm\dfrac{3}{\sqrt{7}}$

$=\pm\mathbf{\dfrac{3\sqrt{7}}{7}}$ …答

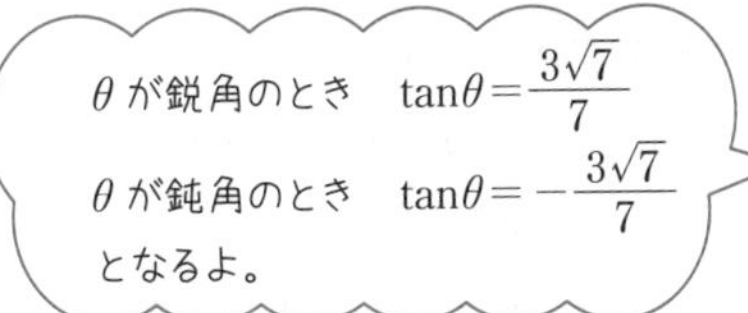

(2) $\tan\theta=-3$ だから，θ は鈍角。

$1+\tan^2\theta=\dfrac{1}{\cos^2\theta}$ より

$1+(-3)^2=\dfrac{1}{\cos^2\theta}$　　$\cos^2\theta=\dfrac{1}{10}$

よって　$\cos\theta=-\dfrac{1}{\sqrt{10}}=-\dfrac{\sqrt{10}}{10}$

また，$\tan\theta=\dfrac{\sin\theta}{\cos\theta}$ より　$\sin\theta=\tan\theta\cdot\cos\theta$

よって　$\sin\theta=(-3)\cdot\left(-\dfrac{\sqrt{10}}{10}\right)=\mathbf{\dfrac{3\sqrt{10}}{10}}$ …答

チェック 32-2 本冊 p.110

1 (1) $\sin\theta+\cos\theta=\dfrac{1}{\sqrt{3}}$ の両辺を平方して

$\sin^2\theta+2\sin\theta\cos\theta+\cos^2\theta=\dfrac{1}{3}$

$1+2\sin\theta\cos\theta=\dfrac{1}{3}$　　$2\sin\theta\cos\theta=-\dfrac{2}{3}$

したがって　$\mathbf{\sin\theta\cos\theta=-\dfrac{1}{3}}$ …答

(2) $\sin^3\theta+\cos^3\theta$

$=(\sin\theta+\cos\theta)(\sin^2\theta-\sin\theta\cos\theta+\cos^2\theta)$ ← 因数分解する。

$=\dfrac{1}{\sqrt{3}}\left\{1-\left(-\dfrac{1}{3}\right)\right\}=\dfrac{4}{3\sqrt{3}}$

$=\mathbf{\dfrac{4\sqrt{3}}{9}}$ …答

✓チェック 32-3 本冊 p.111

1 (1) $\tan\theta+\dfrac{1}{\tan\theta}=9$

$\dfrac{\sin\theta}{\cos\theta}+\dfrac{\cos\theta}{\sin\theta}=9$ ← $\tan\theta=\dfrac{\sin\theta}{\cos\theta}$ だから

$\dfrac{\sin^2\theta+\cos^2\theta}{\sin\theta\cos\theta}=9$　　$\dfrac{1}{\sin\theta\cos\theta}=9$

よって　$\mathbf{\sin\theta\cos\theta=\dfrac{1}{9}}$ …答

(2) $\sin\theta+\cos\theta=x$ とおくと

$x^2=\sin^2\theta+2\sin\theta\cos\theta+\cos^2\theta$

$=1+2\sin\theta\cos\theta$

$=1+\dfrac{2}{9}=\dfrac{11}{9}$

よって　$x=\pm\dfrac{\sqrt{11}}{3}$

$0°<\theta<180°$ だから　$\sin\theta>0$

(1)より，$\sin\theta\cos\theta>0$ だから　$\cos\theta>0$

よって，$x>0$ となるから

$\mathbf{\sin\theta+\cos\theta=\dfrac{\sqrt{11}}{3}}$ …答

✓チェック 32-4 本冊 p.112

1 (1) $\dfrac{1}{1+\tan^2\theta}\left(\dfrac{1}{1-\sin\theta}+\dfrac{1}{1+\sin\theta}\right)$

$=\dfrac{1}{1+\left(\dfrac{\sin\theta}{\cos\theta}\right)^2}\left(\dfrac{1+\sin\theta+1-\sin\theta}{1-\sin^2\theta}\right)$ ← $\tan\theta=\dfrac{\sin\theta}{\cos\theta}$

$=\dfrac{\cos^2\theta}{\cos^2\theta+\sin^2\theta}\left(\dfrac{2}{1-\sin^2\theta}\right)$ ← $\sin^2\theta+\cos^2\theta=1$

↑ 分母と分子に $\cos^2\theta$ を掛ける。

$=\cos^2\theta\cdot\dfrac{2}{\cos^2\theta}=\mathbf{2}$ …答

(2) $(1-\sin\theta)(1+\sin\theta)-\dfrac{1}{1+\tan^2\theta}$

$=(1-\sin^2\theta)-\dfrac{1}{1+\dfrac{\sin^2\theta}{\cos^2\theta}}$

$=\cos^2\theta-\dfrac{\cos^2\theta}{\cos^2\theta+\sin^2\theta}$

$=\cos^2\theta-\cos^2\theta=\mathbf{0}$ …答

item 33 三角方程式と三角不等式

✓チェック 33-1 本冊 p.114

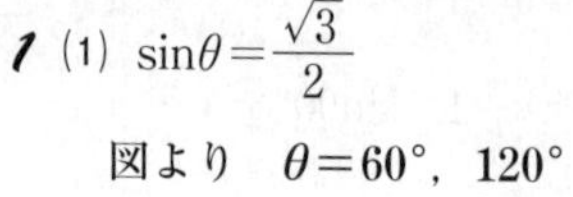

1 (1) $\sin\theta=\dfrac{\sqrt{3}}{2}$

図より　$\mathbf{\theta=60°，120°}$

…答

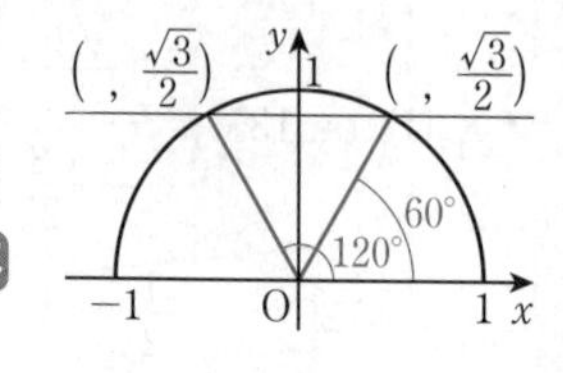

(2) $\cos\theta=-\dfrac{\sqrt{3}}{2}$

図より

$\mathbf{\theta=150°}$ …答

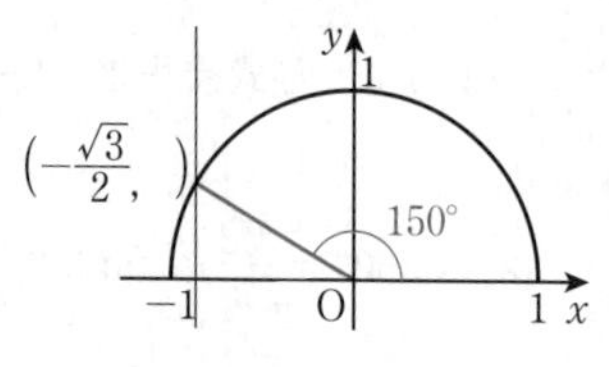

(3) $\tan\theta=-\sqrt{3}$

図より

$\mathbf{\theta=120°}$ …答

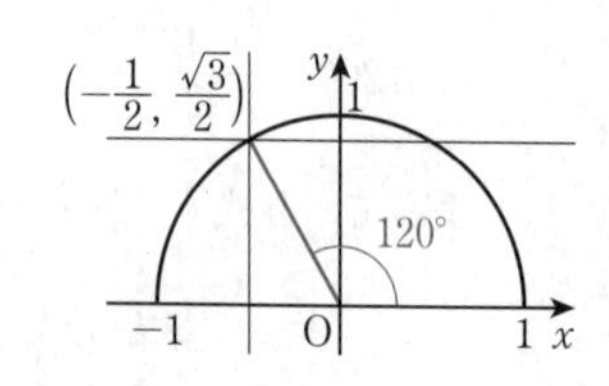

✓チェック 33-2 本冊 p.115

1 (1) $2\cos^2\theta+3\sin\theta=3$

$2(1-\sin^2\theta)+3\sin\theta=3$ ← $\sin^2\theta+\cos^2\theta=1$ より

$2-2\sin^2\theta+3\sin\theta=3$

$2\sin^2\theta-3\sin\theta+1=0$

$(2\sin\theta-1)(\sin\theta-1)=0$

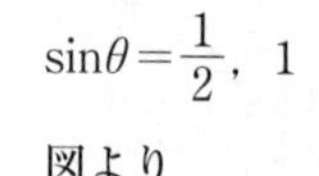

$\sin\theta=\dfrac{1}{2}，1$

図より

$\mathbf{\theta=30°，90°，150°}$

…答

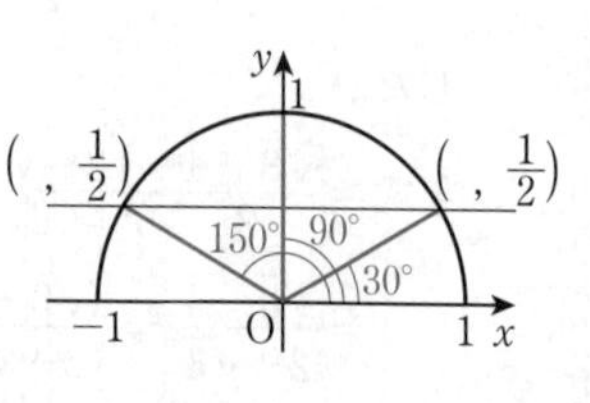

(2) $4\sin^2\theta-4\cos\theta-1=0$

$4(1-\cos^2\theta)-4\cos\theta-1=0$

$4\cos^2\theta+4\cos\theta-3=0$

$(2\cos\theta+3)(2\cos\theta-1)=0$

$-1\leqq\cos\theta\leqq1$ より

$\cos\theta=\dfrac{1}{2}$

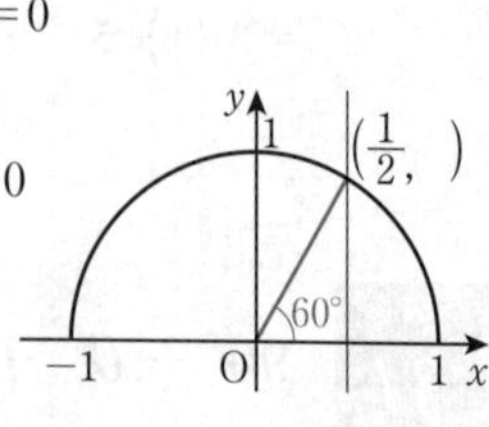

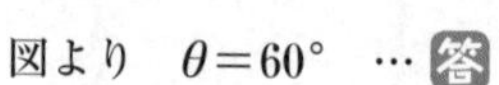

図より　$\mathbf{\theta=60°}$ …答

チェック 33-3 本冊 p.116

1 (1) $2\sin\theta-\sqrt{3}>0$ より

$\sin\theta>\dfrac{\sqrt{3}}{2}$

図より

$60^\circ<\theta<120^\circ$ …答

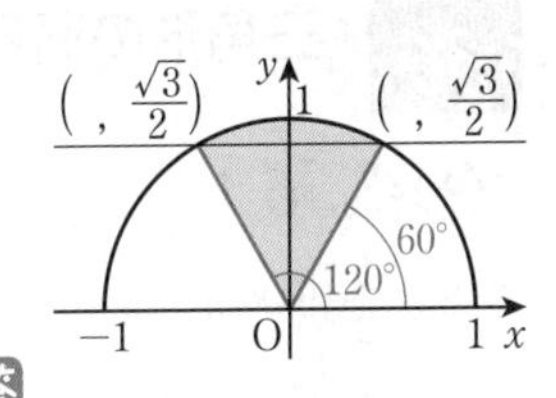

(2) $-1\leqq-2\cos\theta<\sqrt{3}$ より

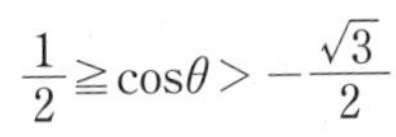

$\dfrac{1}{2}\geqq\cos\theta>-\dfrac{\sqrt{3}}{2}$

図より

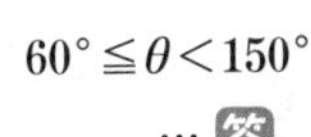

$60^\circ\leqq\theta<150^\circ$

…答

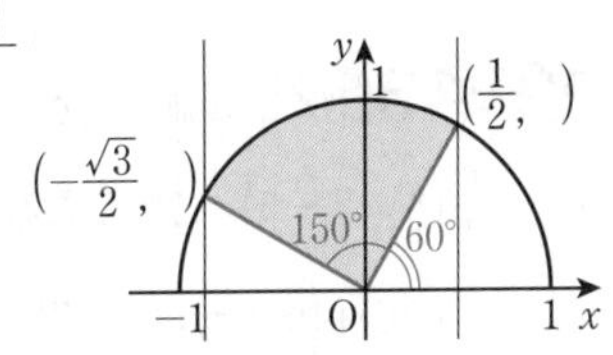

(3) $\sqrt{3}\tan\theta-1>0$ より

$\tan\theta>\dfrac{1}{\sqrt{3}}=\dfrac{\sqrt{3}}{3}$

図より

$30^\circ<\theta<90^\circ$

…答

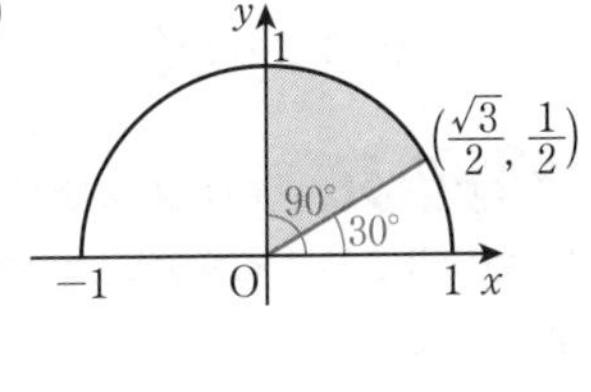

チェック 33-4 本冊 p.117

1 (1) $-2\cos^2\theta+5\sin\theta-1\leqq0$

$-2(1-\sin^2\theta)+5\sin\theta-1\leqq0$

$2\sin^2\theta+5\sin\theta-3\leqq0$

$(2\sin\theta-1)(\sin\theta+3)\leqq0$

$0\leqq\sin\theta\leqq1$ だから　$\sin\theta+3>0$

よって

$2\sin\theta-1\leqq0$

$\sin\theta\leqq\dfrac{1}{2}$

図より

$0\leqq\theta\leqq30^\circ,\ 150^\circ\leqq\theta\leqq180^\circ$ …答

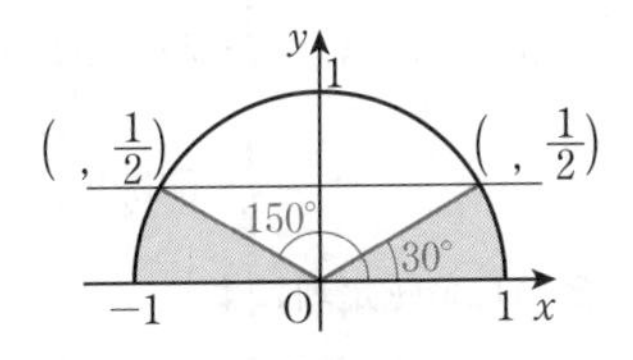

(2) $\cos^2\theta-\sin^2\theta-5\cos\theta+3\geqq0$

$\cos^2\theta-(1-\cos^2\theta)-5\cos\theta+3\geqq0$

$2\cos^2\theta-5\cos\theta+2\geqq0$

$(2\cos\theta-1)(\cos\theta-2)\geqq0$

$-1\leqq\cos\theta\leqq1$ だから

$\cos\theta-2\leqq0$

よって　$2\cos\theta-1\leqq0$

$\cos\theta\leqq\dfrac{1}{2}$

図より　$60^\circ\leqq\theta\leqq180^\circ$ …答

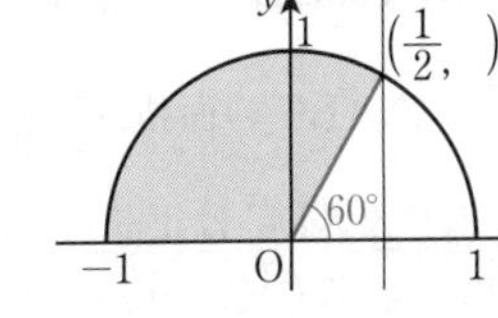

item 34 正弦定理と余弦定理

チェック 34-1 本冊 p.120

1 正弦定理により

$\dfrac{2\sqrt{3}}{\sin45^\circ}=\dfrac{3\sqrt{2}}{\sin C}$

$\sin C=\dfrac{3\sqrt{2}}{2\sqrt{3}}\sin45^\circ$

$=\dfrac{3\sqrt{2}}{2\sqrt{3}}\cdot\dfrac{\sqrt{2}}{2}=\dfrac{\sqrt{3}}{2}$

$C=60^\circ,\ 120^\circ$ …答

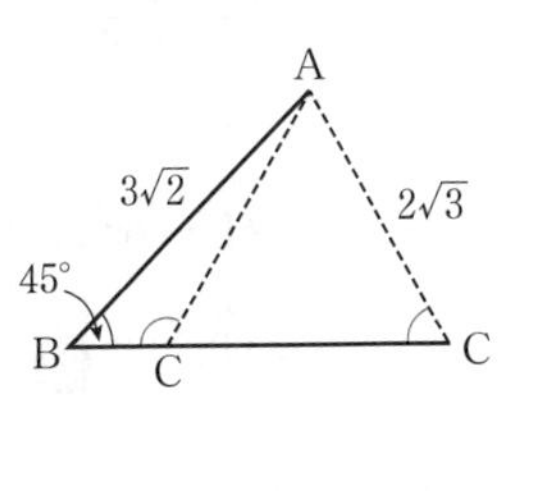

チェック 34-2 本冊 p.120

1 (1) 正弦定理により

$\dfrac{3}{\sin60^\circ}=\dfrac{CA}{\sin45^\circ}$

$CA=\dfrac{3\sin45^\circ}{\sin60^\circ}$

$=3\cdot\dfrac{\sqrt{2}}{2}\div\dfrac{\sqrt{3}}{2}$

$=\dfrac{3\sqrt{2}\cdot2}{2\cdot\sqrt{3}}=\sqrt{6}$ …答

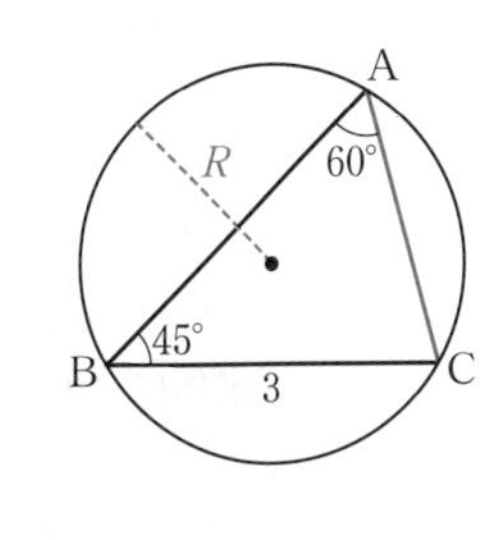

(2) 正弦定理により

$\dfrac{3}{\sin60^\circ}=2R$　　$R=\dfrac{3}{2\sin60^\circ}$

$R=\dfrac{3}{2}\div\dfrac{\sqrt{3}}{2}=\dfrac{3\cdot2}{2\cdot\sqrt{3}}=\sqrt{3}$ …答

チェック 34-3 本冊 p.121

1 余弦定理により

$c^2=8^2+5^2-2\cdot8\cdot5\cos60^\circ$

$=64+25-2\cdot8\cdot5\cdot\dfrac{1}{2}$

$=49$

$c>0$ より　$c=7$ …答

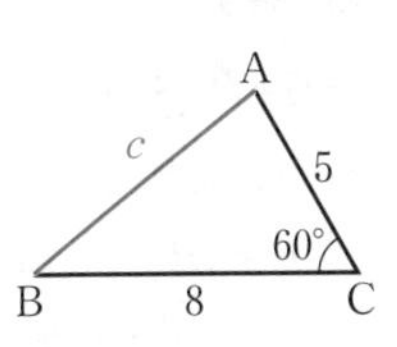

チェック 34-4 本冊 p.122

1 余弦定理により

$\cos A=\dfrac{b^2+c^2-a^2}{2bc}$

$=\dfrac{3^2+5^2-7^2}{2\cdot3\cdot5}$

$=\dfrac{-15}{2\cdot3\cdot5}=-\dfrac{1}{2}$

$A=120^\circ$ …答

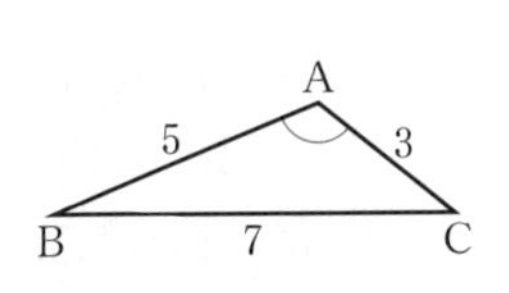

2 余弦定理により

$$\cos A=\frac{b^2+c^2-a^2}{2bc}$$

$$=\frac{8^2+9^2-7^2}{2\cdot 8\cdot 9}=\frac{96}{2\cdot 8\cdot 9}=\frac{2}{3}$$

↑
分母は計算してしまわない方が約分がラク。

$$\sin A=\sqrt{1-\cos^2 A}=\sqrt{1-\left(\frac{2}{3}\right)^2}$$

$$=\frac{\sqrt{5}}{3}$$ …答

✓チェック 34-5 本冊 *p.123*

1 (1) 余弦定理により

$$a^2=2^2+(1+\sqrt{3})^2-2\cdot 2\cdot(1+\sqrt{3})\cos 60^\circ$$

$$=4+4+2\sqrt{3}-4(1+\sqrt{3})\cdot\frac{1}{2}$$

$$=8+2\sqrt{3}-2-2\sqrt{3}$$

$=6$ より

$a=\sqrt{6}$ …答

(2) 正弦定理により

$$\frac{\sqrt{6}}{\sin 60^\circ}=\frac{2}{\sin B}$$

$$\sin B=\frac{2}{\sqrt{6}}\sin 60^\circ=\frac{2}{\sqrt{6}}\cdot\frac{\sqrt{3}}{2}=\frac{1}{\sqrt{2}}=\frac{\sqrt{2}}{2}$$

AB＞CA より $C>B$ だから，B は鋭角になる。

したがって　$B=45^\circ$ …答

(3) $C=180^\circ-(60^\circ+45^\circ)=75^\circ$ …答

item 35 形状問題

✓チェック 35-1 本冊 *p.124*

1 余弦定理を使って辺の関係に直す。

$$b\cos B=c\cos C$$

$$b\cdot\frac{c^2+a^2-b^2}{2ca}=c\cdot\frac{a^2+b^2-c^2}{2ab}$$ ←両辺に $2abc$ を掛ける。

$$b^2(c^2+a^2-b^2)=c^2(a^2+b^2-c^2)$$

$$b^2c^2+a^2b^2-b^4=c^2a^2+b^2c^2-c^4$$ ←移項して a で整理

$$a^2(b^2-c^2)-(b^4-c^4)=0$$

$$a^2(b^2-c^2)-(b^2+c^2)(b^2-c^2)=0$$

$(b^2-c^2)\{a^2-(b^2+c^2)\}=0$ より

$b^2=c^2$　または　$a^2=b^2+c^2$

$b^2=c^2$ で，b，c は正だから，$b=c$ の二等辺三角形。

$a^2=b^2+c^2$ より，∠A＝90°の直角三角形。

したがって，**AB＝AC の二等辺三角形**

または ∠A が直角の直角三角形。 …答

item 36 三角形の面積

✓チェック 36-1 本冊 *p.125*

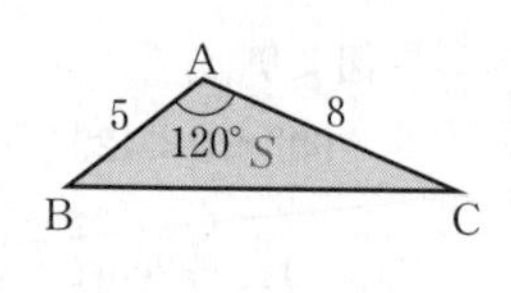

1 $S=\frac{1}{2}\cdot 5\cdot 8\sin 120^\circ$

$$=\frac{1}{2}\cdot 5\cdot 8\cdot\frac{\sqrt{3}}{2}$$

$=10\sqrt{3}$ …答

✓チェック 36-2 本冊 *p.126*

1 $\frac{1}{2}(8+7+5)=10$ であるから，ヘロンの公式により

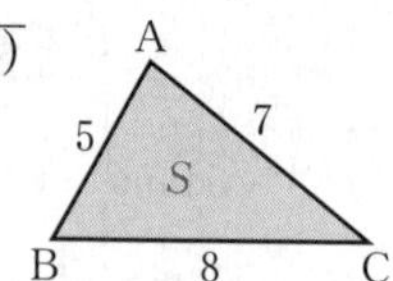

$$S=\sqrt{10\cdot(10-8)(10-7)(10-5)}$$

$$=\sqrt{10\cdot 2\cdot 3\cdot 5}$$

$=10\sqrt{3}$ …答

✓チェック 36-3 本冊 *p.127*

最大の辺に対する角が，最大角になります。

1 (1) 最大角は　C

余弦定理により

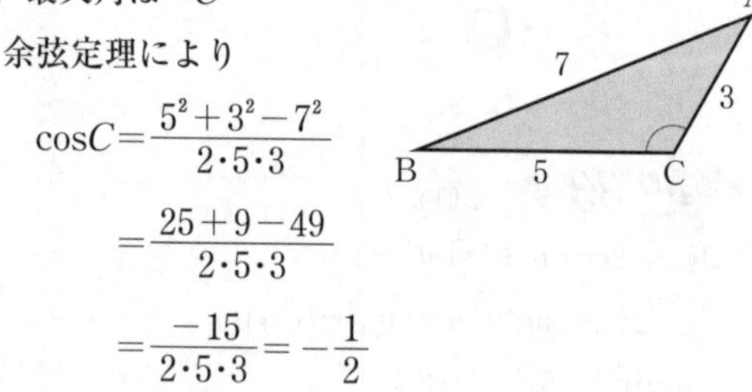

$$\cos C=\frac{5^2+3^2-7^2}{2\cdot 5\cdot 3}$$

$$=\frac{25+9-49}{2\cdot 5\cdot 3}$$

$$=\frac{-15}{2\cdot 5\cdot 3}=-\frac{1}{2}$$

$C=120^\circ$

したがって，最大角は　**120°** …答

(2) $\triangle ABC=\frac{1}{2}\cdot 5\cdot 3\sin 120^\circ$

$$=\frac{1}{2}\cdot 5\cdot 3\cdot\frac{\sqrt{3}}{2}=\frac{15\sqrt{3}}{4}$$ …答

2 (1) 余弦定理により

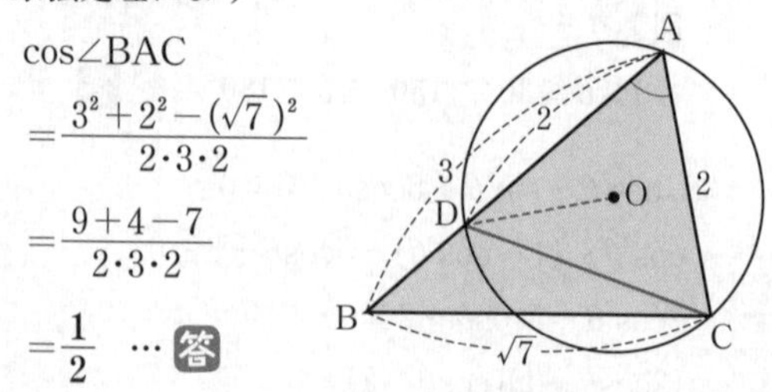

$\cos\angle BAC$

$$=\frac{3^2+2^2-(\sqrt{7})^2}{2\cdot 3\cdot 2}$$

$$=\frac{9+4-7}{2\cdot 3\cdot 2}$$

$$=\frac{1}{2}$$ …答

(2) $\cos\angle BAC=\frac{1}{2}$ より　$\angle BAC=60^\circ$

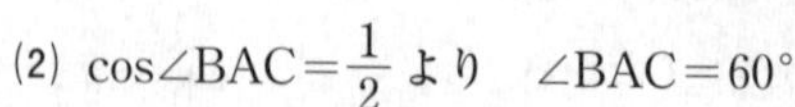
△ABC の面積は　$\frac{1}{2}\cdot 3\cdot 2\sin 60^\circ=\frac{3\sqrt{3}}{2}$ …答

(3) △ADC は正三角形だから，外接円の半径は
└ AD＝AC，∠DAC＝60°

$$\frac{2}{2\sin 60^\circ}=\frac{2}{\sqrt{3}}=\frac{2\sqrt{3}}{3}$$ …答

item 37 三角形の面積の活用

チェック 37-1 本冊 p.128

1 (1) 余弦定理により

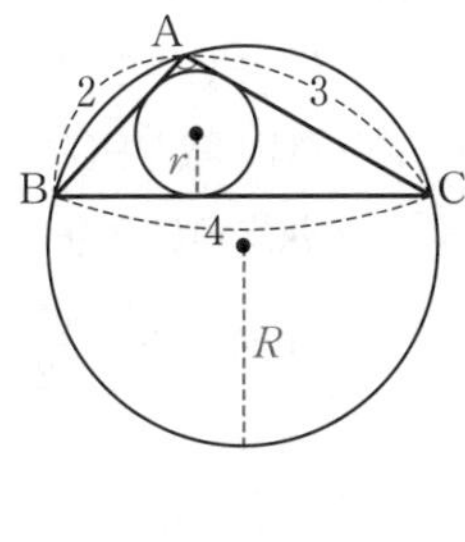

$$\cos A=\frac{3^2+2^2-4^2}{2\cdot3\cdot2}$$
$$=\frac{9+4-16}{2\cdot3\cdot2}$$
$$=\frac{-3}{2\cdot3\cdot2}$$
$$=-\frac{1}{4}\quad\cdots 答$$

(2) $\sin A=\sqrt{1-\cos^2 A}=\sqrt{1-\left(-\frac{1}{4}\right)^2}$

$$=\frac{\sqrt{15}}{4}$$

$\frac{a}{\sin A}=2R\qquad R=4\div\left(2\cdot\frac{\sqrt{15}}{4}\right)=\frac{8}{\sqrt{15}}$

よって　$R=\frac{8\sqrt{15}}{15}$　… 答

(3) △ABC の面積を S とすると

$$S=\frac{1}{2}\cdot3\cdot2\sin A=\frac{1}{2}\cdot3\cdot2\cdot\frac{\sqrt{15}}{4}$$
$$=\frac{3\sqrt{15}}{4}$$

また　$s=\frac{1}{2}(a+b+c)=\frac{1}{2}(4+3+2)=\frac{9}{2}$

$rs=S$ より　$\frac{9}{2}r=\frac{3\sqrt{15}}{4}$

よって　$r=\frac{3\sqrt{15}\cdot2}{4\cdot9}=\frac{\sqrt{15}}{6}$ … 答

チェック 37-2 本冊 p.129

1 AD$=x$ とすると

△ABD＋△ACD＝△ABC より

$$\frac{1}{2}\cdot3\cdot x\cdot\sin30^\circ$$
$$+\frac{1}{2}\cdot2\cdot x\cdot\sin30^\circ$$
$$=\frac{1}{2}\cdot3\cdot2\sin60^\circ$$
$$\frac{3}{4}x+\frac{1}{2}x=\frac{3\sqrt{3}}{2}$$

両辺を 4 倍して　$3x+2x=6\sqrt{3}$　　$5x=6\sqrt{3}$

$$x=\frac{6\sqrt{3}}{5}$$

よって　AD$=\frac{6\sqrt{3}}{5}$　… 答

item 38 円に内接する四角形

チェック 38-1 本冊 p.130

1 (1) $\angle$ABC$=180^\circ-60^\circ=120^\circ$

余弦定理により

$$AC^2=5^2+3^2-2\cdot5\cdot3\cos120^\circ$$
$$=25+9+15=49$$

AC>0 より　**AC＝7**　… 答

(2) △ACD は

AC＝CD＝7

の二等辺三角形で，

$\angle$CDA$=60^\circ$ だから，

△ACD は正三角形。

よって　**DA＝7**　… 答

［別解］ 余弦定理を利用する。

DA$=x$ とおく。△ACD に余弦定理を適用して

$$7^2=x^2+7^2-2\cdot7\cdot x\cdot\cos60^\circ \quad \leftarrow \cos60^\circ=\frac{1}{2}$$
$$49=x^2+49-7x$$
$$x^2-7x=0\qquad x(x-7)=0\qquad x=0,\ 7$$

$x>0$ より　$x=7$

(3) 円の半径を R とすると，正弦定理により

$$\frac{7}{\sin60^\circ}=2R$$
$$R=\frac{7}{2}\div\frac{\sqrt{3}}{2}=\frac{7}{\sqrt{3}}=\frac{7\sqrt{3}}{3}\quad\cdots 答$$

(4) AD＝CD だから，円周角の定理により

$\angle$ABD$=\angle$CBD$=60^\circ$

よって，BE は $\angle$ABC の二等分線である。

BE$=x$ とすると

△ABE の面積＋△CBE の面積＝△ABC の面積

$$\frac{1}{2}\cdot5\cdot x\cdot\sin60^\circ+\frac{1}{2}\cdot3\cdot x\cdot\sin60^\circ$$
$$=\frac{1}{2}\cdot5\cdot3\sin120^\circ$$
$$\frac{5\sqrt{3}}{4}x+\frac{3\sqrt{3}}{4}x=\frac{15\sqrt{3}}{4}$$

両辺に $\frac{4}{\sqrt{3}}$ を掛けて　$5x+3x=15$　　$x=\frac{15}{8}$

よって　**BE**$=\frac{15}{8}$　… 答

チェック 38-2　本冊 p.131

1 (1) $\angle A=\theta$ とおくと

$\angle C=180^\circ-\theta$

$\triangle ABD$，$\triangle CDB$ に余弦定理を適用して

BD^2

$=8^2+5^2-2\cdot8\cdot5\cos\theta$

$=89-80\cos\theta$　…①

BD^2

$=3^2+5^2-2\cdot3\cdot5\cos(180^\circ-\theta)$

$=34+30\cos\theta$　…②

①と②は等しいので

$89-80\cos\theta=34+30\cos\theta$

$110\cos\theta=55$

$\cos\theta=\dfrac{55}{110}=\dfrac{1}{2}$　　よって　$\boldsymbol{\cos A=\dfrac{1}{2}}$　…答

(2) (1)の結果を②に代入して

$BD^2=34+30\cdot\dfrac{1}{2}=49$

$BD>0$ より　$\boldsymbol{BD=7}$　…答

(3) 円 P は $\triangle ABD$ の外接円。半径を R とおく。

$\cos A=\dfrac{1}{2}$ だから　$\sin A=\dfrac{\sqrt{3}}{2}$

正弦定理により　$\dfrac{7}{\sin A}=2R$

$R=\dfrac{7}{2}\div\sin A=\dfrac{7}{2}\cdot\dfrac{2}{\sqrt{3}}$

$=\dfrac{7\sqrt{3}}{3}$　…答

item 39　空間図形への応用

チェック 39-1　本冊 p.133

1 (1) $AG^2=AB^2+BF^2+FG^2$

$=1^2+2^2+(3\sqrt{3})^2$

$=1+4+27=32$

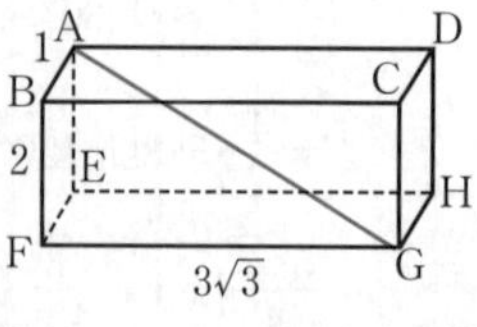

したがって

$AG=\sqrt{32}=4\sqrt{2}$　…答

(2) 展開図の一部分は右の図のようになる。

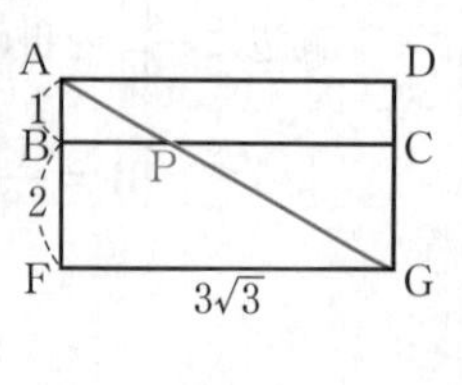

AP＋PG が最小となるのは A，P，G が一直線上にあるとき。

よって

$(AP+PG)^2=3^2+(3\sqrt{3})^2=9+27=36$

したがって，AP＋PG の長さは　6　…答

(3) (2)の結果と

$AP:PG=1:2$ より

$AP=2$　$PG=4$

余弦定理により

$\cos\theta=\dfrac{2^2+4^2-(4\sqrt{2})^2}{2\cdot2\cdot4}$

$=\dfrac{4+16-32}{16}=-\dfrac{12}{16}=-\dfrac{3}{4}$　…答

(4) $\cos\theta=-\dfrac{3}{4}$ より　$\sin\theta=\sqrt{1-\left(-\dfrac{3}{4}\right)^2}=\dfrac{\sqrt{7}}{4}$

$\triangle APG$ の面積を S とすると

$S=\dfrac{1}{2}\cdot2\cdot4\sin\theta=\dfrac{1}{2}\cdot2\cdot4\cdot\dfrac{\sqrt{7}}{4}=\sqrt{7}$　…答

2 (1) $CE^2=CD^2+DA^2+AE^2$

$=2^2+2^2+2^2=12$

よって　$CE=\sqrt{12}=2\sqrt{3}$　…答

(2) $\triangle CIJ$ において

$CI=CJ=\sqrt{2^2+1^2}=\sqrt{5}$

$IJ=DB=2\sqrt{2}$

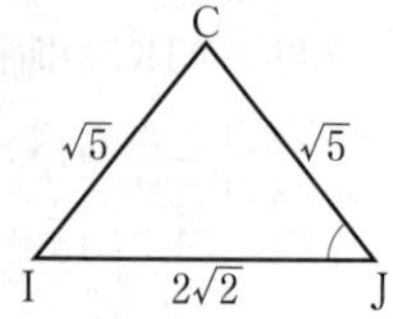

余弦定理により

$\cos\angle CJI=\dfrac{(\sqrt{5})^2+(2\sqrt{2})^2-(\sqrt{5})^2}{2\cdot\sqrt{5}\cdot2\sqrt{2}}$

$=\dfrac{5+8-5}{4\sqrt{10}}=\dfrac{2}{\sqrt{10}}$

$=\dfrac{\sqrt{10}}{5}$　…答

(3) I，J は，それぞれ DH，BF の中点だから，四角形 CIEJ は 1 辺の長さが CI のひし形。

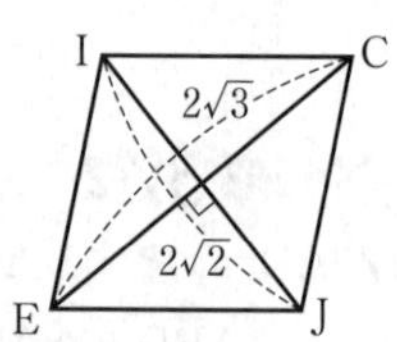

$IJ=2\sqrt{2}$ より，四角形 CIEJ の面積は

$\dfrac{1}{2}\cdot2\sqrt{2}\cdot2\sqrt{3}=2\sqrt{6}$　…答

チェック 39-2　本冊 p.134

1 (1) $\triangle AEF$ は，$AE=1$，$AF=2$，$\angle EAF=60^\circ$ の三角形。余弦定理により

EF^2

$=1^2+2^2-2\cdot1\cdot2\cos60^\circ$

$=1+4-4\cdot\dfrac{1}{2}=3$

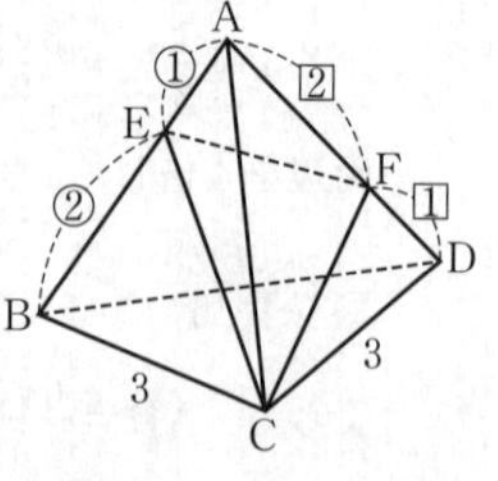

よって　$EF=\sqrt{3}$　…答

(2) △BCE で，余弦定理により

$CE^2=2^2+3^2-2\cdot2\cdot3\cos60^\circ$

$=4+9-12\cdot\dfrac{1}{2}=7$

よって　$CE=\sqrt{7}$

△BCE≡△ACF より　CE＝CF

よって　$CF=\sqrt{7}$

よって，△ECF は右の図。

余弦定理により

$$\cos\angle ECF=\frac{(\sqrt{7})^2+(\sqrt{7})^2-(\sqrt{3})^2}{2\cdot\sqrt{7}\cdot\sqrt{7}}$$

$$=\frac{7+7-3}{14}$$

$$=\frac{11}{14}\quad\cdots 答$$

(3) (2)より　$\sin\angle ECF=\sqrt{1-\left(\dfrac{11}{14}\right)^2}=\dfrac{5\sqrt{3}}{14}$

よって　$\triangle ECF=\dfrac{1}{2}\cdot\sqrt{7}\cdot\sqrt{7}\cdot\dfrac{5\sqrt{3}}{14}$

$$=\frac{5\sqrt{3}}{4}\quad\cdots 答$$

2 (1) 三平方の定理により

$AM=\sqrt{1^2-\left(\dfrac{1}{2}\right)^2}$

$$=\frac{\sqrt{3}}{2}\quad\cdots 答$$

(2) △AMD において

$AM=DM=\dfrac{\sqrt{3}}{2}$，$AD=1$

余弦定理により

$$\cos\alpha=\frac{\left(\frac{\sqrt{3}}{2}\right)^2+\left(\frac{\sqrt{3}}{2}\right)^2-1^2}{2\cdot\frac{\sqrt{3}}{2}\cdot\frac{\sqrt{3}}{2}}$$

$$=\frac{\frac{3}{4}+\frac{3}{4}-1}{\frac{3}{2}}=\frac{\frac{2}{4}}{\frac{3}{2}}$$

$$=\frac{1}{2}\div\frac{3}{2}$$

$$=\frac{1}{3}\quad\cdots 答$$

(3) (2)の結果より

$\sin\alpha=\sqrt{1-\left(\dfrac{1}{3}\right)^2}=\sqrt{\dfrac{8}{9}}=\dfrac{2\sqrt{2}}{3}$

$\triangle AMD=\dfrac{1}{2}\cdot\dfrac{\sqrt{3}}{2}\cdot\dfrac{\sqrt{3}}{2}\cdot\dfrac{2\sqrt{2}}{3}$

$$=\frac{\sqrt{2}}{4}\quad\cdots 答$$

3 (1) △AEB において

AE＝8

BE＝4

∠AEB＝60°

余弦定理により

$AB^2=8^2+4^2-2\cdot8\cdot4\cos60^\circ$

$=64+16-32=48$

よって　$AB=\sqrt{48}=4\sqrt{3}$

△BCE も同様にして

$BC^2=4^2+8^2-2\cdot4\cdot8\cos120^\circ$

$=16+64+64\cdot\dfrac{1}{2}=112$　　$BC=\sqrt{112}=4\sqrt{7}$

△ODC において，三平方の定理により

$OD=\sqrt{8^2-(4\sqrt{3})^2}=\sqrt{16}=4$

したがって　(ア)4　(イ)3　(ウ)4　(エ)7　(オ)4　… 答

(2) △OAD，△OBD において，三平方の定理により

$AO=\sqrt{(4\sqrt{7})^2+4^2}=\sqrt{128}=8\sqrt{2}$

$BO=\sqrt{8^2+4^2}=\sqrt{80}=4\sqrt{5}$

したがって　(カ)8　(キ)2　(ク)4　(ケ)5　… 答

(3) △OAB において

$AO=8\sqrt{2}$　　$BO=4\sqrt{5}$

$AB=4\sqrt{3}$

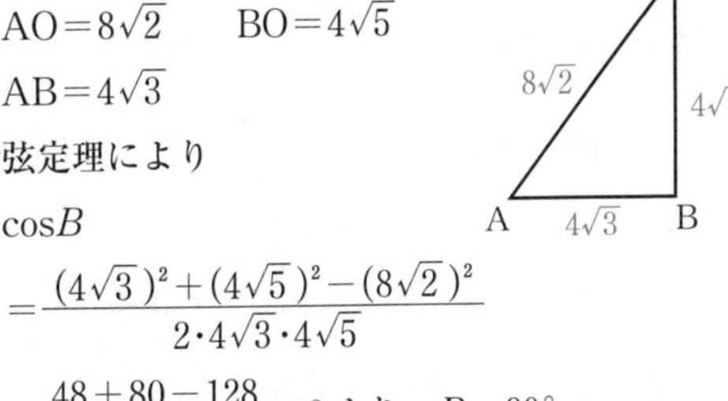

余弦定理により

$\cos B$

$$=\frac{(4\sqrt{3})^2+(4\sqrt{5})^2-(8\sqrt{2})^2}{2\cdot4\sqrt{3}\cdot4\sqrt{5}}$$

$=\dfrac{48+80-128}{32\sqrt{15}}=0$ より　$B=90^\circ$

よって，$\triangle OAB=\dfrac{1}{2}\cdot4\sqrt{3}\cdot4\sqrt{5}=8\sqrt{15}$

したがって　(コ)8　(サ)15　… 答

チェック 39-3　本冊 p.136

1 (1) 底面 △OBC の面積は

$\dfrac{1}{2}\cdot2\cdot2=2$

高さは　OA＝2　よって

$V=\dfrac{1}{3}\cdot2\cdot2=\dfrac{4}{3}$　… 答

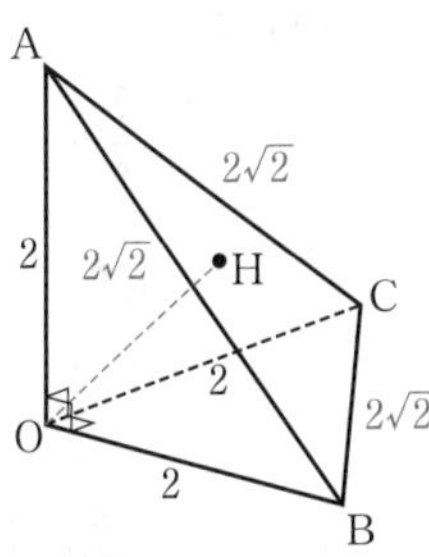

(2) △ABC は $AB=BC=CA=2\sqrt{2}$ の正三角形だから，その面積は

$S=\dfrac{1}{2}\cdot2\sqrt{2}\cdot2\sqrt{2}\sin60^\circ=4\cdot\dfrac{\sqrt{3}}{2}$

$=2\sqrt{3}$　… 答

(3) OH$=h$とおく。

この四面体の体積を考えるとき，△ABC を底面とし，高さを OH としても体積が求められる。

つまり　$V=\dfrac{1}{3}Sh$

よって　$\dfrac{1}{3}\cdot 2\sqrt{3}h=\dfrac{4}{3}$

$h=\dfrac{4}{2\sqrt{3}}=\dfrac{2}{\sqrt{3}}=\dfrac{2\sqrt{3}}{3}$

OH$=\dfrac{2\sqrt{3}}{3}$　…答

2 (1) △AOB，△BOC，△COA は直角三角形だから，三平方の定理により

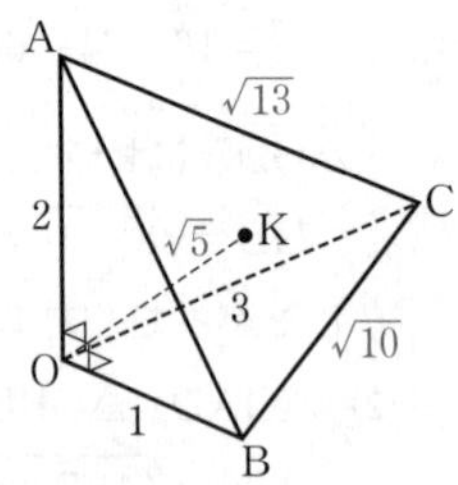

$AB=\sqrt{1^2+2^2}=\sqrt{5}$

$BC=\sqrt{1^2+3^2}=\sqrt{10}$

$CA=\sqrt{3^2+2^2}=\sqrt{13}$

余弦定理により

$\cos\angle ABC=\dfrac{(\sqrt{5})^2+(\sqrt{10})^2-(\sqrt{13})^2}{2\cdot\sqrt{5}\cdot\sqrt{10}}$

$=\dfrac{2}{10\sqrt{2}}=\mathbf{\dfrac{\sqrt{2}}{10}}$　…答

(2) $\sin\angle ABC=\sqrt{1-\left(\dfrac{\sqrt{2}}{10}\right)^2}=\dfrac{7\sqrt{2}}{10}$

$\triangle ABC=\dfrac{1}{2}\cdot\sqrt{5}\cdot\sqrt{10}\cdot\dfrac{7\sqrt{2}}{10}=\mathbf{\dfrac{7}{2}}$　…答

(3) 三角錐の体積をVとする。

△OBC を底面，OA を高さと考えると，

$\triangle OBC=\dfrac{1}{2}\cdot 1\cdot 3=\dfrac{3}{2}$ だから

$V=\dfrac{1}{3}\cdot\dfrac{3}{2}\cdot 2=1$　…答

(4) OK$=h$とおく。

△ABC を底面，高さをhとして三角錐の体積を求めると

$V=\dfrac{1}{3}\cdot\dfrac{7}{2}h=\dfrac{7}{6}h$

(3)より　$\dfrac{7}{6}h=1$　　$h=\dfrac{6}{7}$　　**OK$=\dfrac{6}{7}$**　…答

✓チェック 39-4　本冊 p.137

1 $\angle DCH=45°$ より

$CH=HD=BH=b$

また　$OC=OA=100$

よって　$a-b=100$　…①

A を通り OH と平行な直線と BH との交点を I とすると

$HI=100$

△AIB は，$\angle BAI=30°$，$\angle AIB=90°$，$\angle ABI=60°$ の直角三角形で，

$BI=b-100$ より　$\dfrac{a}{b-100}=\tan 60°=\sqrt{3}$

よって　$a=\sqrt{3}(b-100)$　…②

①，②より，aを消去して

$\sqrt{3}(b-100)-b=100$

$(\sqrt{3}-1)b=100(\sqrt{3}+1)$ より

$b=\dfrac{100(\sqrt{3}+1)}{\sqrt{3}-1}=\dfrac{100(\sqrt{3}+1)^2}{(\sqrt{3}-1)(\sqrt{3}+1)}$

$=\dfrac{100(4+2\sqrt{3})}{3-1}=100(2+\sqrt{3})$

①より　$a=b+100$

$=100(2+\sqrt{3})+100$

$=100(3+\sqrt{3})$

(1) **100**

(2) $\mathbf{\sqrt{3}}$

(3) **$100(3+\sqrt{3})$**

(4) **$100(2+\sqrt{3})$**

第4章 データの分析

item 40 データの整理

チェック 40-1 本冊 p.139

1 (1) 8名の平均点が7点だから，

$6+4+10+6+7+x+y+z=7\times8$

である。

よって　$x+y+z=23$　…①

条件より　$x-y=3$　…②

$x+z=18$　…③

①，③より，$18+y=23$　$y=5$

$y=5$ を②に代入して　$x-5=3$　$x=8$

$x=8$ を③に代入して　$8+z=18$　$z=10$

したがって　(ア) **8**　(イ) **5**　(ウ) **10**　…答

(2) (1)より，8個のデータを小さい順に書くと

4, 5, 6, 6, 7, 8, 10, 10

ここから，度数分布表を作成する。

階級	度数	相対度数
2～3	0	0
4～5	2	0.25
6～7	3	0.375
8～9	1	0.125
10～11	2	0.25

相対度数 $=\dfrac{\text{階級の度数}}{\text{度数の合計}}$

0.375 ← $\dfrac{3}{8}$

したがって　(エ) **0**　(オ) **2**　(カ) **3**　(キ) **1**　(ク) ①　(ケ) ⑦　(コ) ③　(サ) ④　…答

2 (1) 階級の幅は等しいので

$7.5-7.0=\mathbf{0.5}$(秒)　…答

(2) 度数が最も多い階級は **D**　…答

(3) $4+5<10<4+5+9$ だから，10番目に速い生徒は階級 **C** に入る。　…答

item 41 代表値

チェック 41-1 本冊 p.141

1 データを小さい順に並べておくと，間違いが少ないよ。

4, 5, 6, 6, 7, 7, 7, 7, 9, 10, 10, 12

平均値 $=\dfrac{1}{12}(4+5+6\times2+7\times4+9+10\times2+12)$

$=\dfrac{90}{12}=\mathbf{7.5}$(点)

最頻値　**7**(点)，中央値　**7**(点)　…答

item 42 箱ひげ図

チェック 42-1 本冊 p.143

1 0, 0, 1, 2, 2, 3, 4, 5, 6, 8

第1四分位数（1）　中央値（2と3の間）　第3四分位数（5）

平均値 $=\dfrac{1}{10}(0\times2+1+2\times2+3+4+5+6+8)$

$=\mathbf{3.1}$　…答

答　箱ひげ図

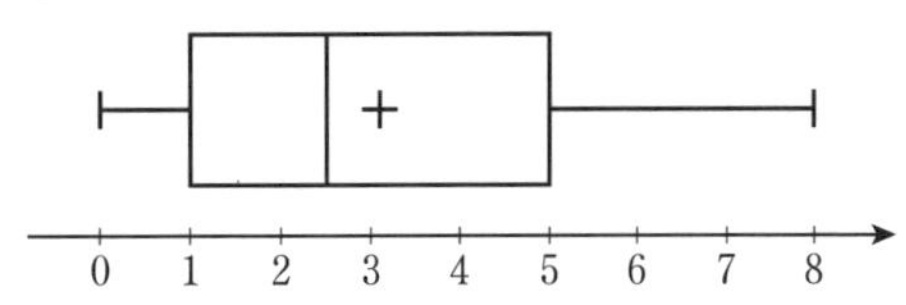

item 43 分散と標準偏差

チェック 43-1 本冊 p.145

1 データを x，平均値を $\overline{x}$，分散を s^2 とする。

	データ (x)	$x-\overline{x}$	$(x-\overline{x})^2$
	3	-3	9
	4	-2	4
	6	0	0
	7	1	1
	7	1	1
	9	3	9
合計	36		24
平均	$\overline{x}=\dfrac{36}{6}=6$		$s^2=\dfrac{24}{6}=4$

標準偏差 $s=\sqrt{4}=2$

表から，

平均値　**6**，中央値　$\dfrac{6+7}{2}=\mathbf{6.5}$，最頻値　**7**

分散　**4**，標準偏差　**2**　…答

item 44 データの相関

チェック 44-1 本冊 *p.147*

1 (1) 英語の得点が最も高い生徒の得点は 8 点で，その生徒の数学の得点は **5 点**。 … 答

(2) 数学の得点を小さい順に並べると

2，3，4，5，5，6，8

よって，中央値は **5 点**。 … 答

$$平均値=\frac{1}{7}(2+3+4+5\times2+6+8)$$

$$=\frac{33}{7}=4.71\cdots \quad より$$

平均値は **4.7 点**。 … 答

(3) 英語の得点は 2，3，3，6，6，7，8 だから

$$平均値=\frac{1}{7}(2+3\times2+6\times2+7+8)=\frac{35}{7}$$

$$=5\,(点)$$

$$分散=\frac{1}{7}\{(2-5)^2+(3-5)^2\times2$$

$$+(6-5)^2\times2+(7-5)^2+(8-5)^2\}$$

$$=\frac{1}{7}(9+8+2+4+9)=\frac{32}{7}=4.57\cdots$$

より，分散は **4.6** … 答

(4) 散布図より，数学と英語には正の相関があるから

$0<r$

相関係数は $-1\leqq r\leqq 1$

したがって，r の範囲は $\mathbf{0<r<0+1}$ … 答

第5章 場合の数と確率

item 45 集合の要素の個数

✓チェック 45-1 本冊 p.148

1 1から200までの自然数のうち，3の倍数の集合をA，5の倍数の集合をB，7の倍数の集合をCとする。また，集合Pの要素の個数を$n(P)$で表す。

$n(A)=66,\ n(B)=40,\ n(C)=28$

$n(A\cap B)=13,\ n(B\cap C)=5$

$n(C\cap A)=9,\ n(A\cap B\cap C)=1$

$n(A\cup B\cup C)$

$=n(A)+n(B)+n(C)-n(A\cap B)-n(B\cap C)$
$\quad -n(C\cap A)+n(A\cap B\cap C)$

$=66+40+28-13-5-9+1$

$=$**108**(個) …答

item 46 場合の数

✓チェック 46-1 本冊 p.149

1 樹形図で考えよう。

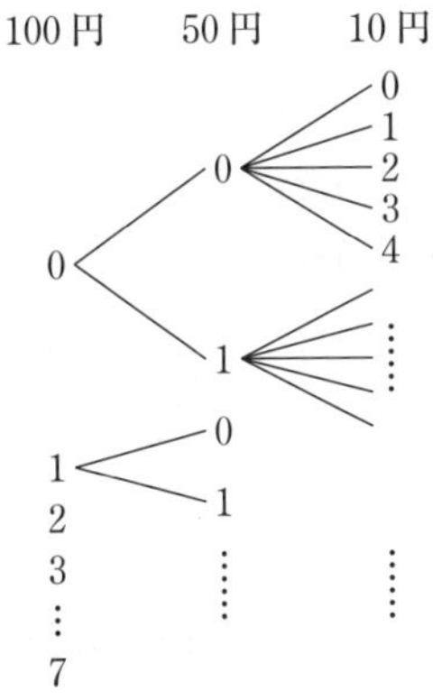

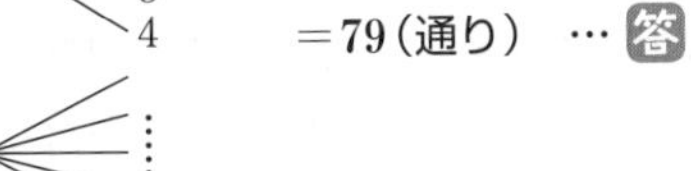

左の樹形図より

$8\times2\times5-1$ ←0円

$=$**79**(通り) …答

item 47 和の法則

✓チェック 47-1 本冊 p.150

1 目の和が偶数になる場合は，

(i)大中小3つとも偶数

または

(ii)1つが偶数で2つが奇数

の場合である。

(i) 大中小3つとも偶数の場合は

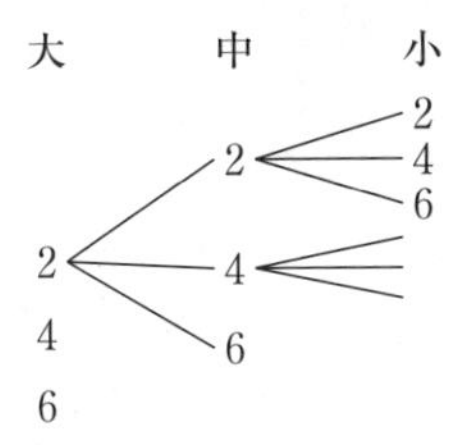

$3\times3\times3=27$(通り)

(ii) 大中小のうち，1つが偶数で2つが奇数の場合，例えば大(偶)中(奇)小(奇)のときは

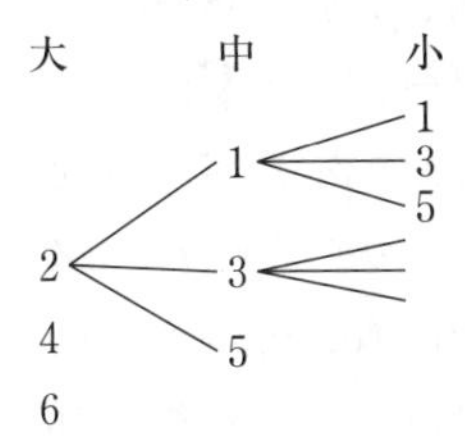

$3\times3\times3=27$(通り)

偶数の目が出るさいころの選び方は3通り。

よって　$27\times3=81$(通り)

(i)，(ii)より　$27+81=$**108**(通り) …答

item 48 積の法則

✓チェック 48-1 本冊 p.151

1 百の位は，0以外の4通り。

そのおのおのについて，十の位は百の位で使った数以外の4通り。

一の位は，百の位，十の位で使った数以外の3通り。

百の位　十の位　一の位

したがって　$4\times4\times3=$**48**(個) …答

item 49 約数の個数

✓チェック 49-1 本冊 p.152

1 1176を素因数分解すると

$1176=2^3\cdot3\cdot7^2$

2) 1176
2) 588
2) 294
3) 147
7) 49
7

約数は，$2^p\cdot3^q\cdot7^r$の形で表される偶数の約数だから，2は必ず使う。

よって，pは1，2，3の3通り。

qは0，1の2通り。

rは0，1，2の3通り。

したがって，偶数の約数の個数は

$3\times2\times3=$**18**(個) …答

item 50 塗り分け

✓チェック 50-1 本冊 p.153

1 樹形図をかく要領で考えよう。

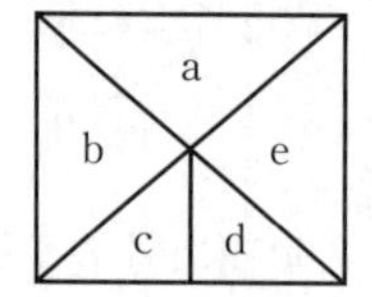

(1) aには5通り，そのおのおのについてbには4通り，そのおのおのについてc，d，eにそれぞれ3通り，2通り，1通り塗れるから

$5\times4\times3\times2\times1=$ **120**(通り) …答

(2) 2回使う色の選び方が4通りあり，その色をどの2か所に塗るかを考えると，次の5通りがある。

(a，c)，(a，d)，(b，d)，(b，e)，(c，e)

そのおのおのについて，残り3か所の塗り方は3通り，2通り，1通りある。

したがって　$4\times5\times3\times2\times1=$ **120**(通り) …答

item 51 順　列

✓チェック 51-1 本冊 p.155

1 5の倍数になるのは，一の位が0または5のときである。

(i) 一の位が0の場合

□ □ □⓪←決まった数

千の位は1～5の5通り，そのおのおのに，百の位，十の位は，それぞれ4通り，3通りあるから

$5\times4\times3=60$(個)

(ii) 一の位が5の場合

□ □ □⑤←決まった数

千の位は0，5以外の4通り，そのおのおのに，百の位，十の位は，それぞれ4通り，3通りあるから

$4\times4\times3=48$(個)

(i)，(ii)より　$60+48=$ **108**(個) …答

✓チェック 51-2 本冊 p.156

1 (1) 一の位の数が0，2，4のときである。

(i) 一の位が0の場合

□ □ □⓪←決まった数

${}_5\mathrm{P}_3=5\cdot4\cdot3=60$(個)

(ii) 一の位が2または4の場合

□ □ □ □

↑0と一の位で使った数以外　↑2または4の2通り

よって　$4\times{}_4\mathrm{P}_2\times2=4\times4\cdot3\times2=96$(個)

(i)，(ii)より　$60+96=$ **156**(個) …答

(2) 2300より大きい数の個数を数えるときは，2301以上3000未満の数と3000以上の数に分けて数えよう。

(iii) 2301以上3000未満の数の場合

2 □ □ □

↑3，4，5の3通り。　${}_4\mathrm{P}_2$

よって　$3\times{}_4\mathrm{P}_2=3\times4\cdot3=36$(個)

(iv) 3000以上の数の場合

□ □ □ □

↑3，4，5の3通り。　${}_5\mathrm{P}_3$

よって　$3\times{}_5\mathrm{P}_3=3\times5\cdot4\cdot3=180$(個)

(iii)，(iv)より　$36+180=$ **216**(個) …答

2 $20000<x<25341$ となる数は

千の位が1，3，4の場合，
千の位が5の場合

に分けて数えよう。

25341より小さな数をあげると

(i) 1□□□□となるすべての数
(ii) 21□□□となるすべての数
(iii) 23□□□となるすべての数
(iv) 24□□□となるすべての数
(v) 251□□となるすべての数
(vi) 25314

となる。

(i) 千の位～一の位に2，3，4，5を並べればよい。

${}_4\mathrm{P}_4=4\cdot3\cdot2\cdot1=24$(通り)

(ii) 百の位～一の位に3，4，5を並べればよい。
(iii) 百の位～一の位に1，4，5を並べればよい。
(iv) 百の位～一の位に1，3，5を並べればよい。

(ii)～(iv)　$3\times{}_3\mathrm{P}_3=3\times3\cdot2\cdot1=18$(通り)

(v) 十の位と一の位に3，4を並べればよい。

${}_2\mathrm{P}_2=2\cdot1=2$(通り)

(vi) 1通り

以上より　$24+18+2+1=45$(通り)

したがって，46番目の数となる。　 ④

［別解］ 25341 が 30000 に近い数だと気づけば…。

30000 未満の数は，次のように表されるから，

1
2 □□□□ ←一万の位は1か2

↑　　$_4P_4$ 通り
2通り

$2\times{}_4P_4=2\times4\cdot3\cdot2\cdot1=48$（個）ある。

大きい方から並べると

25431 … 48 番目

25413 … 47 番目

25341 … 46 番目

チェック 51-3　本冊 p.156

1　女子2人を両端に入れるから，$_3P_2$ 通り。

残り4人を並べるから，$_4P_4$ 通り。

よって　$_3P_2\times{}_4P_4=3\cdot2\times4\cdot3\cdot2\cdot1$

$=144$（通り） … 答

チェック 51-4　本冊 p.157

1 (1) 女子3人をまとめて1人と考え，5人を並べる。

$5!\times3!=5\cdot4\cdot3\cdot2\cdot1\times3\cdot2\cdot1$

└女子3人の並べ方

$=720$（通り） … 答

(2) まず，男子4人を並べる。

次に，男子4人の間3か所とその両端の計5か所に女子が並べばよい。

①男②男③男④男⑤

①～⑤のうち3か所に女子を並べる方法は，$_5P_3$ 通り。

したがって　$4!\times{}_5P_3=4\cdot3\cdot2\cdot1\times5\cdot4\cdot3$

$=1440$（通り） … 答

item 52 円順列

チェック 52-1　本冊 p.158

1 子どもと子どもの間に両親が座ればいいね。

子ども4人が円卓に座る方法は，$(4-1)!$ 通り。

子どもの間の席は4つあるので，両親の座り方は，$_4P_2$ 通り。

よって　$(4-1)!\times{}_4P_2=3\cdot2\cdot1\times4\cdot3$

$=72$（通り） … 答

item 53 組合せ

チェック 53-1　本冊 p.160

1 (1) 男子7人から3人を選ぶ方法は，$_7C_3$ 通り。

そのおのおのに女子5人から2人を選ぶ方法が $_5C_2$ 通り決まる。

よって　$_7C_3\times{}_5C_2=\dfrac{7\cdot6\cdot5}{3\cdot2\cdot1}\times\dfrac{5\cdot4}{2\cdot1}$

$=350$（通り） … 答

(2) 男子7人から5人を選ぶ方法は，$_7C_5$ 通り。

女子5人から5人を選ぶ方法は，$_5C_5$ 通り。

よって

$_7C_5+{}_5C_5={}_7C_2+1=\dfrac{7\cdot6}{2\cdot1}+1=21+1$

$_7C_5={}_7C_2$

$=22$（通り） … 答

(3) 男女関係なく12人から5人を選ぶ方法は，$_{12}C_5$ 通り。

その中から男子だけ選ばれる場合（$_7C_5$ 通り）を除くと，少なくとも1人の女子が選ばれる場合になる。

よって　$_{12}C_5-{}_7C_5=\dfrac{12\cdot11\cdot10\cdot9\cdot8}{5\cdot4\cdot3\cdot2\cdot1}-\dfrac{7\cdot6}{2\cdot1}$

$=792-21$

$=771$（通り） … 答

(4) 男子が女子より多く選ばれる場合は，

(男，女)$=(5,\ 0)$，$(4,\ 1)$，$(3,\ 2)$ の3通り。

(i) 男子5人女子0人の場合は

$_7C_5={}_7C_2=\dfrac{7\cdot6}{2\cdot1}=21$（通り）

(ii) 男子4人女子1人の場合は

$_7C_4\times{}_5C_1={}_7C_3\times5=\dfrac{7\cdot6\cdot5}{3\cdot2\cdot1}\times5=175$（通り）

(iii) 男子3人，女子2人の場合は，(1)より

350（通り）

(i)，(ii)，(iii)より

$21+175+350=546$（通り） … 答

(5)　A，B を除く10名から残りの3人を選ぶから

$_{10}C_3=\dfrac{10\cdot9\cdot8}{3\cdot2\cdot1}=120$（通り） … 答

2　すべての場合から，1 組の夫婦が 2 人とも選ばれる場合を除けばよい。

10 人から 3 人を選ぶ方法は，${}_{10}C_3$ 通り。

次に，そろって選ばれる夫婦の選び方は 5 通り。

1 組の夫婦 2 人が選ばれたとき，残りの 1 人は 8 人中 1 人を選ぶから，8 通り。

したがって　$${}_{10}C_3-5\times8=\frac{10\cdot9\cdot8}{3\cdot2\cdot1}-40$$
$$=120-40$$
$$=80\text{(通り)}$$ …答

チェック 53-2　本冊 p.161

1 (1)　正八角形の 8 つの頂点から異なる 3 頂点を選べば 1 つの三角形が決定するから

$${}_8C_3=\frac{8\cdot7\cdot6}{3\cdot2\cdot1}=56\text{(個)}$$ …答

(2)　6 本の平行線から 2 本を選び，4 本の平行線から 2 本を選ぶと，選ばれた 4 本の直線で囲まれた図形は平行四辺形となる。

したがって　$${}_6C_2\times{}_4C_2=\frac{6\cdot5}{2\cdot1}\times\frac{4\cdot3}{2\cdot1}$$
$$=90\text{(個)}$$ …答

item 54　組分け

チェック 54-1　本冊 p.162

1 (1)　9 人から 4 人を選ぶ方法は，${}_9C_4$ 通り。

残り 5 人から 3 人を選ぶ方法は，${}_5C_3$ 通り。

残り 2 人から 2 人を選ぶから，${}_2C_2$ 通り。

したがって

$${}_9C_4\times{}_5C_3\times{}_2C_2=\frac{9\cdot8\cdot7\cdot6}{4\cdot3\cdot2\cdot1}\times\frac{5\cdot4}{2\cdot1}\times\frac{2\cdot1}{2\cdot1}$$
（${}_5C_3$ ← ${}_5C_2$）
$$=126\times10\times1$$
$$=1260\text{(通り)}$$ …答

(2)　A 組 3 人，B 組 3 人，C 組 3 人として区別して分ける場合は　${}_9C_3\times{}_6C_3\times{}_3C_3$（通り）

A，B，C の区別をなくすには 3! で割る。

よって

$$\frac{{}_9C_3\times{}_6C_3\times{}_3C_3}{3!}=\frac{9\cdot8\cdot7}{3\cdot2\cdot1}\times\frac{6\cdot5\cdot4}{3\cdot2\cdot1}\times\frac{3\cdot2\cdot1}{3\cdot2\cdot1}$$
$$\div(3\cdot2\cdot1)$$
$$=84\times20\times1\div6$$
$$=280\text{(通り)}$$ …答

item 55　最短経路の問題

チェック 55-1　本冊 p.164

1 (1)　右に 1 区画進むことを「右」，下に 1 区画進むことを「下」と表すと，A から B に行く方法の数は右を 5 つ，下を 4 つ並べたものと同じ。

$${}_9C_5={}_9C_4=\frac{9\cdot8\cdot7\cdot6}{4\cdot3\cdot2\cdot1}=126\text{(通り)}$$ …答

［別解］　本冊 p.164 のワンポイントの公式を使う。

$$\frac{9!}{5!4!}=\frac{9\cdot8\cdot7\cdot6\cdot5\cdot4\cdot3\cdot2\cdot1}{5\cdot4\cdot3\cdot2\cdot1\times4\cdot3\cdot2\cdot1}=126\text{(通り)}$$

(2)　A → C は，右 2 つ，下 1 つだから，${}_3C_2$ 通り。

C → B は右 3 つ，下 3 つだから，${}_6C_3$ 通り。

したがって

$${}_3C_2\times{}_6C_3=3\times\frac{6\cdot5\cdot4}{3\cdot2\cdot1}=60\text{(通り)}$$ …答

(3)　A → C は　${}_3C_2={}_3C_1=3$（通り）

C → D は右 1 つ，下 2 つだから　${}_3C_1=3$（通り）

D → B は右 2 つ，下 1 つだから　${}_3C_2=3$（通り）

したがって　$3\times3\times3=27$（通り）…答

item 56　基本的な確率

チェック 56-1　本冊 p.166

1 同じ文字が含まれる文字列では，まず，文字をすべて区別し，起り方が同様に確からしいようにします。並ぶ順が決まった文字列は，その文字を並べるところを決めましょう。

・すべての並べ方

3 つある A を A_1，A_2，A_3 と区別して考える。

7 文字の並べ方の総数は，7! 通り。

・K，Y，M がこの順になる並べ方

7 か所の中から 3 か所を選び，選んだ 3 か所に K，Y，M と順に並べれば 1 通りに決まる。これが，${}_7C_3$ 通り。

残り 4 文字の並べ方は，4! 通り。

よって，並べ方は　${}_7C_3\times4!$（通り）

求める確率は

$$\frac{{}_7C_3\times4!}{7!}=\frac{{}_7C_3}{7\cdot6\cdot5}\leftarrow\frac{4!}{7!}=\frac{4\cdot3\cdot2\cdot1}{7\cdot6\cdot5\cdot4\cdot3\cdot2\cdot1}$$
$$=\frac{7\cdot6\cdot5}{3\cdot2\cdot1}\times\frac{1}{7\cdot6\cdot5}=\frac{1}{6}$$ …答

チェック 56-2　本冊 p.166

1 (1) 白球 7 個，黒球 3 個の計 10 個から 3 個を取り出す場合の数は　${}_{10}C_3=\dfrac{10\cdot9\cdot8}{3\cdot2\cdot1}=120$ (通り)

白球 3 個を取り出す場合の数は

${}_7C_3=\dfrac{7\cdot6\cdot5}{3\cdot2\cdot1}=35$ (通り)

したがって，求める確率は

$\dfrac{35}{120}=\dfrac{7}{24}$ …答

(2) 取り出した球の 2 個が白球，1 個が黒球である場合の数は　${}_7C_2\times{}_3C_1=\dfrac{7\cdot6}{2\cdot1}\times3=63$ (通り)

したがって，求める確率は

$\dfrac{63}{120}=\dfrac{21}{40}$ …答

チェック 56-3　本冊 p.167

1 3 個のさいころを投げるから，目の出方は 6^3 通り。

(1) 出る目の積が奇数だから，3 個とも奇数の目が出る場合で，その数は，3^3 通り。

したがって，求める確率は　$\dfrac{3^3}{6^3}=\dfrac{1}{8}$ …答

(2) 出る目の積が 5 の倍数となるのは，少なくとも 1 つのさいころに 5 が出る場合だから，全事象から 1 度も 5 が出ない場合を除けばよい。

つまり　6^3-5^3 (通り)

したがって，求める確率は

$\dfrac{6^3-5^3}{6^3}=\dfrac{91}{216}$ …答

(3) 出る目の積が 10 の倍数になる場合は

(i) (5, 偶数, 偶数)　または　(ii) (5, 偶数, 奇数)

(i) ${}_3C_1\times{}_3C_1\times{}_3C_1=27$ (通り)　…①

（${}_3C_1$：5 の目が出るさいころの選び方，${}_3C_1\times{}_3C_1$：偶数の目の選び方）

(ii) 残りの奇数が 5 以外の数の場合

${}_3C_1\times{}_2C_1\times3!=36$ (通り)　…②

（${}_3C_1$：偶数の目の選び方，${}_2C_1$：5 以外の奇数の目の選び方，$3!$：どのさいころにどの目が出るか？）

5 が 2 つ出る場合

${}_3C_1\times{}_3C_1=9$ (通り)　…③

（${}_3C_1$：偶数の目が出るさいころの選び方，${}_3C_1$：偶数の目の選び方）

①～③より　$27+36+9=72$ (通り)

よって，求める確率は　$\dfrac{72}{216}=\dfrac{1}{3}$ …答

item 57　点の移動の確率

チェック 57-1　本冊 p.168

1 さいころを 3 回投げて，出た目の和が 14 になる目の組合せは

(6, 6, 2), (6, 5, 3), (6, 4, 4), (5, 5, 4)

(i) 同じ目が 2 回出るのは (6, 6, 2), (6, 4, 4), (5, 5, 4) の場合で，目の出方はそれぞれ ${}_3C_2$ 通り。

よって　${}_3C_2\times3={}_3C_1\times3=9$ (通り)

(ii) 3 回とも異なる目が出るのは (6, 5, 3) の場合で，目の出方は　${}_3P_3=6$ (通り)

(i), (ii)より，目の和が 14 になる目の出方は

$9+6=15$ (通り)

したがって，求める確率は　$\dfrac{15}{6^3}=\dfrac{5}{72}$ …答

item 58　確率の基本性質

チェック 58-1　本冊 p.169

1 5 個から 2 個を取り出すから，全事象は

${}_5C_2=\dfrac{5\cdot4}{2\cdot1}=10$ (通り)

2 個の数の和が偶数になるのは

(i) 2 個とも偶数のボールを取り出す場合

${}_2C_2=1$ (通り)

(ii) 2 個とも奇数のボールを取り出す場合

${}_3C_2={}_3C_1=3$ (通り)

(i), (ii)より　$1+3=4$ (通り)

したがって，求める確率は　$\dfrac{4}{10}=\dfrac{2}{5}$ …答

item 59 余事象の確率

チェック 59-1 本冊 p.170

1 1個のさいころを5回投げて，「偶数の目が少なくとも1回出る事象」は，「5回とも奇数の目が出る事象」の余事象。

1回奇数の目が出る確率は　$\dfrac{3}{6}=\dfrac{1}{2}$

したがって，求める確率は

$1-\left(\dfrac{1}{2}\right)^5=1-\dfrac{1}{32}=\dfrac{31}{32}$　…答

チェック 59-2 本冊 p.171

1 5人から2人を選ぶとき，「少なくとも1人は女子が選ばれる事象」は「2人とも男子が選ばれる事象」の余事象。

2人とも男子が選ばれる確率は

$\dfrac{{}_3C_2}{{}_5C_2}=\dfrac{3\cdot2}{2\cdot1}\times\dfrac{2\cdot1}{5\cdot4}=\dfrac{3}{10}$

したがって，求める確率は

$1-\dfrac{3}{10}=\dfrac{7}{10}$　…答

チェック 59-3 本冊 p.171

1 20本のくじの中から2本のくじを引くとき，「少なくとも1本当たる事象」は「2本ともはずれる事象」の余事象。

2本ともはずれる確率は

$\dfrac{{}_{16}C_2}{{}_{20}C_2}=\dfrac{16\cdot15}{2\cdot1}\times\dfrac{2\cdot1}{20\cdot19}=\dfrac{12}{19}$

したがって，求める確率は

$1-\dfrac{12}{19}=\dfrac{7}{19}$　…答

item 60 独立な試行と確率

チェック 60-1 本冊 p.172

1 (1) Aの袋から白玉を取り出す確率は　$\dfrac{5}{9}$

Bの袋から黒玉を取り出す確率は　$\dfrac{5}{8}$

したがって，求める確率は　$\dfrac{5}{9}\times\dfrac{5}{8}=\dfrac{25}{72}$　…答

(2) A，Bから白玉を取り出す確率は　$\dfrac{5}{9}\times\dfrac{3}{8}=\dfrac{15}{72}$

A，Bから黒玉を取り出す確率は　$\dfrac{4}{9}\times\dfrac{5}{8}=\dfrac{20}{72}$

したがって，求める確率は

$\dfrac{15}{72}+\dfrac{20}{72}=\dfrac{35}{72}$　…答

(3) (2)の余事象だから

$1-\dfrac{35}{72}=\dfrac{37}{72}$　…答

チェック 60-2 本冊 p.173

1 (1) 赤玉の奇数番号が出るのは

① さいころに3の倍数の目が出る。

② Aの袋の中の奇数の玉を取り出す。

したがって，求める確率は　$\dfrac{2}{6}\times\dfrac{3}{5}=\dfrac{1}{5}$　…答

(2) 出る番号を a とすると，

(i) $\begin{cases}1\text{回目赤の }a\\2\text{回目青の }a\end{cases}$ が出る確率は

$\dfrac{2}{6}\times\dfrac{1}{5}\times\dfrac{4}{6}\times\dfrac{1}{4}=\dfrac{1}{90}$

(ii) $\begin{cases}1\text{回目青の }a\\2\text{回目赤の }a\end{cases}$ が出る確率は

$\dfrac{4}{6}\times\dfrac{1}{4}\times\dfrac{2}{6}\times\dfrac{1}{5}=\dfrac{1}{90}$

(i)，(ii)と a は1，2，3，4の4通りあるから，

求める確率は　$\left(\dfrac{1}{90}+\dfrac{1}{90}\right)\times4=\dfrac{4}{45}$　…答

チェック 60-3 本冊 p.174

1 余事象の確率を使いましょう。

(i) 4人とも不合格となる確率は

$\dfrac{2}{3}\times\dfrac{3}{4}\times\dfrac{4}{5}\times\dfrac{5}{6}=\dfrac{1}{3}$

(ii) 1人だけ合格する確率は

$\dfrac{1}{3}\times\dfrac{3}{4}\times\dfrac{4}{5}\times\dfrac{5}{6}+\dfrac{2}{3}\times\dfrac{1}{4}\times\dfrac{4}{5}\times\dfrac{5}{6}$

$+\dfrac{2}{3}\times\dfrac{3}{4}\times\dfrac{1}{5}\times\dfrac{5}{6}+\dfrac{2}{3}\times\dfrac{3}{4}\times\dfrac{4}{5}\times\dfrac{1}{6}$

$=\dfrac{60+40+30+24}{360}=\dfrac{154}{360}=\dfrac{77}{180}$

少なくとも2人が合格するのは(i)，(ii)の余事象だから，求める確率は

$1-\left(\dfrac{1}{3}+\dfrac{77}{180}\right)=1-\dfrac{137}{180}=\dfrac{43}{180}$　…答

✓チェック 60-4 本冊 p.175

1 (1) 1回で偶数の目が出る確率は $\frac{3}{6}=\frac{1}{2}$

4回とも偶数の目が出る確率は $\left(\frac{1}{2}\right)^4=\mathbf{\frac{1}{16}}$ …答

(2) 1回で3以下の目が出る確率は $\frac{3}{6}=\frac{1}{2}$

4回とも3以下の目が出る確率は

$\left(\frac{1}{2}\right)^4=\mathbf{\frac{1}{16}}$ …答

(3) (2)の場合から，最大値が2以下になる場合を除けばよい。

最大値が2以下になる確率は $\left(\frac{2}{6}\right)^4=\frac{1}{81}$

したがって，求める確率は

$\frac{1}{16}-\frac{1}{81}=\frac{81-16}{1296}=\mathbf{\frac{65}{1296}}$ …答

item 61 反復試行の確率

✓チェック 61-1 本冊 p.176

1 (1) 3の倍数が出る回の選び方は，${}_5C_2$ 通り。

1回の試行で3の倍数の目が出る確率は $\frac{2}{6}=\frac{1}{3}$

したがって

${}_5C_2\left(\frac{1}{3}\right)^2\left(\frac{2}{3}\right)^3=\frac{5\cdot4}{2\cdot1}\times\frac{2^3}{3^5}=\mathbf{\frac{80}{243}}$ …答

(2)「3の倍数の目が少なくとも1回出る事象」は「3の倍数の目が1度も出ない事象」の余事象である。

したがって

$1-\left(\frac{4}{6}\right)^5=1-\left(\frac{2}{3}\right)^5=1-\frac{32}{243}=\mathbf{\frac{211}{243}}$ …答

条件付き確率

✓チェック 62-1 本冊 p.178

1 (1) 4人とも当たる確率は

$\frac{4}{10}\times\frac{3}{9}\times\frac{2}{8}\times\frac{1}{7}=\mathbf{\frac{1}{210}}$ …答

(2)「少なくとも1人がはずれる事象」は「4人全員が当たる事象」の余事象である。

したがって $1-\frac{1}{210}=\mathbf{\frac{209}{210}}$ …答

(3) 1人だけが当たるから

$\frac{4}{10}\times\frac{6}{9}\times\frac{5}{8}\times\frac{4}{7}+\frac{6}{10}\times\frac{4}{9}\times\frac{5}{8}\times\frac{4}{7}$
（Aが当たる。）（Bが当たる。）

$+\frac{6}{10}\times\frac{5}{9}\times\frac{4}{8}\times\frac{4}{7}+\frac{6}{10}\times\frac{5}{9}\times\frac{4}{8}\times\frac{4}{7}$
（Cが当たる。）（Dが当たる。）

$=\frac{2}{21}+\frac{2}{21}+\frac{2}{21}+\frac{2}{21}=\mathbf{\frac{8}{21}}$ …答

✓チェック 62-2 本冊 p.179

1 (1) A，B，Cの全員が当たる確率だから

$\frac{3}{10}\times\frac{2}{9}\times\frac{1}{8}=\mathbf{\frac{1}{120}}$ …答

(2) 当たりを○，はずれを×として樹形図をかく。

A　B　C

○ $\left(\frac{3}{10}\right)$ ― ○ $\left(\frac{2}{9}\right)$ ― ○ $\left(\frac{1}{8}\right)$ ----- $\frac{3}{10}\times\frac{2}{9}\times\frac{1}{8}=\frac{1}{120}$

○ $\left(\frac{3}{10}\right)$ ― × $\left(\frac{7}{9}\right)$ ― ○ $\left(\frac{2}{8}\right)$ ----- $\frac{3}{10}\times\frac{7}{9}\times\frac{2}{8}=\frac{7}{120}$

× $\left(\frac{7}{10}\right)$ ― ○ $\left(\frac{3}{9}\right)$ ― ○ $\left(\frac{2}{8}\right)$ ----- $\frac{7}{10}\times\frac{3}{9}\times\frac{2}{8}=\frac{7}{120}$

× $\left(\frac{7}{10}\right)$ ― × $\left(\frac{6}{9}\right)$ ― ○ $\left(\frac{3}{8}\right)$ ----- $\frac{7}{10}\times\frac{6}{9}\times\frac{3}{8}=\frac{7}{40}$

したがって

$\frac{1}{120}+\frac{7}{120}+\frac{7}{120}+\frac{7}{40}=\frac{36}{120}=\mathbf{\frac{3}{10}}$ …答

✓チェック 62-3 本冊 p.179

1 (1) 不良品であると判定する場合は，次の2通り。

(i) 不良品を不良品と判定する。

$\frac{3}{100}\times\frac{99}{100}=\frac{297}{10000}$

(ii) 誤って良品を不良品と判定する。

$\frac{97}{100}\times\frac{1}{100}=\frac{97}{10000}$

(i)，(ii)より，求める確率は

$\frac{297}{10000}+\frac{97}{10000}=\frac{394}{10000}=\mathbf{\frac{197}{5000}}$ …答

(2) 不良品と判定されたとき，良品である条件付き確率だから

$\frac{97}{10000}\div\frac{197}{5000}=\mathbf{\frac{97}{394}}$ …答

第6章 図形の性質

item 63 平面図形の基本性質

チェック 63-1 本冊 p.181

1 図のようにDとおく。

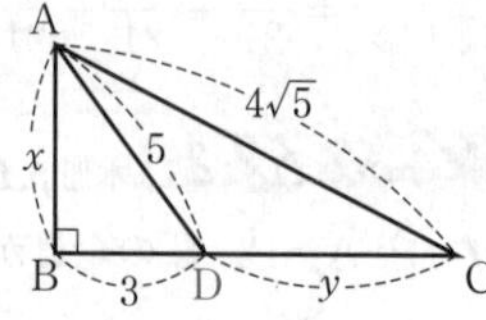

△ABD で三平方の定理により　$x^2=5^2-3^2=16$

$x>0$ より　$x=4$

△ABC で三平方の定理により

$BC^2=(4\sqrt{5})^2-4^2=80-16=64$

$BC>0$ より　$BC=8$　　よって　$y=8-3=5$

したがって　$\boldsymbol{x=4,\ y=5}$　… 答

2 長方形の1辺の長さを x とすると，他の辺は　$17-x$

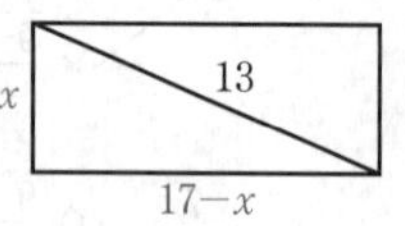

三平方の定理により

$x^2+(17-x)^2=13^2$

$x^2+289-34x+x^2=169$

$2x^2-34x+120=0$

$x^2-17x+60=0$

$(x-5)(x-12)=0$

$x=5,\ 12$

よって，長方形の2辺の長さは　5と12

したがって，長方形の面積は　$5\times12=\boldsymbol{60}$　… 答

item 64 角の二等分線

チェック 64-1 本冊 p.182

1 AD は∠A の二等分線だから

$BD:DC$

$=AB:AC$

$=2:3$

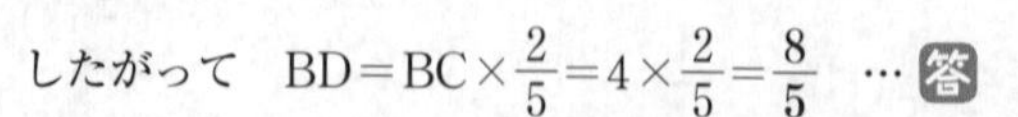

したがって　$BD=BC\times\dfrac{2}{5}=4\times\dfrac{2}{5}=\boldsymbol{\dfrac{8}{5}}$　… 答

チェック 64-2 本冊 p.183

1 AD は∠A の外角の二等分線だから

$BD:DC=AB:AC=40:30=4:3$

$BD=x$ とすると　$DC=x-20$

よって　$x:(x-20)=4:3$　　$3x=4(x-20)$

$3x=4x-80$　　$x=80$

したがって　$\boldsymbol{BD=80}$　… 答

item 65 三角形の内心・外心・重心・垂心

チェック 65-1 本冊 p.185

1 右の図のように，A，B，C とする。

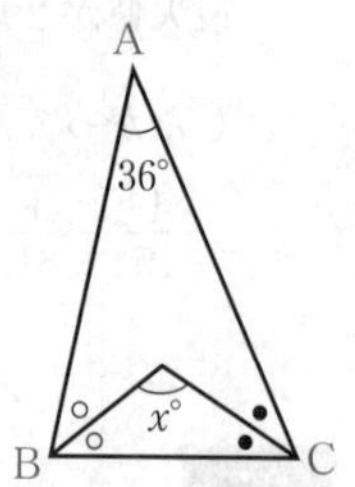

$\angle A=36°$ だから

$\angle B+\angle C=180°-36°=144°$

$x°=180°-\dfrac{144°}{2}$

$=\boldsymbol{108°}$　… 答

チェック 65-2 本冊 p.186

1 (1) O から AB，AC に垂線を引き，その交点をそれぞれ R，Q とする。

$\angle A=90°$ だから，四角形 AROQ は1辺 r の正方形。

また　$BR=BP=20$，$CQ=CP=6$

よって　$\boldsymbol{AB=r+20,\ AC=r+6}$　… 答

(2) 三平方の定理により

$(r+20)^2+(r+6)^2=26^2$

$r^2+40r+400+r^2+12r+36=676$

$2r^2+52r-240=0$　　$r^2+26r-120=0$

$(r-4)(r+30)=0$

$r>0$ より　$\boldsymbol{r=4}$　… 答

チェック 65-3 本冊 p.188

1 O は外心だから

$OA=OB=OC$

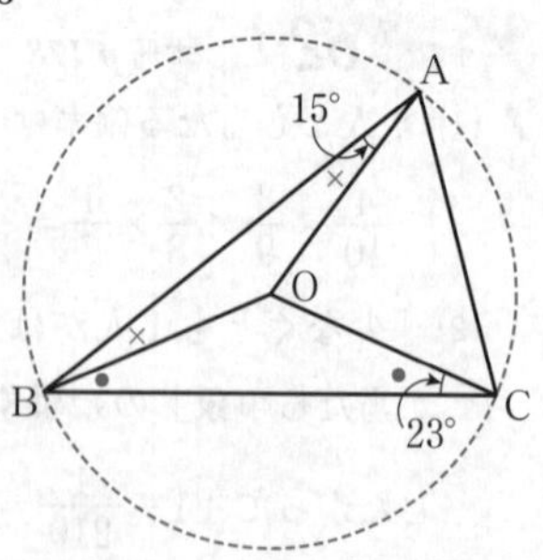

よって

$\angle OBA=\angle OAB$
$=15°$

$\angle OBC=\angle OCB$
$=23°$

$\angle ABC = 15° + 23° = 38°$

$\angle AOC = 2\angle ABC = 76°$

$\angle OAC = \frac{1}{2}(180° - 76°) = 52°$

したがって　$\angle \mathbf{OAC} = \mathbf{52°}$，$\angle \mathbf{AOC} = \mathbf{76°}$　… 答

2 右の図のように，点 D，E をとる。

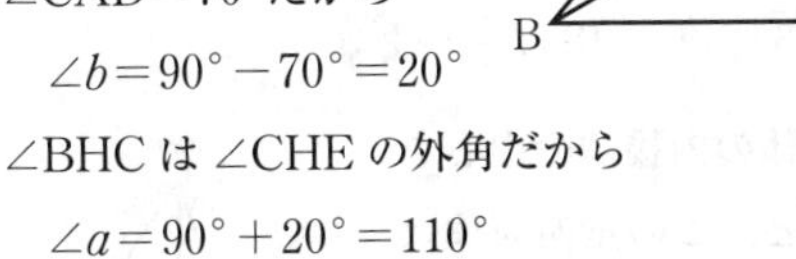

△ACD において，

$\angle ADC = 90°$，

$\angle CAD = 70°$ だから

$\angle b = 90° - 70° = 20°$

∠BHC は ∠CHE の外角だから

$\angle a = 90° + 20° = 110°$

したがって　$\angle \boldsymbol{a} = \mathbf{110°}$，$\angle \boldsymbol{b} = \mathbf{20°}$　… 答

item 66 メネラウスの定理・チェバの定理

チェック 66-1　本冊 p.189

1 メネラウスの定理により　$\frac{BP}{PC} \cdot \frac{CQ}{QA} \cdot \frac{AR}{RB} = 1$

よって　$\frac{8}{3} \cdot \frac{CQ}{QA} \cdot \frac{1}{4} = 1$　　$\frac{CQ}{QA} = \frac{3}{2}$

したがって　**AQ : QC = 2 : 3**　… 答

item 67 円の性質

チェック 67-1　本冊 p.190

1

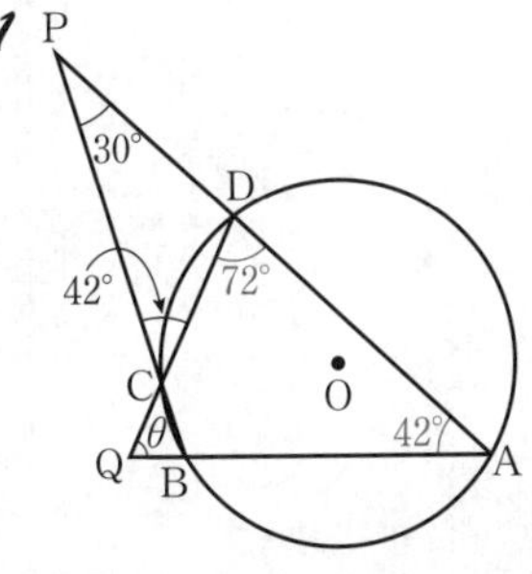

$\angle BAD = \angle PCD = 42°$

∠CDA は ∠PDC の外角だから

$\angle CDA = 30° + 42° = 72°$

△ADQ において

$\theta = 180° - (42° + 72°) = 66°$　… 答

チェック 67-2　本冊 p.191

1 接弦定理により

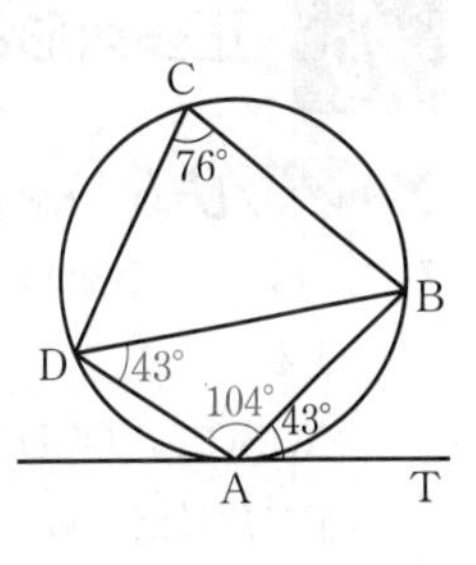

$\angle ADB = \angle BAT = 43°$

$\angle BAD + \angle BCD = 180°$ より

$\angle BAD = 180° - 76° = 104°$

△ABD において

$\angle ABD = 180° - (43° + 104°)$

$= \mathbf{33°}$　… 答

item 68 方べきの定理

チェック 68-1　本冊 p.192

1 $CD = x$ とする。

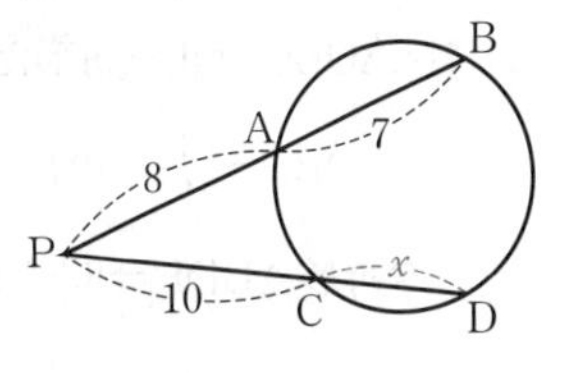

方べきの定理により

$PA \cdot PB = PC \cdot PD$

$8 \cdot 15 = 10 \cdot (10 + x)$

よって　$10 + x = 12$

$x = 2$

したがって　**CD = 2**　… 答

item 69 相似比

チェック 69-1　本冊 p.193

1 (1) △ADE と △ABC は，2 組の角がそれぞれ等しいから相似であり，相似比は 3 : 5 である。

したがって，面積比は

$3^2 : 5^2 = 9 : 25$　… 答

(2) △ABC の面積が 100cm^2 だから

$\triangle ADE = 100 \times \frac{9}{25} = 36\,(\text{cm}^2)$

よって，台形 DBCE の面積は

$100 - 36 = 64\,(\text{cm}^2)$　… 答

2 正四面体 OABC と ODEF は相似であり，相似比は 3 : 2 である。

よって，体積比は　$3^3 : 2^3 = 27 : 8$

したがって

三角錐台 DEF-ABC : 正四面体 ODEF

$= (27 - 8) : 8 = 19 : 8$

よって，$\frac{19}{8}$ 倍。… 答

item 70 正多角形と正多面体

チェック 70-1 本冊 p.194

1 (1) 円の中心をOとする。

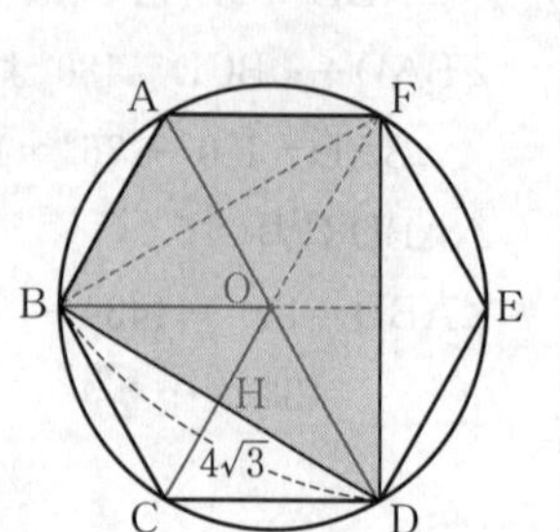

△OBC，△OCD は正三角形だから

$\angle$**BCD＝120°** …答

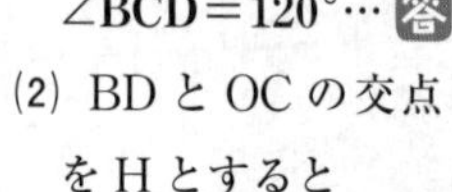

(2) BD と OC の交点をHとすると

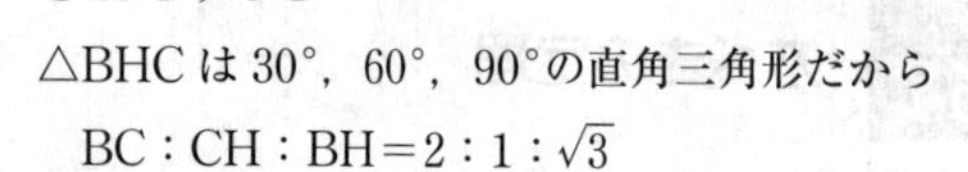

△BHC は 30°，60°，90° の直角三角形だから

$BC:CH:BH=2:1:\sqrt{3}$

$BH=2\sqrt{3}$ だから **BC＝4** …答

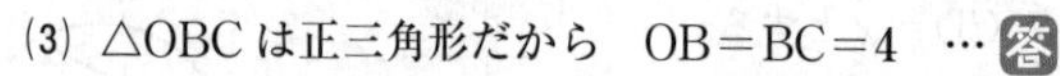

(3) △OBC は正三角形だから $OB=BC=4$ …答

(4) $\triangle OBH=\dfrac{1}{2}\cdot 2\cdot 2\sqrt{3}=2\sqrt{3}$

四角形 $ABDF=8\triangle OBH=8\cdot 2\sqrt{3}$

$=\mathbf{16\sqrt{3}}$ …答

チェック 70-2 本冊 p.195

1 (1) 4つの球の中心を結んだ正四面体を ABCD とする。

△BCD を底面と考えると1辺の長さ6の正三角形の面積は

$\dfrac{1}{2}\cdot 6\cdot 6\sin 60^\circ=18\cdot\dfrac{\sqrt{3}}{2}=9\sqrt{3}$

したがって，正四面体の表面積は

$9\sqrt{3}\cdot 4=\mathbf{36\sqrt{3}}$ …答

(2) BC の中点をMとし，AからMDに垂線AHを引くと，AHは底面BCDに垂直であり，Hは△BCDの重心である。

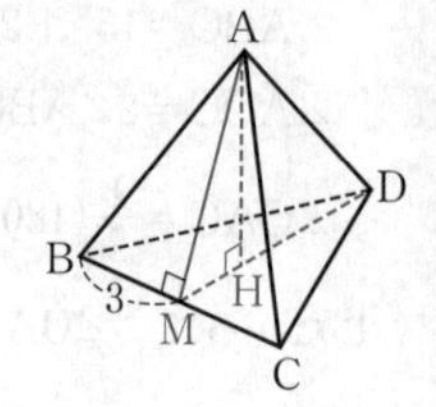

よって $MH=\dfrac{1}{3}MD=\dfrac{1}{3}\cdot 3\sqrt{3}=\sqrt{3}$

$AH=\sqrt{AM^2-MH^2}$

$=\sqrt{(3\sqrt{3})^2-(\sqrt{3})^2}=2\sqrt{6}$

したがって，四面体 ABCD の体積は

$\dfrac{1}{3}\cdot 9\sqrt{3}\cdot 2\sqrt{6}=\mathbf{18\sqrt{2}}$ …答

(3) 正四面体の内接球の中心をIとすると，この正四面体は4つの合同な四面体 IABC，IACD，IABD，IBCD に分けられる。

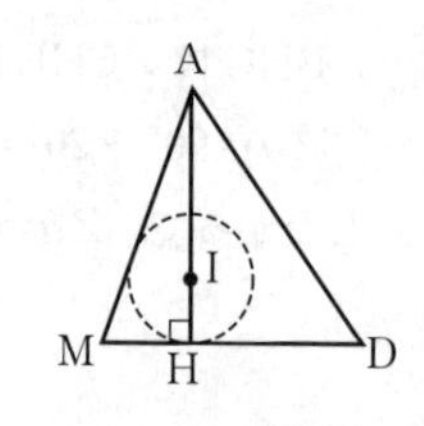

この小四面体の体積は正四面体の体積の $\dfrac{1}{4}$ だから，Iの位置はAHの四等分点のHに近い方にある。

したがって，内接球の半径

$IH=\dfrac{1}{4}\cdot 2\sqrt{6}=\mathbf{\dfrac{\sqrt{6}}{2}}$ …答

(4) △BCD は水平な台と平行な面で，高さ3だけ上方にあるから，求める長さは $AH+3$

したがって $\mathbf{2\sqrt{6}+3}$ …答

第7章 整数の性質

item 71 素因数分解

チェック 71-1 本冊 p.196

1 756 を素因数分解すると

$756=2^2\cdot3^3\cdot7=(2\cdot3)^2\cdot3\cdot7$

$$\begin{array}{r|l} 2 & 756 \\ 2 & 378 \\ 3 & 189 \\ 3 & 63 \\ 3 & 21 \\ & 7 \end{array}$$

$\dfrac{756}{n}$ が平方数になるような最小の自然数 n は

$n=21$ …答

item 72 公約数と公倍数

チェック 72-1 本冊 p.197

1 (1) それぞれの数を素因数分解して約数の個数を調べよう。

$24=2^3\cdot3$ で，約数は $(2^0+2^1+2^2+2^3)(3^0+3)$ を展開した式の各項に現れる。項の数は

$4\times2=8$(個)

よって，24 の約数は 8 個。

同様にして

$36=2^2\cdot3^2$ より，約数は　$3\cdot3=9$(個)

$48=2^4\cdot3$ より，約数は　$5\cdot2=10$(個)

$52=2^2\cdot13$ より，約数は　$3\cdot2=6$(個)

$420=2^2\cdot3\cdot5\cdot7$ より，約数は　$3\cdot2\cdot2\cdot2=24$(個)

答 ③

(2) 1 から 25 までの数の 5 の倍数 5，10，15，20，25 を掛け合わせると，5^6 で割り切れる。2 を因数にもつ数は 6 個以上あるので，1 から 25 を掛け合わせた数は 10^6 で割り切れる。

(25 ← 5^2)

よって，0 は 6 個続く。…答

チェック 72-2 本冊 p.198

1 (1) $a=12a'$，$b=12b'$

最小公倍数は 72 だから　$12a'b'=72$　　$a'b'=6$

$a'<b'$ より，a'，b' の組は，

$(a',\ b')=(1,\ 6),\ (2,\ 3)$ の 2 通り。

よって　$(a,\ b)=(12,\ 72),\ (24,\ 36)$

このとき　$a+b=84,\ 60$

よって，a' の最小値は　1，$a+b$ の最小値は　60

答 ① 1，② 60

(2) 最大公約数が 13 であるから，

$A=13a'$，$B=13b'$ (a' と b' は互いに素，$a'>b'$)

と表される。

A，B の最小公倍数は $13a'b'$ と表されるから

$13a'b'=273$　　$a'b'=273\div13=21$

よって　$(a',\ b')=(21,\ 1),\ (7,\ 3)$

A，B は 100 未満の自然数だから

$a'=7$，$b'=3$ ← $a'=21$，$b'=1$ のとき，$a=13\times21=273$ となり，不適。

$A=13\times7=91$，$B=13\times3=39$

答 $A=91$，$B=39$

item 73 整数の割り算と商・余り

チェック 73-1 本冊 p.199

1 (1) $a=5k+3$，$b=5l+4$ (k，l は 0 以上の整数) と表せる。

$$\begin{aligned} ab&=(5k+3)(5l+4)=25kl+20k+15l+12 \\ &=5(5kl+4k+3l+2)+2 \end{aligned}$$

$5kl+4k+3l+2$ は整数だから，ab を 5 で割ったときの余りは　2 …答

(2) $(30+1)^2=900+60+1$

$$\begin{aligned} (30+1)^3&=(900+60+1)(30+1) \\ &=\underline{900(30+1)}+\underline{(1800}+60)+30+1 \\ &=900(30+1+2)+90+1 \\ &=900\times33+90+1 \\ &=900k+90+1\ (33 を k とする) \end{aligned}$$

$$\begin{aligned} &(30+1)^2\cdot(30+1)^3 \\ &=(900+60+1)(900k+90+1) \\ &=900(900k+90+1) \\ &\qquad+(\underline{54000k+5400}+60)+\underline{900k}+90+1 \\ &=900l+150+1\ (l は整数) \end{aligned}$$

($54000k+5400$ ← $900(60k+6)$)

(l ← $900k+90+1+60k+6+k$)

$$\begin{aligned} 31^{10}&=(31^5)^2=(900l+150+1)^2 \\ &=\underline{(900l)^2}+150^2+1^2+\underline{2\cdot900l\cdot150} \\ &\qquad+2\cdot150\cdot1+\underline{2\cdot900l\cdot1} \\ &=900(900l^2+25+300l+2l)+1+300 \\ &=900m+301\ (m は整数) \end{aligned}$$

(150^2 ← $(30\times5)^2$)

(m ← $900l^2+25+300l+2l$)

よって，31^{10} を 900 で割った余りは　**301** …答

item 74 ユークリッドの互除法

チェック 74-1 本冊 p.200

1 (1) ユークリッドの互除法で求める。

$(4216,\ 1457)$
↓ ←$4216=1457\times2+1302$
$(1457,\ 1302)$
↓ ←$1457=1302\times1+155$
$(1302,\ 155)$
↓ ←$1302=155\times8+62$
$(155,\ 62)$
↓ ←$155=62\times2+31$
$(62,\ 31)$
↓ ←$62=31\times2+0$
$(31,\ 0)$

したがって，最大公約数は　31　…答

［別解］ 素因数分解を利用すると…。

$4216=2^3\times17\times31$

$1457=31\times47$

$$\begin{array}{r|r} 2 & 4216 \\ 2 & 2108 \\ 2 & 1054 \\ 17 & 527 \\ & 31 \end{array} \qquad \begin{array}{r|r} 31 & 1457 \\ & 47 \end{array}$$

よって，最大公約数は

31　…答

(2) ユークリッドの互除法で考える。

$(4n+17,\ 3n+14)$
↓ ←$4n+17=(3n+14)\times1+n+3$
$(3n+14,\ n+3)$
↓ ←$3n+14=(n+3)\times3+5$
$(n+3,\ 5)$

最大公約数が5となるので，$n+3$ は5の倍数。
また，$n<20$ より　$n+3=5,\ 10,\ 15,\ 20$
よって　$n=2,\ 7,\ 12,\ 17$　…答

item 75 不定方程式

チェック 75-1 本冊 p.201

1 (1) $(m-2)(n-3)=2$ より

$(m-2,\ n-3)$
$=(1,\ 2),\ (2,\ 1),\ (-1,\ -2),\ (-2,\ -1)$

したがって

$(m,\ n)=(3,\ 5),\ (4,\ 4),\ (1,\ 1),\ (0,\ 2)$
…答

(2) $xy-2x+5y-3=0$

$x(y-2)+5(y-2)+10-3=0$

$(x+5)(y-2)=-7$ より

$(x+5,\ y-2)$
$=(1,\ -7),\ (7,\ -1),\ (-1,\ 7),\ (-7,\ 1)$

よって

$(x,\ y)$
$=(-4,\ -5),\ (2,\ 1),\ (-6,\ 9),\ (-12,\ 3)$
…答

(3) $2x^2-xy+6=0$　　$x(2x-y)=-6$

$2x-y=k$ とおくと　$y=2x-k$

x は正の整数だから

$(x,\ k)$
$=(1,\ -6),\ (2,\ -3),\ (3,\ -2),\ (6,\ -1)$

$2\cdot1-(-6)=8$　　$2\cdot2-(-3)=7$
$2\cdot3-(-2)=8$　　$2\cdot6-(-1)=13$

より，順に　$y=8,\ 7,\ 8,\ 13$

よって

$(x,\ y)$
$=(1,\ 8),\ (2,\ 7),\ (3,\ 8),\ (6,\ 13)$　…答

チェック 75-2 本冊 p.202

1 (1) $111=3\times37$，$399=3\times133$

37 と 133 は互いに素だから　$m=3$　…答

(2)，(3) $111x-399y=3$

両辺を3で割って　$37x-133y=1$

$x,\ y$ に数値を代入して調べる。

$y=1,\ 2,\ 3,\ 4,\ 5,\ 6,\ \cdots$ のとき

$133y=133,\ 266,\ 399,\ 532,\ 665,\ 798,\ \cdots$

$133y$ と $37x$ の差が1になるような最小の x を求める。

$x=3,\ 7,\ 11,\ 15,\ 18,\ \cdots$ のとき

$37x=111,\ 259,\ 407,\ 555,\ 666,\ \cdots$

最小のものは　$x=18,\ y=5$

答　(2) 18　(3) 5

［別解］ $37x-133y=1$　…(＊) について，37 と 133 は互いに素であるから，最大公約数は1になる。ユークリッドの互除法を用いれば，(＊)をみたす x，y をみつけることができる。

$133=37\cdot3+22$ より　$22=133-37\cdot3$

$37=22\cdot1+15$ より　$15=37-22$

$22=15\cdot1+7$ より　$7=22-15$

$15=7\cdot2+1$ より　$1=15-7\cdot2$

これより

$$\begin{aligned}1&=15-7\cdot2\\&=15-(22-15)\cdot2=15\cdot3-22\cdot2\\&=(37-22)\cdot3-22\cdot2=37\cdot3-22\cdot5\\&=37\cdot3-(133-37\cdot3)\cdot5\\&=37\cdot18-133\cdot5\end{aligned}$$

よって　$\boldsymbol{x=18,\ y=5}$

[参考]　この解をもとに一般解を求めることができる。

$$\begin{array}{rl} & 37x\ \ -133y\ =1\\ -) & 37\cdot18-133\cdot5=1\\ \hline & 37(x-18)-133(y-5)=0\\ & 37(x-18)=133(y-5)\end{array}$$

37 と 133 は互いに素だから

$x-18=133k$

$y-5=37k$

よって　$\begin{cases}x=133k+18\\ y=37k+5\end{cases}$ (k は 0 以上の整数)

← これが一般解

item 76 循環小数

チェック 76-1　本冊 p.203

1 $\dfrac{22}{7}=3.\dot{1}4285\dot{7}$

循環節は 142857 で，6 桁ごとに繰り返す。

小数第 314 位は，

$314=6\times52+2$

より循環節を 52 回繰り返したあと 2 桁目。

よって，小数第 314 位の数は　4　…**答**

$$\begin{array}{r}3.1428571\cdots\\7\,\big)\,22\\21\\\hline10\\7\\\hline30\\28\\\hline20\\14\\\hline60\\56\\\hline40\\35\\\hline50\\49\\\hline10\\7\\\hline3\\\vdots\end{array}$$

item 77 n 進法

チェック 77-1　本冊 p.205

1 (1) 左の計算より

$\mathbf{2202122_{(3)}}$　…**答**

$$\begin{array}{r|rl}3 & 2015 & \\3 & 671 & \cdots2\\3 & 223 & \cdots2\\3 & 74 & \cdots1\\3 & 24 & \cdots2\\3 & 8 & \cdots0\\ & 2 & \cdots2\end{array}$$

(2) $110010_{(2)}$ だから

$1\times2^5+1\times2^4+1\times2^1$

$=32+16+2$

$=\mathbf{50}$　…**答**

2 (1) $10101_{(2)}$，$1111_{(2)}$ を 10 進法に直して計算する。

$1\times2^4+1\times2^2+1\times2^0$

$=16+4+1=21$

$1\times2^3+1\times2^2+1\times2^1+1\times2^0$

$=8+4+2+1=15$

$21+15=36$　　これを 2 進法に直す。

$\mathbf{100100_{(2)}}$　…**答**

$$\begin{array}{r|rl}2 & 36 & \\2 & 18 & \cdots0\\2 & 9 & \cdots0\\2 & 4 & \cdots1\\2 & 2 & \cdots0\\ & 1 & \cdots0\end{array}$$

(2) $1011_{(2)}$，$111_{(2)}$ を 10 進法に直して

$1\times2^3+1\times2^1+1\times2^0$

$=8+2+1=11$

$1\times2^2+1\times2^1+1\times2^0$

$=4+2+1=7$

$11\times7=77$

これを 2 進法に直す。

$\mathbf{1001101_{(2)}}$　…**答**

$$\begin{array}{r|rl}2 & 77 & \\2 & 38 & \cdots1\\2 & 19 & \cdots0\\2 & 9 & \cdots1\\2 & 4 & \cdots1\\2 & 2 & \cdots0\\ & 1 & \cdots0\end{array}$$